U0908391

第一次全国污染源普查资料文集（之七）

污染源普查产排污系数手册

（上 册）

第一次全国污染源普查资料编纂委员会 编

中国环境科学出版社 · 北京

图书在版编目（CIP）数据

污染源普查产排污系数手册. 上/第一次全国污染源普查资料编纂委员会编. —北京：中国环境科学出版社，2011.9

（第一次全国污染源普查资料文集）

ISBN 978-7-5111-0262-1

Ⅰ. ①污… Ⅱ. ①第… Ⅲ. ①污染源—总排污量控制—普查—中国—手册 Ⅳ. ①X501-62

中国版本图书馆 CIP 数据核字（2011）第 078739 号

责任编辑 张 杰
责任校对 扣志红
封面设计 张 杰 金 喆

出版发行 中国环境科学出版社
（100062 北京东城区广渠门内大街 16 号）
网 址：http://www.cesp.com.cn
联系电话：010-67112765（总编室）
发行热线：010-67125803，010-67113405（传真）
印 刷 北京中科印刷有限公司
经 销 各地新华书店
版 次 2011 年 9 月第 1 版
印 次 2011 年 9 月第 1 次印刷
开 本 889×1194 1/16
印 张 32.25
字 数 785 千字
定 价 168.00 元

【版权所有。未经许可请勿翻印、转载，侵权必究】
如有缺页、破损、倒装等印装质量问题，请寄回本社更换

序　　言

应用第一次全国污染源普查成果
积极探索中国环境保护新道路

污染源普查是关系环保事业长远发展的重要基础性工作。“求木之长者，必固其根本；欲流之远者，必浚其泉源”。第一次全国污染源普查从 2006 年 10 月开始，历时三年多，圆满完成各项预定任务，获得大量翔实数据，为全面判断我国环境形势、提高环保监管水平打下坚实基础。要开发应用好普查成果，进一步加强环境保护和污染治理工作，探索走出一条代价小、效益好、排放低、可持续的环境保护新道路，促进经济社会全面协调可持续发展。

一、第一次污染源普查取得丰硕成果

全国污染源普查是新时期一项重大的国情调查。在党中央、国务院的领导下，各级普查机构从环保、农业系统及有关单位抽调精兵强将和业务骨干，组成有 57 万多名普查员和普查指导员的普查队伍，对 157.6 万家工业源、289.9 万家农业源、144.6 万家生活源和 4 790 家集中式污染治理设施，进行规模空前的入户登记、调查、核实，获得各类污染源第一手环境污染数据 11 亿个，总信息量 310 万兆字节，建立全国污染源普查数据库，形成以数据为主、文字为辅、形象图表三位一体的普查技术报告，综合反映各类污染源的污染现状和污染防治情况。

经国务院批准，2010 年 2 月，环境保护部、国家统计局、农业部联合发布第一次全国污染源普查公报，得到社会各界的关注和认可。污染源普查取得的成果，主要体现在以下五个方面。

（一）全面掌握了我国污染源排放的基本情况。查清了全国工业、农业、生活以及集

中式污染处理设施四大类污染源的数量、行业和地区分布，主要污染物种类及其排放量、排放去向、污染治理等情况，较为全面准确地反映了现阶段我国环境污染状况、污染对环境影响范围和程度、污染变化趋势，以及污染的治理能力和现状。

（二）初步建立了统一的全国污染源信息数据库。全国 590 多万家有污染源的单位和个体经营户与环境保护有关的基本数据，已录入污染源普查信息数据库，建立起全国污染源基本单位台账和国家、省、市、县四级数据库。可根据需求，按行业、地区、指标等不同类型分组，进行数据检索和查询。这是目前全国污染源最全面、最准确、最权威的信息数据。

（三）逐步完善了环境统计方式方法。普查的组织方式、技术方法以及新编制的产排污系数，有助于更加客观真实地反映各类污染源主要污染物排放的实际情况。普查获得的污染源信息，弥补了以往常规抽样调查的不足。这些为改革原有环境统计调查体系、建立新的环境统计制度、提高环境统计数据质量提供了难得契机。

（四）培养锻炼了人才队伍。普查工作者通过系统的实用培训、经历普查现场的实际操作，在把握环境政策、掌握监管手段、熟悉监测技术规范、了解主要产污生产工艺以及获取污染源信息方法等方面，得到全面学习和提高。普查工作培养了一批有高度责任心、熟悉政策、精通业务的综合型人才。

（五）进一步提高了全民环境意识。通过各类媒体、多种方式的普查宣传，广泛动员社会各界关心、参与普查和环境保护，全社会的环境意识大大提高，创造了更好的社会氛围。

二、第一次污染源普查的经验十分宝贵

这次污染源普查规模之大、调查项目之多、涉及范围之广、组织之复杂、工作难度之大前所未有，且无任何经验可以借鉴。这项工作既是检验能力的挑战，更是探索创新的过程。第一次全国污染源普查积累了许多宝贵经验。

（一）党中央、国务院的正确领导，是引领普查工作顺利开展的根本指针。开展污染源普查，是党中央、国务院立足我国经济社会发展全局作出的一项重大决策。温家宝总理签署第 508 号国务院令，公布施行《全国污染源普查条例》，国务院办公厅印发《第一次全国污染源普查方案》。国务院成立了普查领导小组，李克强副总理、曾培炎副总理担任组长，领导普查的组织和实施工作。普查实施期间，国务院多次召开会议进行研究部署。

2010年1月，温家宝总理主持召开国务院第99次常务会议，专门听取第一次全国污染源普查情况汇报，对普查工作和成果给予充分肯定。党中央、国务院的正确领导，始终为普查工作顺利有序开展指明了方向。

（二）坚持统一领导、共同参与的原则，是推动普查任务全面完成的重要保障。按照“全国统一领导、部门分工协作、地方分级负责、各方共同参与”的原则，各部门各地方主动开展工作，群策群力，通力协作。各级环保部门担当了普查工作的主力军，有效发挥日常组织和综合协调的作用；财政、发展改革等部门在财力和物力上给予保障；统计、工商部门提供大量的基础信息和经验；农业、军队、公安、住房建设等部门很好地完成了本部门、本单位的普查任务；宣传部门和新闻单位广泛深入开展社会宣传动员。地方各级党政领导高度重视，纷纷成立普查工作领导机构和协调办事机构，结合本地实际，抓紧制定本地区普查工作方案。一些分管负责同志深入一线，现场调研、指导，及时解决实际问题，保证了污染源普查的顺利实施。

（三）推行尊重科学、求真务实的工作方法，是确保普查取得实效的基本要求。这次普查在方案设计上，立足中国国情，借鉴国际经验，广泛征求各部门、地方的意见，经过专家严密论证，并在试点检验的基础上加以修改完善。在普查实施过程中，结合地方实践，建立了五级数据审核与逐级质量核查制度；各地也结合实际从组织动员、入户普查、质量把关等方面建章立制，将严格执行规章制度贯穿整个普查过程。在普查手段上，运用现代信息技术，统一开发数据处理软件，对数据录入、审核、汇总、传输和存储，全部进行电子化处理。普查工作体现的科学性，应当成为今后各项环保工作的立足之本。

（四）强化精益求精、注重质量的扎实作风，是普查成功的关键所在。数据质量是污染源普查的生命，是衡量普查成功与否的标准。各级普查机构始终把质量控制贯穿于全过程。建立健全普查数据质量控制的岗位责任制，对每个阶段和每个环节，实行严格的质量控制和检查验收，层层审核把关，确保普查数据真实可靠、经得起实践和历史检验。广大普查人员坚持质量第一的方针，严格执行普查技术规范，依照法律法规的规定和普查的具体要求，按时、如实填报普查数据，不虚报、不瞒报、不拒报、不迟报，不伪造、不篡改，保证了普查数据的质量。

（五）弘扬中国环保精神，是凝聚力量攻坚克难的强大动力。人是要有一点精神的。在妥善应对处置2005年松花江重大水环境污染事件中，环保系统广大干部职工形成了“忠于职守、造福人民，科学严谨、求实创新，不畏艰难、无私奉献，团结协作、众志成城”的中国环保精神，一直激励着环保人迎接各种挑战。

这次污染源普查，环保和有关部门广泛动员各方力量，组建了一支经过系统培训、熟悉业务、有战斗力的队伍，走过了不平凡历程。特别是 2008 年，广大普查工作人员克服年初雨雪冰冻灾害对普查工作的影响，经历了 5 · 12 汶川大地震的洗礼，勇敢面对各种挑战与考验，主动出击，迎难而上，兢兢业业，始终奋战在普查第一线，做了大量卓有成效的工作，出色地完成了普查任务。正是有这样一支队伍作为坚强后盾，正是有这样一股精神作为力量源泉，才赢得了污染源普查任务的圆满完成。

三、进一步做好污染源普查成果开发转化应用工作

污染源普查成果来之不易，凝聚着几十万参与人员的智慧和心血，是全社会共同的宝贵财富。要切实把普查成果开发好、转化好、应用好，全面掌握环境污染的新情况和新特征，准确把握环境状况的新变化和新趋势，统筹处理好经济发展与环境保护、全面推进与重点突破的关系，探寻新思路，谋划新举措，积极探索中国环境保护新道路，不断开创环保工作新局面。

第一，全面分析普查数据，综合判断我国面临的环境形势。这次污染源普查，对全国污染源的数量和区域分布情况进行了全面摸底，有利于准确把握环境形势。我们不能满足于对污染源数据的简单汇总，不能停留在对数据的感性认识，要对普查数据进行认真梳理、全面分析、深入研究，从经济社会全面协调可持续发展的战略高度，分析后金融危机时代面临的环境形势，分析各地环境承载力和目前的环境质量，分析各类产业、企业对环境状况的影响，在新的起点上进一步推进环保工作。

第二，牢牢抓住普查反映的突出问题，集中力量加以解决。污染源普查更加清晰地凸显当前我国突出的环境问题，要出台一批有针对性的污染防治措施，切实有效地加以解决，赢得人民群众的理解、信任与支持。一是集中整治重金属污染。目前全国重金属（镉、总铬、砷、汞、铅）排放量 0.09 万吨，绝大部分为工业源排放，主要集中在湖南、浙江等 10 个省区，占排放总量的 74.4%。要把防治重金属污染摆上环境保护的突出位置，确定重金属污染的行业、重点企业和地区，制定重金属污染综合防治规划，有计划、分步骤地推动解决。二是深化农业源污染防治。目前全国主要水污染物排放量已有 4 成以上来自农业污染源。从根本上解决水污染问题，必须把农业源污染防治列入环境保护的重要议程。要加大畜禽、水产养殖污染控制力度，加强对农业生产的环境监管和土壤污染防治。落实好“以奖促治”、“以奖代补”政策措施，推进农村环境综合整治。三是加强饮用水水源地环境保

护。结合污染源普查成果地理信息系统的应用和各地水源地保护区划定以及核查工作，对各地特别是城市的集中式饮用水水源地，进行污染源及污染物排放情况的排查，确保人民群众的饮水安全。四是研究潜在环境风险防范预案。根据部分污染物的区域和行业分布特点，研究提出潜在环境风险的应对方案，更加自觉主动地化解一些突发环境事件。

第三，深入研究运用普查成果反映出的客观规律，谋划好“十二五”环保工作。今年是“十一五”环保规划的收官之年，也是谋划“十二五”环保思路的关键之年。必须以解决影响可持续发展和危害群众健康的突出环境问题为重点，再接再厉，常抓不懈，确保全面完成“十一五”环保任务，确保年初全国环保工作会议确定的十项重点任务全面完成。在实现“两个确保”的基础上，要充分吸收利用普查成果，扎实谋划好“十二五”环境保护规划，进一步完善、强化环境保护政策和措施。重点包括：科学评估节能减排潜力，适当增加实施总量控制的污染因子，制定可行的节能减排方案，合理确定区域减排目标与排污总量控制计划；分析当前污染排放和污染治理设施运行状况及污染治理水平，加快转变经济发展方式，加大环保基础设施建设力度，推进工程减排、结构减排和管理减排；正确判断主要行业产能与能耗水平，制定完善有利于推动绿色发展、清洁生产、关停淘汰落后工艺的政策和产业准入制度。

周生贤

2010 年 11 月 2 日

第一次全国污染源普查资料编纂委员会

主 任 委 员：周生贤

副主任委员：张力军　周　建　李干杰　王玉庆　胡保林

委　　　员：舒　庆　陈　亮　赵英民　赵华林　魏山峰　翟　青
庄国泰　刘　华　邹首民　陶德田　陈　斌　孟　伟
罗　毅　田佳树　洪亚雄　宋铁栋

第一次全国污染源普查资料文集编写人员名单

主　编：王玉庆

副主编：陈　斌　赵建中　陈善荣　朱建平

编　委：（按姓氏笔画排序）

马晓溪　孔益民　王利强　叶　琛　刘艳青　安海蓉

佟　羽　吴彩霞　张　珺　张治忠　张战胜　沈　鹏

周　涛　罗建军　高　嵘　曹　东　隋筱婵　景立新

潘　文

第一次全国污染源普查组织领导和工作机构

国务院第一次全国污染源普查领导小组人员名单

（国发[2006]36号文，2006年10月12日）

组　长：曾培炎　国务院副总理

副组长：张　平　国务院副秘书长

周生贤　国家环保总局局长

谢伏瞻　国家统计局局长

成　员：李东生　中宣部副部长

姜伟新　国家发展改革委副主任

朱志刚　财政部副部长

仇保兴　建设部副部长

危朝安　农业部副部长

刘玉亭　国家工商总局副局长

王玉庆　国家环保总局副局长兼领导小组办公室主任

李买富　总后勤部副部长

国务院第一次全国污染源普查领导小组组成人员

（国办函[2008]41号文，2008年4月17日）

组　长：李克强　国务院副总理

副组长：周生贤　环境保护部部长
　　　　张　勇　国务院副秘书长
　　　　谢伏瞻　国家统计局局长

成　员：李东生　中央宣传部副部长
　　　　解振华　国家发展改革委副主任
　　　　刘金国　公安部副部长
　　　　张少春　财政部副部长
　　　　仇保兴　住房和城乡建设部副部长
　　　　危朝安　农业部副部长
　　　　刘玉亭　国家工商总局副局长
　　　　王玉庆　原国家环保总局副局长兼领导小组办公室主任
　　　　李买富　总后勤部副部长

国务院第一次全国污染源普查领导小组办公室
成员及联络员名单

主　任：王玉庆　原国家环境保护总局副局长

副主任：舒　庆　环境保护部规财司司长

马京奎　国家统计局社科司司长

（联络员：李锁强处长）

成　员：葛　玮　中宣部新闻局副局长

（联络员：唐献文副处长）

王善成　国家发展改革委环资司副司长

（联络员：陆冬森副处长）

李江平　公安部交管局副局长

（联络员：李晓东处长）

李敬辉　财政部经建司副司长

（联络员：姚劲松处长）

张　悦　住房和城乡建设部城建司副司长

（联络员：章林伟处长）

杨雄年　农业部科教司副司长

（联络员：方放副处长）

王树燕　国家工商总局企业注册局副局长

（联络员：吴力明调研员）

黄开荣　中国人民解放军环保局局长

（联络员：刘彪助理）

陈　斌　环境保护部第一次全国污染源普查工作办公室主任

环境保护部第一次全国污染源普查协调小组人员名单

组　长：周生贤　环境保护部部长

副组长：张力军　环境保护部副部长（2009年1月至今）
周　建　环境保护部副部长（2007年7月至2008年12月）
李干杰　环境保护部副部长（2007年2月至2007年7月）
王玉庆　国务院第一次全国污染源普查领导小组办公室主任

成　员：胡保林　办公厅主任
舒　庆　规财司司长
赵英民　科技司司长
樊元生　污防司司长（2007年2月至2009年2月）
翟　青　污防司司长（2009年3月至今）
万本太　生态司司长（2007年2月至2008年8月）
庄国泰　生态司司长（2008年9月至今）
刘　华　核安全司司长
陆新元　环监局局长（2007年2月至2009年6月）
邹首民　环监局局长（2009年6月至今）
陶德田　宣教司司长
陈　斌　第一次全国污染源普查工作办公室主任
孟　伟　中国环境科学研究院院长
魏山峰　中国环境监测总站站长（2007年2月至2008年8月）
罗　毅　中国环境监测总站站长（2008年9月至今）
陈金元　核安全中心主任（2007年2月至2009年2月）
田佳树　核安全中心主任（2009年2月至今）
邹首民　环境规划院院长（2007年2月至2009年6月）
洪亚雄　环境规划院院长（2009年6月至今）
宋铁栋　信息中心主任

第一次全国污染源普查工作办公室人员名单

主　　任：陈　斌

副 主 任：赵建中　陈善荣　朱建平

综合协调组：佟　羽　张治忠　周　涛　姬　钢　高　嵘　吴彩霞　刘艳青　林　红

监测与技术组：景立新　毛玉如　罗建军　安海蓉　骆　红　付军华　谢依民　陈志良

现场调查组：隋筱婵　马晓溪　张　珺　叶　琛

数据处理组：曹　东　孔益民　潘　文　沈　鹏　王利强　张战胜

农 业 组：刘宏斌　李　峰　江希流　成振华　刘东生　高月香　黄宏坤　陈永杏

污染源普查
产排污系数手册

《污染源普查产排污系数手册》(上、中、下)

编 写 说 明

为顺利开展第一次全国污染源普查工作，确保普查数据质量，根据国务院办公厅印发的《第一次全国污染源普查方案》，国务院第一次全国污染源普查领导小组办公室牵头协调国家统计局、公安部、财政部、住房城乡建设部、农业部、工商总局等部门，领导第一次全国污染源普查工作办公室，组织相关行业联合会及中央、地方科研院所，在财政部的大力支持下，启动了“全国污染源普查污染源产排污系数核算”项目。

委托中国环境科学研究院牵头负责“全国污染源普查工业污染源产排污系数核算”项目，全国 26 家行业联合会及中央科研单位承担 32 个工业大类的子项目；委托中国农业科学研究院、环境保护部南京环境保护科学研究所牵头负责“全国污染源普查农业源产排污系数核算”项目，农业环境与可持续发展研究所等 100 多家农业科研单位、大专院校参与了监测及研究工作；委托环境保护部华南环境科学研究所牵头负责“全国污染源普查城镇生活污染源与集中式污染治理设施产排污系数核算”项目，全国 30 多家大学、地方环保科研院所、环境监测站分别承担各自的监测科研任务。

在历时一年多的辛勤研究工作中，自始至终得到了环境保护部（原国家环境保护总局）、国家统计局、农业部等部门主要领导和业务司办的积极指导及地方相关单位、企业的鼎力支持。为加强污染源监管、进一步推动环境保护科学研究，引导全社会关注、支持环境保护事业，我们在“全国污染源普查污染源产排污系数核算”项目的基础上，组织编写了这套手册。

农业部组织编写的《农业污染源产排污系数手册》已先期出版，故本手册只包括：《工业污染源产排污系数》、《城镇生活污染源产排污系数》和《集中式污染治理设施污染源产排污系数》三部分。

在手册付印之际，谨向所有支持、参与本工作的部门、单位和个人表示衷心的感谢。

国务院第一次全国污染源普查领导小组办公室
二〇一一年四月

目　录

上　册

第一篇　工业污染源产排污系数

《工业污染源产排污系数》编写单位及主要编写人员......3

《工业污染源产排污系数》使用说明......8

06　煤炭开采和洗选业......13
　0610　烟煤和无烟煤的开采洗选业......14
　0620　褐煤的开采洗选业......24
　0690　其他煤类开采业......32

07　石油和天然气开采业......34
　0710　天然原油和天然气开采业......35
　0790　与石油和天然气开采有关的服务活动......47

08　黑色金属矿采选业......52
　0810　铁矿采选业......53
　0890　其他黑色金属矿采选业......63

09　有色金属矿采选业......70
　0911　铜矿采选业......71
　0912　铅锌矿采选业......75
　0913　镍钴矿采选业......78
　0914　锡矿采选业......80
　0915　锑矿采选业......83
　0916　铝矿采选业......86
　0917　镁矿采选业......88

0921 金矿采选业......89
0931 钨钼矿采选业......92
0932 稀土金属矿采选业......96

10 **非金属矿采选业**......98
1011 石灰石石膏开采业......99
1012 建筑装饰用石开采业......101
1013 耐火黏土石开采业......102
1019 黏土及其他土砂石开采业......103
1020 化学矿采选业......104
1030 采盐业......107
1091 石棉云母矿采选业......108
1092 石墨滑石矿采选业......109
1093 宝石玉石矿开采业......112

13 **农副食品加工业**......113
1310 谷物磨制行业......114
1320 饲料加工行业......115
1331 食用植物油行业......116
1332 非食用植物油行业......121
1340 制糖行业......123
1351 畜禽屠宰行业......127
1352 肉制品及副产品加工行业......139
1361 水产品冷冻加工行业......144
1362 鱼糜制品及水产品干腌制加工行业......146
1363 水产饲料的制造行业......150
1364 鱼油提取及制品的制造行业......151
1369 其他水产品加工行业......153
1370 蔬菜、水果和坚果加工行业......155
1391 淀粉及淀粉制品的制造行业......162
1392 豆制品加工行业......172
1393 蛋品加工行业......175

14 **食品制造业**......177
1411 糕点、面包制造行业......178
1419 饼干及其他焙烤食品制造行业......180
1421 糖果、巧克力制造行业......181
1422 蜜饯制作行业......183
1431 米、面制品制造行业......184
1432 速冻食品制造行业......186

1439 方便面及其他方便食品制造行业......188
1440 液体乳及乳制品制造行业......190
1451 肉、禽类罐头制造业......194
1452 水产品罐头制造业......196
1453 蔬菜、水果罐头制造业......198
1461 味精制造业......200
1462 酱油、食醋及类似制品制造行业......202
1469 其他调味品、发酵制品制造行业......204
1492 冷冻饮品及食用冰制造行业......206
1493 盐加工业......208
1494 食品及饲料添加剂制造行业......209

15 **饮料制造业**......211
1510 酒精制造业......212
1521 白酒制造业......217
1522 啤酒制造业......221
1523 黄酒制造业......224
1524 葡萄酒制造业......227
1531 碳酸饮料制造业......232
1533 果菜汁及果菜汁饮料制造业......233
1534 含乳饮料和植物蛋白饮料制造业......237
1535 固体饮料制造业......240
1539 茶饮料制造业......242

17 **纺 织 业**......244
1711 棉、化纤纺织加工业......245
1712 棉、化纤印染精加工业......251
1721 毛条加工业......255
1722 毛纺织行业......257
1723 毛染整精加工业......260
1730 麻纺织行业......262
1741 缫丝加工业......265
1742 绢纺和丝织加工业......267
1743 丝印染精加工业......270
1751 棉及化纤制品制造业......273
1752 毛制品制造业......277
1753 麻制品制造业......279
1754 丝制品制造业......281
1755 绳、索、缆的制造业......283
1756 纺织带和帘子布制造业......285

1757 无纺布制造业......287
1761 棉化纤针织品及编织品制造业......289
1762 毛针织品及编织品制造业......292

18 **纺织服装、鞋、帽制造业**......294
1810 服装行业......295

19 **皮革、毛皮、羽毛（绒）及其制品业**......297
1910 皮革鞣制加工行业......298
1931 毛皮鞣制加工行业......333
1941 羽毛（绒）加工行业......348

20 **木材加工及木、竹、藤、棕、草制品业**......350
2011 锯材加工业......351
2021 胶合板制造业......356
2022 纤维板制造业......364
2023 刨花板制造业......367
2029 其他人造板制造业 ——重组装饰材......370
2029 其他人造板制造业 ——饰面人造板......373
2029 其他人造板制造业——细木工板......376

22 **造纸及纸制品业**......379
2210 纸浆制造行业......380
2221 机制纸及纸板制造行业......414
2222 手工纸制造行业......430
2223 加工纸制造行业......433

25 **石油加工、炼焦及核燃料加工业**......437
2511 原油加工及石油制品制造业......438
2520 焦化行业......468
编辑说明......483
后记......485

中 册

《工业污染源产排污系数》使用说明......1

26 **化学原料及化学制品制造业**......6
2611 无机酸制造业......7
2612 无机碱制造业......18

2613 无机盐制造业......23
2613 无机盐（电石）制造业......30
2614 有机化学原料 （甲醇、二甲醚、以石油馏分为原料）制造业......32
2621 氮肥制造业......42
2622 磷肥制造业......53
2623 钾肥制造业......60
2624 复混肥料制造业......63
2631 化学农药制造业......66
2632 生物农药及微生物农药制造业......82
2641 涂料制造业......86
2642 油墨及类似产品制造业......91
2643 颜料制造业......94
2644 染料制造业......101
2651 合成树脂（聚氯乙烯）制造业......111
2652 合成橡胶制造业......114
2653 合成纤维单（聚合）体制造业......117
2661 化学试剂和制剂制造业......123
2663 活性炭制造行业......130
2665 信息化学品行业......151
2666 环境污染专用药剂与材料制造业......155
2667 动物胶制造业......163
2671 肥皂及合成洗涤剂制造业......166
2672 化妆品制造业......172
2673 口腔清洁用品制造业......175
2674 香料香精制造业......177

27 **医药制造业**......179
2710 化学药品原药制造行业......180
2720 化学药品制剂......190
2730 中药饮片加工业......194
2740 中成药制造行业......195
2750 兽用药品制造行业......201
2760 生物化学药品和生物化学制品制造业......216
2770 卫生材料及医药用品制造行业......218

28 **化学纤维制造业**......223
2811 化纤浆粕制造业......224
2812 人造纤维制造行业......226
2821 锦纶纤维制造行业......229
2822 涤纶纤维制造行业......232

2823 腈纶纤维制造行业......236
2824 维纶纤维制造行业......238
2829 其他纤维制造行业......240

29 **橡胶制品业**......242
2911 车辆、飞机及工程机械轮胎制造业......243
2912 力车胎制造业......245
2913 轮胎翻新加工......247
2940 再生橡胶制造业......249

30 **塑料制品业**......251
3050 塑料人造革、合成革制造业......252

31 **非金属矿物制品业**......255
3111 水泥制造业......256
3112 石灰和石膏制造业（I）......264
3112 石灰和石膏制品制造业（II）......267
3121 水泥制品制造业（含 3122 混凝土结构构件、3129 其他水泥制品业）......268
3123 石棉水泥制品制造业......270
3124 轻质建筑材料制品制造业......271
3131 黏土砖瓦及建筑砌块制造业......273
3132 建筑陶瓷制品制造业......277
3133 建筑用石加工业......284
3134 防水建筑材料制造业......287
3135 隔热和隔音材料制造业......289
3141 平板玻璃制造业......291
3142 技术玻璃制品制造业......299
3143 光学玻璃制造业......303
3144 玻璃仪器制造业......305
3145 日用玻璃制品及玻璃包装容器制造业......307
3146 玻璃保温容器制造业......311
3147 玻璃纤维及其制品制造业......313
3148 玻璃纤维增强塑料制品制造业......318
3151 卫生陶瓷制品制造业......322
3152 特种陶瓷制品制造业......324
3153 日用陶瓷制品制造业......327
3159 园林、陈设艺术及其他陶瓷制品制造业......331
3161 石棉制品制造业......333
3169 耐火陶瓷制品及其他耐火材料制造业......335
3191 石墨及碳素制品制造业......338

32 黑色金属冶炼及压延加工业……343
3210 炼铁行业……344
3220 炼钢行业……357
3230 钢压延加工业……366
3240 铁合金行业……380

33 有色金属冶炼及压延加工业……401
3311 铜冶炼行业……402
3312 铅锌冶炼行业……414
3313 镍钴冶炼行业……430
3314 锡冶炼行业……436
3315 锑冶炼行业……442
3316 铝冶炼行业……448
3317 镁冶炼行业……453
3319 其他常用有色金属冶炼……455
3322 银冶炼行业……455
3321 金冶炼行业……466
3331 钨钼冶炼行业……471
3332 稀土金属冶炼行业……481
3340 有色金属合金制造业……490
3351 常用有色金属压延加工业……510
3352 贵有色金属压延加工业……521
3353 稀有稀土金属压延加工业……523
编辑说明……529
后记……531

下 册

《工业污染源产排污系数》使用说明……1

34 金属制品业……6
3411 金属结构制造业……7
3431 金属集装箱制造业……9
3440 金属丝绳及其制品制造业……11
3460 金属表面处理及热处理加工制造业……13

35 通用设备制造业……19
3511 锅炉及辅助设备制造业……20
3512 内燃机及配件制造业……23
3513 汽轮机及辅机制造业……27

3514 水轮机及辅机制造业......30
3521 金属切削机床制造业......33
3522 金属成形机床制造业......37
3523 铸造机械制造业......40
3524 金属切割及焊接设备制造业......43
3530 起重运输设备制造业......46
3541 泵及真空设备制造业......49
3543 阀门和旋塞制造业......52
3551 轴承制造业......55
3573 制冷、空调设备制造业......58
3574 风动和电动工具制造业......61
3581 金属密封件制造业......64
3582 紧固件和弹簧制造业......66
3591 钢铁铸件制造业......69
3592 锻件及粉末冶金制造业......81

36 专用设备制造业......84
3611 采矿、采石设备制造业......85
3625 模具制造业......88
3671 拖拉机制造业......91
3691 环境污染防治专用设备制造业......94

37 交通运输设备制造业......97
3711 铁路机车车辆及动车组制造业......98
3712 工矿有轨专用车辆制造业......102
3713 铁路机车车辆配件制造业......105
3714 铁路专用设备及器材、配件制造业......108
3721 汽车整车制造业......111
3722 改装汽车制造业......115
3723 电车制造业......119
3724 汽车车身、挂车制造业......122
3725 汽车零部件及配件制造业......124
3731 摩托车制造业......128
3732 摩托车零部件及配件制造业......131
3741 脚踏自行车及残疾人座车制造业......134
3742 助动自行车制造业......137
3751 金属船舶制造业......140
3755 船舶修理及拆船制造业......143

39 电气机械及器材制造业......146
3912 电动机制造业......147
3921 变压器、整流器和电感器制造业......150
3922 电力电容器制造业......152
3923 配电开关控制设备制造业......154
3931 电线电缆制造业......157
3940 电池制造业......159
3951 家用冰箱制造业......168
3952 家用空调器制造业......170

40 通信设备、计算机及其他电子设备制造业......172
4011 通信传输设备制造行业......173
4012 通信交换设备制造行业......176
4013 通信终端设备制造行业......179
4014 移动通信及终端设备制造行业......182
4019 其他通信设备制造行业......185
4031 广播电视节目制作及发射设备制造行业......188
4032 广播电视接收设备及器材制造行业......191
4039 应用电视设备及其他广播电视设备制造行业......194
4041 电子计算机整机制造行业......197
4042 电子计算机网络设备制造行业......200
4043 电子计算机外部设备制造行业......203
4051 电子真空器件制造行业......206
4052 半导体分立器件制造行业......215
4053 集成电路制造行业......223
4059 光电子器件及其他电子器件制造行业......233
4061 电子元件及组件制造行业......237
4062 印制电路板制造行业......244
4071 家用影视设备制造行业......250
4072 家用音响设备制造行业......253
4090 其他电子设备制造行业......256

43 废弃资源和废旧材料回收加工业......259
4310 金属废料加工处理行业......260
4320 非金属废料加工处理行业......265

44 电力、热力的生产和供应业......271
4411 火力发电行业......272
4430 热力生产和供应行业（包括工业锅炉）......303

45 燃气生产和供应业......321
4500 燃气生产与供应行业......322

46 水的生产和供应业......325
4610 自来水的生产和供应行业......326
4690 其他水的处理、利用与分配行业......328
可类比相关行业系数的行业......330

第二篇 城镇生活源产排污系数

《城镇生活源产排污系数》编写单位和主要编写人员......336
《城镇生活源产排污系数》使用说明......340
第一部分 城镇居民生活源污染物产生、排放系数......347
第二部分 住宿餐饮业污染物产生、排放系数......367

66 住宿业......370
6610 旅游饭店......373
6620 一般旅馆......376

67 餐饮业......378
6710 正餐服务......382
6720 快餐服务......389
6730、6790 其他餐饮服务......393
第三部分 居民服务与其他服务业污染物产生、排放系数......394
8230 洗染服务业......397
8240 理发及美容保健服务......400
8250 洗浴服务业......402
8280 摄影扩印服务......404
8311 汽车、摩托车维修与保养......406
第四部分 医院污染物产生、排放系数......409

第三篇 集中式污染治理设施产排污系数

《集中式污染治理设施产排污系数》编写单位和主要编写人员......424
《集中式污染治理设施产排污系数》使用说明......427
第一部分 污水处理厂污泥产生系数......438
第二部分 城镇生活垃圾集中式处理设施污染物产生、排放系数......446
第三部分 危险废物集中式处理设施污染物产生、排放系数......469
编辑说明......482
后记......484

第一篇

工业污染源产排污系数

《工业污染源产排污系数》
编写单位及主要编写人员

中国环境科学研究院

段　宁

乔　琦　孙启宏　傅泽强　欧阳朝斌　姚　扬　李艳萍

万年青　路超君　韩明霞　扈 学 文　刘景洋　郭玉文

中国煤炭加工利用协会

王玖明　谭　杰　张运章　吴式瑜　许红娜　王　勇　杨继贤

中国石油集团安全环保技术研究院

李兴春　范　巍　丁　毅　闫伦江　王嘉麟

史　方　陈宏坤　刘生瑶　郎延红　杨忠平

中国钢研科技集团公司

刘　浏　冯光宏　黄　芳

中钢集团武汉安全环保研究院

张如月　汪俊时　万迎峰　陈　卉　李海波

北京有色金属研究总院

徐　政　杨丽梅　黄松涛　黄小卫　韩业斌

宋永胜　温建康　龙志奇　刘美林　范红雁

中材地质工程勘察研究院

李立光　杨凤辰　崔文龙　邵明明　杨柯敏

李艳兵　张兄明　张　燕　杨　越　谢文海

中国食品发酵工业研究院

陈学忠　王　洁　刘　凌　王异静　宋国勇
李　虹　薛　洁　周　明　冯　雷　张　露

中国轻工业联合会

王世成　崔　毅　于学军　汪　芊　曹朴芳

中国造纸协会	钱　毅　张安龙　何北海
中国制浆造纸研究院	曹春煜　李卓丹
中国发酵工业协会	石维忱　杜　军　卢　涛
中国皮革协会	马宏瑞　陈占光　魏俊飞
中国酿酒工业协会	王延才　廖永红　王　琦
中国饮料工业协会	赵亚利　代晓霞　孙　平
中国电池工业协会	王金良　王敬忠　曹国庆
陕西科技大学	任　强　傅维杰　武秀兰
中国日用玻璃协会	刘新年　赵万帮　贺　祯
中国焙烤食品与糖制品工业协会	朱念琳　穆长荣　吴　娜
中国罐头工业协会	郭淑明　李乃熙　李永智
中国家用电器协会	姜　风　窦艳伟　万春晖
中国塑料加工工业协会	李国俊　许国志　廖小红
北京工商大学	辛秀兰　董黎明　刘晶晶
中国乳制品工业协会	宋崑岡　崔明学　岳增君
中国日用化工协会	冯　敬　姚龙昆　李志军
中国盐业协会	宋占京
中国羽绒工业协会	姚小蔓　杨依依　蒋于龙

中国纺织工业协会

黄承平　程　晧　郝　莉　奚旦立　陈季华　徐淑红

中国林科院木材研究所

王金林　李春生　龙　玲　陈志林　段新芳

李晓玲　高瑞清　曲岩春　傅　峰　郭洪武

中国石油化工股份有限公司

许　谦　闫　松　王明星　韩建华　郭宏山

陆娣妹　吴　平　郭淑霞　刘　燕

中国石油和化学工业协会

潘德润　孟全生　周献慧　张岩男　庄相宁

中国化工环保协会	张小青　孟宪俊　赵文权
中国磷肥工业协会	修学峰　徐晓军　关建华
中国硫酸工业协会	齐　焉　武雪梅　王　利
中国纯碱工业协会	王红宇　蒋洪军　齐玉娥
中国氯碱工业协会	刘东升　幺恩琳　邵　华
中国无机盐工业协会	叶海廷　王佩琳　吴广友
中国氮肥工业协会	刘淑兰　曹占高　李　丹
中国化学矿业协会	李海廷　杜家海　刘　军
中国农药工业协会	曹承宇　李　娟　朱伟娟
中国涂料工业协会	杨渊德　刘国杰　王　晨
中国染料工业协会	康宝祥　彭又玲　张燕深
中国化学试剂协会	任富聪　王　红　高　波
化工生产力促进中心	江　莉　王秀江　赵　明
中国橡胶工业协会	谈玉坤　廖炳万　刘增元
中国乐凯胶片集团公司	王瑞强　闫沂光　徐晓晨

北京医药行业协会

戴盛明　张道新　孟正茹　陈文明　王立章

谢　钰　刘长江　叶小燕　陈运梅　宿凌燕

中国建筑材料科学研究总院

马振珠　张继军　王雅明　黄志新　马春荣

中国建筑材料检验认证中心	许　霞　徐　克　庞　堃
国家建筑材料测试中心	孙宏娟　陈　璐　田　莉
国家水泥质量监督检验中心	郝庆军　袁秀霞　丁新淼
国家安全玻璃及石英玻璃质量监督检验中心	臧曙光　吴辉廷　王　睿
国家建筑材料工业耐火材料产品质量监督检验测试中心	李春燕　张庆华　薛　飞
国家建筑材料工业建筑材料节能评价检测中心	宋晓辉　孙芸荣　张玉辉
北京工业大学	兰明章　李文秀
中国地质大学	郭　颖　葛文胜　程素华
武汉理工大学	张高科　李　名　吴自祥
西安墙体材料研究设计院	张　岚　常　豪　林　玲
中国石材工业协会	林玉华　刘建华　邹传胜
中国绝热隔音材料协会	胡小媛　张德信　倪建华
中国玻璃纤维工业协会	张福祥　尹续宗　周丽新

北京矿冶研究总院

杨晓松　周连碧　汪　靖　陈　谦　林星杰

马倩玲　戚焕岭　郭　泉　吴建强　龙　燕

机械科学研究总院

邱　城　方　杰　裴方芳　张　红　张　威

房贵如　王德成　毛祖国　王　斌　孙兴林

中国电子工程设计院

穆京祥　陈　利　丁　涛　沈本尧　王义朋

王　立　杨敬增　程兴兰　巫曼曼　何正山

国电环境保护研究院

朱法华　钟鲁文　王　强　淳于贤伟　张运宇

周道斌　易玉萍　滕　农　魏　晗　纵宁生

环境保护部环境标准研究所

武雪芳　姚芝茂　王宗爽　滕　云　李　俊　王　晟　邹　兰

中国环境科学研究院水污染控制中心

周岳溪　王海燕　蒋进元　马　云　王和平

梁伟臻　樊康平　李崇明　江立文　罗　彬

煤炭科学研究总院北京煤化工研究分院

曲思建　王利斌　商铁成　张　飚　王晓磊

杨文彪　裴贤丰　白向飞　陈贵峰　马世军

中国矿业大学（北京）

李中和　张　军　于　妍　宋　岩　吴春林

解　强　晏学民　乔汉林　李　龙　李文琳

中国日用化学工业研究院

姚晨之　王万绪　张宝莲　李晓辉　樊　平　严　方

中国物资再生协会

刘坚民　刘　强　高延莉　张艳会　矫旭东

龙少海　王云珠　王　珊　崔　燕　刘晓晨

中国科学院生态环境研究中心

栾兆坤　梁　震　彭先佳　王　军　王　琪

任晓晶　曲　丹　任海静　朱仕坤　张书武

《工业污染源产排污系数》使用说明

《工业污染源产排污系数》（以下简称“工业源”），涵盖了占我国工业污染物产排量绝大部分的 362 个小类行业（以中华人民共和国国家标准 GB/T 4754—2002 中的行业代码和行业名称为准）。其中，271 个小类行业的产排污系数通过实测核算得出，91 个小类行业的产排污系数采用类比方法获得。

《污染源普查产排污系数手册（上、中、下）》（以下简称“手册”）一书中，工业源在手册中所占篇幅很重，在手册（上）中包括：

0610 烟煤和无烟煤的开采洗选，0620 褐煤的开采洗选，0690 其他煤炭采选，0710 天然原油和天然气开采，0790 与石油和天然气开采有关的服务活动，0810 铁矿采选，0890 其他黑色金属矿采选，0911 铜矿采选，0912 铅锌矿采选，0913 镍钴矿采选，0914 锡矿采选，0915 锑矿采选，0916 铝矿采选，0917 镁矿采选，0921 金矿采选，0931 钨钼矿采选，0932 稀土金属矿采选，1011 石灰石和石膏开采，1012 建筑装饰用石开采，1013 耐火黏土石开采，1019 黏土及其他土砂石开采，1020 化学矿采选，1030 采盐，1091 石棉和云母矿采选，1092 石墨和滑石采选，1093 宝石和玉石开采，1310 谷物磨制，1320 饲料加工，1331 食用植物油加工，1332 非食用植物油加工，1340 制糖，1351 畜禽屠宰，1352 肉制品及副产品加工，1361 水产品冷冻加工，1362 鱼糜制品及水产品干腌制加工，1363 水产饲料制造，1364 鱼油提取及制品的制造，1369 其他水产品加工，1370 蔬菜、水果和坚果加工，1391 淀粉及淀粉制品的制造，1392 豆制品制造，1393 蛋品加工，1411 糕点、面包制造，1419 饼干及其他焙烤食品制造，1421 糖果、巧克力制造，1422 蜜饯制造，1431 米、面制品制造，1432 速冻食品制造，1439 方便面及其他方便食品制造，1440 液体乳及乳制品制造，1451 肉、禽类罐头制造，1452 水产品罐头制造，1453 蔬菜、水果罐头制造，1461 味精制造，1462 酱油、食醋及类似制品的制造，1469 其他调味品、发酵制品制造，1492 冷冻饮品及食用冰制造，1493 盐加工，1494 食品及饲料添加剂制造，1510 酒精制造，1521 白酒制造，1522 啤酒制造，1523 黄酒制造，1524 葡萄酒制造，1531 碳酸饮料制造，1533 果菜汁及果菜汁饮料制造，1534 含乳饮料和植物蛋白饮料制造，1535 固体饮料制造，1539 茶饮料及其他软饮料制造，1711 棉、化纤纺织加工，1712 棉、化纤印染精加工，1721 毛条加工，1722 毛纺织，1723 毛染整精加工，1730 麻纺织，1741 缫丝加工，1742 绢纺和丝织加工，1743 丝印染精加工，1751 棉及化纤制品制造，1752 毛制品制造，1753 麻制品制造，1755 绳、索、缆的制造业，1754 丝制品制造，1756 纺织带和帘子布制造，1757 无纺布制造，1761 棉，化纤针织品及编织品制造，1762 毛针织及其编织品制造，1810 纺织服装制造，1910 皮革鞣制加工，1931 毛皮鞣制加工，1941 羽毛（绒）加工，2011 锯材加工，2021 胶合板制造，2022 纤维板制造，2023 刨花板制造，2029 其他人造板、材制造，2210 纸浆制造，2221 机制纸及纸板制造，2222 手工纸制造，2223 加工纸制造，2511 原油加工及石油制品制造，2520 炼焦，等 100 余个小类行业的工业源产排污系数。

在手册（中）包括：

2611 无机酸制造，2612 无机碱制造，2613 无机盐制造，2614 有机化学原料制造，2621 氮肥制造，2622 磷肥制造，2623 钾肥制造，2624 复混肥料制造，2631 化学农药制造，2632 生物化学农药及微生物农药制造，2641 涂料制造，2642 油墨及类似产品制造，2643 颜料制造，2644 染料制造，2651 初级形态的塑料及合成树脂制造，2652 合成橡胶制造，2653 合成纤维单（聚合）体的制造，2661 化学试剂和助剂制造，2663 活性炭制造，2665 信息化学品制造，2666 环境污染处理专用药剂材料制造，2667 动物胶制造，2671 肥皂及合成洗涤剂制造，2672 化妆品制造，2673 口腔清洁用品制造，2674 香料、香精制造，2710 化学药品原药制造，2720 化学药品制剂，2730 中药饮片加工，2740 中成药制造，2750

兽用药品制造，2760 生物、生化制品的制造，2770 卫生材料及医药用品制造，2811 化纤浆粕制造，2812 人造纤维（纤维素纤维）制造，2821 锦纶纤维制造，2822 涤纶纤维制造，2823 腈纶纤维制造，2824 维纶纤维制造，2829 其他合成纤维制造，2911 车辆、飞机及工程机械轮胎制造，2912 力车胎制造，2913 轮胎翻新加工，2940 再生橡胶制造，3050 塑料人造革、合成革制造，3111 水泥制造，3112 石灰和石膏制造，3121 水泥制品制造业，3122 混凝土结构构件，3123 石棉水泥制品制造，3129 其他水泥制品业，3131 黏土砖瓦及建筑砌块制造，3132 建筑陶瓷制品制造，3133 建筑用石加工，3134 防水建筑材料制造，3135 隔热和隔音材料制造，3141 平板玻璃制造，3142 技术玻璃制品制造，3143 光学玻璃制造，3144 玻璃仪器制造，3145 日用玻璃制品及玻璃包装容器制造，3146 玻璃保温容器制造，3147 玻璃纤维及制品制造，3148 玻璃纤维增强塑料制品制造，3151 卫生陶瓷制品制造，3152 特种陶瓷制品制造，3153 日用陶瓷制品制造，3159 园林，陈设艺术及其他陶瓷制品制造，3161 石棉制品制造，3169 耐火陶瓷制品及其他耐火材料制造，3191 石墨及碳素制品制造，3210 炼铁，3220 炼钢，3230 钢压延加工，3240 铁合金冶炼，3311 铜冶炼，3312 铅锌冶炼，3313 镍钴冶炼，3314 锡冶炼，3315 锑冶炼，3316 铝冶炼，3317 镁冶炼，3321 金冶炼，3331 钨钼冶炼，3332 稀土金属冶炼，3340 有色金属合金制造，3351 常用有色金属压延加工，3352 贵金属压延加工，3353 稀有稀土金属压延加工，等 80 余个小类行业的工业源产排污系数。

在手册（下）中包括：

3411 金属结构制造，3431 集装箱制造，3440 金属丝绳及其制品的制造，3460 金属表面处理及热处理加工，3511 锅炉及辅助设备制造，3512 内燃机及配件制造，3513 汽轮机及辅机制造，3514 水轮机及辅机制造，3521 金属切削机床制造，3522 金属成型机床制造，3523 铸造机械制造，3524 金属切割及焊接设备制造，3530 起重运输设备制造，3541 泵及真空设备制造，3543 阀门和旋塞的制造，3551 轴承制造，3573 制冷、空调设备制造，3574 风动和电动工具制造，3581 金属密封件制造，3582 紧固件、弹簧制造，3591 钢铁铸件制造，3592 锻件及粉末冶金制品制造，3611 采矿、采石设备制造，3625 模具制造，3671 拖拉机制造，3691 环境污染防治专用设备制造，3711 铁路机车车辆及动车组制造，3712 工矿有轨专用车辆制造，3713 铁路机车车辆配件制造，3714 铁路专用设备及器材、配件制造，3721 汽车整车制造，3722 改装汽车制造，3723 电车制造，3724 汽车车身、挂车制造，3725 汽车零部件及配件制造，3731 摩托车整车制造，3732 摩托车零部件及配件制造，3741 脚踏自行车及残疾人座车制造，3742 助动自行车制造，3751 金属船舶制造，3755 船舶修理及拆船，3912 电动机制造，3921 变压器、整流器和电感器制造，3922 电容器及其配套设备制造，3940 电池制造，3951 家用制冷电器具制造，3952 家用空调器制造，4011 通信传输设备制造，4012 通信交换设备制造，4013 通信终端设备制造，4014 移动通信及终端设备制造，4019 其他通信设备制造，4031 广播电视节目制作及发射设备制造，4032 广播电视接收设备及器材制造，4039 应用电视设备及其他广播电视设备制造，4041 电子计算机整机制造，4042 计算机网络设备制造，4043 电子计算机外部设备制造，4051 电子真空器件制造，4052 半导体分立器件制造，4053 集成电路制造，4059 光电子器件及其他电子器件制造，4061 电子元件及组件制造，4062 印制电路板制造，4071 家用影视设备制造，4072 家用音响设备制造，4090 其他电子设备制造，4310 金属废料和碎屑的加工处理，4320 非金属废料和碎屑的加工处理，4411 火力发电，4430 热力生产和供应（包括工业锅炉），4500 燃气生产和供应业，4610 自来水的生产和供应，4690 其他水处理、利用与分配等 70 余个小类行业的工业源产排污系数及采用类比方法行业的工业源产排污系数。

名词解释

产污系数，即污染物产生系数，指在典型工况生产条件下，生产单位产品（或使用单位原料等）所产生的污染物量。

排污系数，即污染物排放系数，指在典型工况生产条件下，生产单位产品（或使用单位原料）所产生的污染物量经末端治理设施削减后的残余量，或生产单位产品（或使用单位原料）直接排放到环境中的污染物量。当污染物直排时，排污系数与产污系数相同。

使用方法

首先，确定需要查找小类行业代码和行业名称（以中华人民共和国国家标准 GB/T 4754—2002 中的行业代码和行业名称为准），根据手册目录，翻查到相关行业。

其次，根据相关产品名称、原料名称、生产工艺、生产规模，细读相关注意事项，确定产污系数。

最后，根据相关末端处理技术，细读相关注意事项，确定排污系数。

示例

示例 1　煤炭采选行业产排污系数法核算示例

（本示例由中国煤炭加工利用协会提供）

位于山西省晋南地区的某煤矿年生产烟煤 30 万吨，其生产工艺为井工开采、炮采，其产品全部进入配套选煤厂进行洗选加工，该选煤厂的洗水达到三级闭路循环。

第一步：首先明确以下基本信息：（1）翻查到 0610 烟煤和无烟煤的开采洗选业中“煤矿开采区域条件分类表”，确定山西晋南地区属于二类地区，但该煤矿生产能力为年产 30 万吨为小型矿，应选用一类地区的系数；（2）该煤矿选煤厂洗煤废水的处理利用达到三级闭路循环；（3）该企业属于煤炭开采-洗选联合企业，其污染物产生量和排放量包括煤矿煤炭开采和选煤厂煤炭洗选加工两部分产、排污量之和。

第二步：企业填表人根据本企业产品、原料、工艺、规模和污染物末端处理技术，分别计算煤矿和选煤厂的产排污量。

对于煤矿，基本类型为“烟煤+无烟煤+井工炮采+≤30 万吨/年+沉淀分离法”。在手册“0610 烟煤无烟煤开采业产排污系数表”找到一类地区对应的污染物产污系数：工业废水量 0.8 吨/吨产品、化学需氧量 130 克/吨产品、石油类 5.37 克/吨产品、工业固体废物（煤矸石）0.08 吨/吨产品；排污系数为工业废水量 0.12 吨/吨产品、化学需氧量 7.5 克/吨产品、石油类 0.507 克/吨产品，工业固体废物（煤矸石）没有排污系数。

表 1　烟煤和无烟煤洗选业产排污系数表（摘录）

产品名称	原料名称	工艺名称	规模等级	污染物指标	单位	产污系数	末端治理技术名称	排污系数
烟煤和无烟煤	烟煤和无烟煤	井工开采炮采	≤30 万吨/年	工业废水量	吨/吨产品	0.8[③]	沉淀分离	0.12[③]
				化学需氧量	克/吨产品	130[③]	沉淀分离	7.5[③]
				石油类	克/吨产品	5.37[③]	沉淀分离	0.507[③]
				工业固体废物（煤矸石）	吨/吨产品	0.08	—	—

对于选煤厂，基本类型为“洗精煤+烟煤+块煤末煤全入选+≤30 万吨/年+‘物理+化学’”。查“0610 烟煤无烟煤洗选业产排污系数表”找到与三级闭路循环对应的污染物产污系数：工业废水量 0.3 吨/吨原料、化学需氧量 44 克/吨原料、石油类 2.25 克/吨原料、工业固体废物（煤矸石）0.18 吨/吨原料、工业固体废物（浮选尾矿）0.05 吨/吨原料；排污系数为工业废水量 0.05 吨/吨原料、化学需氧量 4.2 克/吨原料、石油类 0.32 克/吨原料，工业固体废物（煤矸石和浮选尾矿）没有排污系数。

表 2 烟煤和无烟煤洗选业产排污系数表（摘录）

产品名称	原料名称	工艺名称	规模等级	污染物指标	单位	产污系数	末端治理技术名称	排污系数
洗精煤	烟煤和无烟煤	块煤、末煤全入选	≤30 万吨/年	工业废水量	吨/吨原料	0.30⑤	物理+化学	0.05⑤
				化学需氧量	克/吨原料	44⑤	物理+化学	4.2⑤
				石油类	克/吨原料	2.25⑤	物理+化学	0.32⑤
				工业固体废物（煤矸石）	吨/吨原料	0.18	—	—
				工业固体废物（浮选尾矿）	吨/吨原料	0.05	—	—

第三步：根据企业生产能力分别计算煤矿和选煤厂污染物产生和排放量。

① 煤矿废水中石油类的产生量：30 万吨×5.37 克/吨=1.611 吨

排放量：30 万吨×0.507 克/吨=0.152 1 吨

其余污染物产生量和排放量同此方法计算。

② 选煤厂废水中石油类的产生量为：30 万吨×2.25 克/吨=0.675 吨

排放量为：30 万吨×0.32 克/吨=0.096 吨

其余污染物产生量和排放量同此方法计算。

第四步：计算该煤炭采选联合企业各污染物的产生和排放总量。如废水中石油类产生总量为：1.611 吨+0.675 吨=2.286 吨；废水中石油类排放总量为：0.152 1 吨+0.096 吨=0.248 1 吨。其余污染物的产生量和排放量同此方法计算。

第五步：填表

① 将工业废水量和各类水污染物产生量和排放量分别填入表 G105-1；

② 将工业废水量汇总填入表 G103；

③ 各类水污染物汇总后填入表 G105；

④ 将固体废物产生量和排放量填入表 G110。

其他说明：当企业为单一煤矿和独立选煤厂，或煤矿有部分生产煤炭不洗选，或煤矿选煤厂接受部分外来煤炭洗选加工时，只计算实际生产部分的产排污量。

示例 2 啤酒行业产排污系数法核算示例

（本示例由中国轻工业联合会提供）

某啤酒生产企业，以麦芽和大米为原料，生产过程中回收了冷却水和废酵母，年产量为 200 000 千升，末端处理技术采用厌氧/好氧组合工艺，涉及的污染物包括：工业废水量、化学需氧量、五日生化需氧量、氨氮。

具体计算方法如下：

第一步：通过表 G101，获知该企业属于“1522 啤酒制造业”。

第二步：确定啤酒酿造所产生的污染物的产生量和排放量。

① 根据表 G105-1，获知此企业的产品为啤酒，原料为麦芽和大米，生产过程中回收了冷却水和废酵母，年产量为 200 000 千升/年。确定此生产线的末端治理技术为“UASB+SBR 处理工艺”。

② 根据以上信息查“1522 啤酒制造业产排污系数表”，得出该企业生产啤酒的产排污系数。

表 3 啤酒制造业产排污系数表（摘录）

产品名称	原料名称	工艺名称	规模等级	污染物指标	单位	产污系数	末端治理技术名称	排污系数
啤酒	麦芽+大米（或玉米、小麦）	回收中间废弃物	10 万～50 万千升/年	工业废水量	吨/千升产品	5	厌氧/好氧组合工艺	5
				化学需氧量	克/千升产品	8 000	厌氧/好氧组合工艺	400
				五日生化需氧量	克/千升产品	4 800	厌氧/好氧组合工艺	100
				氨氮	克/千升产品	600	厌氧/好氧组合工艺	100

③ 以企业实际生产量，计算得出污染物的产生量和排放量。

污染物产生量 ＝ 产污系数×产品产量

污染物排放量 ＝ 排污系数×产品产量

由：产品产量 ＝200 000 千升/年

得出各种污染物量分别为：

工业废水量产生量 ＝5×200 000＝1 000 000 吨/年

排放量 ＝5×200 000＝1 000 000 吨/年

废水中化学需氧量产生量 ＝8 000 克/千升×200 000 千升/年 ＝1 600 吨/年

排放量 ＝400 克/千升×200 000＝80 吨/年

废水中五日生化需氧量产生量 ＝4 800 克/千升×200 000 千升/年 ＝960 吨/年

排放量 ＝100 克/千升×200 000 千升/年 ＝20 吨/年

废水中氨氮产生量 ＝600 克/千升×200 000 千升/年 ＝120 吨/年

排放量 ＝100 克/千升×200 000 千升/年 ＝20 吨/年

第三步：填表

① 将工业废水量和各类水污染物产生量和排放量分别填入表 G105-1；

② 将生产过程中产生和排放的工业废水量汇总填入表 G103；

③ 各类水污染物汇总后填入表 G105。

06

煤炭开采和洗选业

0610

烟煤和无烟煤的开采洗选业

1 适用范围

本手册给出了《统计上使用的产品分类目录》中煤炭采选业中烟煤和无烟煤、褐煤、石煤的采选业产污系数和排污系数，可用于第一次全国污染源普查煤炭采选业工业污染源污染物产生量和排放量的核算。

涉及的污染物包括：工业废水量、化学需氧量、石油类、工业固体废物（煤矸石）、工业固体废物（浮选尾矿）等。

2 注意事项

2.1 系数表中未涉及的产品产排污系数说明

本手册已基本涵盖各种煤种、煤炭采选工艺及规模的煤炭开采洗选，对可能遇到的其他煤种、工艺等条件，可咨询当地行业组织或专家、煤炭企业技术人员，参照近似的“产品、原料、工艺、规模”条件选取产排污系数。

2.2 其他需要说明的问题

（1）手册中排污系数取值考虑了不同地区各类煤矿废水利用率的差别。

（2）工艺名称：井工开采包括竖井、平峒、斜井三种开采方式；露天开采即采煤和剥离露天生产的开采方式；综采指综合机械化生产（即采煤机与自移液压支架配套联动连续生产）；机采指采煤机采煤；炮采指打眼放炮采煤；如一个矿多种采矿工艺，以产量多者为主。

（3）规模等级：按矿井（或露天矿）核定年生产能力计算；无核定生产能力者，按设计年生产能力计算。

（4）根据本次工业污染源普查的“产品、原料、工艺、规模”要素和污染物末端治理技术的框架设计，结合煤炭采选业属于地下矿产资源开采、加工的行业特点，煤炭采选业产排污系数按“产品、原料、工艺、规模”组合进行了一定的细化。引入了影响煤炭开采业水污染物产生量的矿区地质条件（主要是煤系的富水性）因子和影响煤炭洗选业水污染物排放量的闭路循环等级因子。

煤矿的废水量与水文条件有关。为调查中简化计，根据开采煤层的富水条件，将其分为一类贫水地区、二类中等富水地区和三类高富水地区，并依据原煤炭部颁发的矿井地质规程中的突出水量的等级标准，结合矿井涌水量实际及多年统计资料，将全国产煤地区划分三类，并对个别特殊的高水地区专门列出。对位于特殊大水地区的井工矿井和露天矿，工业废水量统一按照产污系数 15 吨/吨煤、排污

系数 12 吨/吨煤计算；化学需氧量和石油类产/排污系数统一按“三类地区（高富水矿区）”数值选取。如果地区分类和实际矿井水量差别较大，可以根据矿井涌水量（必须有矿井涌水量的资料）与地区分类对应表确定区域类型。

煤炭开采区域条件分类表

区域分类	一类地区（贫水矿区）	二类地区（中富水矿区）	三类地区（高富水矿区）	特大水矿区
包括地区	山西晋北地区 山西晋中地区 陕西省其他地区 甘肃全省 宁夏全区 新疆全区 云南全省 内蒙古其他地区 湖北十堰石煤矿区	河北（邯郸、峰峰除外） 北京市 辽宁全省 吉林全省 山西晋南地区 陕西黄陵地区 青海全省 贵州全省	长江以南（云南、贵州除外）各省、自治区 安徽全省 山东全省 黑龙江全省 河南全省 江苏全省 重庆市 内蒙古平庄元宝山地区	山东淄博地区 河南焦作地区 河北邯郸地区 河北峰峰地区 湖南煤炭坝地区 河北井陉矿区 湖南斗立山矿区

说明：除一类地区（贫水矿区）外，凡该地区属于≤30 万吨/年矿井其工业废水量产/排污系数都按低一等级的地区计。

矿井涌水量与地区分类对应表

单位	一类地区（贫水矿区）	二类地区（中富水矿区）	三类地区（高富水矿区）	特大水矿区
吨/时	≤60	60～300	300～900	≥900

1999 年国家颁布了《选煤厂洗水闭路循环等级》MT/T 810—1999 煤炭行业标准，规定选煤厂洗水闭路循环划分为 3 个等级：一级、二级和三级。一级：洗水实现动态平衡，不向厂区外排放；水重复利用率在 90%以上，吨煤补加水量在 0.15 吨/吨以下；煤泥全部在室内由机械回收。二级：洗水实现动态平衡，不向厂区外排放；水重复利用率在 90%以上，吨煤补加水量在 0.2 吨/吨以下；煤泥大部分在厂内机械回收，少部分在厂外沉淀池机械回收。三级：水重复利用率在 90%以上，单位补充水量小于 0.25 吨/吨（入选煤量）；向外排放水的污染物最高允许排放浓度，必须达到 GB 20426—2006 的规定；煤泥在沉淀池或尾矿坝回收。

0610 烟煤和无烟煤的开采洗选业产排污系数表

产品名称	原料名称	工艺名称	规模等级	污染物指标	单位	产污系数	末端治理技术名称	排污系数
烟煤和无烟煤	烟煤和无烟煤	井工开采综采	≥120 万吨/年	工业废水量	吨/吨产品	5.0① 2.2② 0.81③	化学混凝沉淀法	3.5① 1.12② 0.14③
				化学需氧量	克/吨产品	466① 304② 129③	化学混凝沉淀法	125① 52② 7③
				石油类	克/吨产品	6.2① 6.14② 5.88③	化学混凝沉淀法	3.480① 2.290② 0.596③
				工业固体废物（煤矸石）	吨/吨产品	0.11	—	—
		井工开采机采	≥120 万吨/年	工业废水量	吨/吨产品	5.0① 2.0② 0.8③	化学混凝沉淀法	2.5① 1.05② 0.12③
				化学需氧量	克/吨产品	460① 274② 138③	化学混凝沉淀法	105① 54② 7.6③
				石油类	克/吨产品	6.4① 6.3② 6.18③	化学混凝沉淀法	2.53① 2.25② 0.59③
				工业固体废物（煤矸石）	吨/吨产品	0.10	—	—

注：除非另外说明，本表中①指三类地区区域；②指二类地区区域；③指一类地区区域（区域分类详见煤炭开采区域条件分类表）。

0610 烟煤和无烟煤的开采洗选业产排污系数表（续 1）

产品名称	原料名称	工艺名称	规模等级	污染物指标	单位	产污系数	末端治理技术名称	排污系数
烟煤和无烟煤	烟煤和无烟煤	井工开采 炮采	≥120 万吨/年	工业废水量	吨/吨产品	4.0① 2.5② 0.8③	化学混凝沉淀法	2.0① 1.05② 0.12③
				化学需氧量	克/吨产品	350① 281② 110③	化学混凝沉淀法	50① 39② 5.2③
				石油类	克/吨产品	6.2① 5.25② 5.15③	化学混凝沉淀法	1.780① 1.737② 0.462③
				工业固体废物（煤矸石）	吨/吨产品	0.09	—	—
		井工开采 综采	30 万～120 万吨/年	工业废水量	吨/吨产品	4.0① 2.0② 0.81③	化学混凝沉淀法	2.4① 1.04② 0.15③
				化学需氧量	克/吨产品	450① 272② 142③	化学混凝沉淀法	144① 70② 10.1③
				石油类	克/吨产品	6.5① 6.3② 6.1③	化学混凝沉淀法	3.05① 2.35② 0.845③
				工业固体废物（煤矸石）	吨/吨产品	0.10	—	—

0610 烟煤和无烟煤的开采洗选业产排污系数表（续 2）

产品名称	原料名称	工艺名称	规模等级	污染物指标	单位	产污系数	末端治理技术名称	排污系数
烟煤和无烟煤	烟煤和无烟煤	井工开采机采	30 万～120 万吨/年	工业废水量	吨/吨产品	4.0① 2.15② 0.8③	化学混凝沉淀法	2.4① 0.86② 0.12③
				化学需氧量	克/吨产品	475① 320② 146③	化学混凝沉淀法	151① 55② 8.8③
				石油类	克/吨产品	6.6① 6.4② 6.2③	化学混凝沉淀法	3.1① 1.34② 0.61③
				工业固体废物（煤矸石）	吨/吨产品	0.10	—	—
		井工开采炮采	30 万～120 万吨/年	工业废水量	吨/吨产品	3.8① 2.1② 0.8③	化学混凝沉淀法	2.28① 0.82② 0.12③
				化学需氧量	克/吨产品	405① 260② 110③	化学混凝沉淀法	148① 54② 8.5③
				石油类	克/吨产品	6.0① 5.9② 5.34③	化学混凝沉淀法	3.0① 1.792② 0.480③
				工业固体废物（煤矸石）	吨/吨产品	0.08	—	—

0610 烟煤和无烟煤的开采洗选业产排污系数表（续3）

产品名称	原料名称	工艺名称	规模等级	污染物指标	单位	产污系数	末端治理技术名称	排污系数
烟煤和无烟煤	烟煤和无烟煤	井工开采 机采	≤30 万吨/年	工业废水量	吨/吨产品	3.0① 1.5② 0.7③	沉淀分离 化学混凝沉淀法	1.8① 0.62② 0.08③
				化学需氧量	克/吨产品	302① 220② 127③	沉淀分离 化学混凝沉淀法	108① 39② 6③
				石油类	克/吨产品	9.8① 6.6② 6.0③	沉淀分离 化学混凝沉淀法	3.80① 2.11② 0.53③
				工业固体废物（煤矸石）	吨/吨产品	0.09	—	—
		井工开采 炮采	≤30 万吨/年	工业废水量	吨/吨产品	3.0① 1.4② 0.8③	沉淀分离	1.8① 0.55② 0.12③
				化学需氧量	克/吨产品	345① 182② 130③	沉淀分离	103① 33② 7.5③
				石油类	克/吨产品	8.66① 5.54② 5.37③	沉淀分离	3.020① 1.668② 0.507③
				工业固体废物（煤矸石）	吨/吨产品	0.08	—	—

0610　烟煤和无烟煤的开采洗选业产排污系数表（续 4）

产品名称	原料名称	工艺名称	规模等级	污染物指标	单位	产污系数	末端治理技术名称	排污系数
烟煤和无烟煤	烟煤和无烟煤	露天开采	≥120 万吨/年	工业废水量	吨/吨产品	3.4① 2.2② 1.05③	化学混凝沉淀法	2.6① 0.95② 0.16③
				化学需氧量	克/吨产品	272① 250② 167③	化学混凝沉淀法	115① 45② 9③
				石油类	克/吨产品	6.42① 6.22② 3.33③	化学混凝沉淀法	3.91① 2.38② 0.453③
				工业固体废物（煤矸石）	吨/吨产品	0.11	—	—
		露天开采	＜120 万吨/年	工业废水量	吨/吨产品	3.8① 2.2② 1.0③	化学混凝沉淀法 物理+化学 沉淀分离	2.85① 0.82② 0.15③
				化学需氧量	克/吨产品	280① 255② 184③	化学混凝沉淀法 物理+化学 沉淀分离	155① 49② 11③
				石油类	克/吨产品	6.41① 6.33② 4.45③	化学混凝沉淀法 物理+化学 沉淀分离	4.105① 2.0② 0.504③
				工业固体废物（煤矸石）	吨/吨产品	0.10	—	—

0610 烟煤和无烟煤的开采洗选业产排污系数表（续 5）

产品名称	原料名称	工艺名称	规模等级	污染物指标	单位	产污系数	末端治理技术名称	排污系数
洗精煤	烟煤和无烟煤	块煤、末煤全入选	≥120 万吨/年	工业废水量	吨/吨原料	0.2④ 0.2⑤	物理+化学	0.0④ 0.05⑤
				化学需氧量	克/吨原料	38④ 25⑤	物理+化学	0.0④ 2.5⑤
				石油类	克/吨原料	1.60④ 1.40⑤	物理+化学	0.0④ 0.23⑤
				工业固体废物（煤矸石）	吨/吨原料	0.20	—	—
				工业固体废物（浮选尾矿）	吨/吨原料	0.06	—	—
			30 万～120 万吨/年	工业废水量	吨/吨原料	0.20④ 0.25⑤ 0.30⑥	物理+化学	0.0④ 0.05⑤ 0.12⑥
				化学需氧量	克/吨原料	38④ 30⑤ 24⑥	物理+化学	0.0④ 3.3⑤ 8⑥
				石油类	克/吨原料	1.65④ 1.81⑤ 1.95⑥	物理+化学	0.0④ 0.28⑤ 0.60⑥
				工业固体废物（煤矸石）	吨/吨原料	0.20	—	—
				工业固体废物（浮选尾矿）	吨/吨原料	0.05	—	—

注：除非另外说明，本表中④指洗水达到一、二级闭路循环；⑤指洗水达到三级闭路循环；⑥指洗水未达到闭路循环等级[详见“2.2（4）”说明]。

0610　烟煤和无烟煤的开采洗选业产排污系数表（续6）

产品名称	原料名称	工艺名称	规模等级	污染物指标	单位	产污系数	末端治理技术名称	排污系数
洗精煤	烟煤和无烟煤	块煤、末煤全入选	≤30 万吨/年	工业废水量	吨/吨原料	0.25④ 0.30⑤ 0.35⑥	物理+化学	0.0④ 0.05⑤ 0.22⑥
				化学需氧量	克/吨原料	50④ 44⑤ 42⑥	物理+化学	0.0④ 4.2⑤ 23⑥
				石油类	克/吨原料	2.20④ 2.25⑤ 2.38⑥	物理+化学	0.0④ 0.32⑤ 1.32⑥
				工业固体废物（煤矸石）	吨/吨原料	0.18	—	—
				工业固体废物（浮选尾矿）	吨/吨原料	0.05	—	—
洗混煤	烟煤和无烟煤	块煤入选末煤不选	≥120 万吨/年	工业废水量	吨/吨原料	0.15④ 0.15⑤	物理+化学	0.0④ 0.02⑤
				化学需氧量	克/吨原料	25④ 17⑤	物理+化学	0.0④ 0.9⑤
				石油类	克/吨原料	1.130④ 0.798⑤	物理+化学	0.0④ 0.062⑤
				工业固体废物（煤矸石）	吨/吨原料	0.15	—	—
				工业固体废物（浮选尾矿）	吨/吨原料	0.0	—	—

0610 烟煤和无烟煤的开采洗选业产排污系数表（续 7）

产品名称	原料名称	工艺名称	规模等级	污染物指标	单位	产污系数	末端治理技术名称	排污系数
洗混煤	烟煤和无烟煤	块煤入选末煤不选	30 万～120 万吨/年	工业废水量	吨/吨原料	0.15④ 0.20⑤ 0.25⑥	物理+化学	0.0④ 0.05⑤ 0.10⑥
				化学需氧量	克/吨原料	26④ 24⑤ 22.4⑥	物理+化学	0.0④ 4⑤ 7⑥
				石油类	克/吨原料	1.185④ 1.308⑤ 1.198⑥	物理+化学	0.0④ 0.24⑤ 0.39⑥
				工业固体废物（煤矸石）	吨/吨原料	0.15	—	—
			≤30 万吨/年	工业废水量	吨/吨原料	0.20④ 0.25⑤ 0.30⑥	物理+化学	0.0④ 0.07⑤ 0.18⑥
				化学需氧量	克/吨原料	37④ 33⑤ 32⑥	物理+化学	0.0④ 5.3⑤ 16.8⑥
				石油类	克/吨原料	1.620④ 1.693⑤ 1.664⑥	物理+化学	0.0④ 0.410⑤ 0.893⑥
洗混煤	烟煤和无烟煤	块煤入选末煤不选	≤30 万吨/年	工业固体废物（煤矸石）	吨/吨原料	0.12	—	—
		风力选煤	所有规模	工业固体废物（煤矸石）	吨/吨原料	0.15	—	—

0620

褐煤的开采洗选业

1 适用范围

本手册给出了《统计上使用的产品分类目录》中煤炭采选业中烟煤和无烟煤、褐煤、石煤的采选业产污系数和排污系数，可用于第一次全国污染源普查煤炭采选业工业污染源污染物产生量和排放量的核算。

涉及的污染物包括：工业废水量、化学需氧量、石油类、工业固体废物（煤矸石）、工业固体废物（浮选尾矿）等。

2 注意事项

2.1 系数表中未涉及的产品产排污系数说明

本手册已基本涵盖各种煤种、煤炭采选工艺及规模的煤炭开采洗选，对可能遇到的其他煤种、工艺等条件，可咨询当地行业组织或专家、煤炭企业技术人员，参照近似的“产品、原料、工艺、规模”条件选取产排污系数。

2.2 其他需要说明的问题

（1）手册中排污系数取值考虑了不同地区各类煤矿废水利用率的差别。

（2）工艺名称：井工开采包括竖井、平峒、斜井三种开采方式；露天开采即采煤和剥离露天生产的开采方式；综采指综合机械化生产（即采煤机与自移液压支架配套联动连续生产）；机采指采煤机采煤；炮采指打眼放炮采煤；如一个矿多种采矿工艺，以产量多者为主。

（3）规模等级：按矿井（或露天矿）核定年生产能力计算；无核定生产能力者，按设计年生产能力计算。

（4）根据本次工业污染源普查的“产品、原料、工艺、规模”要素和污染物末端治理技术的框架设计，结合煤炭采选业属于地下矿产资源开采、加工的行业特点，煤炭采选业产排污系数按产品、原料、工艺、规模组合进行了一定的细化。引入了影响煤炭开采业水污染物产生量的矿区地质条件（主要是煤系的富水性）因子和影响煤炭洗选业水污染物排放量的闭路循环等级因子。

煤矿的废水量与水文条件有关。为调查中简化计，根据开采煤层的富水条件，将其分为一类贫水地区、二类中等富水地区和三类高富水地区，并依据原煤炭部颁发的矿井地质规程中的突出水量的等级标准，结合矿井涌水量实际及多年统计资料，将全国产煤地区划分三类，并对个别特殊的高水地区专门列出。对位于特殊大水地区的井工矿井和露天矿，工业废水量统一按照产污系数 15 吨/吨煤、排污

系数 12 吨/吨煤计算；化学需氧量和石油类产/排污系数统一按“三类地区（高富水矿区）”数值选取。如果地区分类和实际矿井水量差别较大，可以根据矿井涌水量（必须有矿井涌水量的资料）与地区分类对应表确定区域类型。

煤炭开采区域条件分类表

区域分类	一类地区（贫水矿区）	二类地区（中富水矿区）	三类地区（高富水矿区）	特大水矿区
包括地区	山西晋北地区 山西晋中地区 陕西省其他地区 甘肃全省 宁夏全区 新疆全区 云南全省 内蒙古其他地区 湖北十堰石煤矿区	河北（邯郸、峰峰除外） 北京市 辽宁全省 吉林全省 山西晋南地区 陕西黄陵地区 青海全省 贵州全省	长江以南（云南、贵州除外）各省、自治区 安徽全省 山东全省 黑龙江全省 河南全省 江苏全省 重庆市 内蒙古平庄元宝山地区	山东淄博地区 河南焦作地区 河北邯郸地区 河北峰峰地区 湖南煤炭坝地区 河北井陉矿区 湖南斗立山矿区

说明：除一类地区（贫水矿区）外，凡该地区属于≤30 万吨/年矿井其工业废水量产/排污系数都按低一等级的地区计。

矿井涌水量与地区分类对应表

单位	一类地区（贫水矿区）	二类地区（中富水矿区）	三类地区（高富水矿区）	特大水矿区
吨/时	≤60	60～300	300～900	≥900

1999 年国家颁布了《选煤厂洗水闭路循环等级》MT/T 810—1999 煤炭行业标准，规定选煤厂洗水闭路循环划分为 3 个等级：一级、二级和三级。一级：洗水实现动态平衡，不向厂区外排放；水重复利用率在 90%以上，吨煤补加水量在 0.15 吨/吨以下；煤泥全部在室内由机械回收。二级：洗水实现动态平衡，不向厂区外排放；水重复利用率在 90%以上，吨煤补加水量在 0.2 吨/吨以下；煤泥大部分在厂内机械回收，少部分在厂外沉淀池机械回收。三级：水重复利用率在 90%以上，单位补充水量小于 0.25 吨/吨（入选煤量）；向外排放水的污染物最高允许排放浓度，必须达到 GB 20426—2006 的规定；煤泥在沉淀池或尾矿坝回收。

0620 褐煤的开采洗选业产排污系数表

产品名称	原料名称	工艺名称	规模等级	污染物指标	单位	产污系数	末端治理技术名称	排污系数
褐煤	褐煤	井工开采 综采	≥120 万吨/年	工业废水量	吨/吨产品	5.0① 2.2② 1.0③	化学混凝沉淀法	2.5① 0.96② 0.15③
				化学需氧量	克/吨产品	380① 315② 176③	化学混凝沉淀法	93① 46② 8③
				石油类	克/吨产品	7.20① 6.95② 6.90③	化学混凝沉淀法	2.25① 2.02② 0.50③
				工业固体废物（煤矸石）	吨/吨产品	0.10	—	—
		井工开采 机采	≥120 万吨/年	工业废水量	吨/吨产品	4.6① 2.1② 0.9③	化学混凝沉淀法	3.6① 0.85② 0.135③
				化学需氧量	克/吨产品	350① 340② 203③	化学混凝沉淀法	187① 52② 9③
				石油类	克/吨产品	9.78① 9.47② 6.81③	化学混凝沉淀法	3.75① 2.78② 0.66③
				工业固体废物（煤矸石）	吨/吨产品	0.10	—	—

注：除非另外说明，本表中①指三类地区区域；②指二类地区区域；③指一类地区区域（区域分类详见煤炭开采区域条件分类表）。

0620 褐煤的开采洗选业产排污系数表（续 1）

产品名称	原料名称	工艺名称	规模等级	污染物指标	单位	产污系数	末端治理技术名称	排污系数
褐煤	褐煤	井工开采 炮采	≥120 万吨/年	工业废水量	吨/吨产品	4.6① 2.1② 0.8③	化学混凝沉淀法	3.6① 0.85② 0.12③
				化学需氧量	克/吨产品	405① 220② 102③	化学混凝沉淀法	115① 34② 5③
				石油类	克/吨产品	7.190① 4.712② 3.650③	化学混凝沉淀法	2.640① 1.40② 0.286③
				工业固体废物（煤矸石）	吨/吨产品	0.10	—	—
		井工开采 综采	30 万～120 万吨/年	工业废水量	吨/吨产品	3.6① 1.8② 0.75③	化学混凝沉淀法	2.55① 0.65② 0.113③
				化学需氧量	克/吨产品	388① 206② 117③	化学混凝沉淀法	146① 40② 8③
				石油类	克/吨产品	7.96① 6.93② 5.82③	化学混凝沉淀法	2.46① 1.42② 0.45③
				工业固体废物（煤矸石）	吨/吨产品	0.10	—	—

0620　褐煤的开采洗选业产排污系数表（续 2）

产品名称	原料名称	工艺名称	规模等级	污染物指标	单位	产污系数	末端治理技术名称	排污系数
褐煤	褐煤	井工开采 机采	30 万～120 万吨/年	工业废水量	吨/吨产品	3.6① 1.9② 0.95③	化学混凝沉淀法	2.75① 0.71② 0.1③
				化学需氧量	克/吨产品	420① 256② 173③	化学混凝沉淀法	159① 44② 8③
				石油类	克/吨产品	8.70① 8.59② 7.80③	化学混凝沉淀法	3.526① 2.186② 0.711③
				工业固体废物（煤矸石）	吨/吨产品	0.10	—	—
		井工开采 炮采	30 万～120 万吨/年	工业废水量	吨/吨产品	3.6① 1.9② 0.85③	化学混凝沉淀法 沉淀分离	2.72① 0.76② 0.17③
				化学需氧量	克/吨产品	335① 320② 200③	化学混凝沉淀法 沉淀分离	150① 48② 12③
				石油类	克/吨产品	6.680① 6.188② 4.950③	化学混凝沉淀法 沉淀分离	2.510① 1.70② 0.675③
				工业固体废物（煤矸石）	吨/吨产品	0.09	—	—

0620 褐煤的开采洗选业产排污系数表（续 3）

产品名称	原料名称	工艺名称	规模等级	污染物指标	单位	产污系数	末端治理技术名称	排污系数
褐煤	褐煤	井工开采 机采	≤30 万吨/年	工业废水量	吨/吨产品	3.6① 1.8② 0.75③	沉淀分离	2.72① 0.72② 0.15③
				化学需氧量	克/吨产品	478① 271② 152③	沉淀分离	167① 49② 12③
				石油类	克/吨产品	10.88① 8.030② 6.350③	沉淀分离	5.470① 2.264② 1.150③
				工业固体废物（煤矸石）	吨/吨产品	0.09	—	—
		井工开采 炮采	≤30 万吨/年	工业废水量	吨/吨产品	3.6① 1.8② 0.85③	沉淀分离	2.65① 0.62② 0.17③
				化学需氧量	克/吨产品	350① 227② 150③	沉淀分离	148① 39② 11③
				石油类	克/吨产品	9.660① 9.585② 5.670③	沉淀分离	3.590① 1.990② 0.735③
				工业固体废物（煤矸石）	吨/吨产品	0.08	—	—

0620 褐煤的开采洗选业产排污系数表（续 4）

产品名称	原料名称	工艺名称	规模等级	污染物指标	单位	产污系数	末端治理技术名称	排污系数
褐煤	褐煤	露天开采	≥120 万吨/年	工业废水量	吨/吨产品	3.55① 2.2② 1.05③	化学混凝沉淀法	2.85① 0.95② 0.16③
				化学需氧量	克/吨产品	330① 270② 152③	化学混凝沉淀法	128① 43② 9③
				石油类	克/吨产品	6.21① 6.19② 4.49③	化学混凝沉淀法	2.88① 1.29② 0.46③
				工业固体废物（煤矸石）	吨/吨产品	0.10	—	—
			<120 万吨/年	工业废水量	吨/吨产品	3.8① 2.2② 1.0③	化学混凝沉淀法 物理+化学	2.85① 0.88② 0.15③
				化学需氧量	克/吨产品	360① 350② 180③	化学混凝沉淀法 物理+化学	154① 59② 10.7③
				石油类	克/吨产品	5.80① 5.68② 4.21③	化学混凝沉淀法 物理+化学	3.150① 1.428② 0.536③
				工业固体废物（煤矸石）	吨/吨产品	0.10	—	—

0620 褐煤的开采洗选业产排污系数表（续 5）

产品名称	原料名称	工艺名称	规模等级	污染物指标	单位	产污系数	末端治理技术名称	排污系数
洗混煤	褐煤	块煤入选末煤不选	≥120 万吨/年	工业废水量	吨/吨原料	0.25④ 0.25⑤	物理+化学	0.0④ 0.1⑤
				化学需氧量	克/吨原料	50④ 28⑤	物理+化学	0.0④ 6.5⑤
				石油类	克/吨原料	2.1④ 1.9⑤	物理+化学	0.0④ 0.488⑤
				工业固体废物（煤矸石）	吨/吨原料	0.15	—	—
		块煤入选末煤不选	<120 万吨/年	工业废水量	吨/吨原料	0.20④ 0.25⑤ 0.25⑥	物理+化学	0.0④ 0.11⑤ 0.22⑥
				化学需氧量	克/吨原料	38④ 37.6⑤ 29⑥	物理+化学	0.0④ 9.8⑤ 21.3⑥
				石油类	克/吨原料	1.972④ 1.890⑤ 1.533⑥	物理+化学	0.0④ 0.729⑤ 1.151⑥
				工业固体废物（煤矸石）	吨/吨原料	0.15	—	—
		风力选煤	所有规模	工业固体废物（煤矸石）	吨/吨原料	0.10	—	—

注：除非另外说明，本表中④指洗水达到一、二级闭路循环；⑤指洗水达到三级闭路循环；⑥指洗水未达到闭路循环等级[详见“2.2（4）”点说明]。

0690
其他煤类开采业

1 适用范围

本手册给出了《统计上使用的产品分类目录》中煤炭采选业中烟煤和无烟煤、褐煤、石煤的采选业产污系数和排污系数，可用于第一次全国污染源普查煤炭采选业工业污染源污染物产生量和排放量的核算。

涉及的污染物包括：工业废水量、化学需氧量、石油类、工业固体废物（煤矸石）、工业固体废物（浮选尾矿）等。

2 注意事项

2.1 系数表中未涉及的产品产排污系数说明

本手册已基本涵盖各种煤种、煤炭采选工艺及规模的煤炭开采洗选，对可能遇到的其他煤种、工艺等条件，可咨询当地行业组织或专家、煤炭企业技术人员，参照近似的"产品、原料、工艺、规模"条件选取产排污系数。

2.2 其他需要说明的问题

（1）手册中排污系数取值考虑了不同地区各类煤矿废水利用率的差别。

（2）工艺名称：井工开采包括竖井、平峒、斜井三种开采方式；露天开采即采煤和剥离露天生产的开采方式；综采指综合机械化生产（即采煤机与自移液压支架配套联动连续生产）；机采指采煤机采煤；炮采指打眼放炮采煤；如一个矿多种采矿工艺，以产量多者为主。

（3）规模等级：按矿井（或露天矿）核定年生产能力计算；无核定生产能力者，按设计年生产能力计算。

（4）根据本次工业污染源普查的"产品、原料、工艺、规模"要素和污染物末端治理技术的框架设计，结合煤炭采选业属于地下矿产资源开采、加工的行业特点，煤炭采选业产排污系数按"产品、原料、工艺、规模"组合进行了一定的细化。引入了影响煤炭开采业水污染物产生量的矿区地质条件（主要是煤系的富水性）因子和影响煤炭洗选业水污染物排放量的闭路循环等级因子。

煤矿的废水量与水文条件有关。为调查中简化计，根据开采煤层的富水条件，将其分为一类贫水地区、二类中等富水地区和三类高富水地区，并依据原煤炭部颁发的矿井地质规程中的突出水量的等级标准，结合矿井涌水量实际及多年统计资料，将全国产煤地区划分三类，并对个别特殊的高水地区专门列出。对位于特殊大水地区的井工矿井和露天矿，工业废水量统一按照产污系数 15 吨/吨煤、排污

系数 12 吨/吨煤计算；化学需氧量和石油类产/排污系数统一按“三类地区（高富水矿区）”数值选取。如果地区分类和实际矿井水量差别较大，可以根据矿井涌水量（必须有矿井涌水量的资料）与地区分类对应表确定区域类型。

煤炭开采区域条件分类表

区域分类	一类地区（贫水矿区）	二类地区（中富水矿区）	三类地区（高富水矿区）	特大水矿区
包括地区	山西晋北地区 山西晋中地区 陕西省其他地区 甘肃全省 宁夏全区 新疆全区 云南全省 内蒙古其他地区 湖北十堰石煤矿区	河北（邯郸、峰峰除外） 北京市 辽宁全省 吉林全省 山西晋南地区 陕西黄陵地区 青海全省 贵州全省	长江以南（云南、贵州除外）各省、自治区 安徽全省 山东全省 黑龙江全省 河南全省 江苏全省 重庆市 内蒙古平庄元宝山地区	山东淄博地区 河南焦作地区 河北邯郸地区 河北峰峰地区 湖南煤炭坝地区 河北井陉矿区 湖南斗立山矿区

说明：除一类地区（贫水矿区）外，凡该地区属于≤30 万吨/年矿井其工业废水量产/排污系数都按低一等级的地区计。

矿井涌水量与地区分类对应表

单位	一类地区（贫水矿区）	二类地区（中富水矿区）	三类地区（高富水矿区）	特大水矿区
吨/时	≤60	60～300	300～900	≥900

1999 年国家颁布了《选煤厂洗水闭路循环等级》MT/T 810—1999 煤炭行业标准，规定选煤厂洗水闭路循环划分为 3 个等级：一级、二级和三级。一级：洗水实现动态平衡，不向厂区外排放；水重复利用率在 90%以上，吨煤补加水量在 0.15 吨/吨以下；煤泥全部在室内由机械回收。二级：洗水实现动态平衡，不向厂区外排放；水重复利用率在 90%以上，吨煤补加水量在 0.2 吨/吨以下；煤泥大部分在厂内机械回收，少部分在厂外沉淀池机械回收。三级：水重复利用率在 90%以上，单位补充水量小于 0.25 吨/吨（入选煤量）；向外排放水的污染物最高允许排放浓度，必须达到 GB 20426—2006 的规定；煤泥在沉淀池或尾矿坝回收。

0690　其他煤类开采业（石煤）产排污系数表

产品名称	原料名称	工艺名称	规模等级	污染物指标	单位	产污系数	末端治理技术名称	排污系数
石煤	石煤	井工开采 炮采	≤30 万吨/年	工业废水量	吨/吨产品	3.5① 2.1② 0.8③	沉淀分离 化学混凝沉淀法	2.45① 1.05② 0.24③
				化学需氧量	克/吨产品	146① 137② 70③	沉淀分离 化学混凝沉淀法	92.3① 60② 15③
				石油类	克/吨产品	2.36① 2.30② 2.28③	沉淀分离 化学混凝沉淀法	1.434① 1.054② 0.642③
				工业固体废物（煤矸石）	吨/吨产品	0.125	—	—

注：除非另外说明，本手册中①指三类地区区域；②指二类地区区域；③指一类地区区域（区域分类详见煤炭开采区域条件分类表）。

07

石油和天然气开采业

0710

天然原油和天然气开采业

1 适用范围

本手册给出了《统计上使用的产品分类目录》中“天然原油和天然气开采业”天然原油和天然气开采的产污系数和排污系数，可用于第一次全国污染源普查天然原油和天然气开采业工业污染源污染物产生量和排放量的核算。

涉及的污染物包括：工业废水量、化学需氧量、石油类、氨氮、挥发酚、工业废气量（指折算成标准状态的体积）、二氧化硫。

2 注意事项

普查员在普查中应该以一个地区企业（如大庆油田有限责任公司等）下属的一个采油厂或天然气净化厂为基本单位。

天然气开采只考虑天然气净化厂的产排污情况，其他环节由于产排污量很少忽略不计，天然气净化厂直接使用“0710 天然原油和天然气开采业产排污系数表”中的天然气开采产排污系数。

2.1 名词解释

含水率：油田采出液中水的质量含量，以百分比表示，在产排污系数计算公式中用 A 代表。

此外，对于稠油油田无含水率的概念，但可以提供相应的以年为单位的采出水比率，计算方法如下：

采出水比率=年采出水量（吨）/[年原油产量（吨）+年采出水量（吨）]×100%

回注（回灌）率：在产排污系数计算公式中用 C 代表。目前，中国石油集团大多数油田的采油废水都进行回注或回灌，废水中回注（回灌）的比率即为回注（回灌）率，油田企业可根据生产报表直接提供此参数。

2.2 分类原则、污染物及系数表单未涉及的情况

天然原油和天然气开采业按产品可划分为原油、天然气、煤层气三类。其中天然原油又可分为非稠油和稠油，非稠油按原料可分为低渗透油田和非低渗透油田，其开采所采用的工艺为二次采油+三次采油；稠油原料为稠油油田，开采工艺主要为蒸汽驱，其他工艺可参照蒸汽驱产排污系数进行计算。此外，油田含水率是影响产排污系数的重要指标，因此，对于天然原油开采，在原料中加入含水率区间进行分类。天然气按原料可分为超低含硫和非超低含硫两类，其中超低含硫基本不产生污染物，可认为产排污系数均为零，不在本次表单中体现。

全国煤层气开采钻井总数为 1 573 口，主要是试验性生产，尚未到规模性工业化生产。因此，目前难以准确调查，不包含在本次调查范围。

天然原油开采产生的污染物包括工业废水、化学需氧量、氨氮、石油类、挥发酚，天然气开采产生的污染物包括工业废水、化学需氧量、石油类、工业废气、二氧化硫。

2.3 “产品、原料、工艺、规模”组合情况

根据上述“产品、原料、工艺、规模”分类原则，天然原油开采分为九个“产品、原料、工艺、规模”组合，分别为非稠油低渗透油田含水率＜80%、非稠油低渗透油田含水率 80%～90%、非稠油低渗透油田含水率＞90%、非稠油非低渗透油田含水率＜80%、非稠油非低渗透油田含水率 80%～90%、非稠油非低渗透油田含水率＞90%、稠油油田含水率＜70%、稠油油田含水率 70%～80%、稠油油田含水率＞80%。

天然气开采分为一个“产品、原料、工艺、规模”组合，为非超低含硫自喷。

2.4 其他需要说明的问题

（1）对于天然原油开采，石油天然气生产企业排放废水中的化学需氧量达标率为 99.6%，由于各地执行排放标准不同，在相同“产品、原料、工艺、规模”条件及相同末端处理技术的情况下，为了满足达标排放，可能会造成处理效率的差异，从而排污系数有所差别，如大港油田执行污水排放二级标准，冀东油田执行污水排放一级标准，而污水处理均以达标排放为目标，尽管末端处理技术都采用的是物理+生物，化学需氧量排污系数却有较大差别，因此，在末端处理工艺上对执行不同排放标准的情况进行了分别处理，对于大多数“产品、原料、工艺、规模”组合都有这种情况出现。而废水中除化学需氧量外的其他污染物排放浓度受标准影响较小，所以没有进行特殊处理。

（2）由于本次调查没有覆盖所有的油田，部分“产品、原料、工艺、规模”条件+末端处理技术的组合在实测企业中没有遇到，对于这些情况，课题组根据经验给出了参考个体排污系数，此时污染物浓度采用的是历史综合偏安全的数据，而实际调查到的“产品、原料、工艺、规模”条件，其污染物浓度采用的是实测和历史数据综合结果，结果在某些“产品、原料、工艺、规模”条件下出现氨氮、挥发酚对应的末端处理技术的排污系数中物理+生物与物理+化学相当的情况。此外，由于物理+生物比物理+化学工艺污水处理效率高，在有物理+化学而无物理+生物工艺的情况下，本着保守估计的原则，后者的排污系数直接采用了前者的系数。本次调查没有涉及使用物化+生物组合末端处理工艺和化学+生物组合末端处理工艺的企业，如在普查中出现，可等同采用物理+生物末端处理技术排污系数。

（3）目前国内所有石油企业中只有位于新疆地区的企业执行《污水综合排放标准》中的三级标准，但是其所有末端处理执行物理+生物处理技术的企业均无污水外排，没有计算排污系数的意义，因此对于末端处理实行物理+生物处理技术的情况没有考虑执行污水综合排放三级标准情况下的排污系数。

（4）在天然原油开采中，课题组按含水率区间划分“产品、原料、工艺、规模”组合，普查员在实际普查时，应要求油田企业下属的采油（气）厂（矿）填报综合含水率，在系数公式中用 A 表示，建议填写在 G102 表中“二、主要有毒有害原辅材料”的原辅材料名称一栏中，如大庆油田第一采油厂，应填写“非低渗透油田＞90%”。需要特别说明的是，对于天然原油开采，原料分为低渗透油田、非低渗透油田和稠油油田，是依据油田本身的特点进行划分，不属于有毒有害原辅材料，也不存在使用量的问题。

（5）对于非超低含硫气田，硫的产污系数即为该气田天然气组分中以二氧化硫计的硫含量，转化公式为：以二氧化硫计（千克/万米 ^{3} 天然气）=硫含量（克/米 ^{3} 天然气）×（2/1 000）×10 000=20×硫含量（克/米 ^{3} 天然气）。由于各气田天然气组分中硫含量差异极大，甚至对于单个气田，在开采的不同时期也可能存在硫含量的显著差异，因此，给出确定的产污系数是没有意义的，课题组仅提供具体企业的系数作为参考，在污染源普查中，普查员应实际了解相应气田天然气组分的硫含量，确定产污系数。

0710 天然原油和天然气开采业产排污系数表

产品名称	原料名称	工艺名称	规模	污染物指标	单位	产污系数计算公式	末端处理技术名称	排污系数计算公式
非稠油⑤	低渗透油田<80%⑤	二次采油+三次采油	所有规模	工业废水量	吨/吨产品	A①/（1−A）	物理+化学+回注、物理+生物+回注	A/（1−A）×（1−C①）
				化学需氧量	克/吨产品	592A/（1−A）	物理+化学+回注	90A/（1−A）×（1−C）②
								130A/（1−A）×（1−C）③
								180A/（1−A）×（1−C）④
							物理+生物+回注	97.2A/（1−A）×（1−C）②
								120A/（1−A）×（1−C）③
				氨氮	克/吨产品	14A/（1−A）	物理+化学+回注	7A/（1−A）×（1−C）
							物理+生物+回注	6.6A/（1−A）×（1−C）
				石油类	克/吨产品	29A/（1−A）	物理+化学+回注	7A/（1−A）×（1−C）
							物理+生物+回注	4.6A/（1−A）×（1−C）
				挥发酚	克/吨产品	0.15A/（1−A）	物理+化学+回注	0.1A/（1−A）×（1−C）
							物理+生物+回注	0.043A/（1−A）×（1−C）

注：① 公式中字母含义 A——含水率，无量纲；C——回注（回灌）率，无量纲。

② 被调查企业执行 GB 8978—1996 污水综合排放一级标准时，采用此系数。

③ 被调查企业执行 GB 8978—1996 污水综合排放二级标准时，采用此系数。

④ 被调查企业执行 GB 8978—1996 污水综合排放三级标准时，采用此系数。

⑤ 产品与原料名称在《统计上使用的产品分类目录》中无，为行业约定俗成名称。

0710 天然原油和天然气开采业产排污系数表（续 1）

产品名称	原料名称	工艺名称	规模	污染物指标	单位	产污系数计算公式	末端处理技术名称	排污系数计算公式
非稠油[⑤]	低渗透油田 80%～90%[⑤]	二次采油+三次采油	所有规模	工业废水量	吨/吨产品	A[①]/（1−A）	物理+化学+回注、物理+生物+回注	A/（1−A）×（1−C[①]）
				化学需氧量	克/吨产品	325.6A/（1−A）	物理+化学+回注	90A/（1−A）×（1−C）[②]
								141A/（1−A）×（1−C）[③]
								180A/（1−A）×（1−C）[④]
							物理+生物+回注	80A/（1−A）×（1−C）[②]
								128A/（1−A）×（1−C）[③]
				氨氮	克/吨产品	5.5A/（1−A）	物理+化学+回注	4.2A/（1−A）×（1−C）
							物理+生物+回注	4.1A/（1−A）×（1−C）
				石油类	克/吨产品	66A/（1−A）	物理+化学+回注	7.4A/（1−A）×（1−C）
							物理+生物+回注	3.8A/（1−A）×（1−C）
				挥发酚	克/吨产品	0.100A/（1−A）	物理+化学+回注	0.036A/（1−A）×（1−C）
							物理+生物+回注	0.036A/（1−A）×（1−C）

注：① 公式中字母含义 A——含水率，无量纲；C——回注（回灌）率，无量纲。

② 被调查企业执行 GB 8978—1996 污水综合排放一级标准时，采用此系数。

③ 被调查企业执行 GB 8978—1996 污水综合排放二级标准时，采用此系数。

④ 被调查企业执行 GB 8978—1996 污水综合排放三级标准时，采用此系数。

⑤ 产品与原料名称在《统计上使用的产品分类目录》中无，为行业约定俗成名称。

0710 天然原油和天然气开采业产排污系数表（续 2）

产品名称	原料名称	工艺名称	规模	污染物指标	单位	产污系数计算公式	末端处理技术名称	排污系数计算公式
非稠油⑤	低渗透油田＞90%⑤	二次采油+三次采油	所有规模	工业废水量	吨/吨产品	A①/（1−A）	物理+化学+回注、物理+生物+回注	A/（1−A）×（1−C①）
				化学需氧量	克/吨产品	290A/（1−A）	物理+化学+回注	90A/（1−A）×（1−C）②
								136A/（1−A）×（1−C）③
								180A/（1−A）×（1−C）④
							物理+生物+回注	80A/（1−A）×（1−C）②
								120A/（1−A）×（1−C）③
				氨氮	克/吨产品	4.6A/（1−A）	物理+化学+回注	4.5A/（1−A）×（1−C）
							物理+生物+回注	4.5A/（1−A）×（1−C）
				石油类	克/吨产品	48.4A/（1−A）	物理+化学+回注	7.1A/（1−A）×（1−C）
							物理+生物+回注	5A/（1−A）×（1−C）
				挥发酚	克/吨产品	0.136 4 A/（1−A）	物理+化学+回注	0.028 3A/（1−A）×（1−C）
							物理+生物+回注	0.028 3A/（1−A）×（1−C）

注：① 公式中字母含义 A——含水率，无量纲；C——回注（回灌）率，无量纲。

② 被调查企业执行 GB 8978—1996 污水综合排放一级标准时，采用此系数。

③ 被调查企业执行 GB 8978—1996 污水综合排放二级标准时，采用此系数。

④ 被调查企业执行 GB 8978—1996 污水综合排放三级标准时，采用此系数。

⑤ 产品与原料名称在《统计上使用的产品分类目录》中无，为行业约定俗成名称。

0710 天然原油和天然气开采业产排污系数表（续3）

产品名称	原料名称	工艺名称	规模	污染物指标	单位	产污系数计算公式	末端处理技术名称	排污系数计算公式
非稠油[5]	非低渗透油田<80%[5]	二次采油+三次采油	所有规模	工业废水量	吨/吨产品	$A^{①}$/（1−A）	物理+化学+回注、物理+生物+回注	A/（1−A）×（1−$C^{①}$）
				化学需氧量	克/吨产品	312.5A/（1−A）	物理+化学+回注	90A/（1−A）×（1−C）[2]
								130A/（1−A）×（1−C）[3]
								180.5A/（1−A）×（1−C）[4]
							物理+生物+回注	80A/（1−A）×（1−C）[2]
								120A/（1−A）×（1−C）[3]
				氨氮	克/吨产品	5.1A/（1−A）	物理+化学+回注	4.7A/（1−A）×（1−C）
							物理+生物+回注	4.5A/（1−A）×（1−C）
				石油类	克/吨产品	75.2A/（1−A）	物理+化学+回注	7.7A/（1−A）×（1−C）
							物理+生物+回注	4A/（1−A）×（1−C）
				挥发酚	克/吨产品	0.775 0A/（1−A）	物理+化学+回注	0.25A/（1−A）×（1−C）
							物理+生物+回注	0.10A/（1−A）×（1−C）

注：① 公式中字母含义 A——含水率，无量纲；C——回注（回灌）率，无量纲。

② 被调查企业执行 GB 8978—1996 污水综合排放一级标准时，采用此系数。

③ 被调查企业执行 GB 8978—1996 污水综合排放二级标准时，采用此系数。

④ 被调查企业执行 GB 8978—1996 污水综合排放三级标准时，采用此系数。

⑤ 产品与原料名称在《统计上使用的产品分类目录》中无，为行业约定俗成名称。

0710 天然原油和天然气开采业产排污系数表（续 4）

产品名称	原料名称	工艺名称	规模	污染物指标	单位	产污系数计算公式	末端处理技术名称	排污系数计算公式
非稠油[5]	非低渗透油田 80%～90%[5]	二次采油+三次采油	所有规模	工业废水量	吨/吨产品	A[1]/（1−A）	物理+化学+回注、物理+生物+回注	A/（1−A）×（1−C[1]）
				化学需氧量	克/吨产品	597.5A/（1−A）	物理+化学+回注	90A/（1−A）×（1−C）[2]
								130A/（1−A）×（1−C）[3]
								180A/（1−A）×（1−C）[4]
							物理+生物+回注	96.9A/（1−A）×（1−C）[2]
								120A/（1−A）×（1−C）[3]
				氨氮	克/吨产品	15.1A/（1−A）	物理+化学+回注	7A/（1−A）×（1−C）
							物理+生物+回注	6.8A/（1−A）×（1−C）
				石油类	克/吨产品	31A/（1−A）	物理+化学+回注	7A/（1−A）×（1−C）
							物理+生物+回注	4.8A/（1−A）×（1−C）
				挥发酚	克/吨产品	0.077 8A/（1−A）	物理+化学+回注	0.07A/（1−A）×（1−C）
							物理+生物+回注	0.033 3A/（1−A）×（1−C）

注：① 公式中字母含义 A——含水率，无量纲；C——回注（回灌）率，无量纲。

② 被调查企业执行 GB 8978—1996 污水综合排放一级标准时，采用此系数。

③ 被调查企业执行 GB 8978—1996 污水综合排放二级标准时，采用此系数。

④ 被调查企业执行 GB 8978—1996 污水综合排放三级标准时，采用此系数。

⑤ 产品与原料名称在《统计上使用的产品分类目录》中无，为行业约定俗成名称。

0710 天然原油和天然气开采业产排污系数表（续 5）

产品名称	原料名称	工艺名称	规模	污染物指标	单位	产污系数计算公式	末端处理技术名称	排污系数计算公式
非稠油⑤	低渗透油田＞90%⑤	二次采油+三次采油	所有规模	工业废水量	吨/吨产品	A①/（1－A）	物理+化学+回注、物理+生物+回注	A/（1－A）×（1－C①）
				化学需氧量	克/吨产品	311.3A/（1－A）	物理+化学+回注	90A/（1－A）×（1－C）②
								135.1A/（1－A）×（1－C）③
								180A/（1－A）×（1－C）④
							物理+生物+回注	80A/（1－A）×（1－C）②
								120A/（1－A）×（1－C）③
				氨氮	克/吨产品	4.7A/（1－A）	物理+化学+回注	4.5A/（1－A）×（1－C）
							物理+生物+回注	4.5A/（1－A）×（1－C）
				石油类	克/吨产品	69.6A/（1－A）	物理+化学+回注	7.8A/（1－A）×（1－C）
							物理+生物+回注	5A/（1－A）×（1－C）
				挥发酚	克/吨产品	0.133 4A/（1－A）	物理+化学+回注	0.033 4A/（1－A）×（1－C）
							物理+生物+回注	0.033 4A/（1－A）×（1－C）

注：① 公式中字母含义 A——含水率，无量纲；C——回注（回灌）率，无量纲。

② 被调查企业执行 GB 8978—1996 污水综合排放一级标准时，采用此系数。

③ 被调查企业执行 GB 8978—1996 污水综合排放二级标准时，采用此系数。

④ 被调查企业执行 GB 8978—1996 污水综合排放三级标准时，采用此系数。

⑤ 产品与原料名称在《统计上使用的产品分类目录》中无，为行业约定俗成名称。

0710 天然原油和天然气开采业产排污系数表（续6）

产品名称	原料名称	工艺名称	规模	污染物指标	单位	产污系数计算公式	末端处理技术名称	排污系数计算公式
稠油[5]	稠油 油田＜70%[5]	蒸汽驱	所有规模	工业废水量	吨/吨产品	A[1]/（1−A）	物理+化学+回注、物理+生物+回注	A/（1−A）×（1−C[1]）
				化学需氧量	克/吨产品	654A/（1−A）	物理+化学+回注	90A/（1−A）×（1−C）[2]
								130A/（1−A）×（1−C）[3]
								210A/（1−A）×（1−C）[4]
							物理+生物+回注	80A/（1−A）×（1−C）[2]
								80A/（1−A）×（1−C）[3]
				氨氮	克/吨产品	12A/（1−A）	物理+化学+回注	7A/（1−A）×（1−C）
							物理+生物+回注	3A/（1−A）×（1−C）
				石油类	克/吨产品	72A/（1−A）	物理+化学+回注	7A/（1−A）×（1−C）
							物理+生物+回注	3.6A/（1−A）×（1−C）
				挥发酚	克/吨产品	0.266 7A/（1−A）	物理+化学+回注	0.1A/（1−A）×（1−C）
							物理+生物+回注	0.066 7A/（1−A）×（1−C）

注：① 公式中字母含义 A——含水率，无量纲；C——回注（回灌）率，无量纲。

② 被调查企业执行 GB 8978—1996 污水综合排放一级标准时，采用此系数。

③ 被调查企业执行 GB 8978—1996 污水综合排放二级标准时，采用此系数。

④ 被调查企业执行 GB 8978—1996 污水综合排放三级标准时，采用此系数。

⑤ 产品与原料名称在《统计上使用的产品分类目录》中无，为行业约定俗成名称。

0710 天然原油和天然气开采业产排污系数表（续 7）

产品名称	原料名称	工艺名称	规模	污染物指标	单位	产污系数计算公式	末端处理技术名称	排污系数计算公式
稠油[5]	稠油油田 70%～80%[5]	蒸汽驱	所有规模	工业废水量	吨/吨产品	A[1]/（1－A）	物理+化学+回注、物理+生物+回注	A/（1－A）×（1－C[1]）
				化学需氧量	克/吨产品	657.2A/（1－A）	物理+化学+回注	90A/（1－A）×（1－C）[2]
								130A/（1－A）×（1－C）[3]
								210A/（1－A）×（1－C）[4]
							物理+生物+回注	80A/（1－A）×（1－C）[2]
								85.5A/（1－A）×（1－C）[3]
				氨氮	克/吨产品	8.58A/（1－A）	物理+化学+回注	7A/（1－A）×（1－C）
							物理+生物+回注	3.5A/（1－A）×（1－C）
				石油类	克/吨产品	76.8A/（1－A）	物理+化学+回注	7A/（1－A）×（1－C）
							物理+生物+回注	2.9A/（1－A）×（1－C）
				挥发酚	克/吨产品	0.275A/（1－A）	物理+化学+回注	0.1A/（1－A）×（1－C）
							物理+生物+回注	0.075A/（1－A）×（1－C）

注：① 公式中字母含义　A——含水率，无量纲；C——回注（回灌）率，无量纲。

② 被调查企业执行 GB 8978—1996 污水综合排放一级标准时，采用此系数。

③ 被调查企业执行 GB 8978—1996 污水综合排放二级标准时，采用此系数。

④ 被调查企业执行 GB 8978—1996 污水综合排放三级标准时，采用此系数。

⑤ 产品与原料名称在《统计上使用的产品分类目录》中无，为行业约定俗成名称。

0710 天然原油和天然气开采业产排污系数表（续 8）

产品名称	原料名称	工艺名称	规模	污染物指标	单位	产污系数计算公式	末端处理技术名称	排污系数计算公式
稠油[5]	稠油 油田＞80%[5]	蒸汽驱	所有规模	工业废水量	吨/吨产品	A[1]/（1－A）	物理+化学+回注、物理+生物+回注	A/（1－A）×（1－C[1]）
				化学需氧量	克/吨产品	700A/（1－A）	物理+化学+回注	90A/（1－A）×（1－C）[2]
								130A/（1－A）×（1－C）[3]
								210A/（1－A）×（1－C）[4]
							物理+生物+回注	80A/（1－A）×（1－C）[2]
								120A/（1－A）×（1－C）[3]
				氨氮	克/吨产品	10A/（1－A）	物理+化学+回注	7A/（1－A）×（1－C）
							物理+生物+回注	7A/（1－A）×（1－C）
				石油类	克/吨产品	70A/（1－A）	物理+化学+回注	7A/（1－A）×（1－C）
							物理+生物+回注	5A/（1－A）×（1－C）
				挥发酚	克/吨产品	0.3A/（1－A）	物理+化学+回注	0.1A/（1－A）×（1－C）
							物理+生物+回注	0.1A/（1－A）×（1－C）

注：① 公式中字母含义　A——含水率，无量纲；C——回注（回灌）率，无量纲。

② 被调查企业执行 GB 8978—1996 污水综合排放一级标准时，采用此系数。

③ 被调查企业执行 GB 8978—1996 污水综合排放二级标准时，采用此系数。

④ 被调查企业执行 GB 8978—1996 污水综合排放三级标准时，采用此系数。

⑤ 产品与原料名称在《统计上使用的产品分类目录》中无，为行业约定俗成名称。

0710 天然原油和天然气开采业产排污系数表（续 9）

产品名称	原料名称	工艺名称	规模	污染物指标	单位	产污系数	末端处理技术名称	排污系数
天然气	非超低含硫[①]	自喷	所有规模	工业废水量	吨/万米^{3}产品	0.349 0	生物接触氧化法、SBR、好氧生物处理+厌氧生物处理法	0.349 0
				化学需氧量	克/万米^{3}产品	94.6	生物接触氧化法	22.2
							SBR	14.5
							好氧生物处理+厌氧生物处理法	16.8
				石油类	克/万米^{3}产品	1.15	生物接触氧化法	0.30
							SBR	0.29
							好氧生物处理+厌氧生物处理法	0.18
				工业废气	米^3/米^{3}产品	0.023 2	超级克劳斯硫回收工艺、改良克劳斯技术及Clinsulf-SDP 技术、常规两级克劳斯硫回收工艺、超级克劳斯硫回收工艺+SCOT	0.023 2
				二氧化硫	千克/万米^{3}产品	62.10（以二氧化硫计）	超级克劳斯硫回收工艺	0.748 1
							改良克劳斯技术及 Clinsulf-SDP 技术	1.029 6
							常规两级克劳斯硫回收工艺	1.696
							超级克劳斯硫回收工艺+SCOT	0.135 7

注：① 原料名称在《统计上使用的产品分类目录》中无，为行业约定俗成名称。

0790

与石油和天然气开采有关的服务活动

1 适用范围

本手册给出了《统计上使用的产品分类目录》中“与石油和天然气开采有关的服务活动”井下作业和钻井作业的产污系数和排污系数，适用于第一次全国污染源普查“与石油和天然气开采有关的服务活动”工业污染源污染物产生量和排放量的核算。

本手册涉及的污染物包括：工业废水量、化学需氧量、石油类、废酸化液、废压裂液、废弃钻井液等。

2 注意事项

根据各种作业产生和排放污染物的实际情况，本手册所述“与石油和天然气开采有关的服务活动”只限定于钻井作业和井下作业两个活动。普查员在普查中应尽量以一个地区企业（如中国石油西部钻探工程有限公司或大庆油田有限责任公司等）为基本单位。

2.1 钻井作业

（1）“产品、原料、工艺、规模”组合分类原则

1）按油、气井分类。由于生产目的层位、地质条件和钻井周期等多方面的不同，油井与气井钻井作业的产排污量存在较大差异。

2）按井深分。随着钻井深度的增加，需要多次更换不同尺寸的钻头和钻井液体系，造成钻井液的消耗差异较大。油井钻井井深规模分为≥3.5 千米进尺、2.5～3.5 千米进尺和≤2.5 千米进尺；气井钻井井深规模分为≥4 千米进尺、2～4 千米进尺和≤2 千米进尺。

3）按普通井与特殊井分类。钻井井别和类型的不同，对钻井液体系的要求与消耗有差异。经调研与现场实测，对于油井钻井，将探井确定为特殊井，其余井别为普通井；对于气井钻井，将直井定为普通井，其余井别为特殊井。

（2）“产品、原料、工艺、规模”组合情况

钻井作业分为十二个“产品、原料、工艺、规模”组合，分别为普通油井（≥3.5 千米进尺）、普通油井（2.5～3.5 千米进尺）、普通油井（≤2.5 千米进尺）、特殊油井（≥3.5 千米进尺）、特殊油井（2.5～3.5 千米进尺）、特殊油井（≤2.5 千米进尺）、普通气井（≥4 千米进尺）、普通气井（2～4 千米进尺）、普通气井（≤2 千米进尺）、特殊气井（≥4 千米进尺）、特殊气井（2～4 千米进尺）、特殊气井（≤2 千米进尺）。

（3）存在的特殊情况与处理办法

1）油井钻井作业完成后，钻井废水与废弃钻井液整体固化处置，故钻井废水只有产污系数而无排

污系数。

2）只有四川省和重庆市所辖区内的气井钻井作业存在废水排放（即有排污系数）现象；其他油田的气井钻井作业，因钻井废水与废弃钻井液整体固化处置，故钻井废水只有产污系数而无排污系数。

3）对于四川省和重庆市所辖区内的气井钻井作业，由于有的区域环境较为敏感，不允许废水外排，只能外运回注，因此，在进行废水污染物排放量计算时，应扣除这部分钻井进尺数；废水污染物产生量仍按总钻井进尺数进行核算。

2.2 井下作业

（1）“产品、原料、工艺、规模”组合分类原则

根据作业过程中产生和排放污染物的实际情况，井下作业只考虑压裂作业和修井作业两个活动。

1）压裂作业：无论是油井还是气井，从作业原理和使用原料的不同，分为加砂压裂和酸化压裂。

压裂作业因地层地质条件和采油设计要求千差万别，相同作业的不同井次间产排污量差别较大（一次作业量从几十吨到上千吨不等），很难用大、中、小规模简单确定产排污量的单值或区间。经现场调研、历史数据统计分析及咨询有关专家确定，油井压裂作业以低渗透和非低渗透油藏进行规模分类较为合理；而气井压裂作业只能以一定周期内各井次平均量进行核算。

2）修井作业：油井修井依据工艺复杂程度和作业量应按大修、小修分类，但从污染源普查的角度考虑，以污染物类型进行分类较为合理。修井作业产生的污染物包括废弃钻井液和洗井废水，其中只有大修的侧钻和取换套等作业产生废弃钻井液，由于作业频次低、产污量小，故只考虑洗井作业产生的洗井废水。气井的修井作业因产污负荷小、作业频率低也不作考虑。

对于洗井作业，因油藏性质不同产生的作业废水量不同，故按非低渗透和低渗透油藏进行规模分类。

（2）“产品、原料、工艺、规模”组合情况

井下作业分为八个“产品、原料、工艺、规模”组合，分别为非低渗透油井加砂压裂、低渗透油井加砂压裂、气井加砂压裂、非低渗透油井酸化压裂、低渗透油井酸化压裂、气井酸化压裂、非低渗透油井洗井作业、低渗透油井洗井作业。

（3）存在的特殊情况与处理办法

由于地层地质条件及设计要求千差万别，因此，每个作业井次压裂液、酸化液或洗井液的使用量以及返排量（即产污量）差别较大。本手册所提供的产污系数，从总体上反映了单井作业的平均水平，但不具备典型性。因此，普查员在普查中，如发现某一企业的产污情况与本手册所提供的产污系数相差较大时，应结合具体企业的实际以现场实测为准。

0790　与石油和天然气开采有关的服务活动产排污系数表

产品名称	原料名称	工艺名称	规模等级	污染物指标	单位	产污系数	末端治理技术名称	排污系数
井下作业	压裂液	非低渗透油井加砂压裂	所有规模	工业固体废物（废压裂液）	米^3/井次产品	87.33	—	—
		低渗透油井加砂压裂	所有规模	工业固体废物（废压裂液）	米^3/井次产品	50.1	—	—
		气井加砂压裂	所有规模	工业固体废物（废压裂液）	米^3/井次产品	263.98	—	—
	酸化液	非低渗透油井酸化压裂	所有规模	HW34 危险废物（废酸化液）	米^3/井次产品	26.56	—	—
		低渗透油井酸化压裂	所有规模	HW34 危险废物（废酸化液）	米^3/井次产品	18.62	—	—
		气井酸化压裂	所有规模	HW34 危险废物（废酸化液）	米^3/井次产品	82.3	—	—
	洗井液（水）	非低渗透油井洗井作业	所有规模	工业废水量	吨/井次产品	76.04	回收回注①	0
				化学需氧量	克/井次产品	104 525.3	回收回注	0
				石油类	克/井次产品	17 645	回收回注	0
		低渗透油井洗井作业	所有规模	工业废水量	吨/井次产品	27.13	回收回注	0
				化学需氧量	克/井次产品	34 679.3	回收回注	0
				石油类	克/井次产品	6 122.1	回收回注	0

注：① 洗井废水全部回注地层，故排污系数为 0。

0790　与石油和天然气开采有关的服务活动产排污系数表（续 1）

产品名称	原料名称	工艺名称	规模等级	污染物指标	单位	产污系数	末端治理技术名称	排污系数
钻井作业	钻井液	普通油井	≥3.5 千米进尺	工业固体废物（废弃钻井液）	吨/百米产品[②]	16.05	—	—
			2.5～3.5 千米进尺	工业固体废物（废弃钻井液）	吨/百米产品	13.98		
			≤2.5 千米进尺	工业固体废物（废弃钻井液）	吨/百米产品	11.28		
		特殊油井	≥3.5 千米进尺	工业固体废物（废弃钻井液）	吨/百米产品	62.33		
			2.5～3.5 千米进尺	工业固体废物（废弃钻井液）	吨/百米产品	46.01		
			≤2.5 千米进尺	工业固体废物（废弃钻井液）	吨/百米产品	34.16		
		普通气井	≥4 千米进尺	工业废水量	吨/百米产品	52.64	物理＋化学＋回注	21.43
				化学需氧量	克/百米产品	244 810.3		2 924.4
				石油类	克/百米产品	1 072		86.6
				工业固体废物（废弃钻井液）	吨/百米产品	37.05	—	—
			2～4 千米进尺	工业废水量	吨/百米产品	46.41	物理＋化学＋回注	21.43
				化学需氧量	克/百米产品	204 602.2		2 924.4
				石油类	克/百米产品	928.2		86.6
				工业固体废物（废弃钻井液）	吨/百米产品	40.59	—	—

注：② 对于钻井作业，产品为钻井进尺。

0790　与石油和天然气开采有关的服务活动产排污系数表（续 2）

产品名称	原料名称	工艺名称	规模等级	污染物指标	单位	产污系数	末端治理技术名称	排污系数
钻井作业	钻井液	普通气井	≤2 千米进尺	工业废水量	吨/百米产品[②]	54.94	物理＋化学+回注	22.23
				化学需氧量	克/百米产品	241 854.5	物理＋化学+回注	5 369.2
				石油类	克/百米产品	1 098.7	物理＋化学+回注	77.8
				工业固体废物（废弃钻井液）	吨/百米产品	44.9	—	—
		特殊气井	≥4 千米进尺	工业废水量	吨/百米产品	56.68	物理＋化学+回注	22.9
				化学需氧量	克/百米产品	252 593	物理＋化学+回注	5 516.6
				石油类	克/百米产品	1 204	物理＋化学+回注	82.8
				工业固体废物（废弃钻井液）	吨/百米产品	35.59	—	—
			2～4 千米进尺	工业废水量	吨/百米产品	51.77	物理＋化学+回注	21.79
				化学需氧量	克/百米产品	227 807	物理＋化学+回注	3 012
				石油类	克/百米产品	1 081.8	物理＋化学+回注	86
				工业固体废物（废弃钻井液）	吨/百米产品	38.32	—	—
			≤2 千米进尺	工业废水量	吨/百米产品	37.43	物理＋化学+回注	21.97
				化学需氧量	克/百米产品	164 698.3	物理＋化学+回注	3 030.6
				石油类	克/百米产品	804.6	物理＋化学+回注	88
				工业固体废物（废弃钻井液）	吨/百米产品	41.49	—	—

注：② 对于钻井作业，产品为钻井进尺。

08

黑色金属矿采选业

0810
铁矿采选业

1 适用范围

本手册给出了《统计上使用的产品分类目录》中“黑色金属采选业”铁矿采矿、选矿等生产过程的产污系数和排污系数，可用于第一次全国污染源普查铁矿采选业工业污染源污染物产生量和排放量的核算。

涉及的污染物包括：工业废水量、化学需氧量、氨氮、石油类、氟化物、工业废气量（指折算成标准状态的体积）、工业粉尘、二氧化硫、氮氧化物、废石（尾矿）等。

2 注意事项

2.1 铁矿采矿产排污系数查找注意事项

（1）我国铁矿开采主要分为地下开采和露天开采，均采用爆破采矿法。地下矿采用有轨设备运输，露天矿主要采用汽车或者有轨设备联合运输。

（2）地下开采按矿山规模的不同，划分为 3 个“产品、原料、工艺、规模”组合，即<30 万吨/年、30 万～100 万吨/年、≥100 万吨三个生产规模等级。

（3）露天矿开采按矿山规模的不同，也划分为 3 个“产品、原料、工艺、规模”组合，即<60 万吨/年、60 万～200 万吨/年、≥200 万吨三个生产规模等级。

（4）以被调查矿山企业的规模等级为主线路，确定其“产品、原料、工艺、规模”组合或者采矿企业分类，查相应的产排污系数表格就可以获得相应的产排污系数。

（5）对照被调查企业的原矿产量，计算产排污量，最后将查表结果和计算结果填入相应普查表中。

（6）对于表中未涉及铁矿产品或者生产工艺，请咨询铁矿采矿行业专家，或者从当地环保管理部门的环境监测报表中获取有关数据。

2.2 铁矿选矿产排污系数查找注意事项

（1）选矿的最终产品是铁精矿。

（2）铁矿选矿业按原料的不同分为磁铁矿、复合铁矿、赤铁矿及粉（块）矿选矿等。

（3）再按选矿工艺分为磁选（一段磁选、多段磁选）、磁选＋浮选、重选＋浮选、焙烧磁选等工艺。

（4）结合生产规模等级（<60 万吨/年、60 万～200 万吨/年、≥200 万吨三个生产规模等级），综合上述四个因素（“产品、原料、工艺、规模”）组合，形成了 16 个“产品、原料、工艺、规模”组合分类。

（5）以选矿工艺的不同为主线路，考虑选矿原、选矿厂规模的不同，在相应的产排污系数表中获得被调查企业的产排污系数。

（6）根据被调查企业的铁精矿产量，计算其产排污量，最后将查表结果和计算结果填入相应普查表中。

（7）对于表中未涉及的选矿产品或者生产工艺及选矿技术，请咨询选矿行业专家，或者从当地环保管理部门的环境监测报表中获取有关产排污数据。

0810 铁矿采选业产排污系数表

产品名称	原料名称	工艺名称	规模等级	污染物指标	单位	产污系数	末端治理技术名称	排污系数
铁原矿	磁铁矿/褐铁矿 赤铁矿/菱铁矿 复合铁矿/多金属矿	地下开采	≥100 万吨/年	工业废水量	吨/吨铁原矿	0.716	部分利用	0.466
				化学需氧量	克/吨铁原矿	89.434	沉淀分离	26.308
				石油类	克/吨铁原矿	5.159		2.578
				工业废气量	米 ^{3}/吨铁原矿	1 883.12	直排	1 883.12
				工业粉尘	千克/万吨铁原矿	37.226	直排	37.226
				二氧化硫	千克/万吨铁原矿	3.786		3.786
				氮氧化物	千克/万吨铁原矿	28.038		28.038
				固体废物（废石）	吨/吨铁原矿	0.153	—	—
			30 万～100 万吨/年	工业废水量	吨/吨铁原矿	0.63	直排	0.63
				化学需氧量	克/吨铁原矿	69.231	沉淀分离	20.372
				石油类	克/吨铁原矿	4.797		2.399
				工业废气量	米 ^{3}/吨铁原矿	1 527.911	直排	1 527.911
				工业粉尘	千克/万吨铁原矿	45.931		45.931
				二氧化硫	千克/万吨铁原矿	9.653		9.653

0810 铁矿采选业产排污系数表（续 1）

产品名称	原料名称	工艺名称	规模等级	污染物指标	单位	产污系数	末端治理技术名称	排污系数
铁原矿	磁铁矿/褐铁矿 赤铁矿/菱铁矿 复合铁矿/多金属矿	地下开采	30 万～100 万吨/年	氮氧化物	千克/万吨铁原矿	36.749	直排	36.749
				固体废物（废石）	吨/吨铁原矿	0.132	—	—
			<30 万吨/年	工业废水量	吨/吨铁原矿	1.75	直排	1.75
				化学需氧量	克/吨铁原矿	38.125	沉淀分离	22.5
				石油类	克/吨铁原矿	7.625		3.813
				工业废气量	米 ^{3}/吨铁原矿	1 256.35	直排	1 256.35
				工业粉尘	千克/万吨铁原矿	59.213	直排	59.213
				二氧化硫	千克/万吨铁原矿	1.5		1.5
				氮氧化物	千克/万吨铁原矿	43.9		43.9
				固体废物（废石）	吨/吨铁原矿	0.156	—	—
		露天开采	≥200 万吨/年	工业废水量	吨/吨铁原矿	0.322	直排	0.322
				化学需氧量	克/吨铁原矿	2.15	沉淀分离	1.075
				工业粉尘	千克/万吨铁原矿	60.13	直排	60.13
				氮氧化物	千克/万吨铁原矿	9.06		9.06
				固体废物（废石）	吨/吨铁原矿	2.62	—	—

0810 铁矿采选业产排污系数表（续 2）

产品名称	原料名称	工艺名称	规模等级	污染物指标	单位	产污系数	末端治理技术名称	排污系数
铁原矿	磁铁矿/褐铁矿 赤铁矿/菱铁矿 复合铁矿/多金属矿	露天开采	60 万～200 万吨/年	工业废水量	吨/吨铁原矿	0.111	直排	0.111
				化学需氧量	克/吨铁原矿	2.25	沉淀分离	1.25
				工业粉尘	千克/万吨铁原矿	81.98	直排	81.98
				氮氧化物	千克/万吨铁原矿	8.76		8.76
				固体废物（废石）	吨/吨铁原矿	2.814	—	—
			＜60 万吨/年	工业废水量	吨/吨铁原矿	0.3	部分利用	0.2
				化学需氧量	克/吨铁原矿	3.5	沉淀分离	1.75
				工业粉尘	千克/万吨铁原矿	96.63	直排	96.63
				氮氧化物	千克/万吨铁原矿	8.21		8.21
				固体废物（废石）	吨/吨铁原矿	2.615	—	—
铁精矿	磁铁原矿/ 多金属原矿	一段磁选	≥60 万吨/年	工业废水量	吨/吨铁精矿	5.002	直排	5.002
				化学需氧量	克/吨铁精矿	70.1	沉淀分离	35
				石油类	克/吨铁精矿	55		16
				工业废气量	米 ^{3}/吨铁精矿	401.684	湿法除尘法	401.684
				工业粉尘	千克/吨铁精矿	0.803	湿法除尘法	0.137
				固体废物（尾矿）	吨/吨铁精矿	1.736	—	—

0810 铁矿采选业产排污系数表（续 3）

产品名称	原料名称	工艺名称	规模等级	污染物指标	单位	产污系数	末端治理技术名称	排污系数
铁精矿	磁铁原矿 多金属原矿	一段磁选	<60 万吨/年	工业废水量	吨/吨铁精矿	15.503	部分利用	2.096
				化学需氧量	克/吨铁精矿	270.6	沉淀分离	22.8
				工业废气量	米 ^{3}/吨铁精矿	295.868	直排	295.868
				工业粉尘	千克/吨铁精矿	0.657		0.657
				固体废物（尾矿）	吨/吨铁精矿	1.238	—	—
		多段磁选	≥60 万吨/年	工业废水量	吨/吨铁精矿	18.194	部分利用	4.35
				化学需氧量	克/吨铁精矿	330	沉淀分离	28.6
				工业废气量	米 ^{3}/吨铁精矿	213.036	湿法除尘法	213.036
				工业粉尘	千克/吨铁精矿	0.87	湿法除尘法	0.185
				固体废物（尾矿）	吨/吨铁精矿	1.764	—	—
			<60 万吨/年	工业废水量	吨/吨铁精矿	14.043	部分利用	2.125
				化学需氧量	克/吨铁精矿	297.5	沉淀分离	23.3
				工业废气量	米 ^{3}/吨铁精矿	600.624	直排	600.624
				工业粉尘	千克/吨铁精矿	0.836		0.836
				固体废物（尾矿）	吨/吨铁精矿	1.595	—	—
		弱磁—浮选降硫	所有规模	工业废水量	吨/吨铁精矿	5.38	直排	5.38
				化学需氧量	克/吨铁精矿	88.4	沉淀分离	74.2

0810 铁矿采选业产排污系数表（续4）

产品名称	原料名称	工艺名称	规模等级	污染物指标	单位	产污系数	末端治理技术名称	排污系数
铁精矿	磁铁原矿 多金属原矿	强磁—浮选降硫	所有规模	工业废气量	米^3/吨铁精矿	540.979	湿法除尘法	540.979
				工业粉尘	千克/吨铁精矿	0.696	湿法除尘法	0.348
				固体废物（尾矿）	吨/吨铁精矿	1.767	—	—
		弱磁—浮选降硅	所有规模	工业废水量	吨/吨铁精矿	6.178	沉淀分离+部分利用	1.236
				化学需氧量	克/吨铁精矿	61.78	沉淀分离	10
				工业废气量	米^3/吨铁精矿	390.917	湿法除尘法	390.917
				工业粉尘	千克/吨铁精矿	0.916	湿法除尘法	0.458
				固体废物（尾矿）	吨/吨铁精矿	1.459	—	—
		弱磁—浮选降铜	所有规模	工业废水量	吨/吨铁精矿	8.523	部分利用	0.395
				化学需氧量	克/吨铁精矿	55.32	沉淀分离	2.1
				石油类	克/吨铁精矿	14.1		2.5
				工业废气量	米^3/吨铁精矿	600.185	直排	600.185
				工业粉尘	千克/吨铁精矿	3.457	湿法除尘法	1.73
				固体废物（尾矿）	吨/吨铁精矿	1.489	—	—
		弱磁—浮选降氟	所有规模	工业废水量	吨/吨铁精矿	13.615	沉淀分离+部分利用	3.239

0810 铁矿采选业产排污系数表（续 5）

产品名称	原料名称	工艺名称	规模等级	污染物指标	单位	产污系数	末端治理技术名称	排污系数
铁精矿	磁铁原矿 多金属原矿	弱磁—浮选降氟	所有规模	氟化物	千克/吨铁精矿	0.681	沉淀分离	0.574
				工业废气量	米 ^{3}/吨铁精矿	610.613	湿法除尘法	610.613
				工业粉尘	千克/吨铁精矿	0.462	湿法除尘法	0.231
				固体废物（尾矿）	吨/吨铁精矿	1.196	—	—
复合铁精矿	复合原矿	弱磁—强磁—浮选		工业废水量	吨/吨复合铁精矿	6.639	沉淀分离+部分利用	0.659
				化学需氧量	克/吨复合铁精矿	58.8	沉淀分离	4.1
				工业废气量	米 ^{3}/吨复合铁精矿	471.234	直排	471.234
				工业粉尘	千克/吨复合铁精矿	0.954	湿法除尘法	0.477
				固体废物（尾矿）	吨/吨复合铁精矿	1.734	—	—
红铁精矿	赤铁矿/ 褐铁矿/ 菱铁矿	强磁—细筛	≥60 万吨/年	工业废水量	吨/吨红铁精矿	7.989	沉淀分离+部分利用	0.958
				化学需氧量	克/吨红铁精矿	62.69	沉淀分离	6.75
				工业废气量	米 ^{3}/吨红铁精矿	528.239	直排	528.239
				工业粉尘	千克/吨红铁精矿	0.514	湿法除尘法	0.257
				固体废物（尾矿）	吨/吨红铁精矿	1.672	—	—
			<60 万吨/年	工业废水量	吨/吨红铁精矿	5.859	沉淀分离+部分利用	2.324
				化学需氧量	克/吨红铁精矿	66.62	沉淀分离	20.2
				工业废气量	米 ^{3}/吨红铁精矿	683.214	湿法除尘法	683.214

0810 铁矿采选业产排污系数表（续 6）

产品名称	原料名称	工艺名称	规模等级	污染物指标	单位	产污系数	末端治理技术名称	排污系数
红铁精矿	赤铁矿/褐铁矿/菱铁矿	强磁—细筛	<60 万吨/年	工业粉尘	千克/吨红铁精矿	0.362	湿法除尘法	0.181
				固体废物（尾矿）	吨/吨红铁精矿	1.693	综合利用	—
		强磁—浮选	≥60 万吨/年	工业废水量	吨/吨红铁精矿	6.639	部分利用	0.859
				化学需氧量	克/吨红铁精矿	58.8	沉淀分离	5.15
				工业废气量	米 ^{3}/吨红铁精矿	471.234	直排	471.234
				工业粉尘	千克/吨红铁精矿	0.154	湿法除尘法	0.07
				固体废物（尾矿）	吨/吨红铁精矿	1.534	综合利用	—
		强磁—浮选	<60 万吨/年	工业废水量	吨/吨红铁精矿	14.3	沉淀分离+部分利用	1.35
				化学需氧量	克/吨红铁精矿	91.03	沉淀分离	4.76
				工业废气量	米 ^{3}/吨红铁精矿	404.95	湿法除尘法	404.95
				工业粉尘	千克/吨红铁精矿	0.247	湿法除尘法	0.049
				固体废物（尾矿）	吨/吨红铁精矿	1.49	—	—
		重选—强磁—浮选	所有规模	工业废水量	吨/吨红铁精矿	4.545	沉淀分离+部分利用	2.256
				化学需氧量	克/吨红铁精矿	63.52	沉淀分离	31.76
				工业废气量	米 ^{3}/吨红铁精矿	435.459	湿法除尘法	435.459
				工业粉尘	千克/吨红铁精矿	0.636	湿法除尘法	0.318

0810 铁矿采选业产排污系数表（续 7）

产品名称	原料名称	工艺名称	规模等级	污染物指标	单位	产污系数	末端治理技术名称	排污系数
红铁精矿	赤铁矿/褐铁矿菱铁矿	重选—强磁—浮选	所有规模	固体废物（尾矿）	吨/吨红铁精矿	1.483	综合利用	—
		焙烧—磁选	所有规模	工业废水量	吨/吨红铁精矿	5.63	沉淀分离+部分利用	1.226
				化学需氧量	克/吨红铁精矿	53.11	沉淀分离	6.5
				工业废气量	米³/吨红铁精矿	550.148	直排	550.148
				工业粉尘	千克/吨红铁精矿	3.161	湿法除尘法	1.58
				固体废物（尾矿）	吨/吨红铁精矿	1.504	—	—
铁矿（粉）矿	原矿	铁块（粉）矿	所有规模	工业废水量	吨/吨铁矿	0.38	直排	0.38
				工业废气量	米³/吨铁矿	540.979	直排	540.979
				工业粉尘	千克/吨铁矿	6.96	湿法除尘法	3.48

0890

其他黑色金属矿采选业

1 适用范围

本手册给出了《统计上使用的产品分类目录》中“黑色金属采选业”内其他黑色金属矿（锰矿、铬矿）采矿、选矿等生产过程的产污系数和排污系数，可用于第一次全国污染源普查其他黑色金属矿采选业工业污染源污染物产生量和排放量的核算。

涉及的污染物包括：工业废水量、化学需氧量、氨氮、石油类、六价铬、工业废气量（指折算成标准状态的体积）、工业粉尘、二氧化硫、氮氧化物、废石（尾矿）等。

2 注意事项

（1）锰矿采矿方法分地下开采、露天开采及水力采矿三种。

（2）锰矿采矿企业的规模划分为大中小三类（<5 万吨，5 万～10 万吨，≥10 万吨）。

（3）以采矿方法为主线路，结合矿山规模等级，将被调查矿山的锰矿产品种类、原料（如黑锰矿、软锰矿、硬锰矿等）综合考虑，就可以在对应的产排污系数表中查得被调查矿山的产排污系数。

（4）锰矿选矿分磁选、重选—磁选、磁选—浮选，再按照企业规模，查相应产排污系数表，就可以得到被调查选矿企业的产排污系数。

（5）锰矿的排放废水中的总锰是特征污染物，需要重点关注。

（6）通过获得被调查企业的产量，乘以产排污系数，就可以获得该企业的产排污总量。最后将相关系数和污染物量填入普查表格内。

（7）铬矿只分地下开采和露天矿开采，只要以开采方法为主线路，结合被调查企业的生产规模（分为<5 万吨，5 万～10 万吨，≥10 万吨三大类），就可以在对应的表格获得该企业的产排污系数。

（8）铬矿选矿分为强磁选和重选，不分生产规模等级，只要按照选矿方法，查对应表格就可以获得该企业的产排污系数。

（9）铬矿采选业的六价铬污染物是该行业的特征污染物，是关注的重点。

（10）如果在普查过程中遇有少见的矿种、采矿方法或者采矿技术，请参照相近的“产品、原料、工艺、规模”组合查取产排污系数、咨询行业专家，或者参考当地环境管理部门的环境监测报告获取有关数据。

（11）将获得的铬矿采、选产量，乘以查得的产排污系数，就得到了被调查企业的产排污量，最后将查得的产排污系数、产排污量正确填入普查表中。

0890 其他黑色金属采选业产排污系数表

产品名称	原料名称	工艺名称	规模等级	污染物指标	单位	产污系数	末端治理技术名称	排污系数
锰原矿	软锰矿/菱锰矿水锰矿/硬锰矿黑锰矿/褐锰矿	地下开采	≥5 万吨/年	工业废水量	吨/吨锰原矿	0.18	部分利用	0.08
				工业废气量	米^3/吨锰原矿	616	直排	616
				工业粉尘	千克/万吨锰原矿	61.32		61.32
				二氧化硫	千克/万吨锰原矿	28.6		28.6
				氮氧化物	千克/万吨锰原矿	29.994		29.994
				固体废物（废石）	吨/吨锰原矿	0.42	—	—
			<5 万吨/年	工业废水量	吨/吨锰原矿	0.2	部分利用	0.11
				工业废气量	米^3/吨锰原矿	753	直排	753
				工业粉尘	千克/万吨锰原矿	64.25		64.25
				二氧化硫	千克/万吨锰原矿	35.5		35.5
				氮氧化物	千克/万吨锰原矿	42.9		42.9
				固体废物（废石）	吨/吨锰原矿	0.39	—	—
		地下开采（充填法）	所有规模	工业废水量	吨/吨锰原矿	0.19	部分利用	0.03
				工业废气量	米^3/吨锰原矿	700.07	直排	700.07

0890　其他黑色金属采选业产排污系数表（续 1）

产品名称	原料名称	工艺名称	规模等级	污染物指标	单位	产污系数	末端治理技术名称	排污系数
锰原矿	软锰矿/菱锰矿 水锰矿/硬锰矿 黑锰矿/褐锰矿	地下开采（充填法）	所有规模	工业粉尘	千克/万吨锰原矿	67	直排	67
				二氧化硫	千克/万吨锰原矿	33.3	直排	33.3
				氮氧化物	千克/万吨锰原矿	48	直排	48
				固体废物（废石）	吨/吨锰原矿	0.42	—	—
		露天开采	≥5 万吨/年	工业废水量	吨/吨锰原矿	0.19	部分利用	0.06
				工业废气量	米 ^{3}/吨锰原矿	56.25	直排	56.25
				工业粉尘	千克/万吨锰原矿	62.5	直排	62.5
				二氧化硫	千克/万吨锰原矿	9.37		9.37
				氮氧化物	千克/万吨锰原矿	18.75		18.75
				固体废物（废石）	吨/吨锰原矿	2.47	—	—
			<5 万吨/年	工业废水量	吨/吨锰原矿	0.17	部分利用	0.03
				工业废气量	米 ^{3}/吨锰原矿	58.68	直排	58.68
				工业粉尘	千克/万吨锰原矿	80.01	直排	80.01
				二氧化硫	千克/万吨锰原矿	12.8		12.8
				氮氧化物	千克/万吨锰原矿	23.6		23.6
				固体废物（废石）	吨/吨锰原矿	2.53	—	—

0890 其他黑色金属采选业产排污系数表（续 2）

产品名称	原料名称	工艺名称	规模等级	污染物指标	单位	产污系数	末端治理技术名称	排污系数
锰原矿	软锰矿/菱锰矿 水锰矿/硬锰矿 黑锰矿/褐锰矿	水力开采	所有规模	工业废水量	吨/吨锰原矿	2.27	部分利用	1.26
				固体废物（废石）	吨/吨锰原矿	0.53	—	—
		水力开采（爆破法）		工业废水量	吨/吨锰原矿	2.3	部分利用	1.38
				固体废物（废石）	吨/吨锰原矿	0.56	—	—
锰精矿 锰块（粉）矿	锰原矿	强磁选	≥5 万吨/年	工业废水量	吨/吨锰精矿	4.235	部分利用	0. 31
				工业废气量	米 ^{3}/吨锰精矿	580	直排	580
				工业粉尘	千克/万吨锰精矿	716.5	湿法除尘法	358.25
				尾矿	吨/吨锰精矿	0.53	—	—
			<5 万吨/年	工业废水量	吨/吨锰精矿	4.163	沉淀分离+部分利用	0. 556
				化学需氧量	克/吨锰精矿	14	沉淀分离	2.0
				工业废气量	米 ^{3}/吨锰精矿	290.3	直排	290.3
				工业粉尘	千克/万吨锰精矿	750	湿法除尘法	375
				尾矿	吨/吨锰精矿	0.55	—	—
		重选—磁选	≥5 万吨/年	工业废水量	吨/吨锰精矿	4.356	部分利用	0.268
				工业废气量	米 ^{3}/吨锰精矿	608	直排	608

0890　其他黑色金属采选业产排污系数表（续 3）

产品名称	原料名称	工艺名称	规模等级	污染物指标	单位	产污系数	末端治理技术名称	排污系数
锰/精矿 锰块 （粉）矿	锰原矿	重选—磁选	≥5 万吨/年	工业粉尘	千克/万吨锰精矿	433	多管旋风除尘法	216.5
				固体废物（尾矿）	吨/吨锰精矿	0.54	—	—
			<5 万吨/年	工业废水量	吨/吨锰精矿	8.523	部分利用	2.63
				化学需氧量	克/吨锰精矿	28.5	沉淀分离	5.5
				工业废气量	米 ^{3}/吨锰精矿	290.29	湿法除尘	290.29
				工业粉尘	千克/万吨锰精矿	484	湿式除尘法	120
				固体废物（尾矿）	吨/吨锰精矿	0.56	—	—
		重选	≥5 万吨/年	工业废水量	吨/吨锰精矿	10.1	部分利用	1.01
				工业废气量	米 ^{3}/吨锰精矿	350	湿法除尘	350
				工业粉尘	千克/万吨锰精矿	612	湿法除尘法	306
				固体废物（尾矿）	吨/吨锰精矿	0.62	—	—
			<5 万吨/年	工业废水量	吨/吨锰精矿	12.362	部分利用	2.386
				化学需氧量	克/吨锰精矿	29	沉淀分离	9
				工业废气量	米 ^{3}/吨锰精矿	408.32	湿法除尘	408.32
				工业粉尘	千克/万吨锰精矿	227	湿法除尘	113
				固体废物（尾矿）	吨/吨锰精矿	0.61	—	—

0890 其他黑色金属采选业产排污系数表（续 4）

产品名称	原料名称	工艺名称	规模等级	污染物指标	单位	产污系数	末端治理技术名称	排污系数
锰精矿/锰块（粉）矿	锰原矿	强磁—浮选	所有规模	工业废水量	吨/吨锰精矿	5.368	部分利用	1.563
				化学需氧量	克/吨锰精矿	23	沉淀分离法	3.2
				工业废气量	米 ^{3}/吨锰精矿	470.32	湿法除尘	470.32
				工业粉尘	千克/吨锰精矿	2.29	湿法除尘法	0.115
				固体废物（尾矿）	吨/吨锰精矿	0.55	—	—
铬原矿	铬铁矿	地下开采	所有规模	工业废水量	吨/吨铬原矿	0.6	直排	0.6
				总铬	克/吨铬原矿	51.4	沉淀分离	22.8
				工业废气量	米 ^{3}/吨铬原矿	1 640	直排	1 640
				工业粉尘	千克/万吨铬原矿	41.7		41.7
				二氧化硫	千克/万吨铬原矿	17.34		17.34
				氮氧化物	千克/万吨铬原矿	25.6		25.6
				固体废物（废石）	吨/吨铬原矿	0.36	—	—
		露天开采		工业废水量	吨/吨铬原矿	0.5	部分利用	0.3
				总铬	克/吨铬原矿	57.3	沉淀分离	28
				工业废气量	米 ^{3}/吨铬原矿	94.5	直排	94.5
				工业粉尘	千克/万吨铬原矿	125		125

0890 其他黑色金属采选业产排污系数表（续5）

产品名称	原料名称	工艺名称	规模等级	污染物指标	单位	产污系数	末端治理技术名称	排污系数
铬原矿	铬铁矿	露天开采	所有规模	二氧化硫	千克/万吨铬原矿	25	直排	25
				氮氧化物	千克/万吨铬原矿	40		40
				固体废物（废石）	吨/吨铬原矿	2.6	—	—
铬精矿 铬块（粉）矿	铬原矿	强磁选	所有规模	工业废水量	吨/吨铬精矿	3.623	部分利用	0.836
				总铬	克/吨铬精矿	27	直排	27
				工业废气量	米^3/吨铬精矿	383.99	直排	383.99
				工业粉尘	千克/万吨铬精矿	599.89	过滤式除尘	239.95
				固体废物（尾矿）	吨/吨铬精矿	0.65	—	—
		重选		工业废水量	吨/吨铬精矿	5.682	部分利用	0.563
				总铬	克/吨铬精矿	16	直排	16
				工业废气量	米^3/吨铬精矿	300	湿法除尘法	300
				工业粉尘	千克/万吨铬精矿	499.96	湿法除尘法	349.47
				固体废物（尾矿）	吨/吨铬精矿	0.58	—	—

09

有色金属矿采选业

0911
铜矿采选业

1 适用范围

本手册给出了《统计上使用的产品分类目录》中“有色金属采选行业”的铜矿采选行业的产污系数和排污系数，可用于第一次全国污染源普查铜矿采选工业污染源污染物产生量和排放量的核算。

涉及的污染物包括：工业废水量、化学需氧量、汞、镉、铅、砷、工业粉尘、工业固体废物（尾矿）、工业固体废物（其他）等。

2 注意事项

系数表中未涉及的产品或原料的产排污系数说明：

（1）关于工业粉尘产排污系数的使用，本次产排污系数核算中没有考虑粉尘的无组织排放部分（大气污染物无组织排放是指大气污染物不经过排气筒的无规则排放）。如果在调查中有的企业工业粉尘是有组织排放但在手册中没有相应的工业粉尘的产排污系数，可以应用铜矿坑采（—湿法）所有规模的系数进行计算。

（2）如果遇到 Cu、Zn 多金属矿，在原矿品位 Zn∶Cu<3 时，划分为 Cu 矿，此时按照 Cu 矿采选的产排污系数进行核算。

（3）如果遇到 Cu、Ni 多金属矿，划分为 Ni 矿，按照镍钴矿采选的产排污系数进行核算。

（4）工业废水及其中污染物的排污系数是根据选矿过程中未回用水的量来确定的，这些水依然存放在尾矿坝中。

（5）对于没有尾矿坝的非规范企业，其产污系数等于排污系数。

（6）对于砷的产排污系数的处理原则是：如果原矿中砷的含量小于 0.01%，则砷的产排污系数按“0”计算。

（7）工业固体废物（其他）是指采矿过程中产生的废石。

0911 铜矿采选行业产排污系数表

产品名称	原料名称	工艺名称	规模等级	污染物指标	单位	产污系数	末端治理技术名称	排污系数
铜矿石	铜矿脉	坑采（一湿法）	所有规模	工业粉尘	千克/吨原矿	0.014	过滤式除尘法	0.001 7
铜精矿	铜矿石	露采—磨浮	所有规模	工业废水量	吨/吨原矿	4.675	循环利用 沉淀分离	0.701①
				化学需氧量	克/吨原矿	494.7		74.2①
				汞	毫克/吨原矿	1.782		0.267①
				镉	克/吨原矿	0.005		0.000 8①
				铅	克/吨原矿	0.016		0.002 4①
				砷	克/吨原矿	0.946		0.142①②
				工业固体废物（尾矿）	吨/吨原矿	0.75	—	—
				工业固体废物（其他）	米^3/吨产品	3.19	—	—
		坑采—磨浮	≥3 000 吨/天	工业废水量	吨/吨原矿	4.75	循环利用 沉淀分离	0.713①
				化学需氧量	克/吨原矿	626.2		93.93①
				汞	毫克/吨原矿	1.555		0.233①

注：① 废水循环利用；② 如果原矿中砷的含量小于 0.01%，则砷的产排污系数按“0”计算。

0911 铜矿采选行业产排污系数表（续 1）

产品名称	原料名称	工艺名称	规模等级	污染物指标	单位	产污系数	末端治理技术名称	排污系数
铜精矿	铜矿石	坑采—磨浮	≥3 000 吨/天	镉	克/吨原矿	0.004 5	循环利用 沉淀分离	0.000 7
				铅	克/吨原矿	0.015		0.002[①]
				砷	克/吨原矿	0.962		0.144[①②]
				工业粉尘	千克/吨原矿	0.09	过滤式除尘法	0.000 9
				工业固体废物（尾矿）	吨/吨原矿	0.872	—	—
				工业固体废物（其他）	吨/吨产品	0.4	—	—
			600～3 000 吨/天	工业废水量	吨/吨原矿	4.875	循环利用 沉淀分离	0.975[①]
				化学需氧量	克/吨原矿	484.2		96.84[①]
				汞	毫克/吨原矿	1.478		0.296
				镉	克/吨原矿	0.004 8		0.001[①]
				铅	克/吨原矿	0.012		0.002 6
				砷	克/吨原矿	1.097		0.219[②]
				工业固体废物（尾矿）	吨/吨原矿	0.942	—	—
				工业固体废物（其他）	吨/吨产品	0.6	—	—
			＜600 吨/天	工业废水量	吨/吨原矿	5.333	循环利用	1.333[①]

注：①废水循环利用；②如果原矿中砷的含量小于 0.01%，则砷的产排污系数按“0”计算。

0911 铜矿采选行业产排污系数表（续 2）

产品名称	原料名称	工艺名称	规模等级	污染物指标	单位	产污系数	末端治理技术名称	排污系数
铜精矿	铜矿石	坑采—磨浮	<600 吨/天	化学需氧量	克/吨原矿	484.9	沉淀分离	121.2①
							直排	484.9
				汞	毫克/吨原矿	0.001 6	沉淀分离	0.000 4①
							直排	0.001 6
				镉	克/吨原矿	0.005	沉淀分离	0.001 3①
							直排	0.005
				铅	克/吨原矿	0.016	沉淀分离	0.004
							直排	0.016
				砷	克/吨原矿	1.023	沉淀分离	0.256①②
							直排	1.023
				工业固体废物（尾矿）	吨/吨原矿	0.946	—	—
				工业固体废物（其他）	吨/吨产品	0.35	—	—

注：①废水循环利用；②如果原矿中砷的含量小于 0.01%，则砷的产排污系数按“0”计算。

0912
铅锌矿采选业

1 适用范围

本手册给出了《统计上使用的产品分类目录》中“有色金属采选行业”的铅锌矿采选行业的产污系数和排污系数，可用于第一次全国污染源普查铅锌矿采选工业污染源污染物产生量和排放量的核算。

涉及的污染物包括：工业废水量、化学需氧量、汞、镉、铅、砷、工业粉尘、工业固体废物（尾矿）、工业固体废物（其他）等。

2 注意事项

系数表中未涉及的产品或原料的产排污系数说明：

（1）关于工业粉尘产排污系数的使用，本次产排污系数核算中没有考虑粉尘的无组织排放部分（大气污染物无组织排放是指大气污染物不经过排气筒的无规则排放）。如果在调查中有的企业工业粉尘是有组织排放但在手册中没有相应的工业粉尘的产排污系数，可以应用铅锌矿坑采—磨浮大规模的系数进行计算。

（2）对于氰化物，在普查过程中要首先确定在工艺中是否用到氰化物，只有在工艺中应用了氰化物的企业才有氰化物产排污系数。否则，没有该产排污系数。其产排污系数按照铅锌矿坑采—磨浮中规模的产排污系数计算。

（3）如果遇到 Cu、Pb、Zn 多金属矿，此时按照 Pb、Zn 矿采选的产排污系数进行核算。

（4）如果遇到 Cu、Zn 多金属矿，在原矿品位 Zn∶Cu≥3 时，划分为 Pb、Zn 矿，此时按照 Pb、Zn 矿采选的产排污系数进行核算。

（5）工业废水及其中污染物的排污系数是根据选矿过程中未回用水的量来确定的，这些水依然存放在尾矿坝中。

（6）对于没有尾矿坝的非规范企业，其产污系数等于排污系数。

（7）对于砷的产排污系数的处理原则是：如果原矿中砷的含量小于 0.01%，则砷的产排污系数按“0”计算。

（8）工业固体废物（其他）是指采矿过程中产生的废石。

0912 铅锌矿采选行业产排污系数表

产品名称	原料名称	工艺名称	规模等级	污染物指标	单位	产污系数	末端治理技术名称	排污系数
铅锌精矿	铅锌矿石	坑采—磨浮	≥3 000 吨/天	工业废水量	吨/吨原矿	5.5	循环利用 沉淀分离	1.1①
				化学需氧量	克/吨原矿	783.5		156.7①
				汞	毫克/吨原矿	0.425		0.085①
				镉	克/吨原矿	0.013		0.002 6①
				铅	克/吨原矿	0.7		0.134①
				砷	克/吨原矿	1.541		0.308①②
				工业粉尘	千克/吨原矿	0.4	过滤式除尘法	0.001 5
				工业固体废物（尾矿）	吨/吨原矿	0.741	—	—
				工业固体废物（其他）	吨/吨产品	0.25	—	—
			600～3 000 吨/天	工业废水量	吨/吨原矿	5.743	循环利用 沉淀分离	1.723①
				化学需氧量	克/吨原矿	732.9		219.9①
				汞	毫克/吨原矿	0.427		0.128①
				镉	克/吨原矿	0.01		0.003①

注：① 废水循环利用；② 如果原矿中砷的含量小于 0.01%，则砷的产排污系数按“0”计算。

0912 铅锌矿采选行业产排污系数表（续表）

产品名称	原料名称	工艺名称	规模等级	污染物指标	单位	产污系数	末端治理技术名称	排污系数
铅锌精矿	铅锌矿石	坑采—磨浮	600～3 000 吨/天	铅	克/吨原矿	0.668	循环利用 沉淀分离	0.2[①]
				砷	克/吨原矿	1.576		0.473[①②]
				氰化物	克/吨原矿	0.01		0.003[①③]
				工业固体废物（尾矿）	吨/吨原矿	0.732	—	—
				工业固体废物（其他）	吨/吨产品	0.32	—	—
			<600 吨/天	工业废水量	吨/吨原矿	5.925	循环利用	2.37[①]
				化学需氧量	克/吨原矿	979.5	沉淀分离	391.8[①]
							直排	979.5
				汞	毫克/吨原矿	0.513	沉淀分离	0.205[①]
							直排	0.513
				镉	克/吨原矿	0.012	沉淀分离	0.004 8[①]
							直排	0.012
				铅	克/吨原矿	0.654	沉淀分离	0.262[①]
							直排	0.654
				砷	克/吨原矿	1.475	沉淀分离	0.59[①②]
							直排	1.475
				工业固体废物（尾矿）	吨/吨原矿	0.728	—	—
				工业固体废物（其他）	吨/吨产品	0.1	—	—

注：① 废水循环利用；② 如果原矿中砷的含量小于 0.01%，则砷的产排污系数按“0”计算；③ 只有在工艺中应用了氰化物的企业才有氰化物产排污系数。

0913
镍钴矿采选业

1 适用范围

本手册给出了《统计上使用的产品分类目录》中“有色金属采选行业”的镍钴矿采选行业的产污系数和排污系数，可用于第一次全国污染源普查镍钴矿采选工业污染源污染物产生量和排放量的核算。

涉及的污染物包括：工业废水量、化学需氧量、汞、镉、铅、砷、工业粉尘、工业固体废物（尾矿）、工业固体废物（其他）等。

2 注意事项

系数表中未涉及的产品或原料的产排污系数说明：

（1）关于工业粉尘产排污系数的使用，本次产排污系数核算中没有考虑粉尘的无组织排放部分（大气污染物无组织排放是指大气污染物不经过排气筒的无规则排放）。如果在调查中有的企业工业粉尘是有组织排放但在手册中没有相应的工业粉尘的产排污系数，可以应用镍钴矿坑采—磨浮大规模的系数进行计算。

（2）如果遇到 Cu、Ni 多金属矿，划分为 Ni 矿，按照镍钴矿采选的产排污系数进行核算。

（3）工业废水及其中污染物的排污系数是根据选矿过程中未回用水的量来确定的，这些水依然存放在尾矿坝中。

（4）对于没有尾矿坝的非规范企业，其产污系数等于排污系数。

（5）对于砷的产排污系数的处理原则是：如果原矿中砷的含量小于 0.01%，则砷的产排污系数按“0”计算。

（6）工业固体废物（其他）是指采矿过程中产生的废石。

0913 镍钴矿采选行业产排污系数表

产品名称	原料名称	工艺名称	规模等级	污染物指标	单位	产污系数	末端治理技术名称	排污系数
镍钴精矿	镍钴矿石	坑采—磨浮	>1 000 吨/天	工业废水量	吨/吨原矿	4.75	循环利用 沉淀分离	0.468①
				化学需氧量	克/吨原矿	492.0		49.18①
				汞	毫克/吨原矿	1.6		0.2①
				镉	克/吨原矿	0.003 5		0.000 3①
				铅	克/吨原矿	0.005 3		0.000 5①
				砷	克/吨原矿	0.046		0.005①②
				工业粉尘	千克/吨原矿	0.12	过滤式除尘法	0.001 8
				工业固体废物（尾矿）	吨/吨原矿	0.833	—	—
				工业固体废物（其他）	吨/吨产品	0.658	—	—
			≤1 000 吨/天	工业废水量	吨/吨原矿	5.157	循环利用	1.031①
				化学需氧量	克/吨原矿	457.4	沉淀分离	91.5①
							直排	457.4
				汞	毫克/吨原矿	1.2	沉淀分离	0.26①
							直排	1.2
				镉	克/吨原矿	0.003	沉淀分离	0.000 6①
							直排	0.003
				铅	克/吨原矿	0.003 4	沉淀分离	0.000 7①
							直排	0.003 4
				砷	克/吨原矿	0.94	沉淀分离	0.188①②
							直排	0.94
				工业固体废物（尾矿）	吨/吨原矿	0.9	—	—
				工业固体废物（其他）	吨/吨产品	1.0	—	—
镍钴矿石	镍钴矿脉	坑采（一堆浸）	所有规模	工业固体废物（其他）	克/吨产品	0.875	—	—

注：① 废水循环利用；② 如果原矿中砷的含量小于 0.01%，则砷的产排污系数按“0”计算。

0914
锡矿采选业

1 适用范围

本手册给出了《统计上使用的产品分类目录》中“有色金属采选行业”的锡矿采选行业的产污系数和排污系数，可用于第一次全国污染源普查锡矿采选工业污染源污染物产生量和排放量的核算。

涉及的污染物包括：工业废水量、化学需氧量、汞、镉、铅、砷、工业粉尘、工业固体废物（尾矿）、工业固体废物（其他）等。

2 注意事项

系数表中未涉及的产品或原料的产排污系数说明：

（1）关于工业粉尘产排污系数的使用，本次产排污系数核算中没有考虑粉尘的无组织排放部分（大气污染物无组织排放是指大气污染物不经过排气筒的无规则排放）。如果在调查中有的企业工业粉尘是有组织排放但在手册中没有相应的工业粉尘的产排污系数，可以应用铅锌矿坑采—磨浮大规模的系数进行计算。

（2）如果遇到锡、锑多金属矿，划分为锡矿，按照锡矿采选的产排污系数进行核算。

（3）工业废水及其中污染物的排污系数是根据选矿过程中未回用水的量来确定的，这些水依然存放在尾矿坝中。

（4）对于没有尾矿坝的非规范企业，其产污系数等于排污系数。

（5）对于砷的产排污系数的处理原则是：如果原矿中砷的含量小于 0.01%，则砷的产排污系数按“0”计算。

（6）工业固体废物（其他）是指采矿过程中产生的废石。

0914 锡矿采选行业产排污系数表

产品名称	原料名称	工艺名称	规模等级	污染物指标	单位	产污系数	末端治理技术名称	排污系数
锡精矿	锡矿石	坑采—磨浮	≥3 000 吨/天	工业废水量	吨/吨原矿	11.567	循环利用 沉淀分离	1.735①
				化学需氧量	克/吨原矿	1 500		217.5①
				汞	毫克/吨原矿	1.0		0.15①
				镉	克/吨原矿	0.023		0.003 9①
				铅	克/吨原矿	0.069		0.01①
				砷	克/吨原矿	0.871		0.131①②
				工业固体废物（尾矿）	吨/吨原矿	0.994	—	—
				工业固体废物（其他）	吨/吨产品	0.35	—	—
			600～3 000 吨/天	工业废水量	吨/吨原矿	12.46	循环利用 沉淀分离	2.492①
				化学需氧量	克/吨原矿	1 967		393.3①
				汞	毫克/吨原矿	1.0		0.2①
				镉	克/吨原矿	0.031		0.006①
				铅	克/吨原矿	11.567		0.013①

注：①废水循环利用；②如果原矿中砷的含量小于 0.01%，则砷的产排污系数按“0”计算。

0914 锡矿采选行业产排污系数表（续表）

产品名称	原料名称	工艺名称	规模等级	污染物指标	单位	产污系数	末端治理技术名称	排污系数
锡精矿	锡矿石	坑采—磨浮	600～3 000 吨/天	砷	克/吨原矿	0.861	沉淀分离	0.172①②
				工业固体废物（尾矿）	吨/吨原矿	0.977	—	—
				工业固体废物（其他）	吨/吨产品	0.437	—	—
			＜600 吨/天	工业废水量	吨/吨原矿	13.445	循环利用	4.034①
				化学需氧量	克/吨原矿	2 300	沉淀分离	690.0①
							直排	2 300
				汞	毫克/吨原矿	1.07	沉淀分离	0.321①
							直排	1.07
				镉	克/吨原矿	0.437	沉淀分离	0.008 6①
							直排	0.437
				铅	克/吨原矿	13.445	沉淀分离	0.022①
							直排	13.445
				砷	克/吨原矿	0.883	沉淀分离	0.265①②
							直排	0.883
				工业固体废物（尾矿）	吨/吨原矿	0.98	—	—
				工业固体废物（其他）	吨/吨产品	0.45	—	—

注：①废水循环利用；②如果原矿中砷的含量小于 0.01%，则砷的产排污系数按“0”计算。

0915

锑矿采选业

1 适用范围

本手册给出了《统计上使用的产品分类目录》中“有色金属采选行业”的锑矿采选行业的产污系数和排污系数，可用于第一次全国污染源普查锑矿采选工业污染源污染物产生量和排放量的核算。

涉及的污染物包括：工业废水量、化学需氧量、汞、镉、铅、砷、工业粉尘、工业固体废物（尾矿）、工业固体废物（其他）等。

2 注意事项

系数表中未涉及的产品或原料的产排污系数说明：

（1）关于工业粉尘产排污系数的使用，本次产排污系数核算中没有考虑粉尘的无组织排放部分（大气污染物无组织排放是指大气污染物不经过排气筒的无规则排放）。如果在调查中有的企业工业粉尘是有组织排放但在手册中没有相应的工业粉尘的产排污系数，可以应用铅锌矿坑采—磨浮大规模的系数进行计算。

（2）如果遇到锡、锑多金属矿，划分为锡矿，按照锡矿采选的产排污系数进行核算。

（3）工业废水及其中污染物的排污系数是根据选矿过程中未回用水的量来确定的，这些水依然存放在尾矿坝中。

（4）对于没有尾矿坝的非规范企业，其产污系数等于排污系数。

（5）对于砷的产排污系数的处理原则是：如果原矿中砷的含量小于 0.01%，则砷的产排污系数按“0”计算。

（6）工业固体废物（其他）是指采矿过程中产生的废石。

0915 锑矿采选行业产排污系数表

产品名称	原料名称	工艺名称	规模等级	污染物指标	单位	产污系数	末端治理技术名称	排污系数
锑精矿	锑矿石	坑采—浮重联合	≥3 000 吨/天	工业废水量	吨/吨原矿	9.825	循环利用 沉淀分离	1.474①
				化学需氧量	克/吨原矿	0.005		0.001①
				汞	毫克/吨原矿	0.35		0.053①
				镉	克/吨原矿	0.013		0.002①
				铅	克/吨原矿	0.014		0.002①
				砷	克/吨原矿	0.503		0.075①②
				工业固体废物（尾矿）	吨/吨原矿	0.921	—	—
				工业固体废物（其他）	吨/吨产品	0.78	—	—
			600～3 000 吨/天	工业废水量	吨/吨原矿	10.508	循环利用 沉淀分离	2.102①
				化学需氧量	克/吨原矿	0.005 6		0.001 1①
				汞	毫克/吨原矿	0.4		0.08①
				镉	克/吨原矿	0.012		0.002 4①
				铅	克/吨原矿	0.018		0.003 5①

注：①废水循环利用；②如果原矿中砷的含量小于 0.01%，则砷的产排污系数按“0”计算。

0915 锑矿采选行业产排污系数表（续表）

产品名称	原料名称	工艺名称	规模等级	污染物指标	单位	产污系数	末端治理技术名称	排污系数
锑精矿	锑矿石	坑采—浮重联合	600～3 000 吨/天	砷	克/吨原矿	0.514	沉淀分离、循环利用 沉淀分离	0.103①②
				工业固体废物（尾矿）	吨/吨原矿	0.95	—	—
				工业固体废物（其他）	吨/吨产品	0.82	—	—
			＜600 吨/天	工业废水量	吨/吨原矿	11.7	循环利用	3.51①
				化学需氧量	克/吨原矿	0.005 4	沉淀分离	0.001 6①
							直排	0.005 4
				汞	毫克/吨原矿	0.37	沉淀分离	0.111①
							直排	0.37
				镉	克/吨原矿	0.016	沉淀分离	0.005①
							直排	0.016
				铅	克/吨原矿	0.016	沉淀分离	0.004 8①
							直排	0.016
				砷	克/吨原矿	0.52	沉淀分离	0.156①②
							直排	0.52
				工业固体废物（尾矿）	吨/吨原矿	0.935	—	—
				工业固体废物（其他）	吨/吨产品	0.85	—	—

注：①废水循环利用；②如果原矿中砷的含量小于 0.01%，则砷的产排污系数按“0”计算。

0916
铝矿采选业

1 适用范围

本手册给出了《统计上使用的产品分类目录》中“有色金属采选行业”的铝矿采选行业的产污系数和排污系数，可用于第一次全国污染源普查铝矿采选工业污染源污染物产生量和排放量的核算。

涉及的污染物包括：工业废水量、化学需氧量、汞、镉、铅、砷、工业粉尘、工业固体废物（尾矿）、工业固体废物（其他）等。

2 注意事项

（1）我国的铝土矿大部分只有采矿，没有选矿。铝土矿采矿工艺有露采和坑采，我国目前以露采为主。

（2）工业固体废物（其他）是指采矿过程中产生的废石。

0916 铝矿采选行业产排污系数表

产品名称	原料名称	工艺名称	规模等级	污染物指标	单位	产污系数	末端治理技术名称	排污系数
铝精矿	铝矿石	露采—磨浮	＜600 吨/天	工业废水量	吨/吨原矿	9.0	直排	9.0①
				化学需氧量	克/吨原矿	1 891		1 891
				汞	毫克/吨原矿	0.9		0.9
				镉	克/吨原矿	0.005		0.005
				铅	克/吨原矿	0.059		0.059
				砷	克/吨原矿	0.046		0.046②
				工业固体废物（尾矿）	吨/吨原矿	0.2	—	—
				工业固体废物（其他）	米^3/吨产品	10.227	—	—
铝矿石	铝矿脉	露采	≥3 000 吨/天	工业固体废物（其他）	米^3/吨产品	9.9	—	—
			600～3 000 吨/天	工业固体废物（其他）	米^3/吨产品	10.12	—	—
			＜600 吨/天	工业固体废物（其他）	米^3/吨产品	10.235	—	—

注：①废水循环利用；②如果原矿中砷的含量小于 0.01%，则砷的产排污系数按“0”计算。

0917

镁矿采选业

1 适用范围

本手册给出了《统计上使用的产品分类目录》中“有色金属采选行业”的镁矿采选行业的产污系数和排污系数，可用于第一次全国污染源普查镁矿采选工业污染源污染物产生量和排放量的核算。

涉及的污染物包括：工业固体废物（其他）。

2 注意事项

（1）我国镁矿资源比较丰富，有菱镁矿、白云石、光卤石和卤水等，目前工业上利用的镁矿物主要是菱镁矿和白云石。我国菱镁矿质量优良，一般不需选矿，只需在开采过程中经分穿、分爆、分装、分运、分破及手选等工序即可产出优级块矿供各用户使用。白云石直接用来冶炼镁。我国的两大镁厂均采用菱镁矿颗粒直接氯化生产无水氯化镁，然后通过氯化物熔盐电解和精炼制得金属镁。

（2）工业固体废物（其他）是指采矿过程中产生的废石。

0917 镁矿采选行业产排污系数表

产品名称	原料名称	工艺名称	规模等级	污染物指标	单位	产污系数	末端治理技术名称	排污系数
镁矿石	镁矿脉	露采	≥3 000 吨/天	工业固体废物（其他）	米^3/吨产品	0.255	—	—
			600～3 000 吨/天	工业固体废物（其他）	米^3/吨产品	0.285	—	—
			＜600 吨/天	工业固体废物（其他）	米^3/吨产品	0.29	—	—

0921

金矿采选业

1 适用范围

本手册给出了《统计上使用的产品分类目录》中“有色金属采选行业”的金矿采选行业的产污系数和排污系数，可用于第一次全国污染源普查金矿采选工业污染源污染物产生量和排放量的核算。

涉及的污染物包括：工业废水量、化学需氧量、汞、镉、铅、砷、工业粉尘、工业固体废物（尾矿）、工业固体废物（其他）等。

2 注意事项

系数表中未涉及的产品或原料的产排污系数说明：

（1）关于工业粉尘产排污系数的使用，本次产排污系数核算中没有考虑粉尘的无组织排放部分（大气污染物无组织排放是指大气污染物不经过排气筒的无规则排放）。如果在调查中有的企业工业粉尘是有组织排放但在手册中没有相应的工业粉尘的产排污系数，可以应用铅锌矿坑采—磨浮大规模的系数进行计算。

（2）工业废水及其中污染物的排污系数是根据选矿过程中未回用水的量来确定的，这些水依然存放在尾矿坝中。

（3）对于没有尾矿坝的非规范企业，其产污系数等于排污系数。

（4）对于砷的产排污系数的处理原则是：如果原矿中砷的含量小于 0.01%，则砷的产排污系数按“0”计算。

（5）工业固体废物（其他）是指采矿过程中产生的废石。

0921 金矿采选行业产排污系数表

产品名称	原料名称	工艺名称	规模等级	污染物指标	单位	产污系数	末端治理技术名称	排污系数
氧化矿石	氧化矿脉	露采（—氰化堆浸）	所有规模	工业固体废物（其他）	米^3/吨产品	0.174	—	—
		坑采（—全泥氰化浸出）	所有规模	工业固体废物（其他）	吨/吨产品	0.3	—	—
金精矿	金矿石	坑采—磨浮	≥3 000 吨/天	工业废水量	吨/吨原矿	2.218	循环利用 沉淀分离	0.177①
				化学需氧量	克/吨原矿	281.7		22.54①
				汞	毫克/吨原矿	0.222		0.018①
				镉	克/吨原矿	0.001 2		0.000 09①
				铅	克/吨原矿	0.004 2		0.000 3①
				砷	克/吨原矿	0.000 6		0.000 4①②
				工业固体废物（尾矿）	吨/吨原矿	0.877	—	—
				工业固体废物（其他）	吨/吨产品	0.222	—	—
			600～3 000 吨/天	工业废水量	吨/吨原矿	2.25	循环利用 沉淀分离	0.225①
				化学需氧量	克/吨原矿	272.4		27.68①
				汞	毫克/吨原矿	0.225	循环利用 沉淀分离	0.021 9①
				镉	克/吨原矿	0.002		0.001 8①
				铅	克/吨原矿	0.004 8		0.000 4①
				砷	克/吨原矿	0.005 7		0.000 6①②
				工业固体废物（尾矿）	吨/吨原矿	0.941	—	—
				工业固体废物（其他）	吨/吨产品	0.269	—	—

注：①废水循环利用；②如果原矿中砷的含量小于 0.01%，则砷的产排污系数按“0”计算。

0921　金矿采选行业产排污系数表（续表）

产品名称	原料名称	工艺名称	规模等级	污染物指标	单位	产污系数	末端治理技术名称	排污系数
金精矿	金矿石	坑采—磨浮	＜600 吨/天	工业废水量	吨/吨原矿	3.5	循环利用	0.525①
				化学需氧量	克/吨原矿	219.0	沉淀分离	32.85①
							直排	219.0
				汞	毫克/吨原矿	0.35	沉淀分离	0.053①
							直排	0.35
				镉	克/吨原矿	0.002 6	沉淀分离	0.000 4①
							直排	0.002 6
				铅	克/吨原矿	0.004 8	沉淀分离	0.000 7①
							直排	0.004 8
				砷	克/吨原矿	0.005 4	沉淀分离	0.000 8①②
							直排	0.005 4
				工业固体废物（尾矿）	吨/吨原矿	0.885	—	—
				工业固体废物（其他）	吨/吨产品	0.275	—	—

注：①废水循环利用；②如果原矿中砷的含量小于 0.01%，则砷的产排污系数按“0”计算。

0931

钨钼矿采选业

1 适用范围

本手册给出了《统计上使用的产品分类目录》中“有色金属采选行业”的钨钼矿采选行业的产污系数和排污系数，可用于第一次全国污染源普查钨钼矿采选工业污染源污染物产生量和排放量的核算。

涉及的污染物包括：工业废水量、化学需氧量、汞、镉、铅、砷、工业粉尘、工业固体废物（尾矿）、工业固体废物（其他）等。

2 注意事项

系数表中未涉及的产品或原料的产排污系数说明：

（1）关于工业粉尘产排污系数的使用，本次产排污系数核算中没有考虑粉尘的无组织排放部分（大气污染物无组织排放是指大气污染物不经过排气筒的无规则排放）。如果在调查中有的企业工业粉尘是有组织排放但在手册中没有相应的工业粉尘的产排污系数，可以应用铅锌矿坑采—磨浮大规模的系数进行计算。

（2）对于钨矿采选企业的氰化物产排污系数，在普查过程中要首先确定在工艺中是否用到氰化物，只有在工艺中应用了氰化物的企业才有氰化物产排污系数。否则，则没有该产排污系数。

（3）工业废水及其中污染物的排污系数是根据选矿过程中未回用水的量来确定的，这些水依然存放在尾矿坝中。

（4）对于没有尾矿坝的非规范企业，其产污系数等于排污系数。

（5）对于砷的产排污系数的处理原则是：如果原矿中砷的含量小于 0.01%，则砷的产排污系数按“0”计算。

（6）工业固体废物（其他）是指采矿过程中产生的废石。

0931 钨钼矿采选行业产排污系数表

产品名称	原料名称	工艺名称	规模等级	污染物指标	单位	产污系数	末端治理技术名称	排污系数
钼精矿	钼矿石	露采—磨浮	>1 000 吨/天	工业废水量	吨/吨原矿	4.16	循环利用 沉淀分离	0.832①
				化学需氧量	克/吨原矿	71.3		14.26①
				汞	毫克/吨原矿	0.416		0.083①
				镉	克/吨原矿	0.002 3		0.000 5①
				铅	克/吨原矿	0.003 7		0.000 7①
				砷	克/吨原矿	0.002 9		0.000 6①②
				工业固体废物（尾矿）	吨/吨原矿	0.998	—	—
				工业固体废物（其他）	米^3/吨产品	2.8	—	—
钨精矿	钨矿石	坑采—磨浮	>1 000 吨/天	工业废水量	吨/吨原矿	13.519	循环利用 沉淀分离	1.082①
				化学需氧量	克/吨原矿	22.8		1.824①
				汞	毫克/吨原矿	0.8		0.064①
				镉	克/吨原矿	0.215		0.017①
				铅	克/吨原矿	0.103		0.008 3①
				砷	克/吨原矿	0.096	沉淀分离	0.007 7①②
				氰化物	克/吨原矿	0.033		0.002 6①③
				工业固体废物（尾矿）	吨/吨原矿	0.927	—	—
				工业固体废物（其他）	吨/吨产品	0.69	—	—

注：①废水循环利用；②如果原矿中砷的含量小于 0.01%，则砷的产排污系数按“0”计算；③只有在工艺中应用了氰化物的企业才有氰化物产排污系数。

0931 钨钼矿采选行业产排污系数表（续 1）

产品名称	原料名称	工艺名称	规模等级	污染物指标	单位	产污系数	末端治理技术名称	排污系数
钨精矿	钨矿石	坑采—磨浮	500～1 000 吨/天	工业废水量	吨/吨原矿	14.173	循环利用 沉淀分离	1.42①
				化学需氧量	克/吨原矿	37.2		3.708①
				汞	毫克/吨原矿	1.2		0.124①
				镉	克/吨原矿	0.216		0.026①
				铅	克/吨原矿	0.11		0.013①
				砷	克/吨原矿	0.103		0.009①②
				氰化物	克/吨原矿	0.049		0.004 6①③
				工业固体废物（尾矿）	吨/吨原矿	0.99	—	—
				工业固体废物（其他）	吨/吨产品	0.91	—	—
			<500 吨/天	工业废水量	吨/吨原矿	15.345	循环利用	3.069①
				化学需氧量	克/吨原矿	698.0	沉淀分离	139.6①
							直排	698.0
				汞	毫克/吨原矿	1.8	沉淀分离	0.36①
							直排	1.8
				镉	克/吨原矿	0.206	沉淀分离	0.041①
							直排	0.206
				铅	克/吨原矿	0.106	沉淀分离	0.021①
							直排	0.106
				砷	克/吨原矿	0.102	沉淀分离	0.02①②
							直排	0.102
				氰化物	克/吨原矿	0.02	沉淀分离	0.004①③
							直排	0.02
				工业固体废物（尾矿）	吨/吨原矿	0.99	—	—
				工业固体废物（其他）	吨/吨产品	0.76	—	—

注：①废水循环利用；②如果原矿中砷的含量小于 0.01%，则砷的产排污系数按“0”计算；③只有在工艺中应用了氰化物的企业才有氰化物产排污系数。

0931 钨钼矿采选行业产排污系数表（续 2）

产品名称	原料名称	工艺名称	规模等级	污染物指标	单位	产污系数	末端治理技术名称	排污系数
钼精矿	钼矿石	坑采—磨浮	≤1 000 吨/天	工业废水量	吨/吨原矿	5.0	沉淀分离	1.5①
				化学需氧量	克/吨原矿	85.0	沉淀分离	25.5①
							直排	85.0
				汞	毫克/吨原矿	0.5	沉淀分离	0.15①
							直排	0.5
				镉	克/吨原矿	0.002 8	沉淀分离	0.000 8①
							直排	0.002 8
				铅	克/吨原矿	0.004 4	沉淀分离	0.001 3①
							直排	0.004 4
				砷	克/吨原矿	0.002	沉淀分离	0.000 6①②
							直排	0.002
				工业固体废物（尾矿）	吨/吨原矿	0.998	—	—
				工业固体废物（其他）	吨/吨产品石	0.5	—	—

注：①废水循环利用；②如果原矿中砷的含量小于 0.01%，则砷的产排污系数按“0”计算。

0932
稀土金属矿采选业

1 适用范围

本手册给出了《统计上使用的产品分类目录》中“有色金属采选行业”的稀土金属矿采选行业的产污系数和排污系数，可用于第一次全国污染源普查稀土金属矿采选工业污染源污染物产生量和排放量的核算。

涉及的污染物包括：工业废水量、化学需氧量、汞、镉、铅、砷、工业粉尘、工业固体废物（尾矿）、工业固体废物（其他）等。

2 注意事项

系数表中未涉及的产品或原料的产排污系数说明：

（1）关于工业粉尘产排污系数的使用，本次产排污系数核算中没有考虑粉尘的无组织排放部分（大气污染物无组织排放是指大气污染物不经过排气筒的无规则排放）。如果在调查中有的企业工业粉尘是有组织排放但在手册中没有相应的工业粉尘的产排污系数，可以应用混合型稀土矿露采—磨浮大规模的系数进行计算。

（2）本手册所列的离子型稀土矿的废水为在离子型稀土浸出后在稀土沉淀分离时产生的废水。由于原位浸出中流失的废水无法收集，因此，没有该数据。

（3）工业废水及其中污染物的排污系数是根据选矿过程中未回用水的量来确定的，这些水依然存放在尾矿坝中。

（4）对于没有尾矿坝的非规范企业，其产污系数等于排污系数。

（5）对于砷的产排污系数的处理原则是：如果原矿中砷的含量小于 0.01%，则砷的产排污系数按“0”计算。

（6）工业固体废物（其他）是指采矿过程中产生的废石。

0932 稀土金属矿采选行业产排污系数表

产品名称	原料名称	工艺名称	规模等级	污染物指标	单位	产污系数	末端治理技术名称	排污系数
混合型稀土精矿	混合型稀土矿石	露采—磨浮	>1 000 吨/天	工业废水量	吨/吨原矿	3.2	循环利用	0.48①
				化学需氧量	克/吨原矿	651.1		97.67①
				汞	毫克/吨原矿	0.34		0.051①
				镉	克/吨原矿	0.001 9	沉淀分离	0.000 3①
				铅	克/吨原矿	0.004 5		0.000 7①
				砷	克/吨原矿	0.017		0.002 5①②
				工业粉尘	克/吨原矿	0.187	过滤式除尘法	0.002①
				工业固体废物（尾矿）	吨/吨原矿	0.85	—	—
				工业固体废物（废石）	米³/吨产品	1.0	—	—
混合型稀土精矿	混合型稀土矿石	露采—磨浮	≤1 000 吨/天	工业废水量	吨/吨原矿	3.4	沉淀分离	0.68①
				化学需氧量	克/吨原矿	630.4	沉淀分离	126.1①
							直排	630.4
				汞	毫克/吨原矿	0.32	沉淀分离	0.064①
							直排	0.32
				镉	克/吨原矿	0.001 9	沉淀分离	0.000 4①
							直排	0.001 9
				铅	克/吨原矿	0.004 9	沉淀分离	0.001①
							直排	0.004 9
				砷	克/吨原矿	0.014	沉淀分离	0.002 7①②
							直排	0.014
				工业固体废物（尾矿）	吨/吨原矿	0.8	—	—
				工业固体废物（其他）	米³/吨产品	1.12	—	—
氟碳铈矿精矿	氟碳铈矿矿石	坑采—磨浮	所有规模	工业固体废物（尾矿）	吨/吨原矿	0.913	—	—
离子型稀土精矿（REO 92%）	离子型稀土矿脉	原位浸出	所有规模	工业废水量	米³/吨产品	750.0	循环利用	230.0①
				化学需氧量	克/吨产品	98 250	化学沉淀法	36.0①
				氨氮	克/吨产品	913	化学沉淀法	320.0①

注：①废水循环利用；②如果原矿中砷的含量小于 0.01%，则砷的产排污系数按“0”计算。

10

非金属矿采选业

1011

石灰石石膏开采业

1 适用范围

本手册给出了《统计上使用的产品分类目录》中“石灰石、石膏开采业”的石灰石和石膏矿开采的产污系数，可用于第一次全国污染源普查石灰石、石膏开采业工业污染源污染物产生量和排放量的核算。

涉及的污染物包括：固体废物（废土石）。

石灰石类包括：冶金用石灰石、水泥用石灰石、石灰用石灰石、化工用石灰石及其他用石灰石。

石膏类包括：石膏即含水硫酸钙（$CaSO_4 \cdot 2H_2O$）和硬石膏即无水硫酸钙（$CaSO_4$）两类。

2 注意事项

系数表中未涉及的产品产排污系数说明：

石膏类矿产分“石膏（含水硫酸钙）”和“硬石膏（无水硫酸钙）”两类，二者生产工艺完全相同，按一种产品处理，统称为“石膏”。

1011　石灰石石膏开采业产排污系数表

产品名称	原料名称	工艺名称	规模等级	污染物指标	单位	产污系数	末端治理技术名称	排污系数
水泥用石灰石	石灰岩（CaO≥48%）	露天开采	≥200 万吨	工业固体废物（其他）	吨/吨产品	0.05	—	—
	石灰岩（CaO<48%）	露天开采	≥200 万吨	工业固体废物（其他）	吨/吨产品	0.09	—	—
	石灰岩原矿	露天开采	50 万～200 万吨	工业固体废物（其他）	吨/吨产品	0.11	—	—
			<50 万吨	工业固体废物（其他）	吨/吨产品	0.16	—	—
冶金用石灰石	石灰岩原矿	露天开采	≥50 万吨	工业固体废物（其他）	吨/吨产品	0.16	—	—
			<50 万吨	工业固体废物（其他）	吨/吨产品	0.25	—	—
化工用石灰石	石灰岩原矿	露天开采	≥50 万吨	工业固体废物（其他）	吨/吨产品	0.21	—	—
			<50 万吨	工业固体废物（其他）	吨/吨产品	0.33	—	—
石灰用石灰石	石灰岩原矿	露天开采	≥50 万吨	工业固体废物（其他）	吨/吨产品	0.03	—	—
			<50 万吨	工业固体废物（其他）	吨/吨产品	0.05	—	—
石膏	石膏矿原矿	地下开采	≥30 万吨	工业固体废物（其他）	吨/吨产品	0.14	—	—
			10 万～30 万吨	工业固体废物（其他）	吨/吨产品	0.16	—	—
			<10 万吨	工业固体废物（其他）	吨/吨产品	0.46	—	—

1012
建筑装饰用石开采业

1 适用范围

本手册给出了《统计上使用的产品分类目录》中“建筑装饰用石开采业”的天然大理石荒料、天然花岗石荒料、石英岩、砂岩、板岩、蜡石及其他建筑用石料开采的产污系数，可用于第一次全国污染源普查建筑装饰用石开采业工业污染源污染物产生量和排放量的核算。

涉及的污染物包括：固体废物（废土石）。

2 注意事项

2.1 系数表中未涉及的产品产排污系数说明

“石英岩”和“砂岩”的开采参照同等规模和工艺的“花岗石”开采查取产排污系数，产污系数单位为“吨/吨产品”；

“板岩”和“蜡石”开采按照同等规模和工艺的“大理石”开采查产排污系数，产污系数单位为“吨/吨产品”；

其他建筑石料开采：按照矿种参照上述“产品、原料、工艺、规模”组合，产污系数取系数表单中数据的0.3倍，产污系数单位为“吨/吨产品”。

2.2 其他需要说明的问题

“原状天然大理石荒料”、“矩形天然大理石荒料”统称为“天然大理石荒料”；

“原状天然花岗石荒料”、“矩形天然花岗石荒料”统称为“天然花岗石荒料”；

“原状砂岩”、“矩形砂岩”统称为“石英岩”。

1012　建筑装饰用石开采行业产排污系数表

产品名称	原料名称	工艺名称	规模等级	污染物指标	单位	产污系数	末端治理技术名称	排污系数
天然大理石荒料	大理岩	露天开采	≥10万米^3/年	工业固体废物（其他）	米^3/米^{3}产品	0.18	—	—
			5万～10万米^3/年	工业固体废物（其他）	米^3/米^{3}产品	0.33	—	—
			<5万米^3/年	工业固体废物（其他）	米^3/米^{3}产品	1.27	—	—
天然花岗石荒料	花岗岩	露天开采	≥10万米^3/年	工业固体废物（其他）	米^3/米^{3}产品	0.67	—	—
			<10万米^3/年	工业固体废物（其他）	米^3/米^{3}产品	0.69	—	—

1013
耐火黏土石开采业

1 适用范围

本手册给出了《统计上使用的产品分类目录》中“耐火黏土石开采业”的耐火黏土矿、铁铝矾土、白云石、红柱石、蓝晶石、硅线石等矿种开采的产污系数，可用于第一次全国污染源普查耐火黏土石类矿山企业工业污染源污染物产生量和排放量的核算。

涉及的污染物包括：固体废物（废土石）。

2 注意事项

系数表中未涉及的产品产排污系数说明：

（1）“高铝黏土”开采与耐火黏土矿中的“软质黏土”开采类似，其产排污系数参照“软质黏土”开采的排污系数。

（2）“白云石”开采与“水泥用石灰石”开采类似，白云石开采的产排污系数参照“1011 石灰石石膏开采业”中的“水泥用石灰石—石灰石原矿—露天开采—＜50 万吨”组合选取产污系数。

（3）“红柱石、蓝晶石、硅线石”等可作为耐火材料的矿山产排污系数的核算可参照“1020 化学矿采选业产排污系数表”中的“萤石—萤石原矿—露天开采—所有规模”组合下的产污系数。

1013 耐火黏土石开采行业产排污系数表

产品名称	原料名称	工艺名称	规模等级	污染物指标	单位	产污系数	末端治理技术名称	排污系数
硬质黏土	硬质黏土原矿	地下开采	所有规模	工业固体废物（其他）	吨/吨产品	0.08	—	—
软质黏土	软质黏土原矿	地下开采	所有规模	工业固体废物（其他）	吨/吨产品	0.012	—	—
铁铝矾土	铝矾土原矿	露天开采	所有规模	工业固体废物（其他）	吨/吨产品	0.004	—	—

1019

黏土及其他土砂石开采业

1 适用范围

本手册给出了《统计上使用的产品分类目录》中“黏土及其他土砂石开采业”的黏土（高岭土、膨润土、脱色土、漂白土、海泡石黏土、其他黏土）、硅质土（硅藻土）、砂石（天然砂、石类等）等矿种开采的产污系数，可用于第一次全国污染源普查黏土及其他土砂石矿山企业工业污染源污染物产生量和排放量的核算。

涉及的污染物包括：固体废物（废土石）。

2 注意事项

2.1 系数表中未涉及的产品的产排污系数说明

“脱色土”、“漂白土”、“海泡石黏土”按照“膨润土”开采的产污系数进行固体废物（废土石）产生量的核算。

“其他黏土”中的“水泥用黏土”、“砖瓦用黏土”的固体废物（废土石）产污系数均以“0”作为产污系数。

“硅质土”按照同等规模和工艺的“高岭土”查取产排污系数。

“石英砂”按照“硅砂—砂岩—露天开采—所有规模”组合查取产排污系数。

2.2 其他需要说明的问题

“钠基膨润土”和“钙基膨润土”合并为一种类型，均按“膨润土”核算。

“石类”包括片石、石渣、河卵石、砾石等，该类矿石开采时，固体废物（废土石）的产生量均按“0”作为产污系数进行核算。

1019　黏土及其他土砂石开采行业产排污系数表

产品名称	原料名称	工艺名称	规模等级	污染物指标	单位	产污系数	末端治理技术名称	排污系数
高岭土	高岭土原矿	露天开采	所有规模	工业固体废物（其他）	吨/吨产品	1.17	—	—
		地下开采	所有规模	工业固体废物（其他）	吨/吨产品	0.61	—	—
膨润土	膨润土原矿	露天开采	≥5 万吨/年	工业固体废物（其他）	吨/吨产品	1.5	—	—
			<5 万吨/年	工业固体废物（其他）	吨/吨产品	1.56	—	—
砂岩	硅质板岩	露天开采	所有规模	工业固体废物（其他）	吨/吨产品	1	—	—
硅砂	砂岩	露天开采	所有规模	工业固体废物（其他）	吨/吨产品	1.01	—	—
	海砂	露天开采	所有规模	工业固体废物（其他）	吨/吨产品	0.004 8	—	—

1020
化学矿采选业

1 适用范围

本手册给出了《统计上使用的产品分类目录》中“化学矿采选业”的硫铁矿石、磷矿石、钾矿（天然钾盐、光卤石）、硼矿（天然硼矿、其他硼矿）、硫黄矿、萤石矿（冶金用萤石、化工用萤石、其他用萤石）、重晶石、毒重石、冰晶石、冰洲晶石、硫镁钒矿、蛇纹石、天青石、天然碱、芒硝矿、天然硝石、明矾石、砷矿、海泡石等矿种开采的产排污系数，可用于第一次全国污染源普查化学矿采选业工业污染源污染物产生量和排放量的核算。

涉及的污染物包括：工业废水量、化学需氧量、氨氮、石油类、挥发酚、汞、镉、铅、砷、六价铬、总磷、总氮、固体废物（废土石、尾矿）等。

2 注意事项

2.1 系数表中未涉及的产品的产排污系数说明

（1）“硫铁矿石”、“硫镁钒矿”参照同等规模及工艺的“磷矿石”开采查取产排污系数。

（2）“钾矿”、“硫黄矿”按照同等规模及工艺的“硼矿”开采查取产排污系数。

（3）“冰晶石”、“冰洲晶石”、“天然碱”、“芒硝矿”、“天然硝石”、“砷矿”、“海泡石”、“蛇纹石”、“重晶石”、“毒重石”、“天青石”、“明矾石”、“海泡石”均按“萤石”查取固体废物的产污系数。

2.2 其他需要说明的问题

（1）对于磷矿、硼矿等矿种的选矿，北方地区废水全部循环利用的，其排污系数为“0”，对于南方地区选矿废水未做到全部循环利用时，排污系数采用系数表单中的系数值。

（2）磷矿选矿中尾矿产污系数的选用：磷矿采用浮法选矿工艺生产磷矿精粉，尾矿的产污系数为3～17 吨/吨磷矿精粉。一般磷矿石品位在 2%～10%之间，品位越低，产污系数越大，品位越高，产污系数越小。按照这一原则，根据磷矿石含磷品位，适当选取产污系数。即：品位为 2%时产污系数为 17，品位为 3%时产污系数为 11.5，品位为 4%时产污系数为 8.35，品位为 5%时产污系数为 6.5，品位为 6%时产污系数为 5.25，品位为 7%时产污系数为 4.36，品位为 8%时产污系数为 3.69，品位为 9%时产污系数为 3.1。

（3）“冶金用萤石”、“化工用萤石”、“其他用萤石”合并为一种产品类型，均按照“萤石”查取固废的产污系数。

1020 化学矿采选行业产排污系数表

产品名称	原料名称	工艺名称	规模等级	污染物指标	单位	产污系数	末端治理技术名称	排污系数
磷矿石	磷矿石原矿	露天开采	≥30 万吨/年	工业固体废物（其他）	吨/吨产品	0.1	—	—
			<30 万吨/年	工业固体废物（其他）	吨/吨产品	0.13	—	—
磷矿精粉	磷矿石	浮法选矿	≥30 万吨/年	工业废水量	吨/吨产品	3	沉淀分离	2.55①
				化学需氧量	克/吨产品	1 001	沉淀分离	700①
				氨氮	克/吨产品	171	沉淀分离	139①
				石油类	克/吨产品	8.5	沉淀分离	4.84①
				挥发酚	克/吨产品	0.001 4	沉淀分离	0.001 1①
				汞	毫克/吨产品	0.2	沉淀分离	0.15①
				镉	克/吨产品	0.014	沉淀分离	0.001①
				铅	克/吨产品	0.014 3	沉淀分离	0.010 5①
				砷	克/吨产品	0.010 6	沉淀分离	0.008①
				六价铬	克/吨产品	0.024	沉淀分离	0.017 9①
				总磷	克/吨产品	310	沉淀分离	249①
				总氮	克/吨产品	18.99	沉淀分离	15.42①
				工业固体废物（尾矿）	吨/吨产品	3～17②	—	—

注：① 北方地区废水全部循环利用的，其排污系数为“0”，对于南方地区选矿废水未做到全部循环利用时，排污系数采用系数表单中的系数值。

② 磷矿采用浮法选矿工艺生产磷矿精粉，尾矿的产污系数为 3～17 吨/吨产品。一般磷矿石品位在 2%～10%之间，品位越低，产污系数越大，品位越高，产污系数越小。按照这一原则，根据磷矿石含磷品位，适当选取产污系数。即：品位为 2%时产污系数为 17，品位为 3%时产污系数为 11.5，品位为 4%时产污系数为 8.35，品位为 5%时产污系数为 6.5，品位为 6%时产污系数为 5.25，品位为 7%时产污系数为 4.36，品位为 8%时产污系数为 3.69，品位为 9%时产污系数为 3.1；其他按照差值法选取。

1020 化学矿采选行业产排污系数表（续表）

产品名称	原料名称	工艺名称	规模等级	污染物指标	单位	产污系数	末端治理技术名称	排污系数
磷矿精粉	磷矿石	浮法选矿	<30 万吨/年	工业废水量	吨/吨产品	5.73	沉淀分离	4.87①
				化学需氧量	克/吨产品	1 556	沉淀分离	1 106①
				氨氮	克/吨产品	185	沉淀分离	150①
				石油类	克/吨产品	7.62	沉淀分离	4.02①
				挥发酚	克/吨产品	0.003	沉淀分离	0.002 4①
				汞	毫克/吨产品	0.2	沉淀分离	0.148①
				镉	克/吨产品	0.012	沉淀分离	0.008 7①
				铅	克/吨产品	0.018 9	沉淀分离	0.013 9①
				砷	克/吨产品	0.010 5	沉淀分离	0.007 9①
				六价铬	克/吨产品	0.035	沉淀分离	0.026 1①
				总磷	克/吨产品	326	沉淀分离	262①
				总氮	克/吨产品	21.03	沉淀分离	17.1①
				工业固体废物（尾矿）	吨/吨产品	3～17②	—	—
硼矿	硼矿石原矿	地下开采	所有规模	工业固体废物（其他）	吨/吨产品	0.11	—	—
硼铁砂	硼矿	焙烧法	所有规模	工业固体废物（其他）	吨/吨产品	0.48	—	—
萤石	萤石原矿	露天开采	所有规模	工业固体废物（其他）	吨/吨产品	0.28	—	—

1030
采盐业

1 适用范围

本手册给出了《统计上使用的产品分类目录》中“采盐业”的湖盐、海盐、井盐等矿种开采的产污系数，可用于第一次全国污染源普查采盐业工业污染源污染物产生量和排放量的核算。

涉及的污染物包括：固体废物（废土石）。

2 注意事项

采盐业中的污染物的产生量和排放量，不包括湖盐、海盐及井盐的后期加工所产生的污染物。

1030 采盐行业产排污系数表

产品名称	原料名称	工艺名称	规模等级	污染物指标	单位	产污系数	末端治理技术名称	排污系数
湖盐	原盐	露天开采	所有规模	工业固体废物（其他）	吨/吨产品	0	—	—
海盐	原盐	露天开采	所有规模	工业固体废物（其他）	吨/吨产品	0	—	—
井盐	原盐	地下开采	所有规模	工业固体废物（其他）	吨/吨产品	0	—	—

1091

石棉云母矿采选业

1 适用范围

本手册给出了《统计上使用的产品分类目录》中“石棉云母矿采选业”的石棉矿、云母矿的开采和选矿的产污系数和排污系数，可用于第一次全国污染源普查石棉、云母矿采选业工业污染源污染物产生量和排放量的核算。

涉及的污染物包括：固体废物（废土石）、固体废物（尾矿）等。

2 注意事项

2.1 系数表中未涉及的产品的产排污系数说明

“温石棉”、“蓝石棉”及“其他石棉”合并为一种类型，均按“石棉”处理。

2.2 其他需要说明的问题

云母矿的开采及选矿的产污系数适用于所有生产规模。

1091 石棉云母采选行业产排污系数表

产品名称	原料名称	工艺名称	规模等级	污染物指标	单位	产污系数	末端治理技术名称	排污系数
石棉矿石	蛇纹岩	露天开采	≥2 万吨石棉/年	工业固体废物（其他）	吨/吨产品	2.07	—	—
			1 万～2 万吨石棉/年	工业固体废物（其他）	吨/吨产品	3.79	—	—
			<1 万吨石棉/年	工业固体废物（其他）	吨/吨产品	5.5	—	—
石棉	石棉矿石	干法选矿	≥2 万吨石棉/年	工业固体废物（尾矿）	吨/吨产品	26.75	—	—
			1 万～2 万吨石棉/年	工业固体废物（尾矿）	吨/吨产品	31.62	—	—
			<1 万吨石棉/年	工业固体废物（尾矿）	吨/吨产品	36.5	—	—
碎云母	云母矿石	地下开采	所有规模	工业固体废物（其他）	吨/吨产品	0.32	—	—
云母粉	碎云母	风选	所有规模	工业固体废物（尾矿）	吨/吨产品	1.53	—	—

1092
石墨滑石矿采选业

1 适用范围

本手册给出了《统计上使用的产品分类目录》中“石墨滑石矿采选业”的天然石墨（晶质石墨、隐晶质石墨）、滑石（原状滑石）的开采和选矿的产污系数和排污系数，可用于第一次全国污染源普查石墨、滑石矿采选业工业污染源污染物产生量和排放量的核算。

涉及的污染物包括：工业废水量、化学需氧量、氨氮、石油类、挥发酚、汞、镉、铅、砷、六价铬、总磷、总氮、固体废物（废土石）、固体废物（尾矿）等。

2 注意事项

2.1 系数表中未涉及的产品的产排污系数说明

“晶质石墨（鳞片状晶质石墨、致密状晶质石墨）”、“隐晶质石墨”及“其他天然石墨”合并为一种类型，统称为“石墨”。

2.2 其他需要说明的问题

（1）对于石墨选矿，北方地区废水全部循环利用的，其排污系数为“0”；对于南方地区选矿废水未做到全部循环利用时，排污系数采用系数表单中的系数值。

（2）滑石矿露天开采的产污系数适用所有规模的露天开采企业。

（3）“滑石”选矿中无尾矿产生，其产污系数按“0”计算。

1092 石墨滑石采选行业产排污系数表

产品名称	原料名称	工艺名称	规模等级	污染物指标	单位	产污系数	末端治理技术名称	排污系数
天然石墨	石墨矿原岩	露天开采	所有规模	工业固体废物（其他）	吨/吨产品	1.63	—	—
石墨	石墨矿石	浮法选矿	≥0.3 万吨石墨/年	工业废水量	吨/吨产品	65.88	沉淀分离	38.84①
				化学需氧量	克/吨产品	176 681	沉淀分离	86 079①
				氨氮	克/吨产品	18.97	沉淀分离	10.64①
				石油类	克/吨产品	1 081	沉淀分离	439①
				挥发酚	克/吨产品	0.12	沉淀分离	0.066①
				汞	毫克/吨产品	2.9	沉淀分离	1.52①
				镉	克/吨产品	0.034 3	沉淀分离	0.017①
				铅	克/吨产品	4.53	沉淀分离	2.28①
				砷	克/吨产品	1.08	沉淀分离	0.57①
				六价铬	克/吨产品	0.4	沉淀分离	0.21①
				总磷	克/吨产品	2.64	沉淀分离	1.45①
				总氮	克/吨产品	321	沉淀分离	177①
				工业固体废物（尾矿）	吨/吨产品	17.04	—	—

注：①北方地区废水全部循环利用的，其排污系数为“0”；对于南方地区选矿废水未做到全部循环利用时，排污系数采用系数表单中的系数值。

1092　石墨滑石采选行业产排污系数（续表）

产品名称	原料名称	工艺名称	规模等级	污染物指标	单位	产污系数	末端治理技术名称	排污系数
石墨	石墨矿石	浮法选矿	＜0.3 万吨石墨/年	工业废水量	吨/吨产品	80	沉淀分离	47.17①
				化学需氧量	克/吨产品	209 280	沉淀分离	99 610①
				氨氮	克/吨产品	19.88	沉淀分离	11.19①
				石油类	克/吨产品	1 124	沉淀分离	453①
				挥发酚	克/吨产品	0.12	沉淀分离	0.065①
				汞	毫克/吨产品	3.1	沉淀分离	1.59①
				镉	克/吨产品	0.057 2	沉淀分离	0.028 9①
				铅	克/吨产品	4.57	沉淀分离	2.18①
				砷	克/吨产品	1.62	沉淀分离	0.85①
				六价铬	克/吨产品	0.43	沉淀分离	0.22①
				总磷	克/吨产品	4.11	沉淀分离	2.29①
				总氮	克/吨产品	1 207	沉淀分离	671①
				工业固体废物（尾矿）	吨/吨产品	36.71	—	—
原状滑石	滑石矿原岩	露天开采	所有规模	工业固体废物（其他）	吨/吨产品	3.72	—	—
		地下开采	≥10 万吨/年	工业固体废物（其他）	吨/吨产品	0.74	—	—
			＜10 万吨/年	工业固体废物（其他）	吨/吨产品	1.5	—	—

注：①北方地区废水全部循环利用的，其排污系数为“0”；对于南方地区选矿废水未做到全部循环利用时，排污系数采用系数表单中的系数值。

1093

宝石玉石矿开采业

1 适用范围

本手册给出了《统计上使用的产品分类目录》中“宝石玉石矿开采业”的天然宝石类矿和天然玉石类矿开采的产污系数，可用于第一次全国污染源普查宝石玉石矿开采业工业污染源污染物产生量和排放量的核算。

涉及的污染物包括：固体废物（废土石）。

2 注意事项

系数表中未涉及的产品的产排污系数说明：

天然宝石类（钻石、红宝石、蓝宝石、祖母绿玛瑙、紫晶、琥珀、尖晶石、碧玺）、其他天然宝石矿等按照“金刚石”处理，天然玉石类矿（翡翠、白玉、青玉、芙蓉石、孔雀石、绿松石、乾青、石青、蓝田玉、独山玉）、其他天然玉石类按“岫岩玉”处理。

1093 宝石玉石开采业产排污系数表

产品名称	原料名称	工艺名称	规模等级	污染物指标	单位	产污系数	末端治理技术名称	排污系数
金刚石	金伯利岩	地下开采	所有规模	工业固体废物（其他）	吨/克拉产品	1.14	—	—
岫岩玉	岫玉原矿	地下开采	所有规模	工业固体废物（其他）	吨/吨产品	0.2	—	—

13

农副食品加工业

1310
谷物磨制行业

1 适用范围

本手册给出了《统计上使用的产品分类目录》中“谷物磨制行业”的谷物细粉、大米、碾磨脱壳其他谷物、谷物粗粉、团粒、干豆粉等的产污系数和排污系数，涵盖了谷物磨制行业总产量 95%以上的产品，可用于第一次全国污染源普查谷物磨制行业工业污染源污染物产生量和排放量的核算。

涉及的污染物：工业粉尘。

2 注意事项

2.1 系数表中未涉及的产品产排污系数说明

大米细粉、玉米、糯米等谷物细粉以及采用干法工艺生产的干豆粉类产品，可按照小麦粉的产排污系数计算；碾磨、脱壳等谷物以及谷物粗粉、团粒类产品，可按照大米的产排污系数计算。

2.2 生产非单一产品企业污染物产排量核算

当同一企业生产多个产品时，普查时以产品为依据，分别核算统计。

2.3 无组织排放的说明

本手册只给出本行业工业粉尘污染物的有组织排放的产排污系数，不包括无组织排放的产排污系数。

2.4 其他需要说明的问题

（1）根据谷物磨制行业的生产特点，将除尘系统视为生产工艺设备。因此，本行业工业粉尘的产排污系数相等。

（2）本手册力求简单、清楚，便于普查员使用，制定时充分考虑了全国的平均水平，使用本手册计算得出的产排污量可能会与单个调查企业的情况有一定出入。

1310　谷物磨制行业产排污系数表

产品名称	原料名称	工艺名称	规模等级	污染物指标	单位	产污系数	末端治理技术名称	排污系数
小麦粉	小麦	磨制	≥400 吨小麦/天	工业粉尘	千克/吨原料	0.085	直排	0.085
	小麦	磨制	＜400 吨小麦/天	工业粉尘	千克/吨原料	0.106	直排	0.106
大米	稻谷	碾磨	所有规模	工业粉尘	千克/吨原料	0.015	直排	0.015

1320
饲料加工行业

1 适用范围

本手册给出了《统计上使用的产品分类目录》中“饲料加工行业”的配合饲料、浓缩饲料、预混合饲料等饲料产品的产污系数和排污系数，涵盖了行业总产量 95%以上的饲料产品。可用于第一次全国污染源普查饲料加工行业工业污染源污染物产生量和排放量的核算。

涉及的污染物：工业粉尘。

2 注意事项

2.1 系数表中未涉及的产品产排污系数说明

《统计上使用的产品分类目录》中的宠物饲料产品的产排污系数请参照《1419 饼干及其他焙烤食品制造行业产排污系数手册》和《1451 肉、禽类罐头制造行业产排污系数手册》；饲料添加剂的产排污系数请参照《1494 食品及饲料添加剂制造行业产排污系数手册》；饲料用水产品渣粉的产排污系数请参照《1363 水产饲料制造行业产排污系数手册》。

2.2 生产非单一产品企业污染物产排量核算

当同一企业生产多种产品时，普查时以产品为依据，分别核算统计。

2.3 无组织排放的说明

本手册只给出本行业工业粉尘污染物的有组织排放的产排污系数，不包括无组织排放的产排污系数。

2.4 其他需要说明的问题

（1）根据目前饲料加工企业生产工艺的特点，除尘设备视为生产工艺设备。因此，本行业工业粉尘的产排污系数相等。

（2）本手册力求简单、清楚，易于普查员使用，制定时充分考虑了全国的平均水平，使用本手册核算出的产排污量可能会与单个调查企业的情况有一定出入。

1320　饲料加工行业产排污系数表

产品名称	原料名称	工艺名称	规模等级	污染物指标	单位	产污系数	末端治理技术名称	排污系数
配合饲料	玉米豆粕等	颗粒饲料加工工艺	≥10 万吨/年	工业粉尘	千克/吨产品	0.043	直排	0.043
			＜10 万吨/年	工业粉尘	千克/吨产品	0.045	直排	0.045

注：① 粉末状配合饲料产排污系数等于配合饲料产排污系数乘以调整系数 1.2。

② 浓缩饲料和预混合饲料产品选取系数表中配合饲料的产排污系数乘以调整系数 1.2。

1331
食用植物油行业

1 适用范围

本手册给出了《统计上使用的产品分类目录》中“食用植物油行业”的毛油、精制食用植物油、人造黄油及其他食用油脂的产污系数和排污系数，可用于第一次全国污染源普查食用植物油行业工业污染源污染物产生量和排放量的核算。

涉及的污染物包括：工业废水量、化学需氧量、五日生化需氧量、总磷。

2 注意事项

2.1 系数表中未涉及的产品产排污系数说明

（1）本手册已基本涵盖各种原料、工艺及规模的食用植物油产品，对系数表中未涉及的产品，按照工艺优先的原则，选用系数表中相同工艺、相同规模的产排污系数，当规模等级或工艺有差异时根据表注说明进行系数调整。

调整后的产污系数 =系数表中选取的产污系数×调整系数

调整后的排污系数 =系数表中选取的排污系数×调整系数

无需调整时取值为 1。同时，需注意在有些情况下，工业废水量和其他污染物指标的调整系数取值不同。

（2）采用压榨或水代法生产的芝麻油产品，污染物产排忽略不计。

（3）采用压榨工艺生产的毛油产品，污染物产排忽略不计。

（4）人造黄油、人造奶油、起酥油等产品主要污染物的产排量已计入原料油脂的生产过程，无需另行计算污染物产排量。

2.2 生产非单一产品企业污染物产排量核算

当同一企业生产多种产品时，普查时以产品为依据，分别核算统计。

2.3 其他需要说明的问题

（1）如企业末端治理设施与系数表不同，选择系数表中相近治理工艺的排污系数进行核算。

（2）当调查企业厂区排水进入水体时，化学需氧量、生化需氧量、总磷的排污系数乘以 0.7 进行调整。

（3）本手册力求简单、清楚，易于普查员使用，制定时充分考虑了全国的平均水平，使用本手册核算出的产排污量可能会与单个调查企业的情况有一定出入。

1331 食用植物油行业产排污系数表①

产品名称	原料名称	工艺名称	规模等级	污染物指标	单　位	产污系数	末端治理技术名称	排污系数
大豆精制油	大豆②	浸出、精炼	≥3 000 吨原料/天	工业废水量	吨/吨原料	0.148	物理+化学+厌氧/好氧生物组合工艺	0.144
							物理+化学+SBR	0.144
							直排	0.148
				化学需氧量	克/吨原料	513.1	物理+化学+厌氧/好氧生物组合工艺	18.6
							物理+化学+SBR	19.6
							直排	513.1
				五日生化需氧量	克/吨原料	226.4	物理+化学+厌氧/好氧生物组合工艺	5.0
							物理+化学+SBR	5.4
							直排	226.4
				总磷	克/吨原料	1.7	物理+化学+厌氧/好氧生物组合工艺	0.1
							物理+化学+SBR	0.1
							直排	1.7
	大豆③		500～3 000 吨原料/天	工业废水量	吨/吨原料	0.202	物理+化学+厌氧/好氧生物组合工艺	0.199
							物理+化学+SBR	0.195
							直排	0.202
				化学需氧量	克/吨原料	700.7	物理+化学+厌氧/好氧生物组合工艺	26.2
							物理+化学+SBR	27.4
							直排	700.7
				五日生化需氧量	克/吨原料	299.5	物理+化学+厌氧/好氧生物组合工艺	7.4
							物理+化学+SBR	7.9
							直排	299.5
				总磷	克/吨原料	2.4	物理+化学+厌氧/好氧生物组合工艺	0.1
							物理+化学+SBR	0.2
							直排	2.4

注：① 如调查企业的产品、原料、工艺与此系数表有所不同，产排污系数调整请参照本手册注意事项“系数表中未涉及的产排污系数”。

② 采用浸出、精炼工艺生产的米糠精制油等其他精制食用油，若调研企业规模≥3 000 吨原料/天，直接选用系数表中的产排污系数。

③ 采用浸出、精炼工艺生产的米糠精制油等其他精制食用植物油，若调研企业规模为 500～3 000 吨原料/天，直接选用系数表中的产排污系数。

1331 食用植物油行业产排污系数表（续 1）

产品名称	原料名称	工艺名称	规模等级	污染物指标	单位	产污系数	末端治理技术名称	排污系数
大豆精制油	大豆[④]	浸出、精炼	＜500 吨原料/天	工业废水量	吨/吨原料	0.233	物理+化学+厌氧/好氧生物组合工艺	0.227
							物理+厌氧/好氧生物组合工艺	0.22
							直排	0.233
				化学需氧量	克/吨原料	782.2	物理+化学+厌氧/好氧生物组合工艺	30.2
							物理+厌氧/好氧生物组合工艺	31.8
							直排	782.2
				五日生化需氧量	克/吨原料	318.7	物理+化学+厌氧/好氧生物组合工艺	7.2
							物理+厌氧/好氧生物组合工艺	10
							直排	318.7
				总磷	克/吨原料	2.7	物理+化学+厌氧/好氧生物组合工艺	0.1
							物理+厌氧/好氧生物组合工艺	0.6
							直排	2.7
	大豆毛油[⑤]	精炼	≥1 000 吨原料/天	工业废水量	吨/吨原料	0.261	物理+化学+厌氧/好氧生物组合工艺	0.253
							直排	0.261
				化学需氧量	克/吨原料	1 900	物理+化学+厌氧/好氧生物组合工艺	34
							直排	1 900
				五日生化需氧量	克/吨原料	727.6	物理+化学+厌氧/好氧生物组合工艺	11.7
							直排	727.6
				总磷	克/吨原料	15.2	物理+化学+厌氧/好氧生物组合工艺	0.2
							直排	15.2

注：④ 采用浸出、精炼工艺生产的米糠精制油等其他精制食用植物油，若调研企业规模＜500 吨原料/天，直接选用系数表中的产排污系数。

⑤ 以毛油为原料采用精炼工艺生产花生精制油、葵花籽精制油、米糠精制油等其他精制食用油产品，若调研企业规模≥1 000 吨原料/天，直接选用系数表中的产排污系数；若调研企业规模＜1 000 吨原料/天，选取系数表中的产排污系数乘以 1.2。

1331　食用植物油行业产排污系数表（续 2）

产品名称	原料名称	工艺名称	规模等级	污染物指标	单位	产污系数	末端治理技术名称	排污系数
大豆毛油	大豆⑥	浸出	≥3 000 吨原料/天⑦	工业废水量	吨/吨原料	0.08	物理+化学+厌氧/好氧生物组合工艺	0.078
							直排	0.08
				化学需氧量	克/吨原料	135	物理+化学+厌氧/好氧生物组合工艺	10.5
							直排	135
				五日生化需氧量	克/吨原料	55.3	物理+化学+厌氧/好氧生物组合工艺	3.6
							直排	55.3
				总磷	克/吨原料	0.1	物理+化学+厌氧/好氧生物组合工艺	0.1
							直排	0.1
菜籽精制油⑩	菜籽⑧	预榨、浸出、精炼⑨	500～3 000 吨原料/天⑧⑨	工业废水量	吨/吨原料	0.195	物理+化学+厌氧/好氧生物组合工艺	0.19
							物理+厌氧/好氧组合工艺	0.19
							直排	0.195
				化学需氧量	克/吨原料	618.7	物理+化学+厌氧/好氧生物组合工艺	25.5
							物理+厌氧/好氧组合工艺	27
							直排	618.7
				五日生化需氧量	克/吨原料	271.6	物理+化学+厌氧/好氧生物组合工艺	7.9
							物理+厌氧/好氧组合工艺	9.1
							直排	271.6

注：⑥ 采用浸出工艺生产米糠毛油等其他毛油产品时，直接选取系数表中的产排污系数。

⑦ 若调研企业规模为 500～3 000 吨原料/天，选取系数表中的产排污系数乘以 1.3；若调研企业规模＜500 吨原料/天，选取系数表中的产排污系数乘以 1.5。

⑧ 采用预榨、浸出、精炼工艺生产花生、葵花籽、棉籽、玉米胚芽等其他精制食用油产品，若调研企业规模≥3 000 吨原料/天，选取系数表中的产排污系数乘以 0.7；若调研企业规模为 500～3 000 吨原料/天，直接选用系数表中的产排污系数。

⑨ 采用压榨、精炼工艺生产花生、葵花籽、棉籽、玉米胚芽等其他精制食用油产品，若调研如企业规模≥3 000 吨原料/天，选取系数表中的产排污系数乘以 0.56；若调研企业规模为 500～3 000 吨原料/天，选取系数表中的产排污系数乘以 0.8。

⑩ 采用预榨、浸出工艺生产花生、葵花籽、棉籽、玉米胚芽等毛油产品，若调研企业规模≥3 000 吨原料/天，选取系数表中工业废水量产排污系数乘以 0.42，其他污染物产排污系数乘以 0.25；若调研企业规模为 500～3 000 吨原料/天，选取系数表中工业废水量产排污系数乘以 0.6，其他污染物产排污系数乘以 0.35。

1331 食用植物油行业产排污系数表（续 3）

产品名称	原料名称	工艺名称	规模等级	污染物指标	单位	产污系数	末端治理技术名称	排污系数
菜籽精制油⑬	菜籽⑪⑫	预榨、浸出、精炼⑫	＜500 吨原料/天	工业废水量	吨/吨原料	0.237	物理+化学+SBR	0.229
							物理+厌氧/好氧组合工艺	0.223
							直排	0.237
				化学需氧量	克/吨原料	746.8	物理+化学+SBR	31.2
							物理+厌氧/好氧组合工艺	29
							直排	746.8
				五日生化需氧量	克/吨原料	324.9	物理+化学+SBR	9.8
							物理+厌氧/好氧组合工艺	8.6
							直排	324.9

注：⑪ 采用预榨、浸出、精炼工艺生产花生、葵花籽、棉籽、玉米胚芽等其他精制食用油产品，若调研企业规模为＜500 吨原料/天，直接选用系数表中的产排污系数。

⑫ 采用压榨、精炼工艺生产花生、葵花籽、棉籽、玉米胚芽等其他精制食用油产品，若调研企业规模＜500 吨原料/天，选取系数表中的产排污系数乘以 0.8。

⑬ 采用预榨、浸出工艺生产花生、葵花籽、棉籽、玉米胚芽等毛油产品，若调研企业规模＜500 吨原料/天，选取系数表中工业废水量产排污系数乘以 0.6，其他污染物产排污系数乘以 0.35。

1332 非食用植物油行业

1 适用范围

本手册给出了《统计上使用的产品分类目录》中“非食用植物油行业”初榨非食用植物油、精制非食用植物油的产污系数和排污系数，可用于第一次全国污染源普查非食用植物油行业工业污染源污染物产生量和排放量的核算。

涉及的污染物包括：工业废水量、化学需氧量、五日生化需氧量。

2 注意事项

2.1 产排污系数调整表的使用说明

由于本行业产品、原料数量众多，加工工艺也有所不同，对系数表中无法包含的产品，参照产排污系数调整表调整产排污系数。

调整后的产污系数 =系数表中选取的产污系数×调整系数

调整后的排污系数 =系数表中选取的排污系数×调整系数

无需调整时取值为 1。同时，需注意在有些情况下，工业废水量和其他污染物指标的调整系数取值不同。

产排污系数调整表

<table>
<tr><th>产品</th><th>原料</th><th>工艺</th><th>规模（吨原料/天）</th><th>调整系数</th></tr>
<tr><td rowspan="4">桐油、梓油、亚麻籽精制油等</td><td rowspan="4">桐籽、乌桕树籽、亚麻籽等</td><td rowspan="2">预压榨、浸出、精炼</td><td>≥200</td><td>0.85</td></tr>
<tr><td>＜200</td><td>1.25</td></tr>
<tr><td rowspan="2">压榨、精炼</td><td>≥200</td><td>0.7</td></tr>
<tr><td>＜200</td><td>1.0</td></tr>
<tr><td rowspan="2">亚麻籽、椰子初榨油等</td><td rowspan="2">亚麻籽、椰子干等</td><td rowspan="2">预压榨、浸出</td><td>≥200</td><td>0.5（工业废水量）
0.3（其他污染物）</td></tr>
<tr><td>＜200</td><td>0.75（工业废水量）
0.4（其他污染物）</td></tr>
<tr><td rowspan="2">棕榈、椰子、亚麻籽精制油等</td><td rowspan="2">棕榈、椰子、亚麻籽初榨油等</td><td rowspan="2">精炼</td><td>≥200</td><td>0.7</td></tr>
<tr><td>＜200</td><td>1.0</td></tr>
<tr><td colspan="5">当调查企业工业废水经末端治理后进入自然水体时，化学需氧量、生化需氧量的排污系数还需乘以 0.4 进行调整，工业废水量无需调整。</td></tr>
<tr><td colspan="5">采用压榨工艺生产的初榨非食用植物油产品，污染物产排忽略不计。</td></tr>
</table>

2.2 生产非单一产品企业污染物产排量核算

当同一企业生产多种产品时，普查时以产品为依据，分别核算统计。

2.3 其他需要说明的问题

（1）如企业末端治理设施与系数表不同，选择系数表中相近治理工艺的排污系数进行核算。

（2）本手册力求简单、清楚，易于普查员使用，制定时充分考虑了全国的平均水平，使用本手册核算出的产排污量可能会与单个调查企业的情况有一定出入。

1332 非食用植物油行业产排污系数表①

产品名称	原料名称	工艺名称	规模等级	污染物指标	单位	产污系数	末端治理技术名称	排污系数
蓖麻油	蓖麻籽	压榨、精炼	<200 吨原料/天	工业废水量	吨/吨原料	1.291	物理+SBR	1.239
							直排	1.291
				化学需氧量	克/吨原料	17 172	物理+SBR	452
							直排	17 172
				五日生化需氧量	克/吨原料	6 687	物理+SBR	147
							直排	6 687

注：① 如调查企业的产品、原料、工艺、规模与此系数表有所不同，产排污系数调整请参照本手册注意事项的产排污系数调整表。

1340
制糖行业

1 适用范围

本手册给出了《统计上使用的产品分类目录》"制糖行业"中原糖、成品糖、加工糖、糖蜜等产品的产污系数和排污系数，可用于第一次全国污染源普查制糖行业工业污染源污染物产生量和排放量的核算。

涉及的污染物包括：工业废水量、化学需氧量、五日生化需氧量。

2 注意事项

2.1 产排污系数调整表的说明

由于本行业产品、原料数量众多，加工工艺有所不同，对于系数表中未涉及的产排污系数，请参照"制糖行业产排污系数调整表"选择调整系数进行核算。

调整后的产污系数=系数表中选取的产污系数×调整系数

调整后的排污系数=系数表中选取的排污系数×调整系数

无需调整时调整系数取值为 1。同时需注意在有些情况下，工业废水量与其他污染物指标的调整系数取值不同。

制糖行业产排污系数调整表

产品名称	对应的系数表值	原料名称	污染物指标调整系数
赤砂糖、红糖、黄砂糖	甘蔗糖亚硫酸工艺系数表值	甘蔗	0.9
赤砂糖、红糖、黄砂糖	甘蔗糖碳酸工艺系数表值	甘蔗	0.9
赤砂糖、红糖、黄砂糖	甜菜糖碳酸工艺系数表值	甜菜	0.9
原糖	甘蔗糖亚硫酸工艺系数表值	甘蔗	0.8
原糖	甘蔗糖碳酸工艺系数表值	甘蔗	0.8
冰片糖、冰糖	甘蔗糖亚硫酸工艺系数表值	白砂糖、绵白糖	0.5（工业废水量） 0.1（其他污染物指标）
精制糖浆	甘蔗糖亚硫酸工艺系数表值	白砂糖、绵白糖	0.5
白砂糖、绵白糖	甘蔗糖亚硫酸工艺系数表值	原糖	0.7（工业废水量） 0.8（其他污染物指标）
白砂糖、绵白糖	甘蔗糖碳酸工艺系数表值	原糖	0.7（工业废水量） 0.8（其他污染物指标）
糖蜜生产过程的污染物量已计入成品糖的生产过程，此处无需另行计算其污染物的产生量和排放量。			
以白砂糖、绵白糖为原料生产方糖产品的污染物产生量和排放量忽略不计。			

2.2 生产非单一产品企业污染物产排量核算

当同一企业生产多种产品时，普查时以产品为依据，分别核算统计。

2.3 其他需要说明的问题

（1）当调查企业末端治理设施与系数表中不同时，请选取系数表中相近末端治理技术的排污系数进行计算。

（2）本手册力求简单、清楚，易于普查员使用，制定时充分考虑了全国的平均水平，使用本手册计算得出的产排污量可能会与单个调查企业的情况有一定出入。

1340　制糖行业产排污系数表[①]

产品名称	原料名称	工艺名称	规模等级	污染物指标	单位	产污系数	末端治理技术名称	排污系数
白砂糖、绵白糖	甘蔗	亚硫酸法	所有规模	工业废水量	吨/吨产品	56.343	沉淀分离+活性污泥法	52.175
							沉淀分离+氧化塘	53.072
							沉淀分离	54.274
							直排	56.343
				化学需氧量	克/吨产品	30 198	沉淀分离+活性污泥法	5 354
							沉淀分离+氧化塘	22 077
							沉淀分离	28 686
							直排	30 198
				五日生化需氧量	克/吨产品	16 017	沉淀分离+活性污泥法	2 130
							沉淀分离+氧化塘	11 650
							沉淀分离	15 250
							直排	16 017
		碳酸法	所有规模	工业废水量	吨/吨产品	55.173	沉淀分离	54.39
							沉淀分离+氧化塘	53.756
							沉淀分离+活性污泥法	54.346
							直排	55.173
				化学需氧量	克/吨产品	29 766	沉淀分离	28 283
							沉淀分离+氧化塘	24 459
							沉淀分离+活性污泥法	5 706
							直排	29 766
				五日生化需氧量	克/吨产品	16 028	沉淀分离	15 229
							沉淀分离+氧化塘	11 396
							沉淀分离+活性污泥法	2 554
							直排	16 028

注：① 如调查企业的产品、原料、工艺与此系数表有所不同，产排污系数调整请参照本手册注意事项的制糖行业产排污系数调整表。

1340 制糖行业产排污系数表[①]（续表）

产品名称	原料名称	工艺名称	规模等级	污染物指标	单位	产污系数	末端治理技术名称	排污系数
白砂糖、绵白糖	甜菜	碳酸法	所有规模	工业废水量	吨/吨产品	48.468	沉淀分离+光合细菌生化处理	46.922
							沉淀分离+氧化塘	46.107
							沉淀分离	48.108
							直排	48.468
				化学需氧量	克/吨产品	106 303	沉淀分离+光合细菌生化处理	48 049
							沉淀分离+氧化塘	77 836
							沉淀分离	94 235
							直排	106 303
				五日生化需氧量	克/吨产品	58 381	沉淀分离+光合细菌生化处理	21 772
							沉淀分离+氧化塘	38 426
							沉淀分离	54 716
							直排	58 381

注：① 如调查企业的产品、原料、工艺与此系数表有所不同，产排污系数调整请参照本手册注意事项的制糖行业产排污系数调整表。

1351

畜禽屠宰行业

1 适用范围

本手册给出了《统计上使用的产品分类目录》中“畜禽屠宰行业”鲜肉、冻肉类等产品的产污系数和排污系数，可用于第一次全国污染源普查畜禽屠宰行业工业污染源污染物产生量和排放量的核算。

涉及的污染物包括：工业废水量、化学需氧量、五日生化需氧量、氨氮、总磷、总氮。

2 注意事项

2.1 产排污系数调整表的使用说明

（1）由于本行业产品众多，原料、加工工艺也有所不同，对系数表中无法包含的产品，参照产排污系数调整表调整产排污系数。

产排污系数调整表

产品名称	对应系数表Ⅰ（以畜禽数量计）		对应系数表Ⅱ（以吨-活屠重计）	
	产排污系数选择	产品调整系数 k①	产排污系数选择	产品调整系数 k①
冻猪肉类产品	鲜猪肉产品	1	鲜猪肉产品	1
鲜羊肉类产品	冻羊肉产品	1	冻羊肉产品	1
鲜鸡肉类产品	冻鸡肉产品	1	冻鸡肉产品	1
鲜、冻牛肉类产品	鲜猪肉产品	2.1	鲜猪肉产品	0.7
鲜、冻鸭肉类产品	冻鸡肉产品	2	冻鸡肉产品	1.4
鲜、冻鹅肉类产品	冻鸡肉产品	2	冻鸡肉产品	1.4
所调查企业如是屠宰及肉制品综合加工厂，需将化学需氧量、五日生化需氧量、氨氮、总氮、总磷的排污系数乘以调整系数（k_2）0.85；工业废水量排污系数无需调整。				
动物杂碎类产品通常不在厂区加工，在此无需重复计算其污染物的产排量。				

注：①企业根据实际情况，可任意选择“畜禽屠宰行业产排污系数表Ⅰ（以畜禽数量计）”或“畜禽屠宰行业产排污系数表Ⅱ（以吨-活屠重计）”进行核算。

（2）对调整系数的使用说明如下：

$$G_{产*} = G_{产} \times k_1$$
$$G_{排*} = G_{排} \times k_1 \times k_2$$

其中，$G_{产*}$——调整后的产污系数；

$G_{排*}$——调整后的排污系数；

$G_{产}$——系数表中的产污系数数值；

$G_{排}$——系数表中的排污系数数值；

k_1——产品调整系数；

k_2——屠宰和肉制品联合加工时的调整系数。

无需调整时调整系数取值为 1。同时，需注意在有些情况下，工业废水量和其他污染物指标的调整系数取值不同。

2.2 生产非单一产品企业污染物产排量核算

当同一企业生产多个产品时，普查时以产品为依据，分别核算统计。

2.3 其他需要说明的问题

（1）“畜禽屠宰行业产排污系数表”不适用于小型手工屠宰企业及动物肠衣加工等非屠宰企业。

（2）如选择“畜禽屠宰行业产排污系数表Ⅰ（以畜禽数量计）”进行污染物产排量核算时，污染物年产（排）量计算公式为：污染物年产（排）量=污染物产（排）系数×日屠宰畜禽头数×年生产天数。

（3）“畜禽屠宰行业产排污系数表Ⅱ（以吨-活屠重计）”中猪、羊、鸡的吨-活屠重分别按 13 头猪、25 头羊、571 只鸡计，此时每头猪的活屠重按 77 千克计算，每头羊的活屠重按 40 千克计算，每只鸡的活屠重按 1.75 千克计算。如选择此表进行污染物产排量核算时，污染物年产（排）量计算公式为：污染物年产（排）量=污染物产（排）系数×日屠宰畜禽头数×年生产天数×活屠重/1 000。

（4）如所调查企业末端治理设施与系数表不相同，选用系数表中相近治理工艺的产排污系数。

（5）本手册力求简单、清楚，易于普查员使用，制定时充分考虑了全国的平均水平，使用本手册计算得出的产排污量可能会与单个调查企业的情况有一定出入。

1351 畜禽屠宰行业产排污系数表 I[①]（以畜禽数量计）

产品名称	原料名称	工艺名称	规模等级	污染物指标	单位	产污系数	末端治理技术名称	排污系数
鲜猪肉	猪	屠宰、分割	≥1 500 头/天	工业废水量	吨/头-原料	0.496	物理+厌氧/好氧生物组合工艺	0.471
							化学+厌氧/好氧生物组合工艺	0.471
							物理+好氧生物处理	0.471
							直排	0.496
				化学需氧量	克/头-原料	1 021	物理+厌氧/好氧生物组合工艺	54
							化学+厌氧/好氧生物组合工艺	51
							物理+好氧生物处理	65
							直排	1 021
				五日生化需氧量	克/头-原料	442	物理+厌氧/好氧生物组合工艺	22
							化学+厌氧/好氧生物组合工艺	21
							物理+好氧生物处理	26
							直排	442
				氨氮	克/头-原料	41	物理+厌氧/好氧生物组合工艺	6
							化学+厌氧/好氧生物组合工艺	5
							物理+好氧生物处理	8
							直排	41
				总磷	克/头-原料	3	物理+厌氧/好氧生物组合工艺	0.7
							化学+厌氧/好氧生物组合工艺	0.6
							物理+好氧生物处理	2.5
							直排	3
				总氮	克/头-原料	79	物理+厌氧/好氧生物组合工艺	9
							化学+厌氧/好氧生物组合工艺	9
							物理+好氧生物处理	12
							直排	79

注：① 如调查企业的产品、原料与此系数表有所不同，产排污系数调整请参照本手册注意事项的产排污系数调整表。

1351 畜禽屠宰行业产排污系数表 I[①]（续 1）

产品名称	原料名称	工艺名称	规模等级	污染物指标	单位	产污系数	末端治理技术名称	排污系数
鲜猪肉	猪	屠宰、分割	＜1 500 头/天	工业废水量	吨/头-原料	0.561	物理+好氧生物处理	0.525
							化学+好氧生物处理	0.525
							沉淀分离	0.525
							直排	0.561
				化学需氧量	克/头-原料	1 093	物理+好氧生物处理	63
							化学+好氧生物处理	59
							沉淀分离	548
							直排	1 093
				五日生化需氧量	克/头-原料	483	物理+好氧生物处理	22
							化学+好氧生物处理	23
							沉淀分离	314
							直排	483
				氨氮	克/头-原料	48	物理+好氧生物处理	8
							化学+好氧生物处理	9
							沉淀分离	38
							直排	48
				总磷	克/头-原料	4	物理+好氧生物处理	3.5
							化学+好氧生物处理	2.8
							沉淀分离	3.9
							直排	4
				总氮	克/头-原料	98	物理+好氧生物处理	15
							化学+好氧生物处理	15
							沉淀分离	88
							直排	98

注：① 如调查企业的产品、原料与此系数表有所不同，产排污系数调整请参照本手册注意事项的产排污系数调整表。

1351　畜禽屠宰行业产排污系数表Ⅰ[①]（续2）

产品名称	原料名称	工艺名称	规模等级	污染物指标	单位	产污系数	末端治理技术名称	排污系数
冻羊肉	羊	屠宰、分割	≥1 500 头/天	工业废水量	吨/头-原料	0.261	物理+厌氧/好氧生物组合工艺	0.248
							沉淀分离	0.248
							直排	0.261
				化学需氧量	克/头-原料	495	物理+厌氧/好氧生物组合工艺	22
							沉淀分离	237
							直排	495
				五日生化需氧量	克/头-原料	213	物理+厌氧/好氧生物组合工艺	8
							沉淀分离	142
							直排	213
				氨氮	克/头-原料	19	物理+厌氧/好氧生物组合工艺	3
							沉淀分离	17
							直排	19
				总磷	克/头-原料	0.7	物理+厌氧/好氧生物组合工艺	0.2
							沉淀分离	0.6
							直排	0.7
				总氮	克/头-原料	39	物理+厌氧/好氧生物组合工艺	5
							沉淀分离	35
							直排	39

注：① 如调查企业的产品、原料与此系数表有所不同，产排污系数调整请参照本手册注意事项的产排污系数调整表。

1351 畜禽屠宰行业产排污系数表Ⅰ[①]（续3）

产品名称	原料名称	工艺名称	规模等级	污染物指标	单位	产污系数	末端治理技术名称	排污系数
冻羊肉	羊	屠宰、分割	<1 500头/天	工业废水量	吨/头-原料	0.287	化学+好氧生物处理	0.272
							直排	0.287
				化学需氧量	克/头-原料	537	化学+好氧生物处理	29
							直排	537
				五日生化需氧量	克/头-原料	223	化学+好氧生物处理	10
							直排	223
				氨氮	克/头-原料	22	化学+好氧生物处理	4
							直排	22
				总磷	克/头-原料	1.5	化学+好氧生物处理	1.0
							直排	1.5
				总氮	克/头-原料	47	化学+好氧生物处理	7
							直排	47

注：① 如调查企业的产品、原料与此系数表有所不同，产排污系数调整请参照本手册注意事项的产排污系数调整表。

1351 畜禽屠宰行业产排污系数表 I[①]（续 4）

产品名称	原料名称	工艺名称	规模等级	污染物指标	单位	产污系数	末端治理技术名称	排污系数
冻鸡肉	鸡	屠宰、分割	所有规模	工业废水量	吨/百只-原料	1.398	化学+厌氧/好氧生物组合工艺	1.328
							物理+好氧生物处理	1.328
							物理+厌氧/好氧生物组合工艺	1.328
							直排	1.398
				化学需氧量	克/百只-原料	2 180	化学+厌氧/好氧生物组合工艺	171
							物理+好氧生物处理	183
							物理+厌氧/好氧生物组合工艺	179
							直排	2 180
				五日生化需氧量	克/百只-原料	1 056	化学+厌氧/好氧生物组合工艺	66
							物理+好氧生物处理	76
							物理+厌氧/好氧生物组合工艺	64
							直排	1 056
				氨氮	克/百只-原料	117	化学+厌氧/好氧生物组合工艺	18
							物理+好氧生物处理	22
							物理+厌氧/好氧生物组合工艺	20
							直排	117
				总磷	克/百只-原料	10	化学+厌氧/好氧生物组合工艺	3
							物理+好氧生物处理	8
							物理+厌氧/好氧生物组合工艺	2
							直排	10
				总氮	克/百只-原料	225	化学+厌氧/好氧生物组合工艺	33
							物理+好氧生物处理	41
							物理+厌氧/好氧生物组合工艺	34
							直排	225

注：① 如调查企业的产品、原料与此系数表有所不同，产排污系数调整请参照本手册注意事项的产排污系数调整表。

1351 畜禽屠宰行业产排污系数表Ⅱ[①]（以吨-活屠重计）

产品名称	原料名称	工艺名称	规模等级	污染物指标	单位	产污系数	末端治理技术名称	排污系数
鲜猪肉	猪	屠宰、分割	≥1 500 头/天	工业废水量	吨/吨-活屠重	6.446	物理+厌氧/好氧生物组合工艺	6.124
							化学+厌氧/好氧生物组合工艺	6.124
							物理+好氧生物处理	6.124
							直排	6.446
				化学需氧量	克/吨-活屠重	13 268	物理+厌氧/好氧生物组合工艺	702
							化学+厌氧/好氧生物组合工艺	667
							物理+好氧生物处理	847
							直排	13 268
				五日生化需氧量	克/吨-活屠重	5 747	物理+厌氧/好氧生物组合工艺	280
							化学+厌氧/好氧生物组合工艺	270
							物理+好氧生物处理	334
							直排	5 747
				氨氮	克/吨-活屠重	526	物理+厌氧/好氧生物组合工艺	71
							化学+厌氧/好氧生物组合工艺	70
							物理+好氧生物处理	98
							直排	526
				总磷	克/吨-活屠重	36	物理+厌氧/好氧生物组合工艺	9
							化学+厌氧/好氧生物组合工艺	8
							物理+好氧生物处理	32
							直排	36
				总氮	克/吨-活屠重	1 022	物理+厌氧/好氧生物组合工艺	123
							化学+厌氧/好氧生物组合工艺	121
							物理+好氧生物处理	153
							直排	1 022

注：① 如调查企业的产品、原料与此系数表有所不同，产排污系数调整请参照本手册注意事项的产排污系数调整表。

1351 畜禽屠宰行业产排污系数表Ⅱ[①]（续 1）

产品名称	原料名称	工艺名称	规模等级	污染物指标	单位	产污系数	末端治理技术名称	排污系数
鲜猪肉	猪	屠宰、分割	＜1 500 头/天	工业废水量	吨/吨-活屠重	7.291	物理+好氧生物处理	6.821
							化学+好氧生物处理	6.821
							沉淀分离	6.821
							直排	7.291
				化学需氧量	克/吨-活屠重	14 210	物理+好氧生物处理	819
							化学+好氧生物处理	766
							沉淀分离	7 119
							直排	14 210
				五日生化需氧量	克/吨-活屠重	6 274	物理+好氧生物处理	291
							化学+好氧生物处理	292
							沉淀分离	4 087
							直排	6 274
				氨氮	克/吨-活屠重	619	物理+好氧生物处理	100
							化学+好氧生物处理	111
							沉淀分离	495
							直排	619
				总磷	克/吨-活屠重	52	物理+好氧生物处理	45
							化学+好氧生物处理	36
							沉淀分离	51
							直排	52
				总氮	克/吨-活屠重	1 267	物理+好氧生物处理	190
							化学+好氧生物处理	196
							沉淀分离	1 141
							直排	1 267

注：① 如调查企业的产品、原料与此系数表有所不同，产排污系数调整请参照本手册注意事项的产排污系数调整表。

1351　畜禽屠宰行业产排污系数表Ⅱ[①]（续2）

产品名称	原料名称	工艺名称	规模等级	污染物指标	单位	产污系数	末端治理技术名称	排污系数
冻羊肉	羊	屠宰、分割	≥1 500 头/天	工业废水量	吨/吨-活屠重	6.514	物理+厌氧/好氧生物组合工艺	6.188
							沉淀分离	6.188
							直排	6.514
				化学需氧量	克/吨-活屠重	12 366	物理+厌氧/好氧生物组合工艺	556
							沉淀分离	5 931
							直排	12 366
				五日生化需氧量	克/吨-活屠重	5 314	物理+厌氧/好氧生物组合工艺	205
							沉淀分离	3 547
							直排	5 314
				氨氮	克/吨-活屠重	464	物理+厌氧/好氧生物组合工艺	66
							沉淀分离	418
							直排	464
				总磷	克/吨-活屠重	17	物理+厌氧/好氧生物组合工艺	4
							沉淀分离	16
							直排	17
				总氮	克/吨-活屠重	981	物理+厌氧/好氧生物组合工艺	128
							沉淀分离	883
							直排	981

注：① 如调查企业的产品、原料与此系数表有所不同，产排污系数调整请参照本手册注意事项的产排污系数调整表。

1351 畜禽屠宰行业产排污系数表Ⅱ[①]（续3）

产品名称	原料名称	工艺名称	规模等级	污染物指标	单位	产污系数	末端治理技术名称	排污系数
冻羊肉	羊	屠宰、分割	＜1 500 头/天	工业废水量	吨/吨-活屠重	7.166	化学+好氧生物处理	6.807
							直排	7.166
				化学需氧量	克/吨-活屠重	13 427	化学+好氧生物处理	715
							直排	13 427
				五日生化需氧量	克/吨-活屠重	5 567	化学+好氧生物处理	244
							直排	5 567
				氨氮	克/吨-活屠重	548	化学+好氧生物处理	98
							直排	548
				总磷	克/吨-活屠重	37	化学+好氧生物处理	26
							直排	37
				总氮	克/吨-活屠重	1 169	化学+好氧生物处理	175
							直排	1 169

注：① 如调查企业的产品、原料与此系数表有所不同，产排污系数调整请参照本手册注意事项的产排污系数调整表。

1351 畜禽屠宰行业产排污系数表Ⅱ[①]（续 4）

产品名称	原料名称	工艺名称	规模等级	污染物指标	单位	产污系数	末端治理技术名称	排污系数
冻鸡肉	鸡	屠宰、分割	所有规模	工业废水量	吨/吨-活屠重	7.981	化学+厌氧/好氧生物组合工艺	7.582
							物理+好氧生物处理	7.582
							物理+厌氧/好氧生物组合工艺	7.582
							直排	7.981
				化学需氧量	克/吨-活屠重	12 450	化学+厌氧/好氧生物组合工艺	978
							物理+好氧生物处理	1 044
							物理+厌氧/好氧生物组合工艺	1 022
							直排	12 450
				五日生化需氧量	克/吨-活屠重	6 027	化学+厌氧/好氧生物组合工艺	377
							物理+好氧生物处理	435
							物理+厌氧/好氧生物组合工艺	366
							直排	6 027
				氨氮	克/吨-活屠重	669	化学+厌氧/好氧生物组合工艺	100
							物理+好氧生物处理	126
							物理+厌氧/好氧生物组合工艺	112
							直排	669
				总磷	克/吨-活屠重	58	化学+厌氧/好氧生物组合工艺	15
							物理+好氧生物处理	46
							物理+厌氧/好氧生物组合工艺	13
							直排	58
				总氮	克/吨-活屠重	1 286	化学+厌氧/好氧生物组合工艺	187
							物理+好氧生物处理	233
							物理+厌氧/好氧生物组合工艺	196
							直排	1 286

注：① 如调查企业的产品、原料与此系数表有所不同，产排污系数调整请参照本手册注意事项的产排污系数调整表。

1352
肉制品及副产品加工行业

1 适用范围

本手册给出了《统计上使用的产品分类目录》中“肉制品及副产品加工行业”以酱卤制品为代表的中式产品和以蒸煮香肠制品为代表的西式产品的产污系数和排污系数，可用于第一次全国污染源普查肉制品及副产品加工行业工业污染源污染物产生量和排放量的核算。

涉及的污染物包括：工业废水量、化学需氧量、五日生化需氧量、氨氮、总氮。

2 注意事项

2.1 产排污系数调整表的使用说明

（1）由于本行业产品数量众多，原料、加工工艺也有所不同，对系数表中无法包含的产品，参照产排污系数调整表调整产排污系数。

产排污系数调整表

产品名称	从系数表中所选取的产排污系数	产品调整系数 k_1
干炸肉制品	选择酱卤制品产排污系数	1
其他熟肉制品	选择酱卤制品产排污系数	1
烧烤类产品	选择酱卤制品产排污系数	1.2
腌腊肉制品	选择酱卤制品产排污系数	1.2
熏肉制品	选择酱卤制品产排污系数	1.2
西式火腿	选择蒸煮香肠制品的产排污系数	0.7
如所调查企业冻肉原料采用自然解冻方式，需将工业废水量的产排污系数乘以工艺调整系数（k_2）0.6，其他排放指标不需调整。		
所调查企业如采用复合薄膜包装杀菌工艺生产产品，需将工业废水量的产排污系数乘以工艺调整系数（k_2）1.2，其他排放指标不需调整。		
所调查企业排水如进入城镇或工业园区污水处理厂，排污系数化学需氧量、生化需氧量、氨氮、总氮乘以排放去向调整系数（k_3）3 后再进行计算；废水不经处理直接排放或仅经简单物理处理时排污系数无需调整。		

（2）对调整系数说明如下：

$$G_{产*} = G_{产} \times k_1 \times k_2$$
$$G_{排*} = G_{排} \times k_1 \times k_2 \times k_3$$

其中，$G_{产*}$——调整后的产污系数；

$G_{排*}$——调整后的排污系数；

$G_{产}$——系数表中的产污系数数值；

$G_{排}$——系数表中的排污系数数值；

k_1——产品调整系数；

k_2——工艺调整系数；

k_3——排放去向调整系数。

无需调整时调整系数取值为 1。同时，需注意在有些情况下，工业废水量和其他污染物指标的调整系数取值不同。

2.2 生产非单一产品企业污染物产排量核算

当同一企业生产多个产品时，普查时以产品为依据，分别核算统计。

2.3 其他需要说明的问题

（1）如所调查企业末端治理设施与系数表不相同，选用系数表中相近治理工艺的产排污系数。

（2）本手册力求简单、清楚，易于普查员使用，制定时充分考虑了全国的平均水平，使用本手册计算得出的产排污量可能会与单个调查企业的情况有一定出入。

1352　肉制品及副产品加工行业产排污系数表①

产品名称	原料名称	工艺名称	规模等级	污染物指标	单位	产污系数	末端治理技术名称	排污系数
酱卤制品②	冻肉	切块，卤制	≥5 000 吨/年	工业废水量	吨/吨产品	22.668	物理+好氧生物处理	21.79
							物理+厌氧/好氧生物组合工艺	21.79
							沉淀分离	21.79
							直排	22.668
				化学需氧量	克/吨产品	20 184	物理+好氧生物处理	1 357
							物理+厌氧/好氧生物组合工艺	1 270
							沉淀分离	15 594
							直排	20 184
				五日生化需氧量	克/吨产品	9 146	物理+好氧生物处理	459
							物理+厌氧/好氧生物组合工艺	557
							沉淀分离	7 518
							直排	9 146
				氨氮	克/吨产品	1 077	物理+好氧生物处理	162
							物理+厌氧/好氧生物组合工艺	142
							沉淀分离	715
							直排	1 077
				总氮	克/吨产品	1 930	物理+好氧生物处理	354
							物理+厌氧/好氧生物组合工艺	252
							沉淀分离	1 544
							直排	1 930

注：① 如调查企业的产品、工艺与此系数表有所不同，产排污系数调整请参照本手册注意事项的产排污系数调整表。

② 酱卤制品在《统计上使用的产品分类目录》中为酱卤烧烤制品，因酱卤和烧烤制品是两类不同的产品，吨产品污染物产生量和排放量也不同，现按两个产品分别核算。

1352 肉制品及副产品加工行业产排污系数表[①]（续 1）

产品名称	原料名称	工艺名称	规模等级	污染物指标	单位	产污系数	末端治理技术名称	排污系数
酱卤制品[②]	冻肉	切块，卤制	＜5 000 吨/年	工业废水量	吨/吨产品	24.759	物化+好氧生物处理	23.521
							物化+组合生物处理	23.521
							物理+厌氧/好氧生物组合工艺	23.521
							直排	24.759
				化学需氧量	克/吨产品	22 328	物化+好氧生物处理	1 401
							物化+组合生物处理	1 292
							物理+厌氧/好氧生物组合工艺	1 362
							直排	22 328
				五日生化需氧量	克/吨产品	10 199	物化+好氧生物处理	562
							物化+组合生物处理	496
							物理+厌氧/好氧生物组合工艺	512
							直排	10 199
				氨氮	克/吨产品	1 218	物化+好氧生物处理	183
							物化+组合生物处理	158
							物理+厌氧/好氧生物组合工艺	165
							直排	1 218
				总氮	克/吨产品	2 384	物化+好氧生物处理	358
							物化+组合生物处理	301
							物理+厌氧/好氧生物组合工艺	281
							直排	2 384

注：① 如调查企业的产品、工艺与此系数表有所不同，产排污系数调整请参照本手册注意事项的产排污系数调整表。

② 酱卤制品在《统计上使用的产品分类目录》中为酱卤烧烤制品，因酱卤和烧烤制品是两类不同的产品，吨产品污染物产生量和排放量也不同，须按两个产品分别核算。

1352 肉制品及副产品加工行业产排污系数表[①]（续 2）

产品名称	原料名称	工艺名称	规模等级	污染物指标	单位	产污系数	末端治理技术名称	排污系数
蒸煮香肠制品	冻肉	西式肠制作工艺	所有规模	工业废水量	吨/吨产品	14.055	物理+好氧生物处理	13.352
							物理+厌氧/好氧生物组合工艺	13.352
							活性污泥法	13.352
							直排	14.055
				化学需氧量	克/吨产品	9 615	物理+好氧生物处理	947
							物理+厌氧/好氧生物组合工艺	722
							活性污泥法	1 023
							直排	9 615
				五日生化需氧量	克/吨产品	4 563	物理+好氧生物处理	358
							物理+厌氧/好氧生物组合工艺	284
							活性污泥法	399
							直排	4 563
				氨氮	克/吨产品	495	物理+好氧生物处理	81
							物理+厌氧/好氧生物组合工艺	74
							活性污泥法	99
							直排	495
				总氮	克/吨产品	1 126	物理+好氧生物处理	162
							物理+厌氧/好氧生物组合工艺	135
							活性污泥法	224
							直排	1 126

注：① 如调查企业的产品、工艺与此系数表有所不同，产排污系数调整请参照本手册注意事项的产排污系数调整表。

1361
水产品冷冻加工行业

1 适用范围

本手册给出了《统计上使用的产品分类目录》中“水产品冷冻加工行业”冷冻鱼制品、冷冻甲壳动物、冷冻软体动物等产品的产污系数和排污系数，可用于第一次全国污染源普查水产品冷冻加工行业工业污染源污染物产生量和排放量的核算。

涉及的污染物包括：工业废水量、化学需氧量、五日生化需氧量、氨氮、总氮。

2 注意事项

2.1 产排污系数调整表的说明

由于本行业产品、原料数量众多，加工工艺有所不同，对于系数表中未涉及的产排污系数，请按照下面的“水产品冷冻加工行业产排污系数调整表”选择调整系数进行调整。无需调整时调整系数取值为 1。

调整后的产污系数 =系数表中选取的产污系数×调整系数

调整后的排污系数 =系数表中选取的排污系数×调整系数

水产品冷冻加工行业产排污系数调整表

<table>
<tr><th>序号</th><th>产品名称</th><th>对应的系数表值</th><th>原料名称</th><th>调整系数</th></tr>
<tr><td>1</td><td>冻鱼片</td><td rowspan="6">以冻海鱼为原料的系数表值</td><td>鲜海鱼</td><td>0.8</td></tr>
<tr><td>2</td><td>冻整鱼、冻鱼块</td><td>鲜海鱼</td><td>0.3</td></tr>
<tr><td>3</td><td>冻鱼肉</td><td>冻海鱼</td><td>1.0</td></tr>
<tr><td>4</td><td>冷冻虾、冷冻蟹</td><td>鲜海虾、鲜海蟹</td><td>0.2</td></tr>
<tr><td>5</td><td>冷冻虾仁</td><td>鲜海虾</td><td>0.9</td></tr>
<tr><td>6</td><td>其他冻甲壳动物产品</td><td>其他冻甲壳动物</td><td>0.3</td></tr>
<tr><td>7</td><td>冻扇贝、冻贻贝、冻鲍鱼、冻海参</td><td rowspan="4">参照“1362 鱼糜制品及水产品干腌制加工行业产排污系数使用手册”中干制鱿鱼丝的系数表值</td><td>鲜扇贝、鲜贻贝、鲜鲍鱼、鲜海参</td><td>0.1</td></tr>
<tr><td>8</td><td>冻墨鱼及鱿鱼、冻章鱼</td><td>鲜墨鱼、鲜鱿鱼、鲜章鱼</td><td>0.2</td></tr>
<tr><td>9</td><td>冻海蜇</td><td>鲜海蜇</td><td>0.3</td></tr>
<tr><td>10</td><td>其他冷冻软体动物产品</td><td>其他鲜海生软体动物</td><td>0.1</td></tr>
<tr><td>11</td><td colspan="4">淡水水产品的产污系数和排污系数可依据鱼、虾、蟹、贝等相近性态海产品的产污系数和排污系数进行计算。</td></tr>
</table>

2.2 生产非单一产品企业污染物产排量核算

当同一企业生产多种产品时，普查时以产品为依据，分别核算统计。

2.3 其他需要说明的问题

（1）当调查企业末端治理设施与系数表中不同时，请选取系数表中相近末端治理技术的排污系数进行计算。

（2）本手册力求简单、清楚，易于普查员使用，制定时充分考虑了全国的平均水平，使用本手册计算得出的产排污量可能会与单个调查企业的情况有一定出入。

1361 水产品冷冻加工行业产排污系数表①

产品名称	原料名称	工艺名称	规模等级	污染物指标	单位	产污系数	末端治理技术名称	排污系数
冻鱼片①	冻海鱼	冷冻法	所有规模	工业废水量	吨/吨产品	15.528	格栅+化学混凝气浮+A^2/O	14.385
							格栅+生物接触氧化法	15.155
							格栅+上浮分离+SBR	15.448
							直排	15.528
				化学需氧量	克/吨产品	24 212.4	格栅+化学混凝气浮+A^2/O	1 193.9
							格栅+生物接触氧化法	6 058.6
							格栅+上浮分离+SBR	3 617
							直排	24 212.4
				五日生化需氧量	克/吨产品	12 142.1	格栅+化学混凝气浮+A^2/O	517.7
							格栅+生物接触氧化法	2 187
							格栅+上浮分离+SBR	1 433.9
							直排	12 142.1
				氨氮	克/吨产品	1 020.3	格栅+化学混凝气浮+A^2/O	213
							格栅+生物接触氧化法	467.1
				氨氮	克/吨产品	1 020.3	格栅+上浮分离+SBR	455.8
							直排	1 020.3
				总氮	克/吨产品	3 946.9	格栅+化学混凝气浮+A^2/O	472.6
							格栅+生物接触氧化法	1 188.9
							格栅+上浮分离+SBR	1 168.9
							直排	3 946.9

注：① 如调查企业的产品、原料与此系数表有所不同，产排污系数调整请参照本手册注意事项的水产品冷冻加工行业产排污系数调整表。

1362
鱼糜制品及水产品干腌制加工行业

1 适用范围

本手册给出了《统计上使用的产品分类目录》中“鱼糜制品及水产品干腌制加工行业”干制鱼及制品、干制软体动物、腌渍鱼制品、腌渍软体动物、水生动物熏制品、鱼糜制品、甲壳水生动物加工品、水生植物干制品等产品的产污系数和排污系数，可用于第一次全国污染源普查鱼糜制品及水产品干腌制加工行业工业污染源污染物产生量和排放量的核算。

涉及的污染物包括：工业废水量、化学需氧量、五日生化需氧量、氨氮、总氮。

2 注意事项

2.1 产排污系数调整表的说明

由于本行业产品、原料数量众多，加工工艺有所不同，对于系数表中未涉及的产排污系数，请按照下面的“鱼糜制品及水产品干腌制加工行业产排污系数调整表”选择调整系数进行调整。无需调整时调整系数可视为 1。

调整后的产污系数 =系数表中选取的产污系数×调整系数

调整后的排污系数 =系数表中选取的排污系数×调整系数

鱼糜制品及水产品干腌制加工行业产排污系数调整表

序号	产品名称	对应的系数表值	原料名称	调整系数
1	鱼糜	以冻海鱼为原料的系数表值	鲜海鱼	0.8
2	干制鱿鱼丝	以冻鱿鱼为原料的系数表值	鲜鱿鱼	0.8
3	干制整鱼、鱼块	参照“1361 水产品冷冻加工行业产排污系数使用手册”的冻鱼片的系数表值	冻海鱼	1.2
4	干制整鱼、鱼块		鲜海鱼	1.0
5	干制鱼片		冻海鱼	4.0
6	干制鱼片		鲜海鱼	3.2
7	干制扇贝、干制贻贝	干制鱿鱼丝以冻鱿鱼为原料的系数表值	鲜扇贝、鲜贻贝	1.5
8	干制墨鱼及鱿鱼		鲜墨鱼及鱿鱼	0.6
9	干制章鱼		鲜章鱼	0.5
10	干制海参		鲜海参	0.4
11	其他干制软体动物产品		其他鲜软体动物原料	1.5
12	腌渍鱼、腌渍鱼片		鲜海鱼	0.6

序号	产品名称	对应的系数表值	原料名称	调整系数
13	盐腌渍扇贝、盐腌渍贻贝	干制鱿鱼丝以冻鱿鱼为原料的系数表值	鲜扇贝、鲜贻贝	0.9
14	盐腌渍墨鱼及鱿鱼、盐腌渍章鱼		鲜墨鱼及鱿鱼、鲜章鱼	0.8
15	其他盐腌渍软体动物产品		其他鲜软体动物原料	0.8
16	熏鱼	参照“1361 水产品冷冻加工行业产排污系数使用手册”的冻鱼片的系数表值	鲜海鱼	0.5
17	熏鱼片		鲜海鱼	1.2
18	鱼肉松及类似鱼制品		鲜海鱼	1.8
19	鱼香肠产品	鱼糜产品以冻海鱼为原料的系数表值	冻海鱼	0.6
20	鱼丸产品		冻海鱼	0.7
21	鱼子酱产品		鱼子	0.5
22	含鱼的配制食品、其他鱼糜（熟肉）制品产品		鱼糜及其他配料	0.8
23	加工蟹、虾酱产品	参照“1361 水产品冷冻加工行业产排污系数使用手册”的冻鱼片的系数表值	鲜海蟹、鲜海虾	0.2
24	虾皮产品		鲜海虾	0.4
25	加工的龙虾产品		鲜龙虾	0.6
26	虾片产品		鲜海虾及其他配料	0.1
27	海蜇头、海蜇皮、其他甲壳水生动物加工品		鲜海蜇、其他鲜甲壳水生动物	0.3
28	干海带、干海白菜、干裙带菜、其他水生植物干制品产品	干制鱿鱼丝产品以冻鱿鱼为原料的系数表值	鲜海带、鲜海白菜、鲜裙带菜、其他鲜水生植物干制品产品	0.6
29	干紫菜产品		鲜紫菜	0.7
30	淡水水产品的产污系数和排污系数可依据鱼、虾、蟹、贝等相近性态海产品的产污系数和排污系数进行计算。			

2.2 生产非单一产品企业污染物产排量核算

当同一企业生产多种产品时，普查时以产品为依据，分别核算统计。

2.3 其他需要说明的问题

（1）当调查企业末端治理设施与系数表中不同时，请选取系数表中相近末端治理技术的排污系数进行计算。

（2）本手册力求简单、清楚，易于普查员使用，制定时充分考虑了全国的平均水平，使用本手册计算得出的产排污量可能会与单个调查企业的情况有一定出入。

1362　鱼糜制品及水产品干腌制加工行业产排污系数表[①]

产品名称	原料名称	工艺名称	规模等级	污染物指标	单位	产污系数	末端治理技术名称	排污系数
干制鱿鱼丝	冻鱿鱼	烘制	所有规模	工业废水量	吨/吨产品	40	格栅+上浮分离+A^2/O	39
							格栅+上浮分离+SBR	40
							直排	40
				化学需氧量	克/吨产品	87 990	格栅+上浮分离+A^2/O	3 783
							格栅+上浮分离+SBR	6 480
							直排	87 990
				五日生化需氧量	克/吨产品	53 660	格栅+上浮分离+A^2/O	2 126
							格栅+上浮分离+SBR	3 100
							直排	53 660
				氨氮	克/吨产品	1 420	格栅+上浮分离+A^2/O	121
							格栅+上浮分离+SBR	740
							直排	1 420
				总氮	克/吨产品	4 350	格栅+上浮分离+A^2/O	585
							格栅+上浮分离+SBR	1 460
							直排	4 350

注：① 如调查企业的产品、原料、工艺与此系数表有所不同，产排污系数调整请参照本手册注意事项的鱼糜制品及水产品干腌制加工行业产排污系数调整表。

1362 鱼糜制品及水产品干腌制加工行业产排污系数表[①]（续表）

产品名称	原料名称	工艺名称	规模等级	污染物指标	单位	产污系数	末端治理技术名称	排污系数
鱼糜	冻海鱼	擂溃	所有规模	工业废水量	吨/吨产品	47.326	格栅+上浮分离+SBR	45.691
							格栅+上浮分离+A^2/O	45.357
							格栅+厌氧/好氧生物组合工艺+上浮分离	47.317
							直排	47.326
				化学需氧量	克/吨产品	122 006	格栅+上浮分离+SBR	9 487
							格栅+上浮分离+A^2/O	5 888.8
							格栅+厌氧/好氧生物组合工艺+上浮分离	8 050
							直排	122 006
				五日生化需氧量	克/吨产品	58 484	格栅+上浮分离+SBR	3 979.5
							格栅+上浮分离+A^2/O	2 402.5
							格栅+厌氧/好氧生物组合工艺+上浮分离	3 736.3
							直排	58 484
				氨氮	克/吨产品	2 911.5	格栅+上浮分离+SBR	886.2
							格栅+上浮分离+A^2/O	656.6
				氨氮	克/吨产品	2 911.5	格栅+厌氧/好氧生物组合工艺+上浮分离	925.2
							直排	2 911.5
				总氮	克/吨产品	9 410.3	格栅+上浮分离+SBR	1 340.9
							格栅+上浮分离+A^2/O	1 200.9
							格栅+厌氧/好氧生物组合工艺+上浮分离	1 610.4
							直排	9 410.3

注：① 如调查企业的产品、原料、工艺与此系数表有所不同，产排污系数调整请参照本手册注意事项的鱼糜制品及水产品干腌制加工行业产排污系数调整表。

1363
水产饲料的制造行业

1 适用范围

本手册给出了《统计上使用的产品分类目录》中"水产饲料的制造行业"饲料用鱼粉等产品的产污系数和排污系数，可用于第一次全国污染源普查水产饲料的制造行业工业污染源污染物产生量和排放量的核算。

涉及的污染物包括：工业废水量、化学需氧量、五日生化需氧量、氨氮、总氮。

2 注意事项

2.1 生产非单一产品企业污染物产排量核算

当同一企业生产多种产品时，普查时以产品为依据，分别核算统计。

2.2 其他需要说明的问题

（1）当调查企业末端治理设施与系数表中不同时，请选取系数表中相近末端治理技术的排污系数进行计算。

（2）水产饲料的制造行业按《国民经济行业分类（GB/T 4754—2002）》归于水产品加工行业，但根据《统计上使用的产品分类目录》中水产饲料归于饲料行业范畴。

（3）本手册力求简单、清楚，易于普查员使用，制定时充分考虑了全国的平均水平，使用本手册计算得出的产排污量可能会与单个调查企业的情况有一定出入。

1363　水产饲料的制造行业产排污系数表

产品名称	原料名称	工艺名称	规模等级	污染物指标	单位	产污系数	末端治理技术名称[①]	排污系数
鱼粉	杂鱼	蒸煮干燥粉碎	所有规模	工业废水量	吨/吨产品	1	格栅+上浮分离+SBR	1
							直排	1
				化学需氧量	克/吨产品	15 639	格栅+上浮分离+SBR	217
							直排	15 639
				生化需氧量	克/吨产品	8 888.9	格栅+上浮分离+SBR	107.6
							直排	8 888.9
				氨氮	克/吨产品	300.7	格栅+上浮分离+SBR	27.6
							直排	300.7
				总氮	克/吨产品	983.2	格栅+上浮分离+SBR	45.1
							直排	983.2

注：① 按照行业现状，鱼粉生产废水量较少，均与其他水产品生产废水合并处理，表中的排污系数适合于此种情况。

1364 鱼油提取及制品的制造行业

1 适用范围

本手册给出了《统计上使用的产品分类目录》中“鱼油提取及制品的制造行业”鱼油、脂等产品的产污系数和排污系数，可用于第一次全国污染源普查鱼油提取及制品的制造行业工业污染源污染物产生量和排放量的核算。

涉及的污染物包括：工业废水量、化学需氧量、五日生化需氧量、氨氮、总氮。

2 注意事项

2.1 产排污系数调整表的说明

由于本行业产品数量较多，对于系数表中未涉及的产排污系数，请按照下面的“鱼油提取及制品的制造行业产排污系数调整表”选择调整系数进行调整。无需调整时调整系数取值为 1。

调整后的产污系数 =系数表中选取的产污系数×调整系数

调整后的排污系数 =系数表中选取的排污系数×调整系数

鱼油提取及制品的制造行业产排污系数调整表

产品名称	对应的系数表值	原料名称	调整系数
鱼肝油产品	鱼油的系数表值	鱼肝	0.5
鱼泔制品、鱼肝油的分离品、其他鱼油-脂制品、其他水生动物的油脂制品的产品	鱼油的系数表值	鱼、鱼肝等	1.5

2.2 生产非单一产品企业污染物产排量核算

当同一企业生产多种产品时，普查时以产品为依据，分别核算统计。

2.3 其他需要说明的问题

（1）当调查企业末端治理设施与系数表中不同时，请选取系数表中相近末端治理技术的排污系数进行计算。

（2）本手册力求简单、清楚，易于普查员使用，制定时充分考虑了全国的平均水平，使用本手册计算得出的产排污量可能会与单个调查企业的情况有一定出入。

1364 鱼油提取及制品的制造行业产排污系数表

产品名称	原料名称	工艺名称	规模等级	污染物指标	单位	产污系数	末端治理技术名称[2]	排污系数
鱼油[1]	鱼、鱼肝	物理提取法	所有规模	工业废水量	吨/吨产品	0.999	格栅+上浮分离+SBR	0.999
							格栅+上浮分离+A^2/O	0.999
							直排	0.999
				化学需氧量	克/吨产品	20 879.1	格栅+上浮分离+SBR	189.8
							格栅+上浮分离+A^2/O	134.9
							直排	20 879.1
				五日生化需氧量	克/吨产品	11 063.9	格栅+上浮分离+SBR	76.9
							格栅+上浮分离+A^2/O	45
							直排	11 063.9
				氨氮	克/吨产品	471	格栅+上浮分离+SBR	33
							格栅+上浮分离+A^2/O	19
							直排	471
				总氮	克/吨产品	1 020.5	格栅+上浮分离+SBR	48
							格栅+上浮分离+A^2/O	38
							直排	1 020.5

注：① 如调查企业的产品与此系数表有所不同，产排污系数调整请参照本手册注意事项的鱼油提取及制品的制造行业产排污系数调整表。

② 按照行业现状，鱼油生产废水量较少，均与其他水产品生产废水合并处理，表中的排污系数适合于此种情况。

1369
其他水产品加工行业

1 适用范围

本手册给出了《统计上使用的产品分类目录》中“其他水产品加工行业”海藻胶等产品的产污系数和排污系数，可用于第一次全国污染源普查其他水产品加工行业工业污染源污染物产生量和排放量的核算。

涉及的污染物包括：工业废水量、化学需氧量、五日生化需氧量、氨氮、总氮。

2 注意事项

2.1 系数表中未涉及的产品的产排污系数说明

《统计上使用的产品分类目录》中未对其他水产品加工行业的产品作具体定义，此类产品产量占水产品加工总量的比重很低，请按照调查企业实际情况进行产排污核算。海洋化工产品可参照化工行业的产排污系数使用手册中的相近产品进行核算。

2.2 生产非单一产品企业污染物产排量核算

当同一企业生产多种产品时，普查时以产品为依据，分别核算统计。

2.3 其他需要说明的问题

（1）当调查企业末端治理设施与系数表中不同时，请选取系数表中相近末端治理技术的排污系数进行计算。

（2）本手册力求简单、清楚，易于普查员使用，制定时充分考虑了全国的平均水平，使用本手册计算得出的产排污量可能会与单个调查企业的情况有一定出入。

1369 其他水产品加工行业产排污系数表

产品名称	原料名称	工艺名称	规模等级	污染物指标	单位	产污系数	末端治理技术名称	排污系数
海藻胶	干海藻、干海带	浸提法	所有规模	工业废水量	吨/吨产品	861.75	格栅+化学混凝沉淀+两段好氧工艺	825
							格栅+化学混凝沉淀+A^2/O	799.2
							直排	861.75
				化学需氧量	克/吨产品	939 083	格栅+化学混凝沉淀+两段好氧工艺	125 400
							格栅+化学混凝沉淀+A^2/O	70 330
							直排	939 083
				生化需氧量	克/吨产品	507 263	格栅+化学混凝沉淀+两段好氧工艺	50 325
							格栅+化学混凝沉淀+A^2/O	27 972
							直排	507 263
				氨氮	克/吨产品	48 762	格栅+化学混凝沉淀+两段好氧工艺	23 100
							格栅+化学混凝沉淀+A^2/O	10 390
							直排	48 762
				总氮	克/吨产品	132 118	格栅+化学混凝沉淀+两段好氧工艺	43 725
							格栅+化学混凝沉淀+A^2/O	20 779
							直排	132 118

1370
蔬菜、水果和坚果加工行业

1 适用范围

本手册给出了《统计上使用的产品分类目录》中“蔬菜加工制品行业”的冷冻蔬菜（速冻蔬菜）、干制蔬菜（脱水蔬菜）、腌渍菜以及水果和坚果加工产品的产污系数和排污系数，可用于第一次全国污染源普查蔬菜、水果和坚果加工行业工业污染源污染物产生量和排放量的核算。

涉及的污染物包括：工业废水量、化学需氧量、五日生化需氧量。

2 注意事项

2.1 系数表中未涉及的产排污系数说明

由于本小类行业所涉及的产品、原料、工艺不计其数，对系数表中未涉及的情况，请在系数表中选取同类或相近产品、原料、生产工艺的产排污系数，并根据表注和以下说明进行系数调整。

调整后的产污系数 ＝ 系数表中选取的产污系数×调整系数

调整后的排污系数 ＝ 系数表中选取的排污系数×调整系数

无需调整时调整系数可视为 1。同时，需注意在有些情况下，工业废水量和其他污染物指标的调整系数的取值有所不同。

（1）冷冻水果及坚果产品直接选用系数表中速冻蔬菜产品瓜类蔬菜原料的产排污系数。

（2）盐渍食用菌选用系数表中酱腌菜、糖醋渍菜、虾油渍菜、糟糠渍菜、盐渍蔬菜产品的产排污系数乘以 0.3 进行调整。盐渍食用菌指《统计上使用的产品分类目录》中的非醋腌制蘑菇及块菌。

（3）《统计上使用的产品分类目录》中的清水渍甜玉米、赤豆馅、水果酱、坚果酱、果泥、果膏及其他类似制品在“1453 蔬菜、水果罐头制造行业产排污系数手册”中选取相近产品的产排污系数。

（4）各种水果干产品参照果蔬脆片产品的产排污系数，乘以 0.25～1 进行调整，未经护色、着味处理时取小值，否则取大值。

（5）经简单焙炒、蒸煮加工的坚果及果仁制品的污染物产排量忽略不计。未经盐渍直接干燥的其他干制蔬菜和食用菌，污染物产排量忽略不计。

（6）如调查企业的末端治理设施与系数表所列的不同，选择系数表中相近治理工艺的排污系数计算。

（7）茄果类蔬菜泛指人们主要食用的茄科植物果实的蔬菜，如辣椒、番茄等。

2.2 生产非单一产品企业污染物产排量核算

当同一企业生产多种产品时，普查时以产品为依据，分别核算统计。

2.3 蔬菜加工原料的分类说明

（1）根茎类泛指人们主要食用其各种形态肥大、肉质根的蔬菜，如萝卜、山药、生姜等。

（2）薯类泛指人们主要食用其块根的蔬菜，如马铃薯、甘薯等。

（3）芥菜类泛指人们主要食用其叶片、叶柄、叶球、嫩梢和茎的蔬菜，如大白菜、甘蓝、花椰菜等。

（4）叶菜类泛指人们主要食用其叶片、叶柄和茎的蔬菜，如菠菜、油菜、芹菜等。

（5）葱蒜类泛指人们主要食用其茎的香辛类蔬菜，如洋葱、大蒜、大葱、韭菜等。

（6）豆类泛指人们主要食用其豆粒和豆荚的蔬菜，如豇豆、扁豆、蚕豆、四季豆等。

（7）食用菌是一类不含叶绿素的植物，是以无毒真菌的子实体为食用部分的蔬菜，如金针菇、香菇、黑木耳、平菇等。

（8）瓜菜类泛指人们食用其瓜果的蔬菜，如南瓜、冬瓜、黄瓜、丝瓜等。

2.4 其他需要说明的问题

本手册力求简单、清楚，便于普查员使用，制定时考虑了全国的平均水平，由于本行业产品、原料种类繁多、污染物产排差异明显，使用本手册核算出的产排污量可能会与单个调查企业的情况有一定出入。

1370 蔬菜、水果和坚果加工行业产排污系数表[①]

产品名称	原料名称	工艺名称	规模等级	污染物指标	单位	产污系数	末端治理技术名称	排污系数
脱水蔬菜[②]	根茎类蔬菜	清洗、切制、烫漂、护色、热风干燥	所有规模	工业废水量	吨/吨产品	23	好氧生物处理	22.54
							直排	23
				化学需氧量	克/吨产品	23 989	好氧生物处理	4 140
							直排	23 989
				五日生化需氧量	克/吨产品	9 453	好氧生物处理	1 495
							直排	9 453
	薯类	清洗、切制、烫漂、护色、热风干燥[③]	所有规模	工业废水量	吨/吨产品	14.95	好氧生物处理	14.65
							直排	14.95
				化学需氧量	克/吨产品	13 455	好氧生物处理	2 317
							直排	13 455
				五日生化需氧量	克/吨产品	4 664	好氧生物处理	763
							直排	4 664
	芥菜类、叶菜类、豆类蔬菜、食用菌	清洗、烫漂、护色、热风干燥[④]	所有规模	工业废水量	吨/吨产品	53	沉淀分离	50.88
							直排	53
				化学需氧量	克/吨产品	29 998	沉淀分离	18 020
							直排	29 998
				五日生化需氧量	克/吨产品	9 805	沉淀分离	5 406
							直排	9 805

注：① 如调查企业的产品、原料、工艺与此系数表有所不同，产排污系数调整请参照本手册注意事项“系数表中未涉及的产排污系数”的相关规定。

② 脱水蔬菜指《统计上使用的产品分类目录》中的干制蔬菜。

③ 以薯类蔬菜为原料生产脱水蔬菜时，如采用冷冻干燥工艺，工业废水量产排污系数的调整系数为 1.38，其他污染物指标无需调整。

④ 以芥菜类、叶菜类、豆类蔬菜、食用菌为原料生产脱水蔬菜时，如采用冷冻干燥工艺，工业废水量产排污系数的调整系数为 1.17，其他污染物指标无需调整。

1370 蔬菜、水果和坚果加工行业产排污系数表（续 1）

产品名称	原料名称	工艺名称	规模等级	污染物指标	单位	产污系数	末端治理技术名称	排污系数
脱水蔬菜	茄果类蔬菜	清洗、热风干燥、成品	所有规模	工业废水量	吨/吨产品	20	直排	20
				化学需氧量	克/吨产品	2 000	直排	2 000
				五日生化需氧量	克/吨产品	828	直排	828
	葱蒜类蔬菜	清洗、切制、热风干燥	所有规模	工业废水量	吨/吨产品	90	直排	90
				化学需氧量	克/吨产品	8 100	直排	8 100
				五日生化需氧量	克/吨产品	3 240	直排	3 240
		清洗、切制、冷冻干燥	所有规模	工业废水量	吨/吨产品	95	直排	95
				化学需氧量	克/吨产品	5 320	直排	5 320
				五日生化需氧量	克/吨产品	2 375	直排	2 375
	盐渍菜⑤	清洗、脱盐、热风干燥	所有规模	工业废水量	吨/吨产品	33.33	厌氧/好氧生物组合工艺	31.7
							直排	33.33
				化学需氧量	克/吨产品	50 000	厌氧/好氧生物组合工艺	3 833
							直排	50 000
				五日生化需氧量	克/吨产品	25 333	厌氧/好氧生物组合工艺	1 367
							直排	25 333

注：⑤ 盐渍菜指盐渍处理后的各种蔬菜。如所调查的盐渍菜企业的末端治理设施为厌氧/好氧生物组合工艺，工业废水处理后直接排入水体，化学需氧量和五日生化需氧量的排污系数的调整系数为 0.8，其他污染物指标无需调整。

1370 蔬菜、水果和坚果加工行业产排污系数表（续 2）

产品名称	原料名称	工艺名称	规模等级	污染物指标	单位	产污系数	末端治理技术名称	排污系数
速冻蔬菜[⑥]	芥菜类、豆类蔬菜、食用菌、根茎类	清洗、烫漂、速冻	所有规模	工业废水量	吨/吨产品	9.2	过滤+生物接触氧化法+化学混凝沉淀法	8.8
							直排	9.2
				化学需氧量	克/吨产品	3 188	过滤+生物接触氧化法+化学混凝沉淀法	839
							直排	3 188
				五日生化需氧量	克/吨产品	1 244	过滤+生物接触氧化法+化学混凝沉淀法	313
							直排	1 244
	叶菜类	清洗、烫漂、速冻	所有规模	工业废水量	吨/吨产品	11.5	过滤+生物接触氧化法+化学混凝沉淀法	11
							直排	11.5
				化学需氧量	克/吨产品	4 249	过滤+生物接触氧化法+化学混凝沉淀法	901
							直排	4 249
				五日生化需氧量	克/吨产品	1 616	过滤+生物接触氧化法+化学混凝沉淀法	243
							直排	1 616
	薯 类	清洗、切片、蒸汽热烫、速冻	所有规模	工业废水量	吨/吨产品	6.25	沉淀分离	6
							直排	6.25
				化学需氧量	克/吨产品	2 825	沉淀分离	1 744
							直排	2 825
				五日生化需氧量	克/吨产品	1 219	沉淀分离	681
							直排	1 219
	瓜菜类	清洗、切片、蒸汽热烫、速冻	所有规模	工业废水量	吨/吨产品	3.2	直排	3.2
				化学需氧量	克/吨产品	282	直排	282
				五日生化需氧量	克/吨产品	109	直排	109

注：⑥ 速冻蔬菜指《统计上使用的产品分类目录》中的冷冻蔬菜。

1370　蔬菜、水果和坚果加工行业产排污系数表（续 3）

产品名称	原料名称	工艺名称	规模等级	污染物指标	单位	产污系数	末端治理技术名称	排污系数
泡菜⑦	芥菜类、叶菜类、豆类、葱蒜类蔬菜	清洗、盐渍、脱盐、泡制、杀菌、包装	所有规模	工业废水量	吨/吨产品	15	厌氧/好氧生物组合工艺	14.4
							直排	15
				化学需氧量	克/吨产品	36 000	厌氧/好氧生物组合工艺	3 000
							直排	36 000
				五日生化需氧量	克/吨产品	15 450	厌氧/好氧生物组合工艺	1 215
							直排	15 450
	豆类、葱蒜类、根茎类蔬菜	预处理、发酵、杀菌、包装	所有规模	工业废水量	吨/吨产品	9.3	厌氧/好氧生物组合工艺	9
							直排	9.3
				化学需氧量	克/吨产品	19 176	厌氧/好氧生物组合工艺	997
							直排	19 176
				五日生化需氧量	克/吨产品	10 245	厌氧/好氧生物组合工艺	456
							直排	10 245
	芥菜类、叶菜类蔬菜	预处理、发酵、杀菌、包装	所有规模	工业废水量	吨/吨产品	11.2	厌氧/好氧生物组合工艺	10.8
							直排	11.2
				化学需氧量	克/吨产品	24 021	厌氧/好氧生物组合工艺	1 601
							直排	24 021
				五日生化需氧量	克/吨产品	11 753	厌氧/好氧生物组合工艺	571
							直排	11 753
咸榨菜⑦⑧	榨菜头	腌制、切制、脱盐、包装、杀菌	所有规模	工业废水量	吨/吨产品	14	厌氧/好氧生物组合工艺	13.44
							直排	14
				化学需氧量	克/吨产品	112 000	厌氧/好氧生物组合工艺	5 740
							直排	112 000
				五日生化需氧量	克/吨产品	48 846	厌氧/好氧生物组合工艺	2 184
							直排	48 846

注：⑦ 调查企业的腌渍菜产品（泡菜、咸榨菜、酱腌菜等）为不经小包装巴氏杀菌的简装产品时，工业废水量产排污系数乘以 0.4 进行调整，其他污染物产排污系数乘以 0.6 进行调整。

⑧ 用作坊式工艺以新鲜蔬菜加工咸榨菜、酱腌菜半成品时，工业废水量产排污系数乘以 0.1 进行调整，其他污染物产排污系数乘以 0.3 进行调整；以外购咸榨菜、酱腌菜半成品为原料时，工业废水量产排污系数乘以 0.9 进行调整，其他污染物产排污系数乘以 0.5 进行调整。

1370 蔬菜、水果和坚果加工行业产排污系数表（续4）

产品名称	原料名称	工艺名称	规模等级	污染物指标	单位	产污系数	末端治理技术名称	排污系数
酱腌菜、糖醋渍菜、虾油渍菜、糟糠渍菜、盐渍蔬菜⑦⑧⑨	芥菜类、叶菜类、豆类、根茎类、葱蒜类等蔬菜	清洗、盐渍、脱盐、脱水、酱腌、杀菌、包装	所有规模	工业废水量	吨/吨产品	15	厌氧/好氧生物组合工艺	14.5
							直排	15
				化学需氧量	克/吨产品	72 000	厌氧/好氧生物组合工艺	4 500
							直排	72 000
				五日生化需氧量	克/吨产品	37 605	厌氧/好氧生物组合工艺	2 160
							直排	37 605
果蔬脆片⑩	苹果、香蕉等水果	预处理、切片、护色、真空干燥	所有规模	工业废水量	吨/吨产品	38.57	厌氧/好氧生物组合工艺	37
							直排	38.57
				化学需氧量	克/吨产品	72 225	厌氧/好氧生物组合工艺	4 416
							直排	72 225
				五日生化需氧量	克/吨产品	33 384	厌氧/好氧生物组合工艺	1 794
							直排	33 384
果冻	食用糖等	配料、罐装、杀菌、冷却	所有规模	工业废水量	吨/吨产品	4.2	好氧生物处理	4
							直排	4.2
				化学需氧量	克/吨产品	3 570	好氧生物处理	605
							直排	3 570
				五日生化需氧量	克/吨产品	1 457	好氧生物处理	202
							直排	1 457

注：⑨ 盐渍蔬菜包括《统计上使用的产品分类目录》中的腌渍豌豆、盐渍豇豆及菜豆、盐渍芦笋及未列明的盐渍菜。

⑩ 果蔬脆片指以各种水果为原料经预处理、着味、干燥后直接食用的产品。

1391
淀粉及淀粉制品的制造行业

1 适用范围

本手册给出了《统计上使用的产品分类目录》中“淀粉及淀粉制品的制造行业”淀粉、菊粉、淀粉制品、淀粉糖、糊精及其他改性淀粉等产品的产污系数和排污系数，可用于第一次全国污染源普查淀粉及淀粉制品的制造行业工业污染源污染物产生量和排放量的核算。

涉及的污染物包括：工业废水量、化学需氧量、五日生化需氧量、氨氮、总氮。

2 注意事项

2.1 系数表中未涉及的产排污系数说明

由于本行业产品、原料数量众多，加工工艺有所不同，对于系数表中未涉及的产排污系数，请按照下面的“淀粉及淀粉制品的制造行业产排污系数调整表”选择调整系数进行调整。

调整后的产污系数 = 系数表中选取的产污系数×调整系数

调整后的排污系数 = 系数表中选取的排污系数×调整系数

无需调整时调整系数取值为 1。同时需注意在某些情况下，工业废水量与其他污染物指标的调整系数取值不同。

淀粉及淀粉制品的制造行业产排污系数调整表

序号	产品名称	对应的系数表值	原料名称及规模	调整系数
1	木薯淀粉	木薯淀粉系数表值	木薯，日处理木薯＜100 吨	1.3（工业废水量） 1.0（其他污染物指标）
2	马铃薯淀粉	马铃薯淀粉系数表值	马铃薯，日处理马铃薯＜100 吨	1.3（工业废水量） 1.0（其他污染物指标）
3	啤酒用糖浆	淀粉糖年产量≥50 000 吨系数表值	淀粉，年产量≥50 000 吨	1.0
4	啤酒用糖浆	淀粉糖年产量＜50 000 吨系数表值	淀粉，年产量＜50 000 吨	1.0
5	小麦淀粉	玉米淀粉系数表值	小麦	1.3
6	红薯淀粉	马铃薯淀粉系数表值	红薯	1.0
7	绿豆淀粉、其他淀粉	马铃薯淀粉系数表值	绿豆、其他淀粉质原料	2.0
8	粉丝、粉条、粉皮产品	马铃薯淀粉系数表值	从基础原料*进行生产	2.5
9	粉丝、粉条、粉皮产品	相应或相近淀粉的系数表值	从成品淀粉**进行生产	1.0

序号	产品名称	对应的系数表值	原料名称及规模	调整系数
10	菊粉产品	淀粉糖年产量 <50 000 吨系数表值	菊芋、菊苣	3.0
11	F42 高果糖浆及其他液体糖产品	淀粉糖年产量 ≥50 000 吨系数表值	淀粉，年产量≥50 000 吨	1.2
12	F42 高果糖浆及其他液体糖产品	淀粉糖年产量 <50 000 吨系数表值	淀粉，年产量<50 000 吨	1.2
13	其他果糖产品	淀粉糖年产量 ≥50 000 吨系数表值	淀粉，年产量≥50 000 吨	1.5
14	其他果糖产品	淀粉糖年产量 <50 000 吨系数表值	淀粉，年产量<50 000 吨	1.5
15	葡萄糖和其他固体糖产品	淀粉糖年产量 ≥50 000 吨系数表值	淀粉，年产量≥50 000 吨	1.4（工业废水量） 1.1（其他污染物指标）
16	葡萄糖和其他固体糖产品	淀粉糖年产量 <50 000 吨系数表值	淀粉，年产量<50 000 吨	1.4（工业废水量） 1.1（其他污染物指标）
17	麦芽糊精	淀粉糖年产量 ≥50 000 吨系数表值	淀粉，年产量≥50 000 吨	0.9
18	麦芽糊精	淀粉糖年产量 <50 000 吨系数表值	淀粉，年产量<50 000 吨	0.9
19	可溶性淀粉	玉米淀粉系数表值	—	1.0
20	醚化或酯化淀粉（从淀粉开始生产）	玉米淀粉系数表值	从成品淀粉进行生产	0.5
21	淀粉糖的生产工艺采用酸法和酸酶法进行生产的污染物指标按酶法生产的同生产规模系数表取值乘以调整系数后再乘以 1.05 进行计算			
22	面筋产品在生产过程产生的废水并入小麦淀粉的污染物产生量中，因此面筋产品的污染物的产生量和排放量不再重复计算			
23	当淀粉糖生产以企业自产淀粉乳为原料时，请分步核算产排污量后进行加和。其中：淀粉乳生产的污染物产排量=淀粉的产排污系数×调整系数（工业废水 0.8，其他污染物指标 0.9）×淀粉糖生产所需淀粉乳量（折算成商品淀粉）；淀粉糖生产的污染物产排量=葡萄糖浆和麦芽糖浆的产排污系数×调整系数×淀粉糖产量；污染物产排总量=淀粉乳生产的污染物产排量+淀粉糖生产的污染物产排量			

注：* 基础原料泛指绿豆、豌豆等。

** 成品淀粉泛指绿豆淀粉、豌豆淀粉、玉米淀粉等。

2.2 生产非单一产品企业污染物产排量核算

当同一企业生产多种产品时，普查时以产品为依据，分别核算统计。

一家企业同时生产淀粉和淀粉糖产品的情况比较普遍，淀粉糖的原料可以有两种选择，用不经干燥的自产淀粉乳和经过干燥的商品淀粉。以企业自产商品淀粉或淀粉乳为原料生产淀粉糖产品时，不要重复计算淀粉原料的污染物产排量。

2.3 其他需要说明的问题

（1）当调查企业末端治理设施与系数表中不同时，请选取系数表中相近末端治理技术的排污系数进行计算。

（2）本手册力求简单、清楚，易于普查员使用，制定时充分考虑了全国的平均水平，使用本手册计算得出的产排污量可能会与单个调查企业的情况有一定出入。

（3）淀粉糖指液体葡萄糖、麦芽糖浆、啤酒用糖浆、高果糖浆、固体葡萄糖、麦芽糊精等产品的统称，在年产量计算上应按累计值计算。

3 示例

某淀粉生产企业以玉米为原料生产淀粉和淀粉糖。年产玉米淀粉 76 500 吨、固体葡萄糖 50 000 吨、麦芽糖浆 20 000 吨，其他副产品玉米蛋白粉 12 000 吨、胚芽 13 000 吨、麸质饲料 50 000 吨。末端治理技术为“A^2/O”。

测算准备步骤，该企业固体葡萄糖和麦芽糖浆是用自产淀粉乳为原料进行生产的，该企业生产 1 吨固体葡萄糖需淀粉乳折算成商品淀粉为 1.11 吨；生产 1 吨麦芽糖浆需淀粉乳折算成商品淀粉为 0.9 吨。50 000 吨固体葡萄糖消耗商品淀粉 55 500 吨；20 000 吨麦芽糖浆消耗商品淀粉 18 000 吨。

第一步，通过表 G101，确定该企业属于“1391 淀粉及淀粉制品的制造行业”。

第二步，查普查表 G105-1 得知，该企业①玉米淀粉的产品、原料、生产工艺、生产能力，对应系数表中的组合名称为“玉米淀粉+玉米+湿法+所有规模”；②淀粉糖的产品、原料、生产工艺、生产能力，对应系数表中的组合名称为“液体葡萄糖、麦芽糖浆+淀粉+酶法+≥50 000 吨/年”；③废水处理工艺为“A^2/O”。

第三步，根据以上信息①查“1391 淀粉及淀粉制品的制造行业产排污系数使用手册”的系数表，选择对应产品、原料、工艺、规模等级及末端治理技术的产污系数和排污系数，结果见下表：

产品名称	污染物指标	产污系数	排污系数
玉米淀粉	工业废水量	5.02 吨/吨产品	4.811 吨/吨产品
	化学需氧量	31 853 克/吨产品	424.9 克/吨产品
	五日生化需氧量	14 566 克/吨产品	150.4 克/吨产品
	氨氮	292.6 克/吨产品	39.1 克/吨产品
	总氮	1 513.7 克/吨产品	103.1 克/吨产品
液体葡萄糖浆、麦芽糖浆	工业废水量	5.492 吨/吨产品	4.918 吨/吨产品
	化学需氧量	16 152 克/吨产品	441.3 克/吨产品
	五日生化需氧量	8 464.2 克/吨产品	137.4 克/吨产品
	氨氮	68 克/吨产品	14.6 克/吨产品
	总氮	311.6 克/吨产品	50.2 克/吨产品

② 查“淀粉及淀粉制品的制造行业产排污系数调整表”得知以下信息：

- 根据第 14 项的调整原则，固体葡萄糖的工业废水量调整系数为 1.4，化学需氧量、五日生化需氧量、氨氮、总氮调整系数为 1.1。
- 根据第 22 项的调整原则，原料采用淀粉乳时，工业废水量调整系数为 0.8、其他污染物指标为 0.9。
- 玉米蛋白粉、胚芽、麸质饲料的废水产排量已计入淀粉生产的废水产排量中，不再重复计算。

第四步，根据企业的实际产品产量，测算污染物的年产生量和排放量。

（1）计算玉米淀粉产品的年污染物产生量和排放量

① 玉米淀粉产品的年污染物产生量

- 工业废水量=系数表产污系数×淀粉产量=5.02×76 500=384 030 吨=38.403 万吨
- 化学需氧量=系数表排污系数×淀粉产量=31 853×76 500=2 436 754 500 克=2 436.755 吨
- 五日生化需氧量、氨氮、总氮污染物产生量按同样方法计算。

② 计算玉米淀粉产品的年污染物排放量

- 工业废水量=系数表产污系数×淀粉产量=4.811×76 500=368 041.5 吨=36.804 万吨
- 化学需氧量=系数表排污系数×淀粉产量=424.9×76 500=32 504 850 克=32.505 吨
- 五日生化需氧量、氨氮、总氮污染物排放量按同样方法计算。

（2）计算麦芽糖浆产品的年污染物产生量和排放量

由于该企业用自产淀粉乳为原料生产麦芽糖浆，因此，麦芽糖浆的污染物产排量由两部分组成：即用玉米加工淀粉乳阶段的污染物产排量和用淀粉乳生产麦芽糖浆阶段的污染物产排量。

① 麦芽糖浆产品的年污染物产生量

➢ 工业废水量=玉米生产淀粉乳废水产生量＋淀粉乳生产麦芽糖浆废水产生量=玉米淀粉系数表值×淀粉乳原料调整系数×淀粉量（折算成商品淀粉）＋麦芽糖浆系数表值×麦芽糖浆产量=5.02×0.8×18 000＋5.492×20 000 =18.213 万吨

➢ 化学需氧量=玉米生产淀粉乳化学需氧产生量+淀粉乳生产麦芽糖浆化学需氧产生量 =玉米淀粉系数表值×淀粉乳原料调整系数×淀粉乳产量（折算成商品淀粉）+麦芽糖浆系数表值×麦芽糖浆产量=31 853×0.9×18 000+16 152×20 000=839.059 吨

➢ 五日生化需氧量、氨氮、总氮污染物产生量按同样方法计算。

② 麦芽糖浆产品的年污染物排放量

➢ 工业废水量=玉米生产淀粉乳废水排放量＋淀粉乳生产麦芽糖浆废水排放量=玉米淀粉系数表值×淀粉乳原料调整系数×淀粉量（折算成商品淀粉）＋麦芽糖浆系数表值×麦芽糖浆产量=4.811×0.8×18 000+4.918×20 000 =69 278.4 +98 360 =167 638.4 吨=16.764 万吨

➢ 化学需氧量=玉米生产淀粉乳化学需氧排放量+淀粉乳生产麦芽糖浆化学需氧排放量=玉米淀粉系数表值×淀粉乳原料调整系数×淀粉乳产量（折算成商品淀粉）+麦芽糖浆系数表值×麦芽糖浆产量=424.9×0.9×18 000 +441.3×20 000=6 883 380+8 826 000=15 709 380 克=15.709 吨

➢ 五日生化需氧量、氨氮、总氮污染物排放量按同样方法计算。

（3）计算固体葡萄糖产品的年污染物产生量和排放量

由于该企业用自产淀粉乳为原料生产固体葡萄糖，因此，固体葡萄糖的污染物产排量由两部分组成：即用玉米加工淀粉乳阶段的污染物产排量和用淀粉乳生产固体葡萄糖阶段的污染物产排量。

① 固体葡萄糖产品的年污染物产生量

➢ 工业废水量=玉米生产淀粉乳废水产生量+淀粉乳生产固体葡萄糖废水产生量=玉米淀粉系数表值×淀粉乳原料调整系数×淀粉乳产量（折算成商品淀粉）+麦芽糖浆系数表值×固体葡萄糖调整系数×固体葡萄糖产量=5.02×0.8×55 500 +5.492×1.4×50 000 =60.733 万吨

➢ 化学需氧量=玉米生产淀粉乳化学需氧产生量+淀粉乳生产固体葡萄糖化学需氧产生量=玉米淀粉系数表值×淀粉乳原料调整系数×淀粉乳产量（折算成商品淀粉）+麦芽糖浆系数表值×固体葡萄糖调整系数×固体葡萄糖产量=16 152×1.1×50 000+31 853×0.9×55 500 =2 479.417 吨

➢ 五日生化需氧量、氨氮、总氮污染物产生量按同样方法计算。

② 固体葡萄糖的年污染物排放量

➢ 工业废水量=玉米生产淀粉乳废水排放量+淀粉乳生产固体葡萄糖废水排放量=玉米淀粉系数表值×淀粉乳原料调整系数×淀粉乳产量（折算成商品淀粉）+麦芽糖浆系数表值×固体葡萄糖调整系数×固体葡萄糖产量=4.811×0.8×55 500+4.918×1.4 ×50 000 =55.731 万吨

➢ 化学需氧量=玉米生产淀粉乳化学需氧排放量+淀粉乳生产固体葡萄糖化学需氧排放量=玉米淀粉系数表值×淀粉乳原料调整系数×淀粉乳产量（折算成商品淀粉）+麦芽糖浆系数表值×固体葡萄糖调整系数×固体葡萄糖产量=424.9×0.9×55 500+441.3×1.1×50 000 =45.495 吨

➢ 五日生化需氧量、氨氮、总氮污染物排放量按同样方法计算。

第五步，将计算得到的各类污染物产生量和排放量按照不同产品、原料、工艺和生产能力组合填入污染源普查表 G105-1 中。

第六步，将表 G105-1 中结果按照各污染物种类汇总，计算该企业全年工业废水污染物的总产生量和总排放量。该企业全年工业废水污染物的总产生量和总排放量为以上 3 个产品污染物之和。

① 该企业全年工业废水污染物的总产生量

- 工业废水量=38.403+18.213+60.733=117.349 万吨
- 化学需氧量=2 436.755+839.059+2 479.417=5 755.231 吨
- 五日生化需氧量、氨氮、总氮污染物产生量按同样方法计算。

② 该企业全年工业废水污染物的总排放量

- 工业废水量=36.804+16.764+55.731=109.299 万吨
- 化学需氧量=32.505+15.709+45.495 =93.709 吨
- 五日生化需氧量、氨氮、总氮污染物产生量按同样方法计算。

将工业废水量产生和排放结果填入表 G104，各类水污染物产生和排放结果填入表 G105。

1391 淀粉及淀粉制品的制造行业产排污系数表[①]

产品名称	原料名称	工艺名称	规模等级	污染物指标	单位	产污系数	末端治理技术名称	排污系数
玉米淀粉	玉米	湿法	所有规模	工业废水量	吨/吨产品	5.02	沉淀分离+厌氧/好氧生物组合工艺	4.797
							厌氧/好氧生物组合工艺+上浮分离	4.965
							A^2/O	4.811
							化学絮凝沉淀+ 厌氧/好氧生物组合工艺	4.721
							直排	5.02
				化学需氧量	克/吨产品	31 853	沉淀分离+厌氧/好氧生物组合工艺	785.8
							厌氧/好氧生物组合工艺+上浮分离	575.5
							A^2/O	424.9
							化学絮凝沉淀+ 厌氧/好氧生物组合工艺	481.4
							直排	31 853
				五日生化需氧量	克/吨产品	14 566	沉淀分离+厌氧/好氧生物组合工艺	267.8
							厌氧/好氧生物组合工艺+上浮分离	218.9
							A^2/O	150.4
							化学絮凝沉淀+ 厌氧/好氧生物组合工艺	155.5
							直排	14 566
				氨氮	克/吨产品	292.6	沉淀分离+厌氧/好氧生物组合工艺	57.5
							厌氧/好氧生物组合工艺+上浮分离	46.3
				氨氮	克/吨产品	292.6	A^2/O	39.1
							化学絮凝沉淀+ 厌氧/好氧生物组合工艺	37.7
							直排	292.6

1391 淀粉及淀粉制品的制造行业产排污系数表[①]（续 1）

产品名称	原料名称	工艺名称	规模等级	污染物指标	单位	产污系数	末端治理技术名称	排污系数
玉米淀粉[①]	玉米	湿法	所有规模	总氮	克/吨产品	1 513.7	沉淀分离+厌氧/好氧生物组合工艺	234.2
							厌氧/好氧生物组合工艺+上浮分离	170
							A^2/O	103.1
							化学絮凝沉淀+ 厌氧/好氧生物组合工艺	103.5
							直排	1 513.7
木薯淀粉	木薯	湿法	日处理木薯≥100 吨	工业废水量	吨/吨产品	14.982	沉淀分离+氧化塘	14.408
							沉淀分离+厌氧/好氧生化组合工艺+氧化塘	14.41
							直排	14.982
				化学需氧量	克/吨产品	179 759	沉淀分离+氧化塘	152 621
							沉淀分离+厌氧/好氧生化组合工艺+氧化塘	8 846.5
							直排	179 759
				五日生化需氧量	克/吨产品	92 123	沉淀分离+氧化塘	76 360
							沉淀分离+厌氧/好氧生化组合工艺+氧化塘	2 534.1
							直排	92 123
				氨氮	克/吨产品	1 167.7	沉淀分离+氧化塘	1 116.1
							沉淀分离+厌氧/好氧生化组合工艺+氧化塘	130.1
							直排	1 167.7
				总氮	克/吨产品	6 624.1	沉淀分离+氧化塘	6 481.2
							沉淀分离+厌氧/好氧生化组合工艺+氧化塘	451.2
							直排	6 624.1

1391 淀粉及淀粉制品的制造行业产排污系数表[①]（续 2）

产品名称	原料名称	工艺名称	规模等级	污染物指标	单位	产污系数	末端治理技术名称	排污系数
马铃薯淀粉	马铃薯	湿法	日处理马铃薯≥100 吨	工业废水量	吨/吨产品	17.099	沉淀分离	16.889
							沉淀分离+组合生化处理+氧化塘	16.426
							直排	17.099
				化学需氧量	克/吨产品	193 526.3	沉淀分离	177 980.8
							沉淀分离+组合生化处理+氧化塘	5 179.8
							直排	193 526.3
				五日生化需氧量	克/吨产品	96 540.3	沉淀分离	82 842.1
							沉淀分离+组合生化处理+氧化塘	2 193.2
							直排	96 540.3
				氨氮	克/吨产品	809.1	沉淀分离	734.7
							沉淀分离+组合生化处理+氧化塘	162.3
							直排	809.1
				总氮	克/吨产品	6 097.2	沉淀分离	5 827.1
							沉淀分离+组合生化处理+氧化塘	335.1
							直排	6 097.2

注：① 淀粉及淀粉制品的制造行业的其他产品的产排污调整系数请参照本手册注意事项的淀粉及淀粉制品的制造行业产排污系数调整表。

1391 淀粉及淀粉制品的制造行业产排污系数表（续 3）

产品名称	原料名称	工艺名称	规模等级	污染物指标	单位	产污系数	末端治理技术名称	排污系数
液体葡萄糖浆、麦芽糖浆	淀粉	酶法	年产量≥50 000 吨	工业废水量	吨/吨产品	5.492	上流式厌氧污泥床+厌氧/好氧生化组合工艺	4.876
							A^2/O	4.918
							化学混凝沉淀+厌氧/好氧生化组合工艺	4.889
							厌氧/好氧生化组合工艺	4.752
							直排	5.492
				化学需氧量	克/吨产品	16 152	上流式厌氧污泥床+厌氧/好氧生化组合工艺	455.3
							A^2/O	441.3
							化学混凝沉淀+厌氧/好氧生化组合工艺	497.1
							厌氧/好氧生化组合工艺	570.9
							直排	16 152
				五日生化需氧量	克/吨产品	8 464.2	上流式厌氧污泥床+厌氧/好氧生化组合工艺	165.3
							A^2/O	137.4
							化学混凝沉淀+厌氧/好氧生化组合工艺	154.3
							厌氧/好氧生化组合工艺	219.5
							直排	8 464.2
				氨氮	克/吨产品	68	上流式厌氧污泥床+厌氧/好氧生化组合工艺	14.8
							A^2/O	14.6
							化学混凝沉淀+厌氧/好氧生化组合工艺	15
液体葡萄糖浆、麦芽糖浆	淀粉②	酶法	年产量≥50 000 吨	氨氮	克/吨产品	68	厌氧/好氧生化组合工艺	15.9
							直排	68
				总氮	克/吨产品	311.6	上流式厌氧污泥床+厌氧/好氧生化组合工艺	51.1
							A^2/O	50.2
							化学混凝沉淀+厌氧/好氧生化组合工艺	55
							厌氧/好氧生化组合工艺	63.8
							直排	311.6

1391 淀粉及淀粉制品的制造行业产排污系数表（续 4）

产品名称	原料名称	工艺名称	规模等级	污染物指标	单位	产污系数	末端治理技术名称	排污系数
液体葡萄糖浆、麦芽糖浆	淀粉[②]	酶法	年产量＜50 000 吨	工业废水量	吨/吨产品	5.761	中和法+上流式厌氧污泥床+厌氧/好氧生化组合工艺	4.779
							厌氧/好氧生化组合工艺	5.565
							直排	5.761
				化学需氧量	克/吨产品	19 057.3	中和法+上流式厌氧污泥床+厌氧/好氧生化组合工艺	480.9
							厌氧/好氧生化组合工艺（4300）	732.1
							直排	19 057.3
				五日生化需氧量	克/吨产品	9 827.3	中和法+上流式厌氧污泥床+厌氧/好氧生化组合工艺	153.1
							厌氧/好氧生化组合工艺	233.9
							直排	9 827.3
				氨氮	克/吨产品	80.5	中和法+上流式厌氧污泥床+厌氧/好氧生化组合工艺	10.6
							厌氧/好氧生化组合工艺	27.6
							直排	80.5
				总氮	克/吨产品	318	中和法+上流式厌氧污泥床+厌氧/好氧生化组合工艺	39.2
							厌氧/好氧生化组合工艺	84.8
							直排	318

注：② 如调查企业以自产淀粉乳为原料时，产排污系数调整请参照本手册注意事项中淀粉及淀粉制品的制造行业产排污系数调整表的 22 项的相关规定。

1392
豆制品加工行业

1 适用范围

本手册给出了《统计上使用的产品分类目录》中“豆制品加工行业”豆腐及豆制品的产污系数和排污系数，可用于第一次全国污染源普查豆制品加工行业工业污染源污染物产生量和排放量的核算。

涉及的污染物包括：工业废水量、化学需氧量、五日生化需氧量、氨氮、总氮。

2 注意事项

2.1 产排污系数调整表的使用说明

由于本行业产品数量众多，加工工艺也有所不同，对系数表中无法包含的产品，参照产排污系数调整表调整产排污系数。

调整后的产污系数 = 系数表中选取的产污系数×调整系数

调整后的排污系数 = 系数表中选取的排污系数×调整系数

无需调整时取值为 1。同时，需注意在有些情况下，工业废水量和其他污染物指标的调整系数取值不同。

产排污系数调整表

产品	规模/（吨大豆/天）	选取产品	产品调整系数
油炸、卤制豆腐制品及干豆腐制品	≥5	豆腐	1
	＜5		
豆浆、豆浆粉、豆豉、腐竹	≥5	豆腐	0.35
	＜5		
腐乳	＜1	腐乳	0.8（工业废水量） 1.2（其他污染物）
当调查企业工业废水经末端治理后进入自然水体时，化学需氧量、生化需氧量的排污系数还需乘以 0.7 进行调整，其他指标无需调整			

2.2 生产非单一产品企业污染物产排量核算

当同一企业生产多种产品时，普查时以产品为依据，分别核算统计。

2.3 其他需要说明的问题

（1）如企业末端治理设施与系数表不同，选择系数表中相近治理工艺的排污系数进行核算。

（2）本手册力求简单、清楚，易于普查员使用，制定时充分考虑了全国的平均水平，使用本手册核算出的产排污量可能会与单个调查企业的情况有一定出入。

1392 豆制品制造行业产排污系数表[①]

产品名称	原料名称	工艺名称	规模等级	污染物指标	单位	产污系数	末端治理技术名称	排污系数
豆腐	大豆	传统工艺（泡豆、磨浆、点卤、压制、杀菌）	≥5 吨原料/天	工业废水量	吨/吨原料	27.1	物理+厌氧/好氧生物组合工艺	26.6
							物理+化学+厌氧/好氧生物组合工艺	25.8
							直排	27.1
				化学需氧量	克/吨原料	136 743	物理+厌氧/好氧生物组合工艺	3 447
							物理+化学+厌氧/好氧生物组合工艺	2 903
							直排	136 743
				五日生化需氧量	克/吨原料	72 612	物理+厌氧/好氧生物组合工艺	1 047
							物理+化学+厌氧/好氧生物组合工艺	668
							直排	72 612
				氨氮	克/吨原料	2 229	物理+厌氧/好氧生物组合工艺	299
							物理+化学+厌氧/好氧生物组合工艺	265
							直排	2 229
				总氮	克/吨原料	5 026	物理+厌氧/好氧生物组合工艺	557
							物理+化学+厌氧/好氧生物组合工艺	553
							直排	5 026
			＜5 吨原料/天	工业废水量	吨/吨原料	22.2	物理+化学+厌氧/好氧生物组合工艺	21
							直排	22.2
				化学需氧量	克/吨原料	165 900	物理+化学+厌氧/好氧生物组合工艺	2 686
							直排	165 900
				五日生化需氧量	克/吨原料	91 454	物理+化学+厌氧/好氧生物组合工艺	843
							直排	91 454
				氨氮	克/吨原料	1 749	物理+化学+厌氧/好氧生物组合工艺	214
							直排	1 749
				总氮	克/吨原料	3 934	物理+化学+厌氧/好氧生物组合工艺	458
							直排	3 934

1392 豆制品制造行业产排污系数表[①]（续表）

产品名称	原料名称	工艺名称	规模等级	污染物指标	单位	产污系数	末端治理技术名称	排污系数
大豆分离蛋白	豆粕	碱溶酸沉法	所有规模	工业废水量	吨/吨产品	33.2	物理+化学+厌氧/好氧生物组合工艺	31.7
							物理+厌氧/好氧生物组合工艺	32.4
							直排	33.2
				化学需氧量	克/吨产品	355 162	物理+化学+厌氧/好氧生物组合工艺	3 731
							物理+厌氧/好氧生物组合工艺	4 179
							直排	355 162
				五日生化需氧量	克/吨产品	192 956	物理+化学+厌氧/好氧生物组合工艺	1 307
							物理+厌氧/好氧生物组合工艺	1 383
							直排	192 956
				氨氮	克/吨产品	3 605	物理+化学+厌氧/好氧生物组合工艺	236
							物理+厌氧/好氧生物组合工艺	362
							直排	3 605
				总氮	克/吨产品	9 495	物理+化学+厌氧/好氧生物组合工艺	684
							物理+厌氧/好氧生物组合工艺	859
							直排	9 495
腐乳	大豆	传统工艺（泡豆、磨浆、凝固、压制、切块、发酵）	≥1 吨原料/天	工业废水量	吨/吨原料	23.5	物理+厌氧/好氧生物组合工艺	22.3
							直排	23.5
				化学需氧量	克/吨原料	159 882	物理+厌氧/好氧生物组合工艺	3 109
							直排	159 882
				五日生化需氧量	克/吨原料	75 391	物理+厌氧/好氧生物组合工艺	990
							直排	75 391
				氨氮	克/吨原料	1 851	物理+厌氧/好氧生物组合工艺	256
							直排	1 851
				总氮	克/吨原料	4 956	物理+厌氧/好氧生物组合工艺	476
							直排	4 956

注：① 如调查企业的产品、规模与此系数表有所不同，产排污系数调整请参照本手册注意事项的产排污系数调整表。

1393
蛋品加工行业

1 适用范围

本手册给出了《统计上使用的产品分类目录》中“蛋品加工行业”蛋黄粉、干蛋黄、干卵清蛋白、全蛋粉、冰全蛋、液全蛋等产品的产污系数和排污系数，可用于第一次全国污染源普查蛋品加工行业工业污染源污染物产生量和排放量的核算。

涉及的污染物包括：工业废水量、化学需氧量、五日生化需氧量、氨氮、总氮。

2 注意事项

2.1 产排污系数调整表的使用说明

由于本行业产品数量较多，对系数表中无法包含的产品，参照产排污系数调整表调整产排污系数。无需调整时取值为 1。

调整后的产污系数 = 系数表中选取的产污系数×调整系数

调整后的排污系数 = 系数表中选取的排污系数×调整系数

产排污系数调整表

产品名称	产品调整系数
干蛋黄、干卵清蛋白	1
全蛋粉	0.5
冰全蛋、液全蛋	0.12
冰蛋白、冰蛋黄、液蛋黄、液蛋白	0.25
备注：干去壳禽蛋产品污染物产排量忽略不计	

2.2 生产非单一产品企业污染物产排量核算

当同一企业生产多个产品时，普查时以产品为依据，分别核算统计。

2.3 其他需要说明的问题

（1）如企业同时生产蛋黄类和蛋白类产品，污染物指标的产生量和排放量只按其中一类产品计算，不重复统计。

（2）如所调查企业末端治理设施与系数表不相同，选用系数表中相近治理工艺的产排污系数。

（3）本手册力求简单、清楚，易于普查员使用，制定时充分考虑了全国的平均水平，使用本手册计算得出的产排污量可能会与单个调查企业的情况有一定出入。

1393　蛋品加工行业产排污系数表[①]

产品名称	原料名称	工艺名称	规模等级	污染物指标	单位	产污系数	末端治理技术名称	排污系数
蛋黄粉	鸡蛋	喷雾干燥工艺	所有规模	工业废水量	吨/吨产品	31.409	上浮分离+厌氧/好氧生物组合工艺	29.837
							物理+组合生物处理	29.837
							直排	31.409
				化学需氧量	克/吨产品	105 300	上浮分离+厌氧/好氧生物组合工艺	5 209
							物理+组合生物处理	5 156
							直排	105 300
				五日生化需氧量	克/吨产品	48 300	上浮分离+厌氧/好氧生物组合工艺	1 910
							物理+组合生物处理	1 902
							直排	48 300
				氨氮	克/吨产品	1 594	上浮分离+厌氧/好氧生物组合工艺	239
							物理+组合生物处理	219
							直排	1 594
				总氮	克/吨产品	3 127	上浮分离+厌氧/好氧生物组合工艺	469
							物理+组合生物处理	448
							直排	3 127

注：① 如调查企业的产品与此系数表有所不同，产排污系数调整请参照本手册注意事项的产排污系数调整表。

14

食品制造业

1411
糕点、面包制造行业

1 适用范围

本手册给出了《统计上使用的产品分类目录》中“糕点、面包制造行业”糕点、面包的产污系数和排污系数，可用于第一次全国污染源普查糕点、面包制造行业工业污染源污染物产生量和排放量的核算。

涉及的污染物包括：工业废水量、化学需氧量。

2 注意事项

2.1 系数表中未涉及的产排污系数说明

对系数表中未涉及的情况，请根据以下说明在系数表中选择产排污系数，并进行系数调整。

调整后的排污系数 = 系数表中选取的排污系数×调整系数

无需调整时调整系数视为 1。

2.2 生产非单一产品企业污染物产排量核算

当同一企业生产多种产品时，普查时以产品为依据，分别核算统计。

2.3 其他需要说明的问题

（1）如调查企业的末端治理设施与系数表所列的不同，参照系数表中相近治理工艺的排污系数计算。没有末端治理设施时产污系数等于排污系数。

（2）本手册力求简单、清楚，易于普查员使用，制定时充分考虑了全国的平均水平，使用本手册核算出的产排污量可能会与单个调查企业的情况有一定出入。

1411 糕点、面包制造行业产排污系数表

产品名称	原料名称	工艺名称	规模等级	污染物指标	单位	产污系数	末端治理技术名称	排污系数
西式包馅点心①	小麦粉	糕点制作工艺	所有规模	工业废水量	吨/吨产品	2.167	化学混凝气浮法+两段好氧生物处理工艺	2.102
							物理处理法+A/O 工艺	2.102
							直排	2.167
				化学需氧量	克/吨产品	12 321	化学混凝气浮法+两段好氧生物处理工艺	640
							物理处理法+A/O 工艺	237
							直排	12 321
中式糕点	小麦粉	糕点制作工艺	所有规模	工业废水量	吨/吨产品	5.112	物理处理法	5.009
							直排	5.112
							生物处理法	5
				化学需氧量	克/吨产品	14 031	物理处理法	12 575
							直排	14 031
							生物处理法	982
面包②	小麦粉	发酵、烘焙	所有规模	工业废水量	吨/吨产品	3.692	物理处理法	3.618
							物理处理法+厌氧生物处理法+生物接触氧化法	3.507
							直排	3.692
				化学需氧量	克/吨产品	3 331	物理处理法	2 916
							物理处理法+厌氧生物处理法+生物接触氧化法	329
							直排	3 331

注：① 统计目录中其他种类的西式糕点参照西式包馅点心的产排污系数，调整系数为 0.6。
② 加配料面包参考面包的产排污系数，调整系数为 1.5。

1419

饼干及其他焙烤食品制造行业

1 适用范围

本手册给出了《统计上使用的产品分类目录》中“饼干及其他焙烤食品制造行业”饼干、薄饼类、膨化食品及焙烤咸脆食品的产污系数和排污系数，可用于第一次全国污染源普查饼干及其他焙烤食品制造行业工业污染源污染物产生量和排放量的核算。

涉及的污染物包括：工业废水量、化学需氧量。

2 注意事项

2.1 系数表中未涉及的产品产排污系数说明

发酵饼干、压缩饼干以及薄饼类饼干，参照产排污系数表中“酥性饼干/韧性饼干”产品的产污系数和排污系数。膨化食品及焙烤咸脆食品可参照使用产排污系数表中“酥性饼干/韧性饼干”产品的产污系数和排污系数。

2.2 生产非单一产品企业污染物产排量核算

当同一企业生产多种产品时，普查时以产品为依据，分别核算统计。

2.3 其他需要说明的问题

（1）如调查企业的末端治理设施与系数表所列的不同，选择系数表中相近治理工艺的排污系数计算。没有末端治理设施时产污系数等于排污系数。

（2）本手册力求简单、清楚，易于普查员使用，制定时充分考虑了全国的平均水平，使用本手册核算出的产排污量可能会与单个调查企业的情况有一定出入。

1419 饼干及其他焙烤食品制造行业产排污系数表

<table>
<tr><th>产品名称</th><th>原料名称</th><th>工艺名称</th><th>规模等级</th><th>污染物指标</th><th>单位</th><th>产污系数</th><th>末端治理技术名称</th><th>排污系数</th></tr>
<tr><td rowspan="4">酥性饼干/韧性饼干</td><td rowspan="4">小麦粉</td><td rowspan="4">酥性饼干/韧性饼干工艺</td><td rowspan="4">所有规模</td><td rowspan="2">工业废水量</td><td rowspan="2">吨/吨产品</td><td rowspan="2">1.129</td><td>沉淀分离</td><td>1.084</td></tr>
<tr><td>直排</td><td>1.129</td></tr>
<tr><td rowspan="2">化学需氧量</td><td rowspan="2">克/吨产品</td><td rowspan="2">84</td><td>沉淀分离</td><td>72</td></tr>
<tr><td>直排</td><td>84</td></tr>
<tr><td rowspan="2">夹心饼干/曲奇饼干/威化饼干</td><td rowspan="2">小麦粉</td><td rowspan="2">夹心饼干/曲奇饼干/威化饼干工艺</td><td rowspan="2">所有规模</td><td>工业废水量</td><td>吨/吨产品</td><td>1.555</td><td>沉淀分离+化学混凝气浮法+生物接触氧化法</td><td>1.477</td></tr>
<tr><td>化学需氧量</td><td>克/吨产品</td><td>2 590</td><td>沉淀分离+化学混凝气浮法+生物接触氧化法</td><td>234</td></tr>
</table>

1421
糖果、巧克力制造行业

1 适用范围

本手册给出了《统计上使用的产品分类目录》中“糖果、巧克力制造行业”糖果、巧克力、巧克力制品的产污系数和排污系数，可用于第一次全国污染源普查糖果、巧克力制造行业工业污染源污染物产生量和排放量的核算。

涉及的污染物包括：工业废水量、化学需氧量。

2 注意事项

2.1 系数表中未涉及的产排污系数说明

（1）对系数表中未涉及的情况，请根据以下说明在系数表中选择产排污系数，并进行系数调整。

调整后的产污系数 = 系数表中选取的产污系数×调整系数

调整后的排污系数 = 系数表中选取的排污系数×调整系数

无需调整时调整系数视为 1。同时，需注意在有些情况下，工业废水量和其他污染物指标的调整系数的取值有所不同。

（2）充气糖果、乳脂糖果、凝胶糖果、抛光糖果、压片糖果及其他糖果参照产排污系数表中硬质糖果的产污系数和排污系数。

（3）巧克力制品的产排污系数等于系数表中巧克力的产排污系数乘以 1.1。

2.2 生产非单一产品企业污染物产排量核算

当同一企业生产多种产品时，普查时以产品为依据，分别核算统计。

2.3 如调查企业的末端治理设施与系数表所列的不同，参照系数表中相近治理工艺的排污系数计算。没有末端治理设施时，产污系数等于排污系数。

2.4 本手册力求简单、清楚，易于普查员使用，制定时充分考虑了全国的平均水平，使用本手册核算出的产排污量可能会与单个调查企业的情况有一定出入。

1421 糖果、巧克力制造行业产排污系数表

产品名称	原料名称	工艺名称	规模等级	污染物指标	单位	产污系数	末端治理技术名称	排污系数
硬质糖果①	白砂糖	硬糖工艺	所有规模	工业废水量	吨/吨产品	2.955	厌氧/好氧生物组合工艺	2.867
							好氧生物处理	2.867
							直排	2.955
				化学需氧量	克/吨产品	3 504	厌氧/好氧生物组合工艺	420
							好氧生物处理	506
							直排	3 504
夹心糖果②	白砂糖	糖芯制作、挂糖衣	所有规模	工业废水量	吨/吨产品	5.76	厌氧/好氧生物组合工艺	5.53
				化学需氧量	克/吨产品	39 629	厌氧/好氧生物组合工艺	565
巧克力③	白砂糖	巧克力工艺	所有规模	工业废水量	吨/吨产品	2.516	物理处理法	2.453
							生物接触氧化法+化学混凝法+过滤	2.453
							好氧生物处理	2.476
							厌氧/好氧生物组合工艺	2.453
							直排	2.516
				化学需氧量	克/吨产品	2 982	物理处理法	1 964
							生物接触氧化法+化学混凝法+过滤	423
							好氧生物处理	482
							厌氧/好氧生物组合工艺	204
							直排	2 982
口香糖	胶基	口香糖工艺	所有规模	工业废水量	吨/吨产品	1.809	物理处理法+A/O 工艺	1.773
							化学混凝气浮法+两段好氧生物处理工艺	1.773
				化学需氧量	克/吨产品	3 811	物理处理法+A/O 工艺	172
							化学混凝气浮法+两段好氧生物处理工艺	253

注：① 采用“厌氧/好氧生物组合工艺”的硬质糖果生产企业，若该企业工业废水经末端治理后进入自然水体时，该企业的化学需氧量排污系数的调整系数为 0.63，其他污染物指标无需调整。

② 采用“厌氧/好氧生物组合工艺”的夹心糖果生产企业，若企业废水排入工业园区或城镇污水处理厂，该企业的化学需氧量排污系数的调整系数为 1.17，其他污染物指标无需调整。

③ 采用“厌氧/好氧生物组合工艺”的巧克力生产企业，若企业废水排入工业园区或城镇污水处理厂，该企业的化学需氧量排污系数的调整系数为 1.26，其他污染物指标不需调整。

1422

蜜饯制作行业

1 适用范围

本手册给出了《统计上使用的产品分类目录》中“蜜饯制作行业”水果蜜饯和坚果蜜饯的产污系数和排污系数，可用于第一次全国污染源普查蜜饯制作行业工业污染源污染物产生量和排放量的核算。

涉及的污染物包括：工业废水量、化学需氧量。

2 注意事项

2.1 系数表中未涉及的产品产排污系数说明

（1）坚果蜜饯产品的污染物产排量忽略不计。

（2）其他蜜饯果脯产品参照水果蜜饯产品的产排污系数。

2.2 生产非单一产品企业污染物产排量核算

当同一企业生产多种产品时，普查时以产品为依据，分别核算统计。

2.3 如调查企业的末端治理设施与系数表所列的不同，参照系数表中相近治理工艺的排污系数计算。没有末端治理设施时，产污系数等于排污系数。

2.4 本手册力求简单、清楚，易于普查员使用，制定时充分考虑了全国的平均水平，使用本手册核算出的产排污量可能会与单个调查企业的情况有一定出入。

1422　蜜饯制作行业产排污系数表

产品名称	原料名称	工艺名称	规模等级	污染物指标	单位	产污系数	末端治理技术名称	排污系数
水果蜜饯	水果、白砂糖	糖渍、烤制烘干	所有规模	工业废水量	吨/吨产品	2.511	SBR	2.461
							直排	2.511
				化学需氧量	克/吨产品	2 335	SBR	279
							直排	2 335

1431
米、面制品制造行业

1 适用范围

本手册给出了《统计上使用的产品分类目录》中“米、面制品行业”面制半成品、米制半成品和其他米制半成品的产污系数和排污系数，可用于第一次全国污染源普查米、面制品制造行业面制半成品、米制半成品和其他米制半成品的工业污染源污染物产生量和排放量的核算。

涉及的污染物包括：工业废水量、化学需氧量、五日生化需氧量。

2 注意事项

2.1 系数表中未涉及的产排污系数说明

（1）对系数表中未涉及的情况，请根据以下说明在系数表中选择产排污系数，并进行系数调整。

调整后的产污系数 = 系数表中选取的产污系数×调整系数

调整后的排污系数 = 系数表中选取的排污系数×调整系数

无需调整时调整系数视为 1。同时，需注意在有些情况下，工业废水量和其他污染物指标的调整系数的取值有所不同。

（2）米粉干产品参照“洗米、磨浆、脱水、挤出成型、蒸制、烘干”工艺的米粉丝的产排污系数。

（3）年糕的产排污系数参照“洗米、磨浆、脱水、挤出成型、蒸制、烘干”工艺的米粉丝产品的产排污系数，调整系数为 0.7。

（4）面制半成品根据产品含水量的不同分为两种情况：经过干制的面制半成品参照小麦挂面的产排污系数；未经干制的面制半成品污染物产排量忽略不计。

2.2 生产非单一产品企业污染物产排量核算

当同一企业生产多种产品时，普查时以产品为依据，分别核算统计。

2.3 如调查企业的末端治理设施与系数表所列的不同，选择系数表中相近治理工艺的排污系数计算。没有末端治理设施时，产污系数等于排污系数。

2.4 本手册力求简单、清楚，易于普查员使用，制定时充分考虑了全国的平均水平，使用本手册核算出的产排污量可能会与单个调查企业的情况有一定出入。

1431 米、面制品行业产排污系数表

产品名称	原料名称	工艺名称	规模等级	污染物指标	单位	产污系数	末端治理技术名称	排污系数
米粉丝	大米	洗米、磨浆、脱水、挤出成型、蒸制、烘干	所有规模	工业废水量	吨/吨产品	2.8	沉淀分离	2.688
				化学需氧量	克/吨产品	21 577	沉淀分离	12 600
				五日生化需氧量	克/吨产品	10 410	沉淀分离	4 200
米粉丝①	大米	泡米、磨浆、脱水、老化、蒸制、二次老化、成型、烘干	所有规模	工业废水量	吨/吨产品	12	厌氧生物处理法+两段好氧生物处理工艺	11.4
				化学需氧量	克/吨产品	36 120	厌氧生物处理法+两段好氧生物处理工艺	5 073
				五日生化需氧量	克/吨产品	16 500	厌氧生物处理法+两段好氧生物处理工艺	1 344
乌冬面	小麦粉	压延切条成形/挤出成型	所有规模	工业废水量	吨/吨产品	3.961	厌氧/好氧生物组合工艺	3.763
				化学需氧量	克/吨产品	4 753	厌氧/好氧生物组合工艺	277
				五日生化需氧量	克/吨产品	1 949	厌氧/好氧生物组合工艺	95
小麦挂面	小麦粉	压延切条成形/挤出成型	所有规模	工业废水量	吨/吨产品	0.27	直排	0.27
				化学需氧量	克/吨产品	56	直排	56
				五日生化需氧量	克/吨产品	26	直排	26

注：① 采用“泡米、磨浆、脱水、老化、蒸制、二次老化、成型、烘干”工艺的米粉丝生产企业，若采用“厌氧生物处理法+两段好氧生物处理工艺”，并且排放去向为直排水体的企业，化学需氧量、五日生化需氧量的排污系数需要各乘以 0.2 加以调整，其他污染物指标无需调整。

1432
速冻食品制造行业

1 适用范围

本手册给出了《统计上使用的产品分类目录》中“速冻食品制造行业”速冻米面制品产污系数和排污系数，可用于第一次全国污染源普查速冻食品制造行业工业污染源污染物产生量和排放量的核算。

产污系数，即污染物产生系数，指在典型工况生产条件下，生产单位产品所产生的污染物量。排污系数，即污染物排放系数，指在典型工况生产条件下，生产单位产品所产生的污染物经污染治理设施削减或直接排放到环境中的污染物量，后者的量值与产污系数相同。

涉及的污染物包括：工业废水量、化学需氧量和五日生化需氧量。

2 注意事项

2.1 系数表中未涉及的产排污系数说明

（1）对系数表中未涉及的情况，请根据以下说明在系数表中选择产排污系数，并进行系数调整。

调整后的产污系数 = 系数表中选取的产污系数×调整系数

调整后的排污系数 = 系数表中选取的排污系数×调整系数

无需调整时调整系数视为 1。同时，需注意在有些情况下，各污染物指标的调整系数的取值有所不同。

（2）速冻无馅米面食品参照“1411 糕点、面包制造行业产排污系数使用手册”中面包的工业废水量、化学需氧量的产排污系数，五日生化需氧量的产排污系数等于化学需氧量的产排污系数乘以 0.3～0.5 加以调整，产污系数取 0.5，排污系数取 0.3。

（3）冷冻（速冻）蔬菜半成品参照“1370 蔬菜、水果和坚果加工行业产排污系数使用手册”中速冻蔬菜产品的产排污系数。

2.2 生产非单一产品企业污染物产排量核算

当同一企业生产多种产品时，普查时以产品为依据，分别核算统计。

2.3 如调查企业的末端治理设施与系数表所列的不同，参照系数表中相近末端治理工艺的排污系数计算。没有末端治理设施时，产污系数等于排污系数。

2.4 本手册力求简单、清楚，易于普查员使用，制定时充分考虑了全国的平均水平，使用本手册核算出的产排污量可能会与单个调查企业的情况有一定出入。

1432 速冻食品制造行业产排污系数表

产品名称	原料名称	工艺名称	规模等级	污染物指标	单位	产污系数	末端治理技术名称	排污系数
速冻饺子[①]	小麦粉	馅料加工、自动包馅/馅料加工、人工包馅	≥3 万吨/年[②]	工业废水量	吨/吨产品	2.406	SBR	2.358
							上浮分离+水解酸化+A/O²	2.31
							A/O 工艺	2.32
							直排	2.406
				化学需氧量	克/吨产品	1 880	SBR	303
							上浮分离+水解酸化+A/O²	153
							A/O 工艺	185
							直排	1 880
				五日生化需氧量	克/吨产品	856	SBR	123
							上浮分离+水解酸化+A/O²	62
							A/O 工艺	70
							直排	856
			<3 万吨/年[②]	工业废水量	吨/吨产品	3.433	过滤+化学混凝气浮法+厌氧/好氧生物组合工艺	3.3
							两段好氧生物处理工艺	3.3
							直排	3.433
				化学需氧量	克/吨产品	3 057	过滤+化学混凝气浮法+厌氧/好氧生物组合工艺	438
							两段好氧生物处理工艺	531
							直排	3 057
				五日生化需氧量	克/吨产品	1 253	过滤+化学混凝气浮法+厌氧好氧生物组合工艺	180
							两段好氧生物处理工艺	212
							直排	1 253
速冻汤圆[③]	糯米粉	馅料加工、自动包馅	所有规模	工业废水量	吨/吨产品	2.51	两段好氧生物处理工艺	2.46
							上浮分离+水解酸化+A/O²	2.41
							直排	2.51
				化学需氧量	克/吨产品	2 207	两段好氧生物处理工艺	547
							上浮分离+水解酸化+A/O²	283
							直排	2 207
				五日生化需氧量	克/吨产品	1 047	两段好氧生物处理工艺	111
							上浮分离+水解酸化+A/O²	72
							直排	1 047

注：① 速冻饺子属于《统计上使用的产品分类目录》中的速冻包馅食品。

② 规模等级按整个企业速冻饺子产量计。

③ 速冻汤圆属于《统计上使用的产品分类目录》中的速冻包馅食品。

1439
方便面及其他方便食品制造行业

1 适用范围

本手册给出了《统计上使用的产品分类目录》中“方便食品制造行业”即食方便食品的产污系数和排污系数，可用于第一次全国污染源普查方便食品制造行业即食方便食品的工业污染源污染物产生量和排放量的核算。

涉及的污染物包括：工业废水量、化学需氧量、五日生化需氧量。

2 注意事项

2.1 系数表中未涉及的产排污系数说明

（1）对系数表中未涉及的情况，请根据以下说明在系数表中选择产排污系数，并进行系数调整。

调整后的产污系数 = 系数表中选取的产污系数×调整系数

调整后的排污系数 = 系数表中选取的排污系数×调整系数

无需调整时调整系数视为 1。同时，需注意在有些情况下，各污染物指标的调整系数的取值有所不同。

（2）方便米饭、方便粥参照即食米糊的产排污系数。

（3）米、面熟制品选用“1411 糕点、面包制作行业产排污系数使用手册”中面包的工业废水量、化学需氧量的产排污系数，五日生化需氧量的产排污系数等于化学需氧量的产排污系数乘以 0.3～0.5 加以调整，产污系数取 0.5，排污系数取 0.3。

2.2 生产非单一产品企业污染物产排量核算

当同一企业生产多种产品时，普查时以产品为依据，分别核算统计。

2.3 如调查企业的末端治理设施与系数表所列的不同，参照系数表中相近治理工艺的排污系数计算。无末端治理设施时，产污系数等于排污系数。

2.4 本手册力求简单、清楚，易于普查员使用，制定时充分考虑了全国的平均水平，使用本手册核算出的产排污量可能会与单个调查企业的情况有一定出入。

1439 方便面及其他方便食品制造行业产排污系数表

产品名称	原料名称	工艺名称	规模等级	污染物指标	单位	产污系数	末端治理技术名称	排污系数
方便面	小麦粉	制面条成型、蒸制、油炸、调味	≥10万吨/年	工业废水量	吨/吨产品	0.445	生物接触氧化法	0.436
							化学混凝气浮法+SBR	0.436
							直排	0.445
				化学需氧量	克/吨产品	681	生物接触氧化法	114
							化学混凝气浮法+SBR	38
							直排	681
				五日生化需氧量	克/吨产品	305	生物接触氧化法	30
							化学混凝气浮法+SBR	10
							直排	305
方便面	小麦粉	制面条成型、蒸制、油炸、调味	<10万吨/年	工业废水量	吨/吨产品	0.486	化学混凝气浮法+活性污泥法	0.462
							直排	0.486
				化学需氧量	克/吨产品	739	化学混凝气浮法+活性污泥法	44
							直排	739
				五日生化需氧量	克/吨产品	310	化学混凝气浮法+活性污泥法	11
							直排	310
即食米糊	大米	膨化、粉碎	所有规模	工业废水量	吨/吨产品	1.559	水解酸化+两段好氧生物处理工艺	1.497
							生物接触氧化法+沉淀分离	1.497
							直排	1.559
				化学需氧量	克/吨产品	328	水解酸化+两段好氧生物处理工艺	69
							生物接触氧化法+沉淀分离	94
							直排	328
				五日生化需氧量	克/吨产品	159	水解酸化+两段好氧生物处理工艺	20
							生物接触氧化法+沉淀分离	27
							直排	159
方便米粉	大米	挤出成型	所有规模	工业废水量	吨/吨产品	6.228	厌氧/好氧生物组合工艺	5.979
				化学需氧量	克/吨产品	9 612	厌氧/好氧生物组合工艺	362
				五日生化需氧量	克/吨产品	4 936	厌氧/好氧生物组合工艺	98

1440
液体乳及乳制品制造行业

1 适用范围

本手册给出了《统计上使用的产品分类目录》中“液体乳及乳制品制造行业”液体乳和乳制品的产污系数和排污系数，可用于第一次全国污染源普查液体乳及乳制品制造行业工业污染源污染物产生量和排放量的核算。

涉及的污染物包括：工业废水量、化学需氧量、五日生化需氧量、氨氮。

2 注意事项

2.1 系数表中未涉及的产排污系数说明

对系数表中未涉及的情况，请根据以下说明在系数表中选择产排污系数，并进行系数调整。

调整后的产污系数 ＝ 系数表中选取的产污系数×调整系数

调整后的排污系数 ＝ 系数表中选取的排污系数×调整系数

无需调整时调整系数视为 1。同时，需注意在有些情况下，工业废水量和其他污染物指标的调整系数的取值有所不同。

（1）国内以生鲜牛乳为原料生产奶油及乳清制品的企业极少，多为产量很小的副产品，生产过程所产生的污染物已在主产品中核算，无需重复计算奶油及乳清制品的污染量。

（2）以进口成品奶油和干酪（奶酪）生产再制奶油和再制干酪（奶酪）的企业，产排污系数选用生产规模小于 100 吨/天液体乳的产排污系数　调整系数为 0.5，工业废水量产排污系数无需调整。

（3）如调查企业的末端治理设施与系数表所列的不同，参照系数表中相近治理工艺的排污系数计算。没有末端治理设施时产污系数等于排污系数。

2.2 生产非单一产品企业污染物产排量核算

当同一企业生产多种产品时，普查时以产品为依据，分别核算统计。

2.3 本手册力求简单、清楚，易于普查员使用，制定时充分考虑了全国的平均水平，使用本手册核算出的产排污量可能会与单个调查企业的情况有一定出入。

1440 液体乳及乳制品制造行业产排污系数表①

产品名称	原料名称	工艺名称	规模等级	污染物指标	单位	产污系数	末端治理技术名称	排污系数
液体乳②	生鲜牛乳	分离、均质、杀菌灌装	≥100 吨/天③	工业废水量	吨/吨产品	6.112	厌氧/好氧生物组合工艺	5.745
							化学混凝气浮法+好氧生物处理	5.745
				化学需氧量	克/吨产品	8 656	厌氧/好氧生物组合工艺	581
							化学混凝气浮法+好氧生物处理④	1 406
				五日生化需氧量	克/吨产品	5 277	厌氧/好氧生物组合工艺	285
							化学混凝气浮法+好氧生物处理④	717
				氨氮	克/吨产品	170	厌氧/好氧生物组合工艺	35
							化学混凝气浮法+好氧生物处理	74
			<100 吨/天③	工业废水量	吨/吨产品	7.784	厌氧/好氧生物组合工艺	7.395
							生物接触氧化法	7.55
							生物接触氧化法+化学混凝法+过滤	7.395
							水解酸化+好氧生物处理+化学混凝沉淀法	7.395
				化学需氧量	克/吨产品	8 982	厌氧/好氧生物组合工艺	594
							生物接触氧化法	997
							生物接触氧化法+化学混凝法+过滤	995
							水解酸化+好氧生物处理+化学混凝沉淀法⑤	479
				五日生化需氧量	克/吨产品	5 627	厌氧/好氧生物组合工艺	271
							生物接触氧化法	312
							生物接触氧化法+化学混凝法+过滤	448
							水解酸化+好氧生物处理+化学混凝沉淀法⑤	220
				氨氮	克/吨产品	139	厌氧/好氧生物组合工艺	24
							生物接触氧化法	33
							生物接触氧化法+化学混凝法+过滤	26
							水解酸化+好氧生物处理+化学混凝沉淀法	21

注：① 如调查企业的产品、原料、工艺、末端治理技术与此系数表有所不同，产排污系数调整请参照本手册注意事项“2.1 系数表中未涉及的产排污系数”的相关规定。

② 液体乳产品泛指酸乳之外的所有液体乳制品，包装泛指所有一次性包装。玻璃瓶装液体乳产排污系数参考液体乳的产排污系数，调整系数为 1.7。

③ 规模等级指整个企业液体乳生产的规模等级。

④ 末端治理工艺是“厌氧/好氧生物组合工艺”、规模≥100 吨/天的液体乳企业，当处理后的废水排入工业园区或城镇污水处理厂时，化学需氧量、五日生化需氧量的排污系数的调整系数为 2.1，其他污染物指标无需调整。

⑤ 末端治理工艺是“水解酸化+好氧生物处理+化学混凝沉淀法”、规模＜100 吨/天液体乳企业，当处理后的废水排入工业园区或城镇污水处理厂时，化学需氧量、五日生化需氧量排放系数的调整系数为 2.6，其他污染物指标无需调整。

1440 液体乳及乳制品制造行业产排污系数表（续 1）

产品名称	原料名称	工艺名称	规模等级	污染物指标	单位	产污系数	末端治理技术名称	排污系数
酸乳⑥	生鲜牛乳	分离、均质、杀菌、发酵、杀菌灌装	50～100 吨/天⑦	工业废水量	吨/吨产品	9.179	厌氧/好氧生物组合工艺	8.72
							化学混凝气浮法+好氧生物处理	8.72
				化学需氧量	克/吨产品	16 783	厌氧/好氧生物组合工艺⑧	771
							化学混凝气浮法+好氧生物处理	1 451
				五日生化需氧量	克/吨产品	9 690	厌氧/好氧生物组合工艺⑧	370
							化学混凝气浮法+好氧生物处理	627
				氨氮	克/吨产品	1 499	厌氧/好氧生物组合工艺	230
							化学混凝气浮法+好氧生物处理	376
乳粉⑨⑫	生鲜牛乳	分离、均质、杀菌、浓缩、喷雾干燥⑩	5～20 吨/天⑪	工业废水量	吨/吨产品	31.512	两段好氧生物处理工艺	30.231
							过滤+化学混凝沉淀法+好氧生物处理	30.231
							厌氧/好氧生物组合工艺	30.231
				化学需氧量	克/吨产品	28 945	两段好氧生物处理工艺	2 711
							过滤+化学混凝沉淀法+好氧生物处理	2 931
							厌氧/好氧生物组合工艺	2 206
				五日生化需氧量	克/吨产品	16 244	两段好氧生物处理工艺	1 139
							过滤+化学混凝沉淀法+好氧生物处理	789
							厌氧/好氧生物组合工艺	640
				氨氮	克/吨产品	1 501	两段好氧生物处理工艺	468
							过滤+化学混凝沉淀法+好氧生物处理	537
							厌氧/好氧生物组合工艺	177

注：⑥ 酸乳指搅拌型酸乳产品。包装泛指所有一次性包装。以玻璃瓶或陶瓷罐为包装容器生产凝固型酸乳时，调整系数为 1.7。

⑦ 规模等级按整个企业酸乳产量计。若酸乳企业规模大于表中给定的范围，产排污系数的调整系数为 0.95，若企业规模小于表中给定的范围，产排污系数的调整系数为 1.1。

⑧ 末端治理工艺是“厌氧/好氧生物组合工艺”的酸乳企业，当处理后的废水排入工业园区或城镇污水处理厂时，化学需氧量、五日生化需氧量的排污系数的调整系数为 2.2，其他污染物指标无需调整。

⑨ 乳粉指全脂乳粉。选取乳粉的产排污系数，其中脱脂乳粉的调整系数为 1.34，甜乳粉的调整系数为 0.95，配方乳粉的调整系数为 0.85。

⑩ 如乳粉生产所得浓缩冷凝水未回收利用，则工业废水量的产排污系数的调整系数为 1.5，其他污染物指标无需调整。

⑪ 规模等级按整个企业乳粉产量计。若乳粉生产企业规模大于表中给定的范围，产排污系数的调整系数为 0.95，小于表中给定的范围，调整系数为 1.1。

⑫ 乳粉企业的废水经上表中任何一种末端治理技术处理后排入工业园区或城镇污水处理厂时，化学需氧量、五日生化需氧量排污系数的调整系数为 1.7，其他污染物指标无需调整。

1440 液体乳及乳制品制造行业产排污系数表（续 2）

产品名称	原料名称	工艺名称	规模等级	污染物指标	单位	产污系数	末端治理技术名称	排污系数
干酪⑬	生鲜牛乳	发酵、凝乳、排放乳清	所有规模	工业废水量	吨/吨产品	59	过滤+化学混凝沉淀法+好氧生物处理	56.64
				化学需氧量	克/吨产品	782 989	过滤+化学混凝沉淀法+好氧生物处理	—
				五日生化需氧量	克/吨产品	540 735	过滤+化学混凝沉淀法+好氧生物处理	—
				氨氮	克/吨产品	3 918	过滤+化学混凝沉淀法+好氧生物处理	—
炼乳⑭	生鲜牛乳	分离、浓缩、均质、杀菌、灌装	所有规模	工业废水量	吨/吨产品	10	SBR	9.8
				化学需氧量	克/吨产品	9 020	SBR	1 560
				五日生化需氧量	克/吨产品	5 200	SBR	811
				氨氮	克/吨产品	310	SBR	89

注：⑬ 干酪指以生鲜牛乳为原料的干酪制品，国内无专一生产干酪的企业，极少数生产企业的产量也很低，干酪生产的废水与厂区其他乳制品生产废水混合稀释后处理，干酪排污量请按照企业的实际情况填写。

⑭ 炼乳指甜炼乳制品，淡炼乳产品产排污系数的调整系数为 0.9。

1451

肉、禽类罐头制造业

1 适用范围

本手册给出了《统计上使用的产品分类目录》中“肉、禽类罐头制造业”肉、禽类罐头制品及婴幼儿辅助食品类罐头制品中肉、禽类罐头的产污系数和排污系数，可用于第一次全国污染源普查罐头制造行业工业污染源污染物产生量和排放量的核算。

涉及的污染物包括：工业废水量、化学需氧量、五日生化需氧量、氨氮和石油类（油脂）。

2 注意事项

2.1 系数表中未涉及的产品产排污系数说明

本手册已基本涵盖肉、禽类罐头制造行业的主要产品，小于规模下限的企业可参考手册中相应产品、原料、工艺和末端治理技术的组合获取产排污系数。对系数表单中未涉及的处理方法，可咨询当地行业组织或罐头行业专家、其他生产罐头企业技术人员，选取近似的废水处理方法代替。

当被调查的企业末端治理技术没有《废水处理方法名称代码表》规定的废水处理方法，但有其他非传统治理方法（《废水处理方法名称代码表》以外的方法），首先调查是否有当地环保部门的监测报告，如果有以监测报告为准。如果没有环保部门的监测报告，按表中无治理设施处理，排污系数等于产污系数。

2.2 其他需要说明的问题

（1）罐头行业属于传统加工产品，不同规模的企业基础设施及技术水平五花八门，一些规模较大的企业已经或已开始投资废水处理设施。很大一批规模很小的企业没有兴建正规的废水处理设施，或没有废水处理设施。

（2）使用本手册计算得出的产排污量可能与单个调查企业有一定出入，但总体符合全行业水平。

（3）在生产肉、禽类罐头制品中，工业废水量的产生主要是杀菌冷却水，如出现工业废水排放量偏低时，应考虑到杀菌冷却水循环再利用的因素。

1451 肉、禽类罐头制造行业产排污系数表

产品名称	原料名称	工艺名称	规模等级	污染物指标	单位	产污系数	末端治理技术名称	排污系数
午餐肉罐头	猪牛羊肉	封口、杀菌、罐藏	所有规模	工业废水量	吨/吨产品	28.25	厌氧生物处理法+生物接触氧化法	28.25
							厌氧生物处理法+活性污泥法	28.25
							普通活性污泥法	28.25
				化学需氧量	克/吨产品	6 300	厌氧生物处理法+生物接触氧化法	1 620
							厌氧生物处理法+活性污泥法	1 260
							普通活性污泥法	2 800
				五日生化需氧量	克/吨产品	3 276	厌氧生物处理法+生物接触氧化法	648
							厌氧生物处理法+活性污泥法	504
							普通活性污泥法	1 120
				氨氮	克/吨产品	970	厌氧生物处理法+生物接触氧化法	172
							厌氧生物处理法+活性污泥法	126
							普通活性污泥法	640
				石油类	克/吨产品	54	厌氧生物处理法+生物接触氧化法	7
							厌氧生物处理法+活性污泥法	21
							普通活性污泥法	42
红烧肉罐头	猪牛羊肉	封口、杀菌、罐藏	所有规模	工业废水量	吨/吨产品	20.56	物化+组合生物处理	20.56
				化学需氧量	克/吨产品	43 400	物化+组合生物处理	1 600
				五日生化需氧量	克/吨产品	25 280	物化+组合生物处理	576
				氨氮	克/吨产品	800	物化+组合生物处理	20
				石油类	克/吨产品	44	物化+组合生物处理	0.8

1452
水产品罐头制造业

1 适用范围

本手册给出了《统计上使用的产品分类目录》中“水产品罐头制造业”水产品罐头制品的产污系数和排污系数，可用于第一次全国污染源普查罐头制造行业工业污染源污染物产生量和排放量的核算。

婴幼儿辅助食品类罐头中水产品罐头制品，可以参照相应的水产品罐头制品的产污系数和排污系数进行统计污染物的产生量和排放量。

甲壳类罐头制品可参考相同工艺条件下的鱼罐头的产排污系数和排污系数进行统计污染物的产生量和排放量。

涉及的污染物包括：工业废水量、化学需氧量、五日生化需氧量和氨氮。

2 注意事项

2.1 系数表中未涉及的产品产排污系数说明

本手册已基本涵盖水产品罐头制造行业的主要产品，小于规模下限的企业可参考手册中相应产品、原料、工艺和末端治理技术的组合获取产排污系数。对系数表单中未涉及的处理方法，可咨询当地行业组织或罐头行业专家、其他生产罐头企业技术人员，选取近似的废水处理方法代替。

当被调查的企业，末端治理技术没有《废水处理方法名称代码表》规定的废水处理方法，但有其他非传统治理方法（《废水处理方法名称代码表》以外的方法），首先调查是否有当地环保部门的监测报告，如果有以监测报告为准。如果没有环保部门的监测报告，按表中无治理设施处理，排污系数等于产污系数。

2.2 其他需要说明的问题

（1）预处理是指：原料鱼从去除内脏、鳞、鳃、头尾，到清洗完成。

（2）罐头行业属于传统加工产品，不同规模的企业基础设施及技术水平五花八门，一些规模较大的企业已经或已开始投资废水处理设施。很大一批规模很小的企业没有兴建正规的废水处理设施，或没有废水处理设施。

（3）在生产水产品罐头制品中，工业废水量的产生主要是预处理清洗水和杀菌冷却水，出现工业废水排放量偏低时，应考虑到杀菌冷却水循环再利用的因素。

1452　水产品罐头制造行业产排污系数表

产品名称	原料名称	工艺名称	规模等级	污染物指标	单位	产污系数	末端治理技术名称	排污系数
鱼罐头	鱼肉	预处理 封口、杀菌、罐藏	所有规模	工业废水量	吨/吨产品	31.54	物化+组合生物处理	31.54
							好氧生物处理+化学混凝气浮法	31.54
							直排	31.54
				化学需氧量	克/吨产品	83 480	物化+组合生物处理	2 850
							好氧生物处理+化学混凝气浮法	10 440
							直排	83 480
				五日生化需氧量	克/吨产品	44 240	物化+组合生物处理	1 083
							好氧生物处理+化学混凝气浮法	4 070
							直排	44 240
				氨氮	克/吨产品	1 430	物化+组合生物处理	500
							好氧生物处理+化学混凝气浮法	830
							直排	1 430
鱼罐头	鱼肉	封口、杀菌、罐藏	所有规模	工业废水量	吨/吨产品	35.91	生物转盘	35.91
				化学需氧量	克/吨产品	15 140	生物转盘	1 500
				五日生化需氧量	克/吨产品	8 170	生物转盘	520
				氨氮	克/吨产品	670	生物转盘	380

1453

蔬菜、水果罐头制造业

1 适用范围

本手册给出了《统计上使用的产品分类目录》中“水果类罐头和蔬菜类罐头制造行业”水果类罐头制品、蔬菜类罐头制品、婴幼儿辅助食品类罐头制品中果蔬罐头的产污系数和排污系数，可用于第一次全国污染源普查罐头制造行业工业污染源污染物产生量和排放量的核算。

其中：橘子和黄桃罐头是水果罐头大宗产品，在生产过程中通过酸碱法去皮和去囊衣等生产工艺产生一定的污染，非常具有代表性。不采用酸碱法去皮的水果罐头，如苹果、菠萝、荔枝、草莓、樱桃等产品，通过清洗、预煮、装罐等工艺进行生产，产生污染浓度偏低，可以参照黄桃罐头的产污系数和排污系数的80%统计其污染物的产生量和排放量。

蔬菜类罐头制品中大部分采用清洗和预煮工艺，其中蘑菇是主要产品，在预煮时脱水量最高达50%～60%，富含较多有机物，产生一定的污染，在蔬菜类罐头制品中具有一定的代表性。

芦笋罐头与蘑菇罐头的生产工艺较为近似，污染物产生浓度大致相同，可以参照蘑菇罐头的产污系数和排污系数统计其污染物的产生量和排放量。

番茄类罐头制品和果酱类罐头制品均可参照桃罐头的产污系数和排污系数统计其污染物的产生量和排放量。

谷物类罐头制品多数是清洗后，装罐、蒸煮，污染物产生浓度较低，可以参照黄桃罐头的产污系数和排污系数的80%统计其污染物的产生量和排放量。

婴幼儿辅助食品类罐头制品中水果蔬菜均可以参照相应的水果蔬菜类罐头制品的产污系数和排污系数统计其污染物的产生量和排放量。

涉及的污染物包括：工业废水量、化学需氧量、五日生化需氧量。

2 注意事项

2.1 系数表中未涉及的产品产排污系数说明

本手册已基本涵盖果蔬类罐头制造行业的主要产品，小于规模下限的企业可参考手册中相应产品、原料、工艺和末端治理技术的组合获取产排污系数。对系数表单中未涉及的处理方法，可咨询当地行业组织或罐头行业专家、其他生产罐头企业技术人员，选取近似的废水处理方法代替。

当被调查的企业，末端治理技术没有《废水处理方法名称代码表》规定的废水处理方法，但有其他非传统治理方法（《废水处理方法名称代码表》以外的方法），首先调查是否有当地环保部门的监测报告，如果有以监测报告为准。如果没有环保部门的监测报告，按表中无治理设施处理，排污系数等于产污系数。

2.2 其他需要说明的问题

（1）罐头行业属于传统加工产品，不同规模的企业基础设施及技术水平五花八门，一些规模较大的企业已经或已开始投资废水处理设施。很大一批规模很小的企业没有兴建正规的废水处理设施，或没有废水处理设施。

（2）使用本手册计算得出的产排污量可能与单个调查企业有一定出入，但总体符合全行业水平。

（3）在生产果蔬类罐头制品中，工业废水量的产生主要是原料清洗水、杀菌冷却水，如出现工业废水排放量偏低时，应考虑到杀菌冷却水循环再利用的因素。

（4）普查员在普果蔬类罐头制品时，应考虑到果蔬类罐头是属于生产周期短，季节性较强的产品，如桃罐头生产一般在 7 月至 9 月；橘子罐头 10 月底至来年 1 月；蘑菇生产周期在 12 月至来年 4 月等。

1453　蔬菜、水果罐头制造行业产排污系数表

产品名称	原料名称	工艺名称	规模等级	污染物指标	单位	产污系数	末端治理技术名称	排污系数
橘子罐头	橘子	封口、杀菌、罐藏	所有规模	工业废水量	吨/吨产品	34.1	好氧生物处理	34.1
							直排	34.1
				化学需氧量	克/吨产品	44 000	好氧生物处理	2 905
							直排	44 000
				五日生化需氧量	克/吨产品	25 080	好氧生物处理	1 020
							直排	25 080
桃罐头	桃	封口、杀菌、罐藏	所有规模	工业废水量	吨/吨产品	17.6	生物接触氧化法	17.6
							直排	17.6
				化学需氧量	克/吨产品	15 120	生物接触氧化法	1 660
							直排	15 120
				五日生化需氧量	克/吨产品	9 140	生物接触氧化法	664
							直排	9 140
蘑菇罐头	蘑菇	封口、杀菌、罐藏	所有规模	工业废水量	吨/吨产品	17.65	物化+组合生物处理	17.65
							生物接触氧化法	17.65
				化学需氧量	克/吨产品	18 640	物化+组合生物处理	1 610
							生物接触氧化法	1 200
				五日生化需氧量	克/吨产品	10 997.6	物化+组合生物处理	560
							生物接触氧化法	430

1461
味精制造业

1 适用范围

本手册给出了《统计上使用的产品分类目录》中“味精制造业”味精和强力味精的产污系数和排污系数，可用于第一次全国污染源普查味精制造行业工业污染源污染物产生量和排放量的核算。

涉及的污染物包括：工业废水量、化学需氧量、五日生化需氧量、氨氮。

2 注意事项

2.1 系数表中未涉及的产品产排污系数说明

本手册已基本涵盖各种原料、生产工艺及规模的味精产品。味精类所属全部产品的污染物产排污系数都参照味精产排污系数使用。柠檬酸产品的污染物产排污系数可用相对应的味精产排污系数×0.8来使用。

对可能遇到的系数表单中未涉及的污水处理方法，可咨询当地行业组织或味精生产专家、其他味精制造企业技术人员，选取近似的废水处理方法代替。

2.2 其他需要说明的问题

（1）行业内有少数企业采用的原料为玉米，把玉米生产成玉米淀粉，再生产味精。由玉米到玉米淀粉产生废水的数据请参照“1391 淀粉及淀粉制品的制造行业产排污系数手册”的数据。

（2）根据企业所排污水去向的不同，其排污系数应以最终排口各污染物浓度为准。例如，若企业排污去向为污水处理厂，则其排污系数应根据污水处理厂出口浓度进行计算。

（3）本手册只需考虑企业成品味精的产量，力求简单、清楚，易于使用。制定本手册时已充分考虑全国的平均水平，使用本手册计算得出的产排污量可能与单个调查企业有一定出入，但总体符合全行业水平。

1461　味精制造行业产排污系数表

产品名称	原料名称	工艺名称	规模等级	污染物指标	单位	产污系数	末端治理技术名称	排污系数
味精	玉米淀粉	发酵提取	3 万～20 万吨/年③	工业废水量	吨/吨产品	70.28～91.18①	物化＋组合生物处理	62.05～75.53②
							化学＋组合生物处理	64.44～78.33②
				化学需氧量	克/吨产品	644 389.8～709 013.1①	物化＋组合生物处理	6 180.7～9 857.7②
							化学＋组合生物处理	7 242.8～11 372.6②
				五日生化需氧量	克/吨产品	333 345.1～366 773①	物化＋组合生物处理	2 097.4～3 338.2②
							化学＋组合生物处理	2 326.2～3 603.1②
				氨氮	克/吨产品	116 977.5～132 015.9①	物化＋组合生物处理	2 097.1～3 360.9②
							化学＋组合生物处理	2 381.1～3 822.1②
			<3 万吨/年	工业废水量	吨/吨产品	82.07～102.96①	物化＋组合生物处理	75.71～92.12②
							化学＋组合生物处理	79.99～95.90②
				化学需氧量	克/吨产品	707 601.1～801 112.4①	物化＋组合生物处理	10 568.8～20 917.5②
							化学＋组合生物处理	11 536.4～22 573.4②
				五日生化需氧量	克/吨产品	368 046.1～418 093.6①	物化＋组合生物处理	3 372.7～6 153.5②
							化学＋组合生物处理	3 803.2～6 789.1②
				氨氮	克/吨产品	132 752.2～145 811.2①	物化＋组合生物处理	3 304.7～8 687.2②
							化学＋组合生物处理	3 558.4～9 106.1②
		浓缩等电	3 万～20 万吨/年③	工业废水量	吨/吨产品	67.22～83.91①	物化＋组合生物处理	58.64～71.93②
				化学需氧量	克/吨产品	565 995.9～656 522.6①	物化＋组合生物处理	5 591.1～9 386.6②
				五日生化需氧量	克/吨产品	300 860.4～347 478.4①	物化＋组合生物处理	1 843.9～2 887.9②
				氨氮	克/吨产品	82 665.5～95 841.3①	物化＋组合生物处理	2 266.3～3 333.9②
	大米	发酵提取	3 万～20 万吨/年③	工业废水量	吨/吨产品	74.99～93.46①	物化＋组合生物处理	67.21～79.91②
				化学需氧量	克/吨产品	656 817.7～714 975.5①	物化＋组合生物处理	7 426.6～11 483.6②
				五日生化需氧量	克/吨产品	355 286.8～360 769①	物化＋组合生物处理	2 372.5～3 580.1②
				氨氮	克/吨产品	121 887.2～135 564.4①	物化＋组合生物处理	2 449.8～3 807.7②

注：① 对于味精制造行业产污系数，依企业循环利用水量状况而定。“循环率+中水回用率”占总水量的 10%以下（≤10%）者，工业废水量、化学需氧量、五日生化需氧量、氨氮等产污系数取上限；“循环率+中水回用率”占总水量的 20%以上（≥20%）者，工业废水量、化学需氧量、五日生化需氧量、氨氮等产污系数取下限；“循环率+中水回用率”占总水量的 10%～20%的，工业废水量、化学需氧量、五日生化需氧量、氨氮等产污系数取中值。

② 对于味精制造行业排污系数，依企业等电离交提取后的废液（或浓缩等电提取后的废液）是否经喷浆造粒制取生物肥而定。废液全部经喷浆造粒制取生物肥的，工业废水量、化学需氧量、五日生化需氧量、氨氮等排污系数取下限；废液未全部经喷浆造粒制取生物肥的，工业废水量、化学需氧量、五日生化需氧量、氨氮等排污系数取中值；废液全部未喷浆造粒制取生物肥的，工业废水量、化学需氧量、五日生化需氧量、氨氮等排污系数取上限。

③ 味精产量大于 20 万吨/年的大型企业全都为国家监控企业，因此，手册中并未覆盖此类企业。

1462
酱油、食醋及类似制品制造行业

1 适用范围

本手册给出了《统计上使用的产品分类目录》中“酱油、食醋及类似制品制造行业”酱油和食醋的产污系数和排污系数，可用于第一次全国污染源普查酱油、食醋及类似制品制造行业工业污染源污染物产生量和排放量的核算。

涉及的污染物包括：工业废水量、化学需氧量、五日生化需氧量。

2 注意事项

2.1 系数表中未涉及的产品产排污系数说明

本手册未能涵盖的酱油、食醋及类似制品制造行业的产品中，属于酱油及酱油调味品里的产品除勾兑酱油外其他产品的污染物产排污系数可参照酱油污染物产排污系数使用；勾兑酱油的污染物产排污系数可用酱油相对应的污染物产排污系数×0.5 来使用。属于醋及醋代用品里的产品污染物产排污系数都可参照食醋的污染物产排污系数使用。对可能遇到的系数表单中未涉及的污水处理方法，可咨询当地行业组织或酱油、食醋及类似制品的生产专家、其他酱油、食醋及类似制品企业技术人员，选取近似的废水处理方法代替。

2.2 生产非单一产品企业污染物产排量核算

酱油、食醋及类似制品制造行业各企业所包含的产品品种不尽相同，每种产品的装置生产能力不同，普查时须以产品为依据，然后按照产品的生产工艺和规模分别进行统计，最后汇总统计出污染物的产生量和排放量。

2.3 其他需要说明的问题

（1）根据企业所排污水去向的不同，其排污系数应以最终排口各污染物浓度为准。例如，若企业排污去向为污水处理厂，则其排污系数应根据污水处理厂出口浓度进行计算。

（2）本手册只需考虑企业成品的产量，力求简单、清楚，易于使用。制定本手册时已充分考虑全国的平均水平，使用本手册计算得出的产排污量可能与单个调查企业有一定出入，但总体符合全行业水平。

1462 酱油、食醋及类似制品制造行业产排污系数表

产品名称	原料名称	工艺名称	规模等级	污染物指标	单位	产污系数	末端治理技术名称	排污系数
酱油	蛋白质及淀粉质原料	酿造	≥1 万吨/年③	工业废水量	吨/吨产品	1.78～2.17①	化学＋好氧生物处理	1.6～2.06②
							直排	1.78～2.17②
				化学需氧量	克/吨产品	441.3～1 151①	化学＋好氧生物处理	123.3～263.7②
							直排	441.3～1 151②
				五日生化需氧量	克/吨产品	209.8～630.2①	化学＋好氧生物处理	40.7～53.1②
							直排	209.8～630.2②
食醋	淀粉质原料	酿造	≥1 万吨/年③	工业废水量	吨/吨产品	0.66～2.80①	化学混凝沉淀法	0.55～2.18②
							化学＋好氧生物处理	0.41～2.03②
							直排	0.66～2.80②
				化学需氧量	克/吨产品	247.5～1 231.8①	化学混凝沉淀法	106.8～142.8②
							化学＋好氧生物处理	28.4～68.1②
							直排	247.5～1 231.8②
				五日生化需氧量	克/吨产品	124.2～578.4①	化学混凝沉淀法	24.1～45.6②
							化学＋好氧生物处理	8.9～28.9②
							直排	124.2～578.4②

注：① 对于酱油、食醋及类似制品制造行业产污系数，其工业废水量产污系数，当企业生产工艺为液体发酵时，取上限；生产工艺为固体发酵时，取下限；两种发酵技术兼有者，取中值。其化学需氧量、五日生化需氧量等产污系数依企业循环利用水量状况而定，“循环率+中水回用率”占总水量的 10%以下（≤10%）者，取上限；“循环率+中水回用率”占总水量的 20%以上（≥20%）者，取下限；“循环率+中水回用率”占总水量的 10%～20%时取中值。

② 对于酱油、食醋及类似制品制造行业排污系数，其工业废水量排污系数，当企业生产工艺为液体发酵时，取上限；生产工艺为固体发酵时，取下限；两种发酵技术兼有者，取中值。其化学需氧量、五日生化需氧量等排污系数依企业循环利用水量状况而定，“循环率+中水回用率”占总水量的 10%以下（≤10%）者，取上限；“循环率+中水回用率”占总水量的 20%以上（≥20%）者，取下限；“循环率+中水回用率”占总水量的 10%～20%时取中值。

③ 小型酱油、食醋企业（产量<1 万吨/年）的污染物产排污系数可用中型酱油、食醋企业（产量≥1 万吨/年）相对应的污染物产排污系数×1.5 来使用。

1469
其他调味品、发酵制品制造行业

1 适用范围

本手册给出了《统计上使用的产品分类目录》中“其他调味品、发酵制品制造行业”酵母和淀粉酶的产污系数和排污系数，可用于第一次全国污染源普查其他调味品、发酵制品制造行业工业污染源污染物产生量和排放量的核算。

涉及的污染物包括：工业废水量、化学需氧量、五日生化需氧量、氨氮、总氮。

2 注意事项

2.1 系数表中未涉及的产品产排污系数说明

本手册未能涵盖的其他调味品、发酵制品制造行业的产品，属于其他调味品、发酵制品制造行业中复合调味品的各种产品的污染物产排污系数可参照酱油污染物产排污系数使用；属于其他调味品、发酵制品制造行业中所有酵母产品的污染物产排污系数（发酵粉除外，发酵粉为化工产品）都参照酵母的污染物产排污系数使用；属于其他调味品、发酵制品制造行业中所有食品用氨基酸产品的污染物产排污系数都参照味精的污染物产排污系数使用；属于其他调味品、发酵制品制造行业中所有食品用酶及酶制剂产品的污染物产排污系数都参照淀粉酶的污染物产排污系数使用。

对可能遇到的系数表单中未涉及的污水处理方法，可咨询当地行业组织或其他调味品、发酵制品制造行业的生产专家或其他调味品、发酵制品制造企业技术人员，选取近似的废水处理方法代替。

2.2 生产非单一产品企业污染物产排量核算

其他调味品、发酵制品制造行业中各企业所包含的产品品种不尽相同，每种产品的装置生产能力不同，普查时须以产品为依据，然后按照产品的生产工艺和规模分别进行统计，最后汇总统计出污染物的产生量和排放量。

2.3 其他需要说明的问题

（1）根据企业所排污水去向的不同，其排污系数应以最终排口各污染物浓度为准。例如，若企业排污去向为污水处理厂，则其排污系数应根据污水处理厂出口浓度进行计算。

（2）本手册只需考虑企业成品酵母和淀粉酶的产量，力求简单、清楚，易于使用。制定本手册时已充分考虑全国的平均水平，使用本手册计算得出的产排污量可能与单个调查企业有一定出入，但总体符合全行业水平。

1469 其他调味品、发酵制品制造行业产排污系数表

产品名称	原料名称	工艺名称	规模等级	污染物指标	单位	产污系数	末端治理技术名称	排污系数
淀粉酶	淀粉	发酵	≤5 000 吨/年	工业废水量	吨/吨产品	9.44～9.94[①]	物化＋组合生物处理	7.66～8.69[①]
				化学需氧量	克/吨产品	187 954.2～200 692.9[①]	物化＋组合生物处理	833.7～1 289.1[①]
				五日生化需氧量	克/吨产品	91 985.1～97 628.4[①]	物化＋组合生物处理	342.4～498.3[①]
				氨氮	克/吨产品	6 377.4～6 479.1[①]	物化＋组合生物处理	144.9～205.9[①]
				总氮	克/吨产品	7 667.4～7 882.6[①]	物化＋组合生物处理	173.9～251.2[①]
	淀粉	发酵	＞5 000 吨/年	工业废水量	吨/吨产品	7.65～8.64[①]	物化＋组合生物处理	7.05～8.09[①]
				化学需氧量	克/吨产品	156 984.9～174 274.2[①]	物化＋组合生物处理	786.6～1 235.5[①]
				五日生化需氧量	克/吨产品	71 805.3～96 293.2[①]	物化＋组合生物处理	295.8～463.4[①]
				氨氮	克/吨产品	3 982.5～4 984.4[①]	物化＋组合生物处理	127.2～228.1[①]
				总氮	克/吨产品	4 635.3～5 873.9[①]	物化＋组合生物处理	152.6～288.3[①]
酵母	糖蜜	发酵	5 000～10 000 吨/年[②]	工业废水量	吨/吨产品	57.78～64.72[①]	化学＋组合生物处理	50.08～55.08[①]
							物化＋组合生物处理	49.86～54.44[①]
				化学需氧量	克/吨产品	739 030.1～775 832.6[①]	化学＋组合生物处理	6 821.1～8 223.6[①]
							物化＋组合生物处理	6 427.6～8 092.4[①]
				五日生化需氧量	克/吨产品	361 381.7～386 329[①]	化学＋组合生物处理	2 694.2～3 189.2[①]
							物化＋组合生物处理	2 592.9～2 953.3[①]
				氨氮	克/吨产品	16 405.1～17 814.5[①]	化学＋组合生物处理	823.7～1 118.1[①]
							物化＋组合生物处理	817.8～1 080.7[①]
				总氮	克/吨产品	19 898.4～23 155.6[①]	化学＋组合生物处理	1 007～1 363.3[①]
							物化＋组合生物处理	979.8～1 260.4[①]

注：① 对于其他调味品、发酵制品制造行业产排污系数，依企业循环利用水量状况而定。“循环率+中水回用率”占总水量的 10%以下（≤10%）者，工业废水量、化学需氧量、五日生化需氧量、氨氮、总氮等产排污系数取上限；“循环率+中水回用率”占总水量的 20%以上（≥20%）者，工业废水量、化学需氧量、五日生化需氧量、氨氮、总氮等产排污系数取下限；“循环率+中水回用率”占总水量的 10%～20%的，工业废水量、化学需氧量、五日生化需氧量、氨氮、总氮等产排污系数取中值。

② 酵母产量大于 10 000 吨/年的大型企业全都为国家监控企业，因此，手册中并未覆盖此类企业。小型酵母企业（产量＜5 000 吨/年）的污染物产排污系数可用中型酵母企业（产量 5 000～10 000 吨/年）相对应的污染物产排污系数×1.5 来使用。

1492
冷冻饮品及食用冰制造行业

1 适用范围

本手册给出了《统计上使用的产品分类目录》中“冷冻饮品及食用冰制造行业”冷冻饮品、食用冰的产污系数和排污系数，可用于第一次全国污染源普查冷冻饮品及食用冰制造行业工业污染源污染物产生量和排放量的核算。

涉及的污染物包括：工业废水量、化学需氧量、五日生化需氧量、氨氮。

2 注意事项

2.1 系数表中未涉及的产品产排污系数说明

对系数表中未涉及的情况，请根据以下说明在系数表中选择产排污系数，并进行系数调整。

调整后的产污系数 = 系数表中选取的产污系数×调整系数

调整后的排污系数 = 系数表中选取的排污系数×调整系数

无需调整时调整系数视为 1。同时，需注意在有些情况下，工业废水量和其他污染物指标的调整系数的取值有所不同。

（1）雪糕类参照同等规模的冰淇淋产品的产排污系数。含乳类食用冰参照同等规模的冰淇淋产品的产排污系数；非含乳的食用冰类参照同等规模的冰棒产品的产排污系数。

（2）如调查企业的末端治理设施与系数表所列的不同，参照系数表中相近治理工艺的排污系数计算。没有末端治理设施时产污系数等于排污系数。

2.2 生产非单一产品企业污染物产排量核算

当同一企业生产多种产品时，普查时以产品为依据，分别核算统计。

2.3 本手册力求简单、清楚，易于普查员使用，制定时充分考虑了全国的平均水平，使用本手册核算出的产排污量可能会与单个调查企业的情况有一定出入。

1492　冷冻饮品及食用冰制造行业产排污系数表

产品名称	原料名称	工艺名称	规模等级	污染物指标	单位	产污系数	末端治理技术名称	排污系数
冰淇淋[①]	白砂糖、乳粉	配料、均质、杀菌、冷却、老化、凝冻、硬化、包装	≥3万吨/年[②]	工业废水量	吨/吨产品	5.018	厌氧/好氧生物组合工艺	4.767
							化学混凝气浮法+SBR+普通生物滤池	4.767
							化学混凝气浮法+上流式厌氧污泥床工艺+沉淀分离	4.767
				化学需氧量	克/吨产品	23 522	厌氧/好氧生物组合工艺	878
							化学混凝气浮法+SBR+普通生物滤池	2 057
							化学混凝气浮法+上流式厌氧污泥床工艺+沉淀分离	903
				五日生化需氧量	克/吨产品	11 692	厌氧/好氧生物组合工艺	86
							化学混凝气浮法+SBR+普通生物滤池	309
							化学混凝气浮法+上流式厌氧污泥床工艺+沉淀分离	172
				氨氮	克/吨产品	97	厌氧/好氧生物组合工艺	15
							化学混凝气浮法+SBR+普通生物滤池	41
							化学混凝气浮法+上流式厌氧污泥床工艺+沉淀分离	30
			0.5万～3万吨/年[②④]	工业废水量	吨/吨产品	5.633	厌氧/好氧生物组合工艺	5.408
				化学需氧量	克/吨产品	25 106	厌氧/好氧生物组合工艺	989
				五日生化需氧量	克/吨产品	12 144	厌氧/好氧生物组合工艺	126
				氨氮	克/吨产品	295	厌氧/好氧生物组合工艺	68
冰棒	白砂糖	水处理、配料、杀菌、灌装、速冻、脱膜、包装	≥0.5万吨/年[③④]	工业废水量	吨/吨产品	2.764	化学混凝气浮法+两段好氧生物处理工艺	2.681
							厌氧/好氧生物组合工艺	2.681
				化学需氧量	克/吨产品	14 623	化学混凝气浮法+两段好氧生物处理工艺	1 039
							厌氧/好氧生物组合工艺	525
				五日生化需氧量	克/吨产品	6 204	化学混凝气浮法+两段好氧生物处理工艺	254
							厌氧/好氧生物组合工艺	110
				氨氮	克/吨产品	10	化学混凝气浮法+两段好氧生物处理工艺	4
							厌氧/好氧生物组合工艺	3

注：① 如企业在生产中频繁更换产品品种或者同时生产多种小批量产品时，企业的产排污系数乘以 1.5 加以调整。
② 规模等级按整个企业冰淇淋产量计。
③ 规模等级按整个企业冰棒的产量计。
④ 如调查企业规模小于系数表中给定的范围，产排污系数乘以 1.2 加以调整。

1493

盐加工业

1 适用范围

本手册给出了《统计上使用的产品分类目录》中“盐加工业”食用盐、工业用精制盐、多品种盐产品的产污系数和排污系数，可用于第一次全国污染源普查盐加工行业工业污染源污染物产生量和排放量的核算。

涉及的污染物包括：工业废水量、化学需氧量。

2 注意事项

2.1 系数表中未涉及的产品产排污系数说明

加碘盐、营养盐、调味盐、其他食用盐、溶雪盐、饲料盐、渔用盐、其他加工盐产品，选取工业用精制盐产品的产、排污系数。

2.2 生产非单一产品企业污染物产排量核算

当同一企业生产多个产品时，普查时以产品为依据，分别核算统计。

2.3 其他需要说明的问题

（1）生产原盐产品的企业，产、排污系数为零，即无废水产生和排放。

（2）如果企业没有将废水综合利用生产化工产品（返回矿井）或没有废水治理设施，此企业的产污系数等于排污系数。

1493 盐加工业产排污系数表

<table>
<tr><th>产品名称</th><th>原料名称</th><th>工艺名称</th><th>规模等级</th><th>污染物指标</th><th>单位</th><th>产污系数</th><th>末端治理技术名称</th><th>排污系数</th></tr>
<tr><td rowspan="4">工业用精制盐④</td><td rowspan="4">卤水①</td><td rowspan="4">真空制盐</td><td rowspan="4">所有规模②</td><td rowspan="2">工业废水量</td><td rowspan="2">吨/吨盐</td><td rowspan="2">3.166</td><td>综合利用生产化工产品或返回矿井</td><td>0③</td></tr>
<tr><td>沉淀分离</td><td>0.731</td></tr>
<tr><td rowspan="2">化学需氧量</td><td rowspan="2">克/吨盐</td><td rowspan="2">2 158.6</td><td>综合利用生产化工产品或返回矿井</td><td>0③</td></tr>
<tr><td>沉淀分离</td><td>110</td></tr>
</table>

注：①《统计上使用的产品分类目录》中没有卤水。

②规模等级按整个企业计。

③产生的废水全部综合利用生产化工产品或返回矿井。

④遇到下述情况时，工业废水量和化学需氧量的产、排污系数均为 0。产品为：工业用精制盐，原料为：原盐，工艺为：粉洗盐，规模等级为：所有规模，末端治理技术为：全部循环利用。

1494
食品及饲料添加剂制造行业

1 适用范围

本手册给出了《统计上使用的产品分类目录》中“食品及饲料添加剂制造行业”中黄原胶和木糖的产污系数和排污系数，可用于第一次全国污染源普查食品及饲料添加剂制造行业工业污染源污染物产生量和排放量的核算。

涉及的污染物包括：工业废水量、化学需氧量、五日生化需氧量、氨氮。

2 注意事项

2.1 系数表中未涉及的产品产排污系数说明

本手册未能涵盖的食品及饲料添加剂制造行业的产品中，所有生产工艺为酸水解的产品，其污染物产排污系数可参照木糖产品的污染物产排污系数使用；所有生产工艺为发酵的产品，其污染物产排污系数可参照黄原胶产品的污染物产排污系数使用；产品为直接提取时，其污染物产排污系数可参照食醋的污染物产排污系数使用。

对可能遇到的系数表单中未涉及的污水处理方法，可咨询当地行业组织或食品及饲料添加剂制造行业的生产专家、其他食品及饲料添加剂制造企业技术人员，选取近似的废水处理方法代替。

2.2 其他需要说明的问题

（1）根据企业所排污水去向的不同，其排污系数应以最终排口各污染物浓度为准。例如，若企业排污去向为污水处理厂，则其排污系数应根据污水处理厂出口浓度进行计算。

（2）本手册只需考虑企业成品的产量，力求简单、清楚，易于使用。制定本手册时已充分考虑全国的平均水平，使用本手册计算得出的产排污量可能与单个调查企业有一定出入，但总体符合全行业水平。

1494 食品及饲料添加剂制造行业产排污系数表

产品名称	原料名称	工艺名称	规模等级	污染物指标	单位	产污系数	末端治理技术名称	排污系数
木糖	玉米芯	酸水解	＞3 500 吨/年②	工业废水量	吨/吨产品	179.72～207.06①	化学+组合生物处理	177.46～199.24①
							物化＋组合生物处理	175.17～192.45①
				化学需氧量	克/吨产品	618 524.9～739 134.1①	化学+组合生物处理	23 113.8～27 102.9①
							物化＋组合生物处理	21 940.7～26 563①
				五日生化需氧量	克/吨产品	276 832.4～325 119.9①	化学+组合生物处理	7 852.6～9 451.9①
							物化＋组合生物处理	7 656.6～8 675.6①
				氨氮	克/吨产品	1 939.5～2 288.5①	化学+组合生物处理	813.3～887.9①
							物化＋组合生物处理	788.3～856①
黄原胶	玉米淀粉	发酵提取	≤3 500 吨/年	工业废水量	吨/吨产品	205.5～219①	物化＋组合生物处理	189.30～204.47①
				化学需氧量	克/吨产品	751 800.3～812 499.1①	物化＋组合生物处理	25 650.3～29 980①
				五日生化需氧量	克/吨产品	336 847.6～390 500①	物化＋组合生物处理	8 650.7～9 965①
				氨氮	克/吨产品	9 883.7～11 475①	物化＋组合生物处理	2 113.6～2 285①
	玉米淀粉	发酵提取	＞3 500 吨/年	工业废水量	吨/吨产品	193.25～205①	化学+组合生物处理	183.35～192①
							物化＋组合生物处理	182.2～191①
				化学需氧量	克/吨产品	692 990～769 000①	化学+组合生物处理	25 794.8～28 086.2①
							物化＋组合生物处理	23 200～26 459.9①
				五日生化需氧量	克/吨产品	318 949.9～356 386.6①	化学+组合生物处理	8 583.3～9 741.5①
							物化＋组合生物处理	8 289～9 499.7①
				氨氮	克/吨产品	6 849.9～7 940.4①	化学+组合生物处理	1 854.2～1 955.4①
							物化＋组合生物处理	1 850～1 931.5①

注：① 对于食品及饲料添加剂制造行业产排污系数，依企业循环利用水量状况而定。“循环率+中水回用率”占总水量的 10%以下（≤10%）者，工业废水量、化学需氧量、五日生化需氧量、氨氮、总氮等产排污系数取上限；“循环率+中水回用率”占总水量的 20%以上（≥20%）者，工业废水量、化学需氧量、五日生化需氧量、氨氮、总氮等产排污系数取下限；“循环率+中水回用率”占总水量的 10%～20%的，工业废水量、化学需氧量、五日生化需氧量、氨氮、总氮等产排污系数取中值。

② 小型木糖企业（≤3 500 吨/年）的污染物产排污系数可用中型木糖企业（＞3 500 吨/年）相对应的污染物产排污系数×1.5 来使用。

15

饮料制造业

1510
酒精制造业

1 适用范围

本手册给出了《统计上使用的产品分类目录》中“酒精制造业”的产污系数和排污系数，可用于第一次全国污染源普查酒精制造业工业污染源污染物产生量和排放量的核算。

涉及的污染物包括：工业废水量、化学需氧量、五日生化需氧量、氨氮。

2 注意事项

2.1 系数表中未涉及的产品产排污系数说明

（1）《统计上使用的产品分类目录》中酒精的分类目录：发酵酒精（151011），

改性乙醇（151021）。

发酵酒精（151011）包括：小麦发酵酒精（15101101）
薯类发酵酒精（15101102）
高粱发酵酒精（15101103）
糖蜜发酵酒精（15101104）
玉米发酵酒精（15101105）
其他发酵酒精（15101199）

改性乙醇（151021）包括：合成酒精（15102101）
木材水解酒精（15102102）
其他改性乙醇（15102199）

（2）小麦、高粱等淀粉质原料发酵酒精参照“1510 酒精制造行业产排污系数表”中原料为玉米的数据，按工艺、规模等级选择对应的产排污系数进行计算。

（3）其他原料的发酵酒精（15101199）请参照“1510 酒精制造行业产排污系数表”中原料为糖蜜的数据，按工艺、规模等级选择对应的产排污系数进行计算。

（4）改性乙醇（151021）不在本使用手册范围，另归属化工行业产品类。

（5）有其他副产品的酒精企业，产排污系数以主产品酒精计。

2.2 本使用手册中，将酒精企业按产品、原料、工艺、规模进行分类

产品：酒精（以体积分数为96%酒精计，密度为0.807 5 千克/米^3）；

原料：玉米、薯类、糖蜜等；

生产工艺：液态发酵法，分为低醪发酵、中醪发酵、浓醪发酵（对应发酵成熟醪酒精体积分数分别为≤9%、9%～13%、≥13%）；

规模等级：不同工况下，按企业实际年产 96%（体积分数）酒精量（单位千升）划分：

玉米酒精：大型　≥8 万千升

中型　4 万～8 万千升

小型　≤4 万千升

薯类酒精：大型　≥8 万千升

中型　4 万～8 万千升

小型　≤4 万千升

糖蜜酒精：所有规模

2.3 本使用手册中，污染物主要来源于废醪液、洗罐水、排放冷却水中的污染物（其中废醪液含有的污染物占总污染物产生量的 98%以上），废醪液不经过滤。

2.4 工业废水量包括废醪液、洗灌水、补充冷却水等水量。工业废水量产、排污系数分为上、中、下限值，取值方法为：

低醪发酵　取上限值

中醪发酵　取中值

浓醪发酵　取下限值

2.5 末端治理技术中，厌氧/好氧生物组合工艺见下表。

厌氧/好氧生物组合工艺表

名　称	具体方法
厌氧发酵工艺	上流式厌氧污泥床工艺（UASB）、厌氧折流板反应器工艺（IC）等
厌氧/好氧生物组合工艺	IC+SBR、IC+好氧接触氧化、UASB+SBR、EGSB+SBR、EGSB+CASS、两段好氧生物处理工艺、A/O 工艺、A^2/O 工艺、A/O^2 工艺等

玉米发酵酒精（15101105）末端治理技术为 DGG（S）+厌氧/好氧组合生物工艺技术，其他治理技术参考此技术对应的排污系数。

薯类发酵酒精（15101102）末端治理技术为固液分离+UASB+化学混凝气浮+生物接触氧化和固液分离−UASB+化学混凝气浮+生物接触氧化+其他（兼氧塘+废水回用）两类组合工艺技术，其他治理技术参考与固液分离+ UASB+化学混凝气浮+生物接触氧化技术对应的产排污系数；存在废水回用的中型企业，其产排污系数参考相同原料、工艺和规模等级≥8 万千升/年企业的相应系数。

糖蜜发酵酒精（15101104）末端治理技术为废醪液蒸发浓缩作肥料或废醪液蒸发浓缩焚烧后作肥料、厌氧发酵生产沼气以及直接排放三种方式，其他生物治理技术参考厌氧发酵生产沼气对应的产排污系数。

2.6 污染物产生量和排放量计算公式：

污染物产生量 = 产污系数 × 产品产量

污染物排放量 = 排污系数 × 产品产量

1510 酒精制造行业产排污系数表

产品名称	原料名称	工艺名称	规模等级	污染物指标	单位	产污系数	末端治理技术名称	排污系数
酒精	玉米	发酵	≥8 万千升/年	工业废水量①	吨/千升产品	下限：18.55 中值：20.325 上限：22.18	DDG（S）②+厌氧/好氧生物组合处理工艺	下限：15.155 中值：17.132 上限：19.11
				化学需氧量	克/千升产品	568 810	DDG（S）②+厌氧/好氧生物组合处理工艺	2 978.5
				五日生化需氧量	克/千升产品	342 508	DDG（S）②+厌氧/好氧生物组合处理工艺	786
				氨氮	克/千升产品	650	DDG（S）②+厌氧/好氧生物组合处理工艺	160
			4 万～8 万千升/年	工业废水量①	吨/千升产品	下限：25.383 中值：27.192 上限：29.08	DDG（S）②+厌氧/好氧生物组合处理工艺	下限：23.93 中值：25.378 上限：26.826
				化学需氧量	克/千升产品	644 528	DDG（S）②+厌氧/好氧生物组合处理工艺	3 911
				五日生化需氧量	克/千升产品	382 571	DDG（S）②+厌氧/好氧生物组合处理工艺	1 250
				氨氮	克/千升产品	750	DDG（S）②+厌氧/好氧生物组合处理工艺	253
			≤4 万千升/年	工业废水量①	吨/千升产品	下限：30.53 中值：32.675 上限：34.82	DDG（S）②+厌氧/好氧生物组合处理工艺	下限：27.133 中值：28.936 上限：30.738
				化学需氧量	克/千升产品	660 855	DDG（S）②+厌氧/好氧生物组合处理工艺	4 500
				五日生化需氧量	克/千升产品	406 190	DDG（S）②+厌氧/好氧生物组合处理工艺	1 390
				氨氮	克/千升产品	780	DDG（S）②+厌氧/好氧生物组合处理工艺	260

1510　酒精制造行业产排污系数表（续1）

产品名称	原料名称	工艺名称	规模等级	污染物指标	单位	产污系数	末端治理技术名称	排污系数
酒精	薯类	发酵	≥8万千升/年	工业废水量①	吨/千升产品	下限：20.959 中值：22.503 上限：24.048	固液分离+ UASB+化学混凝气浮+生物接触氧化+其他（兼氧塘+废水回用）	下限：14.095 中值：15.457 上限：16.82
							固液分离+ UASB+化学混凝气浮+生物接触氧化	下限：18.369 中值：20.37 上限：22.38
				化学需氧量	克/千升产品	431 749	固液分离+ UASB+化学混凝气浮+生物接触氧化+其他（兼氧塘+废水回用）	2 955
							固液分离+ UASB+化学混凝气浮+生物接触氧化	4 318
				五日生化需氧量	克/千升产品	246 126	固液分离+ UASB+化学混凝气浮+生物接触氧化+其他（兼氧塘+废水回用）	985
							固液分离+ UASB+化学混凝气浮+生物接触氧化	1 120
				氨氮	克/千升产品	380	固液分离+ UASB+化学混凝气浮+生物接触氧化+其他（兼氧塘+废水回用）	150
							固液分离+ UASB+化学混凝气浮+生物接触氧化	230
			4万～8万千升/年	工业废水量①	吨/千升产品	下限：29.07 中值：30.815 上限：32.56	固液分离+ UASB+化学混凝气浮+生物接触氧化	下限：27.094 中值：28.162 上限：29.23
				化学需氧量	克/千升产品	457 512	固液分离+ UASB+化学混凝气浮+生物接触氧化	5 990
				五日生化需氧量	克/千升产品	282 751	固液分离+ UASB+化学混凝气浮+生物接触氧化	1 190
				氨氮	克/千升产品	640	固液分离+ UASB+化学混凝气浮+生物接触氧化	270
			≤4万千升/年	工业废水量②	吨/千升产品	下限：33.659 中值：34.464 上限：35.27	固液分离+ UASB+化学混凝气浮+生物接触氧化	下限：30.494 中值：32.237 上限：33.98
				化学需氧量	克/千升产品	481 164	固液分离+ UASB+化学混凝气浮+生物接触氧化	7 284
				五日生化需氧量	克/千升产品	288 620	固液分离+ UASB+化学混凝气浮+生物接触氧化	1 680
				氨氮	克/千升产品	690	固液分离+ UASB+化学混凝气浮+生物接触氧化	350

1510　酒精制造行业产排污系数表（续 2）

产品名称	原料名称	工艺名称	规模等级	污染物指标	单位	产污系数	末端治理技术名称	排污系数
酒精	糖蜜	发酵	所有规模	工业废水量①	吨/千升产品	下限：47.543 中值：49.621 上限：51.7	废醪液蒸发浓缩作肥料 或废醪液蒸发浓缩焚烧后作肥料	下限：44.074 中值：46.495 上限：48.917
							厌氧发酵产沼气	下限：41.325 中值：43.256 上限：45.188
							直排	下限：47.543 中值：49.621 上限：51.7
				化学需氧量	克/千升产品	1632 230	废醪液蒸发浓缩作肥料 或废醪液蒸发浓缩焚烧后作肥料	13 000
							厌氧发酵产沼气	326 536
							直排	1632 230
				五日生化需氧量	克/千升产品	801 977	废醪液蒸发浓缩作肥料 或废醪液蒸发浓缩焚烧后作肥料	3 900
							厌氧发酵产沼气	64 960
							直排	801 977
				氨氮	克/千升产品	5 970	废醪液蒸发浓缩作肥料 或废醪液蒸发浓缩焚烧后作肥料	2 800
							厌氧发酵产沼气	2 988
							直排	5 970

注：① 工业废水量取值方法为：低醪发酵取上限值、中醪发酵取中值、浓醪发酵取下限值。

② DDG（S）：高蛋白饲料，是以发酵法生产玉米酒精后得到的固体剩余物，一般回用做饲料。

③ 废水处理后回用的末端治理技术中，工业废水量排污系数取值=相应工业废水量排污系数×（1－废水回用率）。

1521
白酒制造业

1 适用范围

本手册给出了《统计上使用的产品分类目录》中“白酒制造业”的产污系数和排污系数，可用于第一次全国污染源普查白酒制造业工业污染源污染物产生量和排放量的核算。

涉及的污染物包括：工业废水量、化学需氧量、五日生化需氧量、氨氮。

2 注意事项

2.1 系数表中未涉及的产品产排污系数说明

（1）《统计上使用的产品分类目录》中白酒分类目录：

固态法白酒（152111）包括：40～51 度（15211101）

52～53 度（15211102）

54 度以上（15211103）

半固态法白酒（152131）包括：40～51 度（15213101）

52～53 度（15213102）

54 度以上（15213103）

液态法白酒（152151）包括：40～51 度（15215101）

52～53 度（15215102）

54 度以上（15215103）

其他白酒（152199）

（2）半固态法白酒生产总量不足白酒生产总量的 1%，因此不同规模等级企业的产污及排污系数均使用同一组数据。

（3）所有固态法白酒（152111）、半固态法白酒（152131）、液态法白酒（152151）和其他白酒（152199）的产量均折算成酒度 65%（体积分数）计。

（4）液态法白酒（152151）的产污系数和排污系数取值分两种情况：

若企业通过外购食用酒精勾兑生产白酒则污染较少，将液态法白酒年产量以酒度 65%（体积分数）进行折算，按此折算量查找“1521 白酒制造行业产排污系数表”中相同规模等级的浓香型固态法白酒的相应数据，将所选择的产排污系数乘以 10%，得到液态法白酒的产排污系数。

若企业本身带有酒精生产车间，将白酒年产量以酒度为 96%（体积分数）进行折算，按此折算量查找“1510 酒精制造业产排污系数使用手册”中相同原料和规模等级的酒精产品的相应数据，以此作为液态法白酒的产排污系数。

（5）固态法清香型白酒的大、小型企业，产污系数及排污系数分别参照浓香型白酒的大、小型企业的数据进行计算。

（6）其他类型的白酒生产企业，产污系数及排污系数参照同等规模浓香型白酒企业的数据。

（7）对于存在多种原料或不同生产工艺的企业，例如，同一白酒企业既生产浓香型固态法白酒、清香型半固态法白酒，又生产液态法白酒。普查时应以生产工艺为依据，然后按照生产规模分别统计污染物的产生量和排放量，该企业产排污量为各种生产工艺产排污量之和。

2.2 本手册中，将白酒企业按产品、原料、工艺、规模等级进行分类

产品：白酒；

原料：高粱、稻米等；

生产工艺：清香型（固态法白酒及半固态法白酒）、浓香型（固态法白酒）；

规模等级：不同工况下，按企业实际年产 65%（体积分数）原酒量（单位千升）划分（白酒密度约为 0.900×10^3 千克/千升）：

大型　　≥5 000 千升/年

中型　　2 000～5 000 千升/年

小型　　≤2 000 千升/年

2.3 本手册中，污染物主要来源于锅底水（包括黄水）、冷却水、洗涤水及湿酒糟水分中含有的污染物（湿酒糟水分中含有的污染物占总污染物产生量的 50%以上），不包括发酵固体糟渣中的污染物。

2.4 工业废水量包括锅底水（包括黄水）、冷却水、洗涤水和洗瓶水等水量。

2.5 末端治理技术的说明，具体见生物处理技术说明表及组合工艺处理技术表。

生物处理技术说明表

名　称	具体方法
好氧生物处理法	活性污泥法、普通活性污泥法、高浓度活性污泥法、接触稳定法、氧化沟、SBR、生物膜法、普通生物滤池、生物转盘、生物接触氧化法等
厌氧生物处理法	厌氧滤器工艺、上流式厌氧污泥床工艺、厌氧折流板反应器工艺等
厌氧/好氧生物组合工艺	两段好氧生物处理工艺、A/O 工艺、A^2/O 工艺、A/O^2 工艺等

组合工艺处理技术说明表

名　称	具体方法
组合工艺处理法	物理+好氧生物处理、物理+厌氧生物处理、物理+组合生物处理、化学+好氧生物处理、化学+厌氧生物处理、化学+组合生物处理、物化+好氧生物处理、物化+厌氧生物处理、物化+组合生物处理等

2.6 污染物产生量和排放量计算公式：

$$\text{污染物产生量} = \text{产污系数} \times \text{产品产量}$$

$$\text{污染物排放量} = \text{排污系数} \times \text{产品产量}$$

2.7 不同浓醪液回收率对应的产排污系数

污染物指标	单 位	浓醪液回收率/%	排污系数
工业废水量	吨/千升 65 度原酒	95～99	59.9
		60～94	60.4
		40～59	61.1
		20～39	61.7
		0～19	62.2
化学需氧量	克/千升 65 度原酒	95～99	15 620
		60～94	100 554
		40～59	197 203
		20～39	274 522
		0～19	351 841
五日生化需氧量	克/千升 65 度原酒	95～99	9 660
		60～94	62 186
		40～59	121 958
		20～39	169 775
		0～19	217 592
氨氮	克/千升 65 度原酒	95～99	351
		60～94	877.5
		40～59	1 485
		20～39	1 971
		0～19	2 457

1521　白酒制造行业产排污系数表

产品名称	原料名称	工艺名称	规模等级	污染物指标	单位	产污系数	末端治理技术名称	排污系数
白酒	高粱、稻米等	清香型（半固态发酵）	所有规模	工业废水量	吨/千升 65 度原酒	62.5	浓醪液回收+生物处理法	59.5
							厌氧/好氧生物组合工艺	59.5
				化学需氧量	克/千升 65 度原酒	390 500	浓醪液回收+生物处理法	4 750
							厌氧/好氧生物组合工艺	24 500
				五日生化需氧量	克/千升 65 度原酒	241 500	浓醪液回收+生物处理法	1 725
							厌氧/好氧生物组合工艺	7 350
				氨氮	克/千升 65 度原酒	2 700	浓醪液回收+生物处理法	335
							厌氧/好氧生物组合工艺	420
		清香型（固态发酵）	2 000～5 000 千升/年①	工业废水量	吨/千升 65 度原酒	45	厌氧生物+两段好氧生物处理工艺+气浮	42
				化学需氧量	克/千升 65 度原酒	230 000	厌氧生物+两段好氧生物处理工艺+气浮	7 000
				五日生化需氧量	克/千升 65 度原酒	110 000	厌氧生物+两段好氧生物处理工艺+气浮	2 100
				氨氮	克/千升 65 度原酒	1 450	厌氧生物+两段好氧生物处理工艺+气浮	400
		浓香型（固态发酵）	≥5 000 千升/年	工业废水量	吨/千升 65 度原酒	48.5	UASB+SBR 工艺	41
				化学需氧量	克/千升 65 度原酒	206 000	UASB+SBR 工艺	10 300
				五日生化需氧量	克/千升 65 度原酒	123 600	UASB+SBR 工艺	3 090
				氨氮	克/千升 65 度原酒	1 380	UASB+SBR 工艺	340
			2 000～5 000 千升/年	工业废水量	吨/千升 65 度原酒	55	厌氧/好氧生物组合工艺	52.5
				化学需氧量	克/千升 65 度原酒	267 500	厌氧/好氧生物组合工艺	19 500
				五日生化需氧量	克/千升 65 度原酒	160 200	厌氧/好氧生物组合工艺	5 850
				氨氮	克/千升 65 度原酒	1 550	厌氧/好氧生物组合工艺	495
			≤2 000 千升/年	工业废水量	吨/千升 65 度原酒	61	好氧生物处理	59
							厌氧/好氧生物组合工艺	57.5
				化学需氧量	克/千升 65 度原酒	298 000	好氧生物处理	44 700
							厌氧/好氧生物组合工艺	23 840
				五日生化需氧量	克/千升 65 度原酒	180 000	好氧生物处理	13 410
							厌氧/好氧生物组合工艺	7 152
				氨氮	克/千升 65 度原酒	2 450	好氧生物处理	980
							厌氧/好氧生物组合工艺	830

注：① 规模等级为：≥5 000 千升/年的企业的产、排污系数参照浓香型白酒相同规模等级的产、排污系数；
规模等级为：≤2 000 千升/年的企业的产、排污系数参照浓香型白酒相同规模等级的产、排污系数。

1522 啤酒制造业

1 适用范围

本手册给出了《统计上使用的产品分类目录》中“啤酒制造业”的产污系数和排污系数，可用于第一次全国污染源普查啤酒制造业工业污染源污染物产生量和排放量的核算。

涉及的污染物包括：工业废水量、化学需氧量、五日生化需氧量、氨氮。

2 注意事项

2.1 系数表中未涉及的产品产排污系数说明

（1）《统计上使用的产品分类目录》中啤酒分类目录：

熟啤酒（15221011）包括：淡色熟啤酒（1522101101）
浓色熟啤酒（1522101102）
低浓度浓色熟啤酒（1522101103）
黑熟啤酒（1522101104）

生啤酒（15221031）包括：淡色生啤酒（1522103101）
浓色生啤酒（1522103102）
低浓度浓色生啤酒（1522103103）
黑生啤酒（1522103104）

鲜啤酒（15221051）包括：淡色鲜啤酒（1522105101）
浓色鲜啤酒（1522105102）
低浓度浓色鲜啤酒（1522105103）
黑鲜啤酒（1522105104）

特种啤酒（15221061）包括：干啤酒（1522106101）
低醇啤酒（1522106102）
混浊啤酒（1522106103）
小麦啤酒（1522106104）
冰啤酒（1522106105）
其他特种啤酒（1522106199）

无酒精啤酒（15221065）

啤酒麦芽（152250）包括：未焙制麦芽（15225001）
焙制麦芽（15225002）

（2）以上各种啤酒除啤酒麦芽外，均选择“1522 啤酒制造行业产排污系数表”中相应原料、工艺、规模等级对应的产排污系数进行计算。

（3）对于同时存在不同生产工艺生产线的企业，例如，同一啤酒企业既有生产工艺回收中间废弃物的生产线，又有不回收中间废弃物的生产线。应以生产工艺为依据，然后按照生产规模分别统计污染物的产生量和排放量，该企业产排污量为各种产排污量之和。

2.2 本手册中，将啤酒企业按产品、原料、工艺、规模等级进行分类

产品：啤酒；

原料：麦芽+大米（或玉米、小麦）；

生产工艺：分为回收中间废弃物和不回收中间废弃物发酵两类。其中回收中间废弃物主要是指生产过程中回收冷却水和废酵母的所有啤酒生产工艺；不回收中间废弃物主要是指生产过程中不回收冷却水和废酵母的所有啤酒生产工艺。

规模等级：不同工况下，按企业实际年产啤酒量（单位：千升）划分：

大型　　≥50 万千升/年

中型　　10 万～50 万千升/年

小型　　≤10 万千升/年

2.3 本手册中，污染物主要来源于洗糟水、洗涤水、包装废水、废酵母、冷却水等中的污染物，不包括麦糟和滤渣中的污染物。

2.4 工业废水量包括洗糟水、洗涤水、包装废水、废酵母、冷却水等水量，不包括麦糟和滤渣中带走的水量。

2.5 末端治理技术具体处理方法见下表。

末端治理技术说明表

名　　称	具体方法
厌氧/好氧生物组合工艺	两段好氧生物处理工艺、A/O 工艺、A^2/O 工艺、A/O^2 工艺等
物理+生物	物理+好氧生物处理、物理+厌氧生物处理、物理+组合生物处理等

2.6 污染物产生量和排放量计算公式：

$$污染物产生量 = 产污系数 \times 产品产量$$

$$污染物排放量 = 排污系数 \times 产品产量$$

1522　啤酒制造行业产排污系数表

产品名称	原料名称	工艺名称	规模等级	污染物指标	单位	产污系数	末端治理技术名称	排污系数
啤酒	麦芽+大米（或玉米、小麦）	回收中间废弃物	≥50 万千升/年	工业废水量	吨/千升产品	4	厌氧/好氧生物组合工艺	4
				化学需氧量	克/千升产品	6 000	厌氧/好氧生物组合工艺	300
				五日生化需氧量	克/千升产品	3 600	厌氧/好氧生物组合工艺	80
				氨氮	克/千升产品	500	厌氧/好氧生物组合工艺	60
			10 万～50 万千升/年	工业废水量	吨/千升产品	5	厌氧/好氧生物组合工艺	5
				化学需氧量	克/千升产品	8 000	厌氧/好氧生物组合工艺	400
				五日生化需氧量	克/千升产品	4 800	厌氧/好氧生物组合工艺	100
				氨氮	克/千升产品	600	厌氧/好氧生物组合工艺	100
			≤10 万千升/年	工业废水量	吨/千升产品	10	厌氧/好氧生物组合工艺	10
							物理+生物	10
			≤10 万千升/年	化学需氧量	克/千升产品	20 000	厌氧/好氧生物组合工艺	1 200
							物理+生物	3 000
				五日生化需氧量	克/千升产品	9 000	厌氧/好氧生物组合工艺	360
							物理+生物	900
				氨氮	克/千升产品	900	厌氧/好氧生物组合工艺	180
							物理+生物	360
		不回收中间废弃物	＞10 万千升/年	工业废水量	吨/千升产品	6	厌氧/好氧生物组合工艺	6
				化学需氧量	克/千升产品	14 000	厌氧/好氧生物组合工艺	840
				五日生化需氧量	克/千升产品	8 400	厌氧/好氧生物组合工艺	250
				氨氮	克/千升产品	1 000	厌氧/好氧生物组合工艺	200
			≤10 万千升/年	工业废水量	吨/千升产品	12	厌氧/好氧生物组合工艺	12
							物理+生物	12
				化学需氧量	克/千升产品	25 000	厌氧/好氧生物组合工艺	1 500
							物理+生物	3 800
				五日生化需氧量	克/千升产品	12 000	厌氧/好氧生物组合工艺	450
							物理+生物	1 140
				氨氮	克/千升产品	1 500	厌氧/好氧生物组合工艺	300
							物理+生物	600

1523
黄酒制造业

1 适用范围

本手册给出了《统计上使用的产品分类目录》中“黄酒制造业”的产污系数和排污系数，可用于第一次全国污染源普查黄酒制造业工业污染源污染物产生量和排放量的核算。

涉及的污染物包括：工业废水量、化学需氧量、五日生化需氧量、氨氮。

2 注意事项

2.1 系数表中未涉及的产品产排污系数说明

（1）《统计上使用的产品分类目录》中黄酒分类目录：稻米黄酒（152311）、非稻米黄酒（152351）。

（2）稻米黄酒（152311）参照“1523 黄酒制造行业产排污系数表”中原料为糯米、大米的数据，按工艺、规模等级选择相应的产排污系数进行计算；非稻米黄酒（152351）参照原料为小米的数据，按工艺、规模等级选择对应的产排污系数进行计算。

（3）对于同时使用多种原料或不同生产工艺的企业，例如，同一黄酒企业既采用传统手工发酵工艺生产黄酒，又采用机械化发酵工艺生产黄酒；既采用糯米、大米生产黄酒，又采用小米生产黄酒。普查时应以生产工艺、原料为依据，然后按照生产规模分别统计污染物的产生量和排放量，该企业产排污量为各种产排污量之和。

2.2 本手册中，将黄酒企业按产品、原料、工艺、规模等级进行分类

产品：黄酒；

原料：糯米、大米和小米；

生产工艺：机械化发酵和传统手工发酵；

规模等级：不同工况下，按企业实际年产黄酒量（单位：千升）划分（黄酒密度约为 1.000×10^3 千克/千升）：

大型　　≥3 万千升/年

中型　　0.5 万～3 万千升/年

小型　　≤0.5 万千升/年

2.3 本手册中，污染物主要来源于浸米水（包括泡米水和洗米水）、压榨车间废水和洗涤废水中的污染物，不包括黄酒糟中的污染物。

2.4 工业废水量包括：浸米水（包括泡米水和洗米水）、压榨车间废水和洗涤水等水量，不包括黄酒糟中带走的水量。

2.5 关于末端治理技术，具体见生物处理技术说明表及组合工艺处理技术表。

生物处理技术说明表

名　称	具体方法
好氧生物处理法	活性污泥法、普通活性污泥法、高浓度活性污泥法、接触稳定法、氧化沟、SBR、生物膜法、普通生物滤池、生物转盘、生物接触氧化法等
厌氧生物处理法	厌氧滤器工艺、上流式厌氧污泥床工艺、厌氧折流板反应器工艺等
厌氧/好氧生物组合工艺	两段好氧生物处理工艺、A/O 工艺、A^2/O 工艺、A/O^2 工艺等

组合工艺处理技术说明表

名　称	具体方法
组合工艺处理法	物理+好氧生物处理、物理+厌氧生物处理、物理+组合生物处理、化学+好氧生物处理、化学+厌氧生物处理、化学+组合生物处理、物化+好氧生物处理、物化+厌氧生物处理、物化+组合生物处理等

2.6 污染物产生量和排放量计算公式：

污染物产生量 = 产污系数 × 产品产量

污染物排放量 = 排污系数 × 产品产量

1523 黄酒制造业产排污系数表

产品名称	原料名称	工艺名称	规模等级	污染物指标	单位	产污系数	末端治理技术名称[①]	排污系数
黄酒	糯米、大米	机械化发酵	≥3 万千升/年	工业废水量	吨/千升产品	8.703	生物处理法	8.703
				化学需氧量	克/千升产品	28 351.3	生物处理法	1 876.4
				五日生化需氧量	克/千升产品	19 278.9	生物处理法	750.6
				氨氮	克/千升产品	288.6	生物处理法	82
			<3 万千升/年	工业废水量	吨/千升产品	10.331	生物处理法	10.331
				化学需氧量	克/千升产品	36 579.6	生物处理法	2 590.6
				五日生化需氧量	克/千升产品	22 359.9	生物处理法	1 036.2
				氨氮	克/千升产品	309.9	生物处理法	111.3
	小米	传统手工发酵	≤0.5 万千升/年	工业废水量	吨/千升产品	13.26	组合工艺处理法	13.26
				化学需氧量	克/千升产品	43 374	组合工艺处理法	3 712.8
				五日生化需氧量	克/千升产品	24 723.2	组合工艺处理法	1 485.1
				氨氮	克/千升产品	441	组合工艺处理法	130.2
	糯米、大米		>0.5 万千升/年	工业废水量	吨/千升产品	13.248	生物处理法	13.248
				化学需氧量	克/千升产品	36 795.1	生物处理法	2 914.7
				五日生化需氧量	克/千升产品	21 341.2	生物处理法	1 165.9
				氨氮	克/千升产品	392.8	生物处理法	135

注：① 污染物直排的企业，排污系数等于产污系数。

1524
葡萄酒制造业

1 适用范围

本手册给出了《统计上使用的产品分类目录》中“葡萄酒制造业”的产污系数和排污系数，可用于第一次全国污染源普查葡萄酒制造业工业污染源污染物产生量和排放量的核算。

涉及的污染物包括：工业废水量、化学需氧量、五日生化需氧量、氨氮。

2 注意事项

2.1 系数表中未涉及的产品产排污系数说明

（1）瓶装葡萄酒（15241101）、散装葡萄酒（15241120）直接参照“1524 葡萄酒制造行业产排污系数”中相应原料的数据，按工艺、规模等级选择对应的产排污系数进行计算。

（2）特种葡萄酒（152451）包括：起泡葡萄酒（15245101）、加香葡萄酒（15245102）、葡萄白兰地（15245103）、其他特种葡萄酒（15245199）、酿酒葡萄汁（152471）等，参照“1524 葡萄酒制造行业产排污系数表”中酿酒专用红葡萄的数据，按工艺规模等级选择对应的产排污系数进行计算。

（3）果酒（152910）包括：苹果酒（15291001）、梨酒（15291002）、蜂蜜酒（15291003）、其他果酒（15291099）等，参照“1524 葡萄酒制造行业产排污系数表”中酿酒专用红葡萄的数据，按工艺、规模等级选择对应的产排污系数进行计算。

（4）配制酒（152970）包括：露酒（15297001）、植物类配制酒（15297002）、动物类配制酒（15297003）、其他配制保健药酒（15297099）等，将配制酒的成品酒年产量以酒度 65%（体积分数）进行折算，按此折算量，查找“1521 白酒制造业产排污系数使用手册”中相同规模等级的浓香型固态发酵法白酒的相应数据，将所选择的产排污系数乘以 10%，得到配制酒的产排污系数。

（5）生产非单一产品的葡萄酒企业，例如，同一葡萄酒企业既生产红葡萄酒、白葡萄酒，也可能生产白兰地、果酒等，则红葡萄酒、白葡萄酒的产排污量分别对应本手册中相应规模等级的产排污系数计算；其他产品如白兰地、果酒等的产排污量则对应本手册中相应规模等级的红葡萄酒产排污系数计算。全企业产排污量为各种产品的产排污量之和。

2.2 本手册中，将葡萄酒企业按产品、原料、工艺、规模等级进行分类

产品：红葡萄酒、白葡萄酒；

原料：专用红葡萄、专用白葡萄；

生产工艺：液态发酵法红葡萄酒生产工艺、液态发酵法白葡萄酒生产工艺；

规模等级：不同工况下，按企业实际年产葡萄酒量（单位：千升）划分（葡萄酒密度约为 0.997×10^3 千克/千升）：

大型　　≥1.0 万千升/年

中型　　0.5 万～1.0 万千升/年

小型　　≤0.5 万千升/年

2.3 本手册中，污染物主要来源于发酵罐冲洗水，储酒罐冲洗水及地面冲洗水中的污染物，不包括葡萄皮、葡萄子及生产过程中滤渣带走的污染物。

2.4 工业废水量包括发酵罐冲洗水、储酒罐冲洗水、地面冲洗水等水量，不包括葡萄皮、葡萄渣和滤渣等带走的水量。

2.5 末端治理技术中，好氧生物处理技术具体见下表。

好氧生物处理技术说明表

名　称	具体方法
好氧生物处理法	活性污泥法、普通活性污泥法、高浓度活性污泥法、接触稳定法、氧化沟、SBR、生物膜法、普通生物滤池、生物转盘、生物接触氧化法等

2.6 污染物产生量和排放量计算公式

污染物产生量 = 产污系数 × 产品产量

污染物排放量 = 排污系数 × 产品产量

2.7 本手册中的产、排污系数分为上、中、下限值，根据企业的年产量对应选择手册中的系数。

对于年产量≥1 万千升的企业：

当年产量≥3.5 万千升　　取下限值；

当年产量为 2.0 万～3.5 万千升　　取中间值；

当年产量为 1.0 万～2.0 万千升　　取上限值。

对于年产量为 0.5 万～1.0 万千升的企业：

当年产量为 0.8 万～1.0 万千升　　取下限值；

当年产量为 0.6 万～0.8 万千升　　取中间值；

当年产量为 0.5 万～0.6 万千升　　取上限值。

对于年产量≤0.5 万千升的企业：

当年产量为 0.3 万～0.5 万千升　　取下限值；

当年产量为 0.3 万～0.1 万千升　　取中间值；

当年产量≤0.1 万千升　　取上限值。

2.8 其他需要说明的问题

大、中型白葡萄酒企业的产排污系数分别参考本手册中的大、中型红葡萄酒企业的产排污系数。

1524　葡萄酒制造业产排污系数表

产品名称	原料名称	工艺名称	规模等级	污染物指标	单位	产污系数[①]	末端治理技术名称	排污系数[①]
红葡萄酒	专用红葡萄	液态发酵法红葡萄酒生产工艺	≥1.0 万千升/年	工业废水量	吨/千升产品	下限值：3.0 中间值：4.0 上限值：5.0	两段好氧生物处理工艺	下限值：2.7 中间值：3.6 上限值：4.5
							直排	下限值：3.0 中间值：4.0 上限值：5.0
				化学需氧量	克/千升产品	下限值：5 070 中间值：8 070 上限值：11 070	两段好氧生物处理工艺	下限值：386.1 中间值：618.3 上限值：868.5
							直排	下限值：5 070 中间值：8 070 上限值：11 070
				五日生化需氧量	克/千升产品	下限值：3 194 中间值：5 194.8 上限值：7 195.5	两段好氧生物处理工艺	下限值：116.1 中间值：184.1 上限值：252.0
							直排	下限值：3 194 中间值：5 194.8 上限值：7 195.5
				氨氮	克/千升产品	下限值：33 中间值：76.5 上限值：120	两段好氧生物处理工艺	下限值：6.4 中间值：18.8 上限值：31.2
							直排	下限值：33 中间值：76.5 上限值：120

1524 葡萄酒制造业产排污系数表（续 1）

产品名称	原料名称	工艺名称	规模等级	污染物指标	单位	产污系数[①]	末端治理技术名称	排污系数[①]
红葡萄酒	专用红葡萄	液态发酵法红葡萄酒生产工艺	0.5 万～1.0 万千升/年	工业废水量	吨/千升产品	下限值：4.0 中间值：5.75 上限值：7.5	两段好氧生物处理工艺	下限值：3.6 中间值：5.0 上限值：6.4
							直排	下限值：4.0 中间值：5.75 上限值：7.5
				化学需氧量	克/千升产品	下限值：7 710 中间值：11 405 上限值：15 100	两段好氧生物处理工艺	下限值：631 中间值：975.5 上限值：1 320
							直排	下限值：7 710 中间值：11 405 上限值：15 100
				五日生化需氧量	克/千升产品	下限值：4 920 中间值：7 367.5 上限值：9 815	两段好氧生物处理工艺	下限值：195.3 中间值：324.7 上限值：454
							直排	下限值：4 920 中间值：7 367.5 上限值：9 815
				氨氮	克/千升产品	下限值：45 中间值：77.5 上限值：110	两段好氧生物处理工艺	下限值：8 中间值：24 上限值：40
							直排	下限值：45 中间值：77.5 上限值：110
			≤0.5 万千升/年	工业废水量	吨/千升产品	下限值：5.0 中间值：7.5 上限值：10.0	好氧生物处理	下限值：4.2 中间值：6.55 上限值：8.9
							直排	下限值：5.0 中间值：7.5 上限值：10.0
				化学需氧量	克/千升产品	下限值：10 450 中间值：15 383 上限值：20 316	好氧生物处理	下限值：793.8 中间值：1 304.7 上限值：1 815.6
							直排	下限值：10 450 中间值：15 383 上限值：20 316

1524 葡萄酒制造业产排污系数表（续 2）

产品名称	原料名称	工艺名称	规模等级	污染物指标	单位	产污系数①	末端治理技术名称	排污系数①
红葡萄酒	专用红葡萄	液态发酵法红葡萄酒生产工艺	≤0.5 万千升/年	五日生化需氧量	克/千升产品	下限值：6 792.5 中间值：9 998.9 上限值：13 205.4	好氧生物处理	下限值：238.1 中间值：400.5 上限值：562.8
							直排	下限值：6 792.5 中间值：9 998.9 上限值：13 205.4
				氨氮	克/千升产品	下限值：60 中间值：100 上限值：150	好氧生物处理	下限值：12 中间值：35 上限值：58
							直排	下限值：60 中间值：100 上限值：150
白葡萄酒	专用白葡萄	液态发酵法白葡萄酒生产工艺	≤0.5 万千升/年②	工业废水量	吨/千升产品	下限值：5.0 中间值：7.5 上限值：10.0	SBR	下限值：4.0 中间值：5.95 上限值：7.9
							直排	下限值：5.0 中间值：7.5 上限值：10.0
				化学需氧量	克/千升产品	下限值：8 920 中间值：13 688 上限值：18 456	SBR	下限值：784.9 中间值：1 194.3 上限值：1 603.8
							直排	下限值：8 920 中间值：13 688 上限值：18 456
			≤0.5 万千升/年②	五日生化需氧量	克/千升产品	下限值：5 440 中间值：8 750 上限值：12 060	SBR	下限值：243.3 中间值：370.2 上限值：497.7
							直排	下限值：5 440 中间值：8 750 上限值：12 060
				氨氮	克/千升产品	下限值：60 中间值：105 上限值：150	SBR	下限值：9.8 中间值：29.4 上限值：49
							直排	下限值：60 中间值：105 上限值：150

注：① 产、排污系数取值方法如下：
对于年产量≥1 万千升的企业：当年产量为≥3.5 万千升时，取下限值；当年产量为 2.0 万～3.5 万千升时，取中间值；当年产量为 1.0 万～2.0 万千升时，取上限值；
对于年产量为 0.5 万～1.0 万千升的企业：当年产量为 0.8 万～1.0 万千升时，取下限值；当年产量为 0.6 万～0.8 万千升时，取中间值；当年产量为 0.5 万～0.6 万千升时，取上限值；
对于年产量≤0.5 万千升的企业：当年产量为 0.3 万～0.5 万千升时，取下限值；当年产量为 0.3 万～0.1 万千升时，取中间值；当年产量为≤0.1 万千升时，取上限值。
下同。

② 大、中型白葡萄酒企业的产排污系数分别参考本手册中的大、中型红葡萄酒企业的产排污系数。下同。

1531

碳酸饮料制造业

1 适用范围

本手册给出了《统计上使用的产品分类目录》中“碳酸饮料制造业”的产污系数和排污系数，可用于第一次全国污染源普查碳酸软饮料制造业工业污染源污染物产生量和排放量的核算。碳酸饮料产品主要包括可乐类，如可口可乐、百事可乐、非常可乐等；果味类，如雪碧、芬达、健力宝等；果汁类（调查中未涉及），如橘汁汽水等。此类饮料的显著差别在于主剂的种类。其中碳酸化过程是工艺中的主要环节。碳酸饮料的生产企业基本属于大型企业（年产量超过 10 万吨）。

涉及的污染物包括：工业废水量、化学需氧量。

2 注意事项

2.1 系数表中未涉及的产品产排污系数说明

低热量型碳酸饮料参照原料为果味主剂的碳酸饮料的产污系数和排污系数值。

2.2 工况未达到 75% 负荷的企业污染物产生量和排放量核算

非全年生产或生产工况低于 75%的企业，产排污系数采用本手册中同类、同工艺产品的系数，规模按实际生产月份或实际天数计算产品的总产量，然后计算相应的污染物产生量和排放量。

2.3 生产非单一产品企业污染物产排量核算

对同类、不同原料采用相同加工工艺的产品，其产排污系数采用同一类产品的产排污系数，产品产量按这一系列总产量计，以此计算相应的污染物产生量和排放量。

1531 碳酸饮料制造业产排污系数表

产品名称	原料名称	工艺名称	规模等级	污染物指标	单位	产污系数	末端治理技术名称	排污系数
碳酸饮料	可乐主剂	碳酸化	所有规模	工业废水量	吨/吨产品	1.132	厌氧/好氧生物组合工艺	1.132
							好氧生物处理法	1.132
				化学需氧量	克/吨产品	996	厌氧/好氧生物组合工艺	69
							好氧生物处理法	99
	果味主剂	碳酸化	所有规模	工业废水量	吨/吨产品	0.673	厌氧/好氧生物组合工艺	0.673
				化学需氧量	克/吨产品	598	厌氧/好氧生物组合工艺	62

1533

果菜汁及果菜汁饮料制造业

1 适用范围

本手册给出了《统计上使用的产品分类目录》中“果菜汁及果菜汁饮料制造业”橙浆、苹果汁、浓缩苹果汁、苹果汁饮料、橙汁饮料、番茄汁饮料、胡萝卜汁饮料等的产污系数和排污系数，可用于第一次全国污染源普查果菜汁及果菜汁饮料制造业工业污染源污染物产生量和排放量的核算。

涉及的污染物包括：工业废水量、化学需氧量、五日生化需氧量。

2 注意事项

2.1 系数表中未涉及的产品产排污系数说明

（1）果菜汁（包括水果汁与蔬菜汁）：水果汁（100%水果汁）包括橙汁、柚汁、柠檬汁、柑橘属水果汁、菠萝汁、葡萄汁、苹果汁、桃汁、杏汁、椰子汁、芒果汁、西番莲果汁、番石榴果汁及其他未混合的水果汁；蔬菜汁（100%蔬菜汁）包括番茄汁、胡萝卜汁及其他未混合的蔬菜汁等。此类饮料参照本手册中苹果汁的同工艺、同规模的产排污系数值。原料主要是鲜果或鲜菜及相应的浓缩果蔬汁。工艺则根据原料选择榨汁或调配。

（2）果浆（果肉类、果浆类及蔬菜浆类、果茶等饮料），包括橙果浆、柚果浆、柠檬果浆、柑橘属水果果浆、菠萝果浆、葡萄果浆、苹果果浆、桃果浆、杏果浆、其他水果果浆。此类饮料的产排污系数可参考本手册中的橙浆的同工艺、同规模的情况取值。原料主要是鲜果或鲜菜及相应的浓缩果蔬浆。工艺则根据原料选择打浆或浓浆调配。

（3）浓缩果汁包括浓缩橙果汁、浓缩柚果汁、浓缩柠檬果汁、浓缩柑橘属水果果汁、浓缩菠萝果汁、浓缩葡萄果汁、浓缩苹果果汁、浓缩桃果汁、浓缩杏果汁、其他浓缩果汁。此类饮料的产排污系数可参考本手册中的浓缩苹果汁的同工艺、同规模的情况取值。生产是以鲜果或鲜菜为原料通过打浆工艺完成。

（4）果蔬汁饮料（水果汁饮料与蔬菜汁饮料）：水果汁饮料（果汁含量不低于 10%）包括橙汁饮料、菠萝汁饮料、葡萄汁饮料、苹果汁饮料、桃汁饮料、其他水果汁饮料；蔬菜汁饮料（蔬菜汁含量不低于 10%）包括番茄汁饮料、胡萝卜汁饮料、其他蔬菜汁饮料、水果与蔬菜混合汁饮料。此类饮料原料主要是鲜果或鲜菜及相应的浓缩果蔬汁。水果汁饮料的产排污系数可参考手册中的橙汁饮料的同工艺、同规模的情况取值；对混浊型蔬菜汁饮料的产排污系数可参考胡萝卜汁饮料的同工艺、同规模的情况取值；而澄清型的蔬菜汁饮料的产排污系数可参考番茄汁饮料的同工艺、同规模的情况取值。工艺可根据对选择鲜果或鲜菜榨汁再调配或直接使用浓缩果蔬汁进行调配。

2.2 工况未达到 75% 负荷的企业污染物产排量核算

非全年生产或生产工况低于 75%的企业，产排污系数采用本手册中同类、同工艺产品的系数，规模按实际生产月份或实际天数计算产品的总产量，然后计算相应的污染物产生量和排放量。

2.3 生产非单一产品企业污染物产排量核算

对同类、不同原料采用相同加工工艺的产品，其产排污系数采用同一类产品的产排污系数，产品产量按这一系列总产量计，以此计算相应的污染物产生量和排放量。

1533 果菜汁及果菜汁饮料制造业产排污系数表

产品名称	原料名称	工艺名称	规模等级	污染物指标	单位	产污系数	末端治理技术名称	排污系数
橙浆	鲜橙	制浆	≥10 万吨/年	工业废水量	吨/吨产品	12.333	上浮分离+活性污泥+化学混凝气浮	12.333
				化学需氧量	克/吨产品	39 500	上浮分离+活性污泥+化学混凝气浮	2 327
				五日生化需氧量	克/吨产品	16 856	上浮分离+活性污泥+化学混凝气浮	940
			<10 万吨/年	工业废水量	吨/吨产品	13.048	厌氧/好氧生物组合工艺	13.048
							直排	13.048
				化学需氧量	克/吨产品	60 983	厌氧/好氧生物组合工艺	3 355
							直排	60 983
				五日生化需氧量	克/吨产品	21 597	厌氧/好氧生物组合工艺	964
							直排	21 597
苹果汁	苹果	榨汁	>1 万吨/年	工业废水量	吨/吨产品	26.2	物化+组合生物处理	26.2
							直排	26.2
				化学需氧量	克/吨产品	70 992	物化+组合生物处理	3 780
							直排	70 992
				五日生化需氧量	克/吨产品	27 217	物化+组合生物处理	929
							直排	27 217
			≤1 万吨/年	工业废水量	吨/吨产品	23.111	厌氧/好氧生物组合工艺	23.111
							直排	23.111
				化学需氧量	克/吨产品	79 306	厌氧/好氧生物组合工艺	6 690
							直排	79 306
				五日生化需氧量	克/吨产品	38 788	厌氧/好氧生物组合工艺	2 130
							直排	38 788
浓缩苹果汁	苹果	榨汁	≥10 万吨/年	工业废水量	吨/吨产品	10.581	活性污泥法	10.442
				化学需氧量	克/吨产品	16 920	活性污泥法	736
				五日生化需氧量	克/吨产品	7 592	活性污泥法	215
			<10 万吨/年	工业废水量	吨/吨产品	17.736	物理+厌氧生物处理	17.736
							直排	17.736
				化学需氧量	克/吨产品	70 774	物理+厌氧生物处理	1 384
							直排	70 774
				五日生化需氧量	克/吨产品	36 276	物理+厌氧生物处理	377
							直排	36 276

1533　果菜汁及果菜汁饮料制造业产排污系数表（续表）

产品名称	原料名称	工艺名称	规模等级	污染物指标	单位	产污系数	末端治理技术名称	排污系数
苹果汁	浓苹果汁	调配	≥10 万吨/年	工业废水量	吨/吨产品	5.019	活性污泥法	5.019
				化学需氧量	克/吨产品	5 074	活性污泥法	451
				五日生化需氧量	克/吨产品	1 815	活性污泥法	154
			<10 万吨/年	工业废水量	吨/吨产品	10.581	厌氧/好氧生物组合工艺	10.581
							直排	10.581
				化学需氧量	克/吨产品	7 459	厌氧/好氧生物组合工艺	708
							直排	7 459
				五日生化需氧量	克/吨产品	2 481	厌氧/好氧生物组合工艺	216
							直排	2 481
橙汁饮料	浓橙汁	调配	≥10 万吨/年①	工业废水量	吨/吨产品	7.167	活性污泥法	7.167
				化学需氧量	克/吨产品	6 911	活性污泥法	979
				五日生化需氧量	克/吨产品	2 370	活性污泥法	189
			≤1 万吨/年	工业废水量	吨/吨产品	16.667	活性污泥法	16.667
							直排	16.667
				化学需氧量	克/吨产品	7 504	活性污泥法	2 026
							直排	7 504
				五日生化需氧量	克/吨产品	2 716	活性污泥法	453
							直排	2 716
番茄汁饮料	浓番茄汁	调配	所有规模	工业废水量	吨/吨产品	4.333	活性污泥法	4.333
				化学需氧量	克/吨产品	4 297	活性污泥法	830
				五日生化需氧量	克/吨产品	1 921	活性污泥法	326
胡萝卜汁饮料	胡萝卜原浆	调配	所有规模	工业废水量	吨/吨产品	12.95	化学混凝沉淀法	12.95
				化学需氧量	克/吨产品	4 853	化学混凝沉淀法	1 449
				五日生化需氧量	克/吨产品	2 183	化学混凝沉淀法	636

注：① 橙汁饮料规模等级 1 万 ~ 10 万吨/年时：当规模等级为 5 万 ~ 10 万吨/年时，应参考规模等级≥10 万吨/年的产、排污系数；当规模等级为 1 万 ~ 5 万吨/年时（包括 5 万吨/年），应参考规模等级≤1 万吨/年的产、排污系数。

1534

含乳饮料和植物蛋白饮料制造业

1 适用范围

本手册给出了《统计上使用的产品分类目录》中“含乳饮料和植物蛋白饮料制造业”乳酸饮料、乳酸菌饮料、杏仁露、椰汁的产污系数和排污系数，可用于第一次全国污染源普查含乳饮料和植物蛋白饮料制造业工业污染源污染物产生量和排放量的核算。含乳饮料包括配制型含乳饮料（如乳酸饮料）和发酵型含乳饮料（乳酸菌饮料）。加工原料差别不大，基本是鲜乳和乳制品（包括奶粉）；生产工艺可通过调配与发酵过程区分。植物蛋白饮料产品可依原料种类加以划分，如杏仁、桃仁、椰子、核桃、花生、大豆等。工艺主要是磨浆环节。

涉及的污染物包括：工业废水量、氨氮、化学需氧量、五日生化需氧量。

2 注意事项

2.1 系数表中未涉及的产品产排污系数说明

豆乳类饮料产品参照同等规模等级的杏仁露产品的产污系数和排污系数取值。

2.2 工况未达到 75% 负荷的企业污染物产排量核算

非全年生产或生产工况低于 75%的企业，产排污系数采用本手册中同类、同工艺产品的系数，规模按实际生产月份或实际天数计算产品的总产量，然后计算相应的污染物产生量和排放量。

2.3 生产非单一产品企业污染物产排量核算

对同类、不同原料采用相同加工工艺的产品，其产排污系数采用同一类产品的产排污系数，产品产量按这一系列总产量计，以此计算相应的污染物产生量和排放量。

1534 含乳饮料和植物蛋白饮料制造业产排污系数表

产品名称	原料名称	工艺名称	规模等级	污染物指标	单位	产污系数	末端治理技术名称	排污系数
乳酸饮料	鲜奶	调配	所有规模	工业废水量	吨/吨产品	8.357	厌氧/好氧生物组合工艺	8.119
							直排	8.357
				化学需氧量	克/吨产品	5 194	厌氧/好氧生物组合工艺	229
							直排	5 194
				五日生化需氧量	克/吨产品	3 000	厌氧/好氧生物组合工艺	102
							直排	3 000
				氨氮	克/吨产品	29	厌氧/好氧生物组合工艺	3.0
							直排	29
	奶粉	调配	所有规模	工业废水量	吨/吨产品	10.667	厌氧/好氧生物组合工艺	10.667
				化学需氧量	克/吨产品	5 845	厌氧/好氧生物组合工艺	777
				五日生化需氧量	克/吨产品	3 152	厌氧/好氧生物组合工艺	375
				氨氮	克/吨产品	112	厌氧/好氧生物组合工艺	25
乳酸菌饮料	鲜奶	发酵	≥10 万吨/年①	工业废水量	吨/吨产品	10.367	厌氧/好氧生物组合工艺	10.367
				化学需氧量	克/吨产品	7 928	厌氧/好氧生物组合工艺	986
				五日生化需氧量	克/吨产品	2 836	厌氧/好氧生物组合工艺	201
				氨氮	克/吨产品	96	厌氧/好氧生物组合工艺	32
			≤1 万吨/年①	工业废水量	吨/吨产品	34.75	生物接触氧化法	34.75
							直排	34.75
				化学需氧量	克/吨产品	25 192	生物接触氧化法	2 713
							直排	25 192
				五日生化需氧量	克/吨产品	11 101	生物接触氧化法	588
							直排	11 101
				氨氮	克/吨产品	215	生物接触氧化法	56
							直排	215
杏仁露	杏仁	磨浆	≥10 万吨/年	工业废水量	吨/吨产品	2.833	生物接触氧化法	2.833
				化学需氧量	克/吨产品	9 725	生物接触氧化法	142
				五日生化需氧量	克/吨产品	4 719	生物接触氧化法	48
				氨氮	克/吨产品	29	生物接触氧化法	20

注：① 乳酸菌饮料规模等级为 1 万～10 万吨/年时：当 5 万～10 万吨/年时应参考规模等级为≥10 万吨/年的产、排污系数；当 1 万～5 万吨/年时（包括 5 万吨/年）应参考规模等级为≤1 万吨/年的产、排污系数。

1534　含乳饮料和植物蛋白饮料制造业产排污系数表（续表）

产品名称	原料名称	工艺名称	规模等级	污染物指标	单位	产污系数	末端治理技术名称	排污系数
杏仁露	杏仁	磨浆	1 万～10 万吨/年②	工业废水量	吨/吨产品	3.875	厌氧/好氧生物组合工艺	3.875
							直排	3.875
				化学需氧量	克/吨产品	13 771	厌氧/好氧生物组合工艺	318
							直排	13 771
				五日生化需氧量	克/吨产品	6 878	厌氧/好氧生物组合工艺	109
							直排	6 878
				氨氮	克/吨产品	53	厌氧/好氧生物组合工艺	25
							直排	53
椰汁③	椰子	磨浆	≥10 万吨/年	工业废水量	吨/吨产品	3.2	生物接触氧化法	3.2
				化学需氧量	克/吨产品	11 216	生物接触氧化法	241
				五日生化需氧量	克/吨产品	4 170	生物接触氧化法	72
				氨氮	克/吨产品	49	生物接触氧化法	8
			≤1 万吨/年	工业废水量	吨/吨产品	3.542	物理+组合生物处理	3.542
							直排	3.542
				化学需氧量	克/吨产品	13 330	物理+组合生物处理	450
							直排	13 330
				五日生化需氧量	克/吨产品	4 953	物理+组合生物处理	131
							直排	4 953
				氨氮	克/吨产品	66	物理+组合生物处理	32
							直排	66

注：② 杏仁露规模等级≤1 万吨/年的应参考规模等级为 1 万～10 万吨/年的产、排污系数。

③ 椰汁规模等级 1 万～10 万吨/年时：当规模等级为 5 万～10 万吨/年时应参考规模等级为≥10 万吨/年的产、排污系数，当规模等级为 1 万～5 万吨/年时（包括 5 万吨/年）应参考规模等级≤1 万吨/年的产、排污系数。

1535
固体饮料制造业

1 适用范围

本手册给出了《统计上使用的产品分类目录》中“固体饮料制造业”的产污系数和排污系数，可用于第一次全国污染源普查固体饮料制造业工业污染源污染物产生量和排放量的核算。固体饮料是需要加水调兑的饮料，包括果香型固体饮料（固体浓缩果汁、其他果香型固体饮料）、蛋白型固体饮料（豆乳类固体饮料、椰子乳类固体饮料、杏仁乳类固体饮料、其他植物蛋白固体饮料）、咖啡固体饮料（速溶咖啡、炒磨咖啡粉、咖啡的浓缩精汁、烘焙咖啡代用品、其他咖啡固体饮料）。咖啡固体饮料一般生产采用分包装或固体混合工艺，涉及生产废水的排放比较低。而涉及提取或制汁工艺的生产，其排放相对较高。香型固体饮料采用果汁或鲜果或茶叶等；而蛋白型固体饮料的原料使用乳粉或植物蛋白粉以及提取浆。

涉及的污染物包括：工业废水量、化学需氧量。

2 注意事项

2.1 工况未达到 75% 负荷的企业污染物产排量核算

非全年生产或生产工况低于 75%的企业，产排污系数采用本手册中同类、同工艺产品的系数，规模按实际生产月份或实际天数计算产品的总产量，然后计算相应的污染物产生量和排放量。

2.2 生产非单一产品企业污染物产排量核算

对同类、不同原料采用相同加工工艺的产品，其产排污系数采用同一类产品的产排污系数，产品产量按这一系列总产量计，以此计算相应的污染物产生量和排放量。

2.3 其他需要说明的问题

固体饮料的生产过程除个别生产企业附带对干物质进行提取和浓缩制汁或对鲜果进行榨汁和浓缩制汁的生产环节，大多固体饮料生产企业基本采用直接使用浓缩汁为原料进行生产。其中以造粒干燥为主要特征工艺。本调查企业仅涉及了茶粉固体饮料的生产。而且是采用了清洗与提取的生产环节，使得废水排放量大幅增加。一般的固体饮料的生产，不涉及清洗、提取、浓缩等步骤，其废水主要来源于对设备和加工环境的清洗，故废水量较少。

1535 固体饮料制造业产排污系数表

产品名称	原料名称	工艺名称	规模等级	污染物指标	单位	产污系数	末端治理技术名称	排污系数
固体饮料	茶叶	提取	所有规模	工业废水量	吨/吨产品	10.333	生物接触氧化法	10.333
							直排	10.333
				化学需氧量	克/吨产品	8 587	生物接触氧化法	2 037
							直排	8 587

1539

茶饮料制造业

1 适用范围

本手册给出了《统计上使用的产品分类目录》中“茶饮料制造业”茶饮料的产污系数和排污系数，茶饮料产品包括茶汤饮料和多味茶饮料两类。可用于第一次全国污染源普查茶饮料制造业工业污染源污染物产生量和排放量的核算。

涉及的污染物包括：工业废水量、化学需氧量。

2 注意事项

2.1 系数表中未涉及的产品产排污系数说明

（1）红茶饮料和绿茶饮料视为茶汤饮料。

（2）采用调配工艺生产多味茶饮料，参照调配类饮料处理。

2.2 工况未达到 75% 负荷的企业污染物产排量核算

非全年生产或生产工况低于 75%的企业，产排污系数采用本手册中同类、同工艺产品的系数，规模按实际生产月份或实际天数计算产品的总产量，然后计算相应的污染物产生量和排放量。

2.3 生产非单一产品企业污染物产排量核算

对同类、不同原料采用相同加工工艺的产品，其产排污系数采用同一类产品的产排污系数，产品产量按这一系列总产量计，以此计算相应的污染物产生量和排放量。

1539 茶饮料及其他软饮料制造业产排污系数表

产品名称	原料名称	工艺名称	规模等级	污染物指标	单位	产污系数	末端治理技术名称	排污系数
茶饮料	茶粉	调配	≥10 万吨/年	工业废水量	吨/吨产品	0.748	活性污泥法	0.748
				化学需氧量	克/吨产品	558	活性污泥法	35
	茶粉	调配	1 万～10 万吨/年①	工业废水量	吨/吨产品	1.986	活性污泥法	1.986
							直排	1.986
				化学需氧量	克/吨产品	625	活性污泥法	48
							直排	625
	茶叶	提取	≥10 万吨/年	工业废水量	吨/吨产品	5.25	上浮分离+活性污泥法+化学混凝气浮法	5.25
				化学需氧量	克/吨产品	5 223	上浮分离+活性污泥法+化学混凝气浮法	101
	茶叶	提取	1 万～10 万吨/年②	工业废水量	吨/吨产品	3.482	生物接触氧化法	3.482
							直排	3.482
				化学需氧量	克/吨产品	5 922	生物接触氧化法	121
							直排	5 922

注：① 规模等级≤1 万吨/年的企业请参考规模等级为 1 万～10 万吨/年的产、排污系数。

② 规模等级≤1 万吨/年的企业请参考规模等级为 1 万～10 万吨/年的产、排污系数。

17

纺 织 业

1711
棉、化纤纺织加工业

1 适用范围

本手册给出了《统计上使用的产品分类目录》中“棉、化纤纺织加工业”棉（化纤）未漂白机织物、纱线（未染色）、色织棉机织物、纱线（染色）、牛仔布等行业内通用产品的产污系数和排污系数，适用于国内棉、化纤纺织加工业中所有生产企业，可用于第一次全国污染源普查中棉、化纤纺织加工业污染源污染物产生量和排放量的核算。

涉及的污染物包括：工业废水量、化学需氧量、工业固体废物[污泥（含水 80%）]。

2 注意事项

2.1 系数表中未涉及的产品产排污系数说明

（1）色织坯布单织产品未列入产排污系数表，参照“未漂白机织物+纱线+浆纱-织造+全部”的产排污系数进行计算。

（2）未列入系数表中的棉染色织布产品生产的污染物产排污系数，参照“色织棉机织物+纱线+染纱-浆纱-织造-后整理+全部”的产排污系数进行计算。

（3）未列入系数表中缝纫线产品生产的污染物产排污系数　参照“染色纱线+纱线（未染色）+染色+全部”的产排污系数进行计算。

（4）高强力纱机织物、特种机织物参照“未漂白机织物+纱线+浆纱-织造+全部”的产排污系数进行计算。

2.2 生产非单一产品企业污染物产排量核算

企业生产涉及不同行业及不同产品，产排污量应根据其不同的产品分别进行核算。该企业的产排污量则为各产品的产排污量之和。

2.3 其他需要说明的问题

（1）本手册中的排污系数是在典型工况下得到的，未考虑废水回用的影响因素。因此系数使用时要依据调查企业的废水回用率对工业废水量的排污系数进行调整后应用。

有废水回用的排污系数＝排污系数（本手册）×（1－废水回用率）

（2）由于棉、化纤纺织加工企业废水中染料、浆料的特性，在废水处理过程中化学药剂的投加量往往很大，污染物的重量与 COD 的削减量有可能不是 1:1 的对应关系。

（3）关于系数表单各栏目的说明

① 产品名称：指棉、化纤纺织加工企业在报告期内生产的，并符合产品质量要求的实物名称。本手册包括棉（化纤）未漂白机织物、纱线（未染色）、色织棉机织物、纱线（染色）、牛仔布 5 个行业内通用的产品名称，覆盖了 10 多个统计用产品名称。

行业代码	产品名称	统计名称	统计代码
1711	纱线（包括：未染色、染色）	纱	171111
		线	171121
	缝纫线	缝纫线	171125
	棉（化纤）未漂白机织物	未漂白棉机织物	17113101
		未漂白棉混纺机织	17113201
		未漂白化学纤维机织物	17113301
		特种棉化纤织物（坯布）	171160
	色织棉机织物（包括：色织坯布、棉染色织布）	色织棉机织物，平米重≤200 克	1711310401
		色织棉混纺机织物	17113204
		色织化学纤维机织物	17113304
		棉花染色机织物	1711310401
	牛仔布	色织棉机织物，平米重＞200 克	1711310402
		色织棉混纺机织物	17113204

② 原料名称：指棉、化纤纺织加工企业在报告期内使用的主要原料。本手册包括棉花、化学纤维、纱线 3 个行业内通用的原料名称，覆盖了 10 个统计用原料名称。

行业代码	原料名称	统计名称	统计代码
1711	棉花	皮棉	05103001
	化学纤维	人造纤维短纤维	281210
		锦纶短纤维	28201001
		涤纶棉型短纤维	2820201001
		腈纶棉型短纤维	2820301001
		维纶短纤维	28204001
		丙纶短纤维	28205001
		氯纶短纤维	28205101
		腈氯纶短纤维	28205301
		其他合成纤维	282059

③ 工艺名称：指对应棉、化纤纺织加工企业生产、加工产品采用的主要生产方法的名称。棉、化纤纺织加工企业的工艺名称很多，本手册中“工艺名称”栏中列出的是综合后的生产工艺名称，即生产工序的名称。

工序名称	工艺名称
纺纱工序	精梳工艺、普梳工艺等棉型纤维纺纱工艺
浆纱工序	化学浆、淀粉浆为主的浆纱工艺
织造工序	梭织机、无梭织机（不包括喷水织机）等织造工艺
染纱工序	筒子染色工艺、绞纱染色工艺、经轴染色等工艺。包括常温、高温等染纱工艺
色织布后整理	普通整理工艺、丝光整理工艺、磨毛整理等工艺
牛仔布生产	片状染色工艺、球磨染色绳染

④ 规模等级：指产排污系数核算所对应的生产规模等级。

⑤ 污染物指标：包含工业废水量、化学需氧量、工业固体废物（污泥）。

⑥ 单位：为产排污系数计量单位。工业废水量单位为“吨/吨产品”，化学需氧量单位为“克/吨产品”，工业固体废物（污泥）单位为“吨/吨产品”。棉、化纤纺织加工企业在生产统计中惯用每百米布公斤重（公斤/百米）的表示方法，因此在计算产排污系数时应将长度等计量单位改为重量计量单位。目前企业生产的产品品种较多，如果主导产品是特宽幅、高支高密、超薄型、粗厚型、高紧度等差异化产品，具体折算系数可以企业自定的折算系数为准。企业若无折算系数可参考：棉（化纤）未漂白机织物万米与吨的折算系数为 2.5 吨/万米；色织棉机织物产品万米与吨的折算系数为 2 吨/万米；起绒布等特种织物产品万米与吨的折算系数为 3.5 吨/万米；轻磅牛仔布产品万米与吨的折算系数为 4 吨/万米，中磅牛仔布产品万米与吨的折算系数为 6 吨/万米。

⑦ 末端治理技术名称：针对棉、化纤纺织加工行业内的污染物所采用的处理方法的名称。由于棉、化纤纺织加工行业产品的品种相对较多，浆料及染料的种类复杂，致使行业内末端治理技术种类较多。废水污染物的排污系数依据废水处理采用工艺技术的不同而有一定的差异。手册中只涉及常用的末端处理技术，当被调查企业的末端处理方法不在系数表单中时，可咨询当地行业组织或环保专家及企业技术人员，在系数表单中选取近似的废水末端处理方法替代。如果没有近似的废水末端处理方法替代，首先调查该企业是否有当地环保部门的监测报告，如果有，可以监测报告上的末端处理方法名称和排污数据为准；如果没有，该企业按无治理设施处理，排污系数等于产污系数。

1711　棉、化纤纺织加工行业产排污系数表

产品名称	原料名称	工艺名称	规模等级	污染物指标	单位	产污系数	末端治理技术名称	排污系数
棉（化纤）未漂白机织物	棉花、化学纤维	纺纱-浆纱-织造	所有规模	工业废水量	吨/吨产品	57.57	化学+生物	51.82
							沉淀分离	54.69
							直排	57.57①
				化学需氧量	克/吨产品	6 460	化学+生物	4 440
							沉淀分离	5 490
							直排	6 460①
				工业固体废物（污泥）	吨/吨产品	0.115②	—	—
						0.000 97③	—	—
	纱、线	浆纱-织造	所有规模	工业废水量	吨/吨产品	33.39	厌氧/好氧生物组合工艺	30.72
							化学+生物	30.05
							直排	33.39①
				化学需氧量	克/吨产品	4 760	厌氧/好氧生物组合工艺	2 530
							化学+生物	2 210
							直排	4 760①
				工业固体废物（污泥）	吨/吨产品	0.002 95④	—	—
						0.066 78②	—	—

注：① 末端不治理采用直排方式下产污系数＝排污系数，且无工业固体废物（污泥）产生。
② 末端治理技术为“化学+生物”。
③ 末端治理技术为“沉淀分离”。
④ 末端治理技术为“厌氧/好氧生物组合工艺”。

1711　棉、化纤纺织加工行业产排污系数表（续 1）

产品名称	原料名称	工艺名称	规模等级	污染物指标	单位	产污系数	末端治理技术名称	排污系数
纱、线（未染色）	棉花、化学纤维	纺纱	所有规模	工业废水量	吨/吨产品	23.55	直排	23.55①②
				化学需氧量	克/吨产品	1 160	直排	1 160
色织棉机织物	纱、线（未染色）	染纱-浆纱-织造-后整理	所有规模	工业废水量	吨/吨产品	163.85	化学+生物	147.51
							物化+生物	144.22
							厌氧/好氧生物组合工艺	150.83
				化学需氧量	克/吨产品	125 690	化学+生物	18 850
							物化+生物	15 080
							厌氧/好氧生物组合工艺	24 490
				工业固体废物（污泥）	吨/吨产品	0.328③	—	—
						0.361④	—	—
						0.098 8⑤	—	—
纱、线（染色）	纱、线（未染色）	染色	所有规模	工业废水量	吨/吨产品	84.12	厌氧/好氧生物组合工艺	77.39
							化学+生物	75.71
				化学需氧量	克/吨产品	43 610	厌氧/好氧生物组合工艺	13 090
							化学+生物	9 590
				工业固体废物（污泥）	吨/吨产品	0.031⑤	—	—
						0.168③	—	—

注：① 纺纱工艺中用于保持温度和湿度的水可以部分循环使用，本表产排污系数已经考虑了这个影响因素。

② 污染物直排方式下，产污系数＝排污系数，且无工业固体废物（污泥）产生。

③ 末端治理技术为“化学+生物”。

④ 末端治理技术为“物化+生物”。

⑤ 末端治理技术为“厌氧/好氧生物组合工艺”。

1711 棉、化纤纺织加工行业产排污系数表（续 2）

产品名称	原料名称	工艺名称	规模等级	污染物指标	单位	产污系数	末端治理技术名称	排污系数
色织棉机织物	色织坯布	后整理	所有规模	工业废水量	吨/吨产品	49.14	化学+生物	44.23
							厌氧/好氧生物组合工艺	45.21
				化学需氧量	克/吨产品	32 660	化学+生物	4 580
							厌氧/好氧生物组合工艺	7 530
				工业固体废物（污泥）	吨/吨产品	0.098 28①	—	—
						0.025②	—	—
牛仔布	线	染纱-浆纱-织布-后整理	所有规模	工业废水量	吨/吨产品	64.13	化学+生物	55.29
							厌氧/好氧生物组合工艺	56.52
				化学需氧量	克/吨产品	45 480	化学+生物	5 010
							厌氧/好氧生物组合工艺	8 860
				工业固体废物（污泥）	吨/吨产品	0.128①	—	—
						0.036②	—	—

注：① 末端治理技术为“化学+生物”。
② 末端治理技术为“厌氧/好氧生物组合工艺”。

1712
棉、化纤印染精加工业

1 适用范围

本手册给出了《统计上使用的产品分类目录》中“棉、化纤印染精加工业”棉（化纤）印染机织物、合纤长丝印染机织物等行业内通用产品的产污系数和排污系数，适用于国内棉、化纤印染精加工业中所有生产企业，可用于第一次全国污染源普查棉、化纤印染精加工业污染源污染物产生量和排放量的核算。

涉及的污染物包括：工业废水量、化学需氧量、工业固体废物[污泥（含水 80%）]。

2 注意事项

2.1 系数表中未涉及的产品产排污系数说明

仿丝绸合纤长丝印染机织物产品的产排污系数参照“1743 丝印染精加工行业产排污系数表”。

2.2 生产非单一产品企业污染物产排量核算

企业生产涉及不同行业及不同产品，产排污量应根据其不同的产品分别进行核算。企业的产排污量为各产品的产排污量之和。

2.3 其他需要说明的问题

（1）本手册中的排污系数是在典型工况下得到的，未考虑废水回用的影响因素。因此系数使用时要依据调查企业的废水回用率对工业废水量的排污系数进行调整后应用。

有废水回用的排污系数＝排污系数（本手册）×（1－废水回用率）

（2）由于棉、化纤印染精加工企业废水中染料、浆料的特性，在废水处理过程中化学药剂的投加量往往很大，污染物的重量与 COD 的削减量有可能不是 1∶1 的对应关系。

（3）关于系数表格各栏目的说明

① 产品名称：指棉、化纤印染精加工企业在报告期内生产的，并符合产品质量要求的实物名称。本手册包括棉（化纤）印染机织物、合纤长丝印染机织物 2 个行业内通用的产品名称，覆盖了 20 多个统计用产品名称。但不包括色织棉机织物、棉染色织布、牛仔布和仿丝绸合纤长丝印染机织物等产品名称。

行业代码	产品名称	统计名称	统计代码
1712	棉（化纤）印染机织物	漂白棉机织物	17113102
		染色棉机织物	17113103
		印花棉机织物	17113105
		漂白化学纤维机织物	17113302
		染色化学纤维棉机织物	17113303
		印花化学纤维棉机织物	17113305
		漂白棉混纺机织物	17113202
		染色棉混纺机织物	17113203
		印花棉混纺机织物	17113205
	合纤长丝印染机织物	漂白锦纶长丝机织物	1740350102
		染色锦纶长丝机织物	1740350103
		印花锦纶长丝机织物	1740350105
		漂白涤纶长丝机织物	1740350202
		染色涤纶长丝机织物	1740350203
		印花涤纶长丝机织物	1740350205
		漂白涤纶加工丝机织物	1740350302
		染色涤纶加工丝机织物	1740350303
		印花涤纶加工丝机织物	1740350305
		漂白其他合纤长丝机织物	1740350902
		染色其他合纤长丝机织物	1740350903
		印花其他合纤长丝机织物	1740350905

② 原料名称：指棉、化纤印染精加工企业在报告期内使用的主要原料。本手册包括棉（化纤）未漂白机织物、合纤长丝未漂白机织物等行业内通用的原料名称，覆盖了 7 个统计用原料名称。但不包括未整理的色织棉机织物、棉染色织布、牛仔布和未染色的仿丝绸合纤长丝机织物等原料名称。

行业代码	原料名称	统计名称	统计代码
1712	棉（化纤）未漂白机织物	未漂白棉机织物	17113101
		未漂白化学纤维机织物	17113301
		未漂白棉混纺机织物	17113201
	合纤长丝未漂白机织物	未漂白锦纶长丝机织物	1740350101
		未漂白涤纶长丝机织物	1740350201
		未漂白涤纶加工丝机织物	1740350301
		未漂白其他合纤长丝机织物	1740350901

③ 工艺名称：指对应棉、化纤印染精加工企业生产、加工产品采用的主要生产方法的名称。棉、化纤印染精加工工艺名称很多，本手册中的工艺名称为生产工序的名称。生产工序中包括的生产工艺请见下表。

工序名称	工艺名称
前处理	烧毛、退浆工艺，不包括生产仿真丝绸减碱量工艺
印　染	高温高压、常温常压、冷轧堆染色工艺，圆网、平网印花工艺
后整理	漂洗、丝光、磨毛、液氨、轧光等工艺

④ 规模等级：指产排污系数核算所对应的生产规模等级。

⑤ 污染物指标：包含工业废水量、化学需氧量、工业固体废物（污泥）。

⑥ 单位：为产排污系数计量单位。工业废水量单位为“吨/吨产品”，化学需氧量单位为“克/吨产品”，工业固体废物（污泥）单位为“吨/吨产品”。棉、化纤印染精加工企业在生产统计中惯用每百米布公斤重（公斤/百米）的表示方法，因此在计算产排污系数时应将长度等计量单位改为重量计量单位。目前企业生产的产品品种较多，如果主导产品是特宽幅、高支高密、超薄型、粗厚型、高紧度等差异化产品，具体折算系数可以企业自定的折算系数为准。企业若无折算系数可参考：棉（化纤）印染机织物、合纤长丝未漂白机织物的折算系数为 2.5 吨/万米，特种机织物的折算系数为 3.5 吨/万米。

⑦ 末端治理技术名称：针对棉、化纤印染精加工企业的污染物所采用的处理方法的名称。由于纺织行业产品的品种相对较多，浆料及染料的种类复杂，致使行业内末端治理技术种类较多。废水污染物的排污系数依据废水处理采用工艺技术的不同而有一定的差异。本手册中只涉及常用的末端处理技术，当被调查企业的末端处理方法不在系数表单中时，可咨询当地行业组织或环保专家及企业技术人员，在系数表单中选取近似的废水处理方法代替。如果没有近似的废水处理方法代替，首先调查该企业是否有当地环保部门的监测报告。如果有，可以监测报告上的末端处理方法名称和排污数据为准；如果无，该企业按无治理设施处理，排污系数等于产污系数。

1712 棉、化纤印染精加工行业产排污系数表

产品名称	原料名称	工艺名称	规模等级	污染物指标	单位	产污系数	末端治理技术名称	排污系数
棉（化纤）印染机织物	棉（化纤）未漂白机织物	前处理-印染-后整理	>2万吨/年	工业废水量	吨/吨产品	142.71	厌氧/好氧生物组合工艺	135.86
							物化+生物	125.67
							化学+生物	129.62
				化学需氧量	克/吨产品	160 520	厌氧/好氧生物组合工艺	24 087
							物化+生物	13 480
							化学+生物	17 140
				工业固体废物（污泥）	吨/吨产品	0.136①	—	—
						0.314②	—	—
						0.285③	—	—
			1万～2万吨/年	工业废水量	吨/吨产品	139.01	厌氧/好氧生物组合工艺	132.97
							物化+生物	106.66
							化学+生物	115.21
				化学需氧量	克/吨产品	201 290	厌氧/好氧生物组合工艺	22 610
							物化+生物	15 480
							化学+生物	17 640
				工业固体废物（污泥）	吨/吨产品	0.179①	—	—
						0.306②	—	—
						0.278③	—	—
			<1万吨/年	工业废水量	吨/吨产品	129.65	厌氧/好氧生物组合工艺	122.21
							物化+生物	111.82
							化学+生物	121.24
				化学需氧量	克/吨产品	229 610	厌氧/好氧生物组合工艺	20 780
							物化+生物	15 310
							化学+生物	18 570
				工业固体废物（污泥）	吨/吨产品	0.209①	厌氧/好氧生物组合工艺	—
						0.285②	物化+生物	—
						0.259③	化学+生物	—

注：① 末端治理技术为“厌氧/好氧生物组合工艺”。
② 末端治理技术为“物化+生物”。
③ 末端治理技术为“化学+生物”。

1721

毛条加工业

1 适用范围

本手册给出了《统计上使用的产品分类目录》中“毛条加工行业”洗净毛、羊毛毛条、动物毛条和化学纤维毛条等行业内通用产品的产污系数和排污系数，适用于国内毛条加工业中所有生产企业，可用于第一次全国污染源普查毛条加工行业污染源污染物产生量和排放量的核算。

涉及的污染物包括：工业废水量、化学需氧量、工业固体废物[污泥（含水 80%）]。

2 注意事项

2.1 生产非单一产品企业污染物产排量核算

企业生产的产品涉及不同行业、不同产品、不同原料、不同工艺等情况时，应对不同情况下产品的产排污量分别进行核算。企业的产排污量则为各产品的产排污量之和。

2.2 其他需要说明的问题

（1）本手册中的排污系数是在典型工况下得到的，未考虑废水回用的影响因素。因此系数使用时要依据调查企业的废水回用率对工业废水量的排污系数进行调整后应用。

有废水回用的排污系数＝排污系数（本手册）×（1－废水回用率）

（2）由于洗毛行业污染较重，COD 的浓度较高，在废水处理过程中化学药剂的投加量往往很大，污染物的重量与 COD 的削减量有可能不是 1∶1 的对应关系。

（3）关于系数表格各栏目的说明

① 产品名称：指毛条加工业企业在报告期内生产的，并符合产品质量要求的实物名称。本手册包括洗净毛、羊毛毛条和其他动物毛毛条 3 个行业内通用的产品名称，覆盖了 3 个统计用产品名称。

行业代码	产品名称	统计名称	统计代码
1721	洗净毛	绵羊毛	03386111
	羊毛毛条	毛条	172011
	其他动物毛毛条		

② 原料名称：指毛条加工企业在报告期内使用的主要原料。本手册包括绵羊毛、其他动物毛 2 个行业内通用的原料名称，覆盖了 2 个统计用产品名称。

行业代码	原料名称	统计名称	统计代码
1721	绵羊毛	绵羊毛	03386111
	其他动物毛	其他动物毛	

③ 工艺名称：指对应毛条加工企业生产、加工产品采用的主要生产方法的名称。

④ 规模等级：指产排污系数核算所对应的生产规模等级。

⑤ 污染物指标：包含工业废水量、化学需氧量、工业固体废物[污泥（含水 80%）]。

⑥ 单位：为产排污系数计量单位。工业废水量单位为“吨/吨产品”，化学需氧量单位为“克/吨产品”，工业固体废物（污泥）单位为“吨/吨产品”。

⑦ 末端治理技术名称：针对毛条加工行业内的污染物所采用的处理方法的名称。由于毛条加工过程中会有一些羊毛脂等物质存在，致使行业内末端治理技术种类较多。废水污染物的排污系数依据废水处理采用工艺技术的不同而有一定的差异。手册中只涉及常用的末端处理技术，当被调查企业的末端处理方法不在系数表单中时，可咨询当地行业组织或环保专家及企业技术人员，在系数表单中选取近似的废水处理方法代替。如果没有近似的废水处理方法代替，首先调查该企业是否有当地环保部门的监测报告。如果有，可以监测报告上的末端处理方法名称和排污数据为准；如果无，该企业按无治理设施处理，排污系数等于产污系数。

1721　毛条加工行业产排污系数表

产品名称	原料名称	工艺名称	规模等级	污染物指标	单位	产污系数	末端治理技术名称	排污系数
洗净毛、羊毛毛条、其他动物毛条	羊毛、其他动物毛	洗毛-制条	>5 000 吨/年	工业废水量	吨/吨产品	52.46	厌氧/好氧生物组合工艺	48.26
							化学+生物	47.21
				化学需氧量	克/吨产品	1 372 520	厌氧/好氧生物组合工艺	205 910
							化学+生物	137 330
				工业固体废物（污泥）	吨/吨产品	1.167①	—	—
						1.235②	—	—
			≤5 000 吨/年	工业废水量	吨/吨产品	46.99	厌氧/好氧生物组合工艺	43.71
							化学+生物	42.76
				化学需氧量	克/吨产品	1 520 000	厌氧/好氧生物组合工艺	228 050
							化学+生物	167 240
				工业固体废物（污泥）	吨/吨产品	1.292①	—	—
						1.353②	—	—

注：① 末端治理技术为“厌氧/好氧生物组合工艺”。

② 末端治理技术为“化学+生物”。

1722

毛纺织行业

1 适用范围

本手册给出了《统计上使用的产品分类目录》中“毛纺织行业”的毛纱线、精梳毛机织物、粗梳毛机织物等行业内通用产品的产污系数和排污系数，适用于国内毛纺织行业中所有生产企业，可用于第一次全国污染源普查毛纺织行业污染源污染物产生量和排放量的核算。

涉及的污染物包括：工业废水量、化学需氧量、工业固体废物[污泥（含水 80%）]。

2 注意事项

2.1 系数表中未涉及的产品产排污系数说明

毛机织物（白坯呢绒）参照“1711 棉、化纤纺织加工”中未漂白机织物的产排污系数。

2.2 生产非单一产品企业污染物产排量核算

同一企业生产涉及不同行业、不同产品、不同原料、不同工艺及不同规模时，产品的产排污量应根据其不同条件分别进行核算。企业的产排污量则为各产品的产排污量之和。

2.3 其他需要说明的问题

（1）本手册的排污系数是在典型工况下得到的，未考虑废水回用的影响因素。因此系数使用时要依据调查企业的废水回用率对工业废水量的排污系数进行调整后应用。

有废水回用的排污系数＝排污系数（本手册）×（1－废水回用率）

（2）由于毛纺织企业废水中染料、助剂的特性，在废水处理过程中化学药剂的投加量往往很大，污染物的重量与 COD 的削减量有可能不是 1∶1 的对应关系。

（3）关于系数表格各栏目的说明

① 产品名称：指毛纺织加工企业在报告期内生产的，并符合产品质量要求的实物名称。本手册包括毛纱线、精梳毛机织物、粗梳毛机织物 3 个行业内通用的产品名称，覆盖了近 10 个统计用产品名称。

行业代码	产品名称	统计名称	统计代码
1722	毛纱线	毛纱	172021
		绒线	172031
	精梳毛机织物	纯毛精梳毛机织物	1720410102
		毛混纺精梳毛机织物	1720410202
		化学纤维毛机织物	17204103

行业代码	产品名称	统计名称	统计代码
1722	粗梳毛机织物	纯毛粗梳毛机织物	1720410101
		毛混纺粗梳毛机织物	1720410201
		化学纤维毛机织物	17204103
		特种羊毛或动物细毛织物	172051
		人造纤维毛条	17201103

② 原料名称：指毛纺织加工企业在报告期内使用的主要原料。本手册包括羊毛、毛型化学纤维、毛条等行业内通用的原料名称，覆盖了11个统计用产品名称。

行业代码	原料名称	统计名称	统计代码
1722	羊毛、 毛型化学纤维	绵羊毛	03386111
		涤纶毛型短纤维	2820201002
		腈纶毛型短纤维	2820301002
		黏胶毛型短纤维	2820201002
		锦纶短纤维	28201001
		维纶短纤维	28204001
		丙纶短纤维	28205001
		其他合成短纤维	282059
		黏胶毛型短纤维	2812100102
		洗净毛	（无编码）
	毛条	毛条	172011

③ 工艺名称：指对应毛纺织加工企业生产、加工产品采用的主要生产方法的名称。

④ 规模等级：指产排污系数核算所对应的生产规模等级。

⑤ 污染物指标：包含工业废水量、化学需氧量、工业固体废物（污泥）。

⑥ 单位：为产排污系数计量单位，工业废水量单位为“吨/吨产品”，化学需氧量单位为“克/吨产品”，工业固体废物（污泥）单位为“吨/吨产品”。由于毛纺织企业在生产统计中惯用每百米布公斤重（公斤/百米）的表示方法，因此在计算产排污系数时应将长度等计量单位改为重量计量单位。目前企业生产的产品品种较多，具体折算系数可以企业自定的折算系数为准。企业若无折算系数，精纺毛机织物可按照4.0吨/万米折算，粗纺毛机织物可按照5.5吨/万米折算。

⑦ 末端治理技术名称：针对毛纺织行业内的污染物所采用的处理方法的名称。由于毛纺织行业产品的品种相对较多，染料、助剂的种类复杂，致使行业内末端治理技术种类较多。废水污染物的排污系数依据废水处理采用工艺技术的不同而有一定的差异。手册中只涉及常用的末端处理技术，当被调查企业的末端处理方法不在系数表单中时，可咨询当地行业组织或环保专家及企业技术人员，在系数表单中选取近似的废水处理方法代替。如果没有近似的废水处理方法代替，首先调查该企业是否有当地环保部门的监测报告。如果有，可以监测报告上的末端处理方法名称和排污数据为准；如果无，该企业按无治理设施处理，排污系数等于产污系数。

1722 毛纺织行业产排污系数表

产品名称	原料名称	工艺名称	规模等级	污染物指标	单位	产污系数	末端治理技术名称	排污系数
毛纱线	毛条	染条—纺纱	>1 000 吨/年	工业废水量	吨/吨产品	386.64	物化+生物	340.24
							化学+生物	344.11
				化学需氧量	克/吨产品	236 120	物化+生物	37 140
							化学+生物	38 960
				工业固体废物（污泥）	吨/吨产品	0.851①	—	—
						0.773②	—	—
			≤1 000 吨/年	工业废水量	吨/吨产品	371.33	化学+生物	337.91
							物化+生物	330.56
				化学需氧量	克/吨产品	294 270	化学+生物	38 870
							物化+生物	35 590
				工业固体废物（污泥）	吨/吨产品	0.743②	—	—
						0.817①	—	—
精梳毛机织物	毛条	染条—纺纱—织造—整理	所有规模	工业废水量	吨/吨产品	481.42	物化+生物	429.51
							厌氧/好氧生物组合工艺	442.91
				化学需氧量	千克/吨产品	304.2	物化+生物	56.54
							厌氧/好氧生物组合工艺	75.68
				工业固体废物（污泥）	吨/吨产品	1.059①	—	—
						0.229③	—	—
粗梳毛机织物	羊毛、毛型化学纤维	染毛—纺纱—织造—后整理	所有规模	工业废水量	吨/吨产品	625.82	物化+生物	556.98
							厌氧/好氧生物组合工艺	575.75
				化学需氧量	克/吨产品	450 590	物化+生物	64 430
							厌氧/好氧生物组合工艺	90 110
				工业固体废物（污泥）	吨/吨产品	1.377①	—	—
						0.361③	—	—

注：① 末端治理技术为“物化+生物”。
② 末端治理技术为“化学+生物”。
③ 末端治理技术为“厌氧/好氧生物组合工艺”。

1723
毛染整精加工业

1 适用范围

本手册给出了《统计上使用的产品分类目录》中“毛染整精加工行业”的毛机织物（染色）的产污系数和排污系数，适用于国内毛染整精加工行业中所有生产企业，可用于第一次全国污染源普查毛染整精加工行业污染源污染物产生量和排放量的核算。

涉及的污染物包括：工业废水量、化学需氧量、工业固体废物[污泥（含水 80%）]。

2 注意事项

2.1 生产非单一产品企业污染物产排量核算

同一企业生产涉及不同行业、不同产品、不同原料、不同工艺及不同规模时，产品的产排污量应根据其不同条件分别进行核算。企业的产排污量则为各产品的产排污量之和。

2.2 其他需要说明的问题

（1）本手册的排污系数是在典型工况下得到的，未考虑废水回用的影响因素。因此系数使用时要依据调查企业的废水回用率对工业废水量的排污系数进行调整后应用。

有废水回用的排污系数＝排污系数（本手册）×（1－废水回用率）

（2）由于毛染整精加工企业废水中染料、助剂的特性，在废水处理过程中化学药剂的投加量往往很大，同时污染物的重量与 COD 的削减量并非全是 1∶1 的对应关系，有的产品污染物的重量大于 COD 的削减量。

（3）关于系数表格各栏目的说明

① 产品名称：指毛染整精加工企业在报告期内生产的，并符合产品质量要求的实物名称。本手册包括毛机织物（染色）1 个行业内通用的产品名称，覆盖了 1 个统计用产品名称。

② 原料名称：指毛染整精加工企业在报告期内使用的主要原料。本手册包括毛机织物（未染色）行业内通用的原料名称，覆盖了 1 个统计用产品名称。

③ 工艺名称：指对应毛染整精加工企业生产、加工产品采用的主要生产方法的名称。

④ 规模等级：指产排污系数核算所对应的生产规模等级。

⑤ 污染物指标：包含工业废水量、化学需氧量、工业固体废物（污泥）。

⑥ 单位：为产排污系数计量单位，工业废水量单位为“吨/吨产品”，化学需氧量单位为“克/吨产品”，工业固体废物（污泥）单位为“吨/吨产品”。毛染整精加工企业生产统计中惯用每百米布公斤重

（公斤/百米）的表示方法。因此在计算产排污系数时应将长度等计量单位改为重量计量单位。目前企业生产的产品品种较多，具体折算系数可以企业自定的折算系数为准。企业若无折算系数，精纺毛机织物（印染呢绒）可按照 4.0 吨/万米折算，粗纺毛机织物（印染呢绒）可按照 5.5 吨/万米折算。

⑦ 末端治理技术名称：针对毛染整精加工行业内的污染物所采用的处理方法的名称。由于毛染整精加工行业产品的品种相对较多，染料、助剂的种类复杂，致使行业内末端治理技术种类较多。废水污染物的排污系数依据废水处理采用工艺技术的不同而有一定的差异。手册中只涉及常用的末端处理技术，当被调查企业的末端处理方法不在系数表单中时，可咨询当地行业组织或环保专家及企业技术人员，在系数表单中选取近似的废水处理方法代替。如果没有近似的废水处理方法代替，首先调查该企业是否有当地环保部门的监测报告。如果有，可以监测报告上的末端处理方法名称和排污数据为准；如果无，该企业按无治理设施处理，排污系数等于产污系数。

1723 毛染整精加工行业产排污系数表

产品名称	原料名称	工艺名称	规模等级	污染物指标	单位	产污系数	末端治理技术名称	排污系数
精、粗梳毛机织物（印染呢绒）	精、粗梳毛机织物（白坯呢绒）	染整—后整理	所有规模	工业废水量	吨/吨产品	367.52	化学+生物	334.44
							物化+生物	327.09
				化学需氧量	克/吨产品	245 780	化学+生物	42 690
							物化+生物	36 780
				工业固体废物（污泥）	吨/吨产品	0.735[①]	—	—
						0.809[②]	—	—

注：① 末端治理技术为“化学+生物”。

② 末端治理技术为“物化+生物”。

1730
麻纺织行业

1 适用范围

本手册给出了《统计上使用的产品分类目录》中“麻纺织行业”的未漂白苎麻机织物、未漂白亚麻机织物、苎麻纱、苎麻精干麻、亚麻纱、亚麻打成麻等行业内通用产品的产污系数和排污系数，适用于国内麻纺织行业中所有生产企业，可用于第一次全国污染源普查麻纺织行业污染源污染物产生量和排放量的核算。

涉及的污染物包括：工业废水量、化学需氧量、工业固体废物[污泥（含水 80%）]。

2 注意事项

2.1 系数表中未涉及的产品产排污系数说明

（1）未漂白亚麻机织布参照“1711 棉、化纤纺织加工”未漂白苎麻机织物的产排污系数。

（2）苎亚麻色纱参照“1711 棉、化纤纺织加工”纱线（染色）的产排污系数。

（3）苎亚麻色织机织物参照“1711 棉、化纤纺织加工”色织棉机织物的产排污系数。

（4）苎亚麻印染机织物参照“1712 棉、化纤印染精加工”棉（化纤）印染机织物的产排污系数。

2.2 生产非单一产品企业污染物产排量核算

同一企业生产涉及不同行业、不同产品、不同原料、不同工艺及不同规模时，产品的产排污量应根据其不同条件分别进行核算。企业的产排污量则为各产品的产排污量之和。

2.3 其他需要说明的问题

（1）本手册的排污系数是在典型工况下得到的，未考虑废水回用的影响因素。因此系数使用时要依据调查企业的废水回用率对工业废水量的排污系数进行调整后应用。

有废水回用的排污系数＝排污系数（本手册）×（1－废水回用率）

（2）由于麻纺企业苎麻脱胶过程以及亚麻沤制过程中污染较重，特别是沤制亚麻过程中 COD 的浓度很大，在废水处理过程中化学药剂的投加量往往很大，同时污染物的重量与 COD 的削减量并非全是 1∶1 的对应关系，所以有时污泥的产生量很大。

（3）关于系数表格各栏目的说明

① 产品名称：指麻纺织加工企业在报告期内生产的，并符合产品质量要求的实物名称。本手册包括未漂白苎麻机织物、未漂白亚麻机织物、苎麻纱、苎麻精干麻、亚麻纱、亚麻打成麻 6 个行业内通

用的产品名称，覆盖了 8 个统计用产品名称。

行业代码	产品名称	统计名称	统计代码
1730	未漂白苎麻机织物	未漂白纯苎麻机织物	1730320101
		未漂白苎麻混纺机织物	1730320201
	未漂白亚麻机织物	未漂白纯亚麻机织物	1730310101
		未漂白亚麻混纺机织物	1730310201
	苎麻纱	苎麻纱	17301102
	苎麻精干麻	苎麻精干麻	17300101
	亚麻纱	亚麻纱	17301101
	亚麻打成麻	亚麻打成麻	17300102

② 原料名称：指麻纺织加工企业在报告期内使用的主要原料。本手册包括沤制亚麻、沤制苎麻等行业内通用的原料名称，覆盖了 2 个统计用产品名称。

行业代码	原料名称	统计名称	统计代码
1730	沤制亚麻	沤制亚麻	0510304001
	沤制苎麻	沤制苎麻	0510304002

③ 工艺名称：指对应麻纺织加工企业生产、加工产品采用的主要生产方法的名称。

④ 规模等级：指产排污系数核算所对应的生产规模等级。

⑤ 污染物指标：包含工业废水量、化学需氧量、工业固体废物[污泥（含水 80%）]。

⑥ 单位：为产排污系数计量单位，工业废水量单位为“吨/吨产品”，化学需氧量单位为“克/吨产品”，工业固体废物（污泥）单位为“吨/吨产品”。由于麻纺织企业在生产统计中惯用每百米布公斤重（公斤/百米）表示方法，因此在计算产排污系数时应将长度等计量单位改为重量计量单位。目前企业生产的产品品种较多，未漂白苎麻机织物折算系数可以企业自定的折算系数为准，或者按照 2.5 吨/万米折算。

⑦ 末端治理技术名称：针对麻纺织行业内的污染物所采用的处理方法的名称。由于麻纺织行业产品的品种相对较多，脱胶及沤制过程中污染物的量较大，致使行业内末端治理技术种类较多。废水污染物的排污系数依据废水处理采用工艺技术的不同而有一定的差异。手册中只涉及常用的末端处理技术，当被调查企业的末端处理方法不在系数表单中时，可咨询当地行业组织或环保专家及企业技术人员，在系数表单中选取近似的废水处理方法代替。如果没有近似的废水处理方法代替，首先调查该企业是否有当地环保部门的监测报告。如果有，可以监测报告上的末端处理方法名称和排污数据为准；如果没有，该企业按无治理设施处理，排污系数等于产污系数。

1730 麻纺织行业产排污系数表

产品名称	原料名称	工艺名称	规模等级	污染物指标	单位	产污系数	末端治理技术名称	排污系数
苎麻精干麻	苎麻	脱胶	>3 000 吨/年	工业废水量	吨/吨产品	594.87	化学+生物	541.33
				化学需氧量	克/吨产品	567 400	化学+生物	62 420
				工业固体废物（污泥）	吨/吨产品	1.189	—	—
			≤3 000 吨/年	工业废水量	吨/吨产品	585.02	化学+生物	526.52
				化学需氧量	克/吨产品	579 540	化学+生物	63 740
				工业固体废物（污泥）	吨/吨产品	1.17	—	—
苎麻纱	苎麻精干麻	纺纱	所有规模	工业废水量	吨/吨产品	23.45	化学+生物	21.57
				化学需氧量	克/吨产品	5 430	化学+生物	2 380
				工业固体废物（污泥）	吨/吨产品	0.046 9	—	—
未漂白苎麻机织物	苎麻纱	织造	所有规模	工业废水量	吨/吨产品	30.81	化学+生物	29.27
				化学需氧量	克/吨产品	6 170	化学+生物	2 710
				工业固体废物（污泥）	吨/吨产品	0.061 62	—	—
亚麻打成麻	沤制亚麻	温水沤麻	所有规模	工业废水量	吨/吨产品	21.13	物化+生物	18.99
				化学需氧量	克/吨产品	227 820	物化+生物	20 510①
				工业固体废物（污泥）	吨/吨产品	0.207	—	—
亚麻纱	亚麻打成麻	煮漂、纺纱	所有规模	工业废水量	米 ^{3}/吨产品	40.44	化学+生物	36.96
							物化+生物	35.59
				化学需氧量	克/吨产品	22 260	化学+生物	3 530
							物化+生物	2 950
				工业固体废物（污泥）	吨/吨产品	0.080 88②	—	—
						0.088 97③	—	—

注：① 由于沤麻废水的特殊性质导致污染物浓度极高，一般企业只是经过预处理再与其他废水混合处理后达标排放。
② 末端治理技术为“化学+生物”。
③ 末端治理技术为“物化+生物”。

1741

缫丝加工业

1 适用范围

本手册给出了《统计上使用的产品分类目录》中“缫丝加工行业”生丝和绢纺丝的产污系数和排污系数，适用于国内缫丝加工业中所有生产企业，可用于第一次全国污染源普查缫丝加工行业污染源污染物产生量和排放量的核算。

涉及的污染物包括：工业废水量、化学需氧量、工业固体废物[污泥（含水 80%）]。

2 注意事项

2.1 生产非单一产品企业污染物产排量的核算

同一企业生产涉及不同行业、不同产品、不同原料、不同工艺及不同规模时，产品的产排污量应根据其不同条件分别进行核算。企业的产排污量则为各产品的产排污量之和。

2.2 其他需要说明的问题

（1）本手册的排污系数是在典型工况下得到的，未考虑废水回用的影响因素。因此系数使用时要依据调查企业的废水回用率对工业废水量的排污系数进行调整后应用。

有废水回用的排污系数＝排污系数（本手册）×（1－废水回用率）

（2）由于缫丝加工企业的特点，在废水处理过程中化学药剂的投加量往往很大，污染物的重量与 COD 的削减量并非全是 1∶1 的对应关系。

（3）关于系数表格各栏目的说明

① 产品名称：指缫丝加工企业在报告期内生产的，并符合产品质量要求的实物名称。本手册包括生丝、绢纺丝 2 个行业内通用的产品名称，覆盖了 2 个统计用产品名称。

行业代码	产品名称	统计名称	统计代码
1741	生丝	生丝	174001
	绢纺丝	绢纺丝	174011

② 原料名称：指缫丝加工企业在报告期内使用的主要原料。本手册包括蚕茧、废蚕茧、废丝等行业内通用的原料名称，覆盖了 3 个统计用原料名称。

行业代码	原料名称	统计名称	统计代码
1741	蚕茧	蚕茧	33846
	废蚕茧、废丝	废蚕茧、废丝	（无编码）

③ 工艺名称：指对应缫丝加工企业生产、加工产品采用的主要生产方法的名称。

④ 规模等级：指产排污系数核算所对应的生产规模等级。

⑤ 污染物指标：包含工业废水量、化学需氧量、工业固体废物[污泥（含水 80%）]。

⑥ 单位：为产排污系数计量单位，工业废水量单位为“吨/吨产品”，化学需氧量单位为“克/吨产品”，工业固体废物（污泥）单位为“吨/吨产品”。

⑦ 末端治理技术名称：针对缫丝行业内的污染物所采用的处理方法的名称。缫丝企业工业废水污染物的排污系数依据废水处理采用工艺技术的不同而有一定的差异。手册中只涉及常用的末端处理技术，当被调查企业存在系数表单中未涉及的末端处理方法时，可咨询当地行业组织或环保专家及企业技术人员，选取近似的废水处理方法代替。当被调查企业的末端处理方法不在系数表单中时，首先调查该企业是否有当地环保部门的监测报告。如果有，可以监测报告上的末端处理方法名称和排污数据为准；如果没有，该企业按无治理设施处理，排污系数等于产污系数。

1741 缫丝加工行业产排污系数表

产品名称	原料名称	工艺名称	规模等级	污染物指标	单位	产污系数	末端治理技术名称	排污系数
生丝	蚕茧	煮茧—缫丝	所有规模	工业废水量	吨/吨产品	532.08	化学+生物	415.24
				化学需氧量	克/吨产品	147 290	化学+生物	41 110
				工业固体废物（污泥）	吨/吨产品	1.064	—	—
绢纺丝	绵球	纺丝	所有规模	工业废水量	吨/吨产品	51.59	化学+生物	46.43
				化学需氧量	克/吨产品	18 570	化学+生物	4 190
				工业固体废物（污泥）	吨/吨产品	0.103	—	—
	废蚕茧、废丝	腐化—精练—纺丝	所有规模	工业废水量	吨/吨产品	659.56	化学+生物	600.19
				化学需氧量	克/吨产品	1 200 000	化学+生物	101 580
				工业固体废物（污泥）	吨/吨产品	1.319	—	—

1742

绢纺和丝织加工业

1 适用范围

本手册给出了《统计上使用的产品分类目录》中“绢纺和丝织加工行业”未漂白丝机织物、未漂白化纤长丝机织物的产污系数和排污系数，适用于国内绢纺和丝织加工业中所有生产企业，可用于第一次全国污染源普查绢纺和丝织加工行业污染源污染物产生量和排放量的核算。

涉及的污染物包括：工业废水量、化学需氧量、工业固体废物[污泥（含水 80%）]。

2 注意事项

2.1 系数表中未涉及的产品产排污系数说明

（1）未漂白交织丝机织物参照未漂白化纤长丝机织物的产排污系数。

（2）色丝的产排污系数参照“1711 棉、化纤纺织加工业”纱线（染色）的产排污系数。

（3）色织丝绸机织物的产排污系数参照“1711 棉、化纤纺织加工业”色织棉机织物的产排污系数。

2.2 生产非单一产品企业污染物产排量的核算

同一企业生产涉及不同行业、不同产品、不同原料、不同工艺及不同规模时，产品的产排污量应根据其不同条件分别进行核算。企业的产排污量则为各产品的产排污量之和。

2.3 其他需要说明的问题

（1）本手册中的排污系数是在典型工况下得到的，未考虑废水回用的影响因素。因此系数使用时要依据调查企业的废水回用率对工业废水量的排污系数进行调整后应用。

有废水回用的排污系数＝排污系数（本手册）×（1－废水回用率）

（2）由于绢纺和丝织加工业废水中浆料的特性，在废水处理过程中化学药剂的投加量往往很大，污染物的重量与 COD 的削减量有可能不是 1∶1 的对应关系。

（3）关于系数表格各栏目的说明

① 产品名称：指绢纺和丝织加工企业在报告期内生产的，并符合产品质量要求的实物名称。本手册包括未漂白丝机织物、未漂白交织丝机织物、未漂白化纤长丝机织物 3 个行业内通用的产品名称，覆盖了 16 个统计用产品名称。未漂白化纤长丝机织物仅指以化纤长丝为原料采用喷水织机织造的化纤长丝机织物。

行业代码	产品名称	统计名称	统计代码	统计名称	统计代码
1742	未漂白丝机织物	未漂白桑蚕丝机织物	1740310101	未漂白绢丝机织物	1740310301
		未漂白柞蚕丝机织物	1740310201	未漂白䌷丝机织物	1740310401
	未漂白交织丝机织物	未漂白桑蚕丝交织物	1740320101	未漂白合纤长丝交织物	1740320401
		未漂白柞蚕丝交织物	1740320201	未漂白人造丝交织物	1740320501
		未漂白绢丝交织物	1740320301		
	未漂白化纤长丝机织物	未漂白锦纶长丝机织物	1740350101	未漂白黏胶长丝机织物	1740370101
		未漂白涤纶长丝机织物	1740350201	未漂白醋酸长丝机织物	1740370201
		未漂白涤纶加工丝机织物	1740350301	未漂白其他长丝机织物	1740370901
		未漂白其他合纤长丝机织物	1740350901		

② 原料名称：指绢纺和丝织加工企业在报告期内使用的主要原料。本手册包括丝、绢纺丝、化纤长丝等行业内通用的原料名称，覆盖了20个统计用原料名称。

行业代码	原料名称	统计名称	统计代码	统计名称	统计代码
1742	丝	生丝	174001	绢纺丝	174011
	纱线长丝	纱	171111	生丝	174001
		线	171121	绢纺丝	174011
		毛纱	172021	人造纤维	2812
		麻纱线	173011	合成纤维	2820
	化纤长丝	锦纶长丝	28201003	其他合成纤维加工丝	283099
		锦纶纤维长丝变形纱线（异型纱线）	28303103	黏胶纤维长丝	28125001
		涤纶长丝	28202020	醋酸纤维长丝	28125003
		涤纶变形纱线	28303202	人造纤维长丝变形纱	28301102
		其他合成纤维	282059	其他人造纤维长丝	28125099

③ 工艺名称：指对应绢纺和丝织加工企业生产、加工产品采用的主要生产方法的名称。

④ 规模等级：指产排污系数核算所对应的生产规模等级。

⑤ 污染物指标：包含工业废水量、化学需氧量、工业固体废物[污泥（含水80%）]。

⑥ 单位：为产排污系数计量单位，工业废水量单位为“吨/吨产品”，化学需氧量单位为“克/吨产品”，工业固体废物（污泥）单位为“吨/吨产品”。绢纺和丝织加工企业生产统计中惯用每百米布公斤重（公斤/百米）或码的表示方法，因此在计算产排污系数时应将长度等计量单位改为重量计量单位。目前企业生产的产品品种较多，具体产品折算系数可以企业自定的折算系数为准。企业若无折算系数，未漂白丝机织物可按照1.5吨/万米及1码=250克折算，未漂白化纤长丝机织物可按照1.8吨/万米折算。

⑦ 末端治理技术名称：针对绢纺和丝织行业内的污染物所采用的处理方法的名称。废水污染物的排污系数依据废水处理采用工艺技术的不同而有一定的差异。本手册中只涉及常用的末端处理技术，当被调查企业的末端处理方法不在系数表单中时，可咨询当地行业组织或环保专家及企业技术人员，在系数表单中选取近似的废水处理方法代替。如果没有近似的废水处理方法代替，首先调查该企业是否有当地环保部门的监测报告。如果有，可以监测报告上的末端处理方法名称和排污数据为准；如果没有，该企业按无治理设施处理，排污系数等于产污系数。

1742　绢纺和丝织加工行业产排污系数表

<table>
<tr><th>产品名称</th><th>原料名称</th><th>工艺名称</th><th>规模等级</th><th>污染物指标</th><th>单位</th><th>产污系数</th><th>末端治理技术名称</th><th>排污系数</th></tr>
<tr><td rowspan="6">未漂白丝机织物</td><td rowspan="6">生丝、绢纺丝</td><td rowspan="6">线准备—织造</td><td rowspan="6">所有规模</td><td rowspan="2">工业废水量</td><td rowspan="2">吨/吨产品</td><td rowspan="2">59.18</td><td>化学+生物</td><td>52.36</td></tr>
<tr><td>好氧生物处理</td><td>56.22</td></tr>
<tr><td rowspan="2">化学需氧量</td><td rowspan="2">克/吨产品</td><td rowspan="2">20 550</td><td>化学+生物</td><td>5 510</td></tr>
<tr><td>好氧生物处理</td><td>8 220</td></tr>
<tr><td rowspan="2">工业固体废物（污泥）</td><td rowspan="2">吨/吨产品</td><td>0.118[②]</td><td>化学+生物</td><td>—</td></tr>
<tr><td>0.012 33[③]</td><td>好氧生物处理</td><td>—</td></tr>
<tr><td rowspan="3">未漂白化纤长丝机织物[①]</td><td rowspan="3">化纤长丝</td><td rowspan="3">线准备—织造</td><td rowspan="3">所有规模</td><td>工业废水量</td><td>吨/吨产品</td><td>52.77</td><td>化学+生物</td><td>48.02</td></tr>
<tr><td>化学需氧量</td><td>克/吨产品</td><td>18 470</td><td>化学+生物</td><td>5 210</td></tr>
<tr><td>工业固体废物（污泥）</td><td>吨/吨产品</td><td>0.106</td><td>—</td><td>—</td></tr>
</table>

注：① 未漂白化纤长丝机织物是以化纤长丝为原料采用喷水织机织造的生产活动。

② 末端治理技术为“化学+生物”。

③ 末端治理技术为“好氧生物处理”。

1743
丝印染精加工业

1 适用范围

本手册给出了《统计上使用的产品分类目录》中“丝印染精加工行业”的印染丝机织物、印染丝交织机织物、合纤长丝印染机织物（包括减碱量工艺生产的合纤长丝印染机织物）等行业内通用的产品的产污系数和排污系数，适用于国内丝印染精加工业中所有生产企业，可用于第一次全国污染源普查丝印染精加工行业污染源污染物产生量和排放量的核算。

涉及的污染物包括：工业废水量、化学需氧量、工业固体废物[污泥（含水 80%）]。

2 注意事项

2.1 生产非单一产品企业污染物产排量的核算

同一企业生产涉及不同行业、不同产品、不同原料、不同工艺及不同规模时，产品的产排污量应根据其不同条件分别进行核算。企业的产排污量则为各产品的产排污量之和。

2.2 其他需要说明的问题

（1）本手册的排污系数是在典型工况下得到的，未考虑废水回用的影响因素。因此系数使用时要依据调查企业的废水回用率对工业废水量的排污系数进行调整后应用。

有废水回用的排污系数＝排污系数（本手册）×（1－废水回用率）

（2）由于丝印染精加工企业废水中染料、浆料的特性，在废水处理过程中化学药剂的投加量往往很大，污染物的重量与 COD 的削减量有可能不是 1∶1 的对应关系，有时污泥的产生量大于削减量。

（3）关于系数表格各栏目的说明

① 产品名称：指丝印染精加工企业在报告期内生产的，并符合产品质量要求的实物名称。本手册包括印染丝机织物、印染丝交织机织物、合纤长丝印染机织物 3 个行业内通用的产品名称，覆盖了近 40 个统计用产品名称。

行业代码	产品名称	统计名称	统计代码	统计名称	统计代码
1743	印染丝机织物	漂白桑蚕丝机织物	1740310102	漂白绢丝机织物	1740310302
		染色桑蚕丝机织物	1740310103	染色绢丝机织物	1740310303
		印花桑蚕丝机织物	1740310104	印花绢丝机织物	1740310304
		漂白柞蚕丝机织物	1740310202	漂白䌷丝机织物	1740310402
		染色柞蚕丝机织物	1740310203	染色䌷丝机织物	1740310403
		印花柞蚕丝机织物	1740310204	印花䌷丝机织物	1740310404
	印染丝交织机织物	漂白桑蚕丝交织机织物	1740320102	染色绢丝交织机织物	1740320303
		染色桑蚕丝交织机织物	1740320103	印花绢丝交织机织物	1740320304
		印花桑蚕丝交织机织物	1740320104	漂白合纤长丝交织物	1740320402
		漂白柞蚕丝交织机织物	1740320202	染色合纤长丝交织物	1740320403
		染色柞蚕丝交织机织物	1740320203	印花合纤长丝交织物	1740320405
		印花柞蚕丝交织机织物	1740320204	漂白人造丝交织物	1740320502
		漂白绢丝交织机织物	1740320302	染色人造丝交织物	1740320503
				印花人造丝交织物	1740320505
	合纤长丝印染机织物	漂白锦纶长丝机织物	1740350102	漂白涤纶加工丝机织物	1740350302
		染色锦纶长丝机织物	1740350103	染色涤纶加工丝机织物	1740350303
		印花锦纶长丝机织物	1740350105	印花涤纶加工丝机织物	1740350305
		漂白涤纶长丝机织物	1740350202	漂白其他合纤长丝机织物	1740350902
		染色涤纶长丝机织物	1740350203	染色其他合纤长丝机织物	1740350903
		印花涤纶长丝机织物	1740350205	印花其他合纤长丝机织物	1740350905

② 原料名称：指丝印染精加工企业在报告期内使用的主要原料。本手册包括未漂白丝机织物、未漂白丝交织机织物、合纤长丝未漂白机织物等行业内通用的原料名称，覆盖了 13 个统计用原料名称。

行业代码	原料名称	统计名称	统计代码	统计名称	统计代码
1743	未漂白丝机织物	未漂白桑蚕丝机织物	1740310101	未漂白绢丝机织物	1740310301
		未漂白柞蚕丝机织物	1740310201	未漂白䌷丝机织物	1740310401
	未漂白丝交织机织物	未漂白桑蚕丝交织物	1740320101	未漂白合纤长丝交织物	1740320401
		未漂白柞蚕丝交织物	1740320201	未漂白人造丝交织物	1740320501
		未漂白绢丝交织物	1740320301		
	合纤长丝未漂白机织物	未漂白锦纶长丝机织物	1740350101	未漂白涤纶加工丝机织物	1740350301
		未漂白涤纶长丝机织物	1740350201	未漂白其他合纤长丝机织物	1740350901

③ 工艺名称：指对应丝印染精加工企业生产、加工产品采用的主要生产方法的名称。

④ 规模等级：指产排污系数核算所对应的生产规模等级。

⑤ 污染物指标：包含工业废水量、化学需氧量、工业固体废物（污泥）。

⑥ 单位：为产排污系数计量单位，工业废水量单位为“吨/吨产品”，化学需氧量单位为“克/吨产品”，工业固体废物（污泥）单位为“吨/吨产品”。丝印染精加工企业生产统计中惯用每百米布公斤重（公斤/百米）或码的表示方法，因此在计算产排污系数时应将长度等计量单位改为重量计量单位。目前企业生产的产品品种较多，具体产品折算系数可以企业自定的折算系数为准。企业若无折算系数，印染丝机织物可按照 1.5 吨/万米及 1 码＝250 克折算，印染化纤长丝机织物、印染丝交织机织物、印染合纤长丝机织物可按照 1.8 吨/万米折算。

⑦ 末端治理技术名称：针对丝印染精加工行业内的污染物所采用的处理方法的名称。由于丝印染精加工行业产品的品种相对较多，浆料及染料的种类复杂，致使行业内末端治理技术种类较多。废水污染物的排污系数依据废水处理采用工艺技术的不同而有一定的差异。手册中只涉及常用的末端处理技术，当被调查企业的末端处理方法不在系数表单中时，可咨询当地行业组织或环保专家及企业技术人员，在系数表单中选取近似的废水处理方法代替。如果没有近似的废水处理方法代替，首先调查该企业是否有当地环保部门的监测报告。如果有，可以监测报告上的末端处理方法名称和排污数据为准；如果没有，该企业按无治理设施处理，排污系数等于产污系数。

1743 丝印染精加工行业产排污系数表

产品名称	原料名称	工艺名称	规模等级	污染物指标	单位	产污系数	末端治理技术名称	排污系数
印染丝机织物	未漂白丝机织物	精练—印染—后整理	>3 000 吨/年	工业废水量	吨/吨产品	253.81	化学+生物	228.43
							厌氧/好氧生物组合工艺	241.22
				化学需氧量	克/吨产品	219 170	化学+生物	32 880
							厌氧/好氧生物组合工艺	41 250
				工业固体废物（污泥）	吨/吨产品	0.508[①]	—	—
						0.149[②]	—	—
			≤3 000 吨/年	工业废水量	吨/吨产品	225.88	化学+生物	203.23
							厌氧/好氧生物组合工艺	212.03
				化学需氧量	克/吨产品	221 120	化学+生物	23 540
							厌氧/好氧生物组合工艺	37 240
				工业固体废物（污泥）	吨/吨产品	0.452[①]	—	—
						0.15[②]	—	—
印染化纤长丝机织物、印染丝交织机织物	未漂白丝交织机织物、未漂白合纤长丝机织物	前处理—印染—后整理	所有规模	工业废水量	吨/吨产品	101.31	化学+生物	91.17
				化学需氧量	克/吨产品	89 050	化学+生物	10 770
				工业固体废物（污泥）	吨/吨产品	0.203	—	—
印染合纤长丝机织物	未漂白机织物合纤长丝	碱减量前处理—印染—后整理	所有规模	工业废水量	吨/吨产品	277.23	化学+生物	249.51
				化学需氧量	克/吨产品	442 040	化学+生物	44 330
				工业固体废物（污泥）	吨/吨产品	0.554	—	—

注：① 末端治理技术为“化学+生物”。

② 末端治理技术为“厌氧/好氧生物组合工艺”。

1751
棉及化纤制品制造业

1 适用范围

本手册给出了《统计上使用的产品分类目录》中“棉及化纤制品制造行业”纺织制成品等行业内通用产品的产污系数和排污系数，可用于第一次全国污染源普查棉及化纤制品制造行业污染源污染物产生量和排放量的核算。

涉及的污染物包括：工业废水量、化学需氧量、工业固体废物[污泥（含水 80%）]。

2 注意事项

2.1 生产非单一产品企业污染物产排量的核算

由于许多企业跨行业经营，企业生产的产品涉及不同行业，因而产品的产排污量应根据其不同的产品分别进行核算。该企业的产排污量则为各产品的产排污量之和。

2.2 其他需要说明的问题

（1）本手册的排污系数是在典型工况下得到的，未考虑废水回用的影响因素。因此系数使用时要依据调查企业的废水回用率对工业废水量的排污系数进行调整后应用。

有废水回用的排污系数＝排污系数（本手册）×（1－废水回用率）

（2）由于棉及化纤制品制造企业废水中染料、浆料的特性，在废水处理过程中化学药剂的投加量往往很大，污染物的重量与 COD 的削减量有可能不是 1∶1 的对应关系，有时污泥的产生量大于削减量。

（3）关于系数表格各栏目的说明

① 产品名称：指棉及化纤制品制造企业在报告期内生产的，并符合产品质量要求的实物名称。本手册包括纺织制成品 1 个行业内通用的产品名称，覆盖了 20 多个统计用产品名称。

行业代码	产品名称	统计名称	统计代码	统计名称	统计代码
1751	纺织制成品	床褥单类	175101	台布	175211
		被面	175102	毛巾	175212
		枕套	175103	餐桌盥洗及厨房用其他织物制品	175219
		被罩	175104	窗帘及类似品	175221
		床罩	175105	垫子套	175231

行业代码	产品名称	统计名称	统计代码	统计名称	统计代码
1751	纺织制成品	面制毯	1751210101	擦拭用布及其他纺织制品	175253
		寝具及类似填充用品	175122	其他未列名的纺织制品	17525399
		毛巾被	175131	包装用袋（棉及化纤）	175321
		枕巾	175132	降落伞、旗帜及类似品	175431
		其他床上织物制品	175199	纺织材料制标签、徽章及类似品	175911
				成批编带、装饰带及类似品	1759821

② 原料名称：指棉及化纤制品制造企业在报告期内使用的主要原料。本手册包括本色纱线、机织物（未染色）、机织物（染色）等行业内通用的原料名称，覆盖了近 100 个统计用原料名称。

行业代码	原料名称	统计名称	统计代码	统计名称	统计代码
1751	本色纱线	纱	171111		
		线	171121	化学纤维纱	17111103
		毛纱	172021	人造纤维长丝	281250
		麻纱线	173011	锦纶长丝	28201003
		生丝	174001	涤纶长丝	28202099
		绢纺丝	174011	其他合成纤维	282059
		丝纱线	174021	化学纤维加工丝	2830
	机织物（未染色）	未漂白棉机织物	17113101	未漂白人造丝交织物	1740320501
		毛机织物（白坯呢绒）	172041	未漂白锦纶长丝机织物	1740350101
		未漂白纯苎麻机织物	1730320101	未漂白涤纶长丝机织物	1740350201
		未漂白苎麻混纺机织物	1730320201	未漂白涤纶加工丝机织物	1740350301
		未漂白桑蚕丝交织物	1740320101	未漂白其他合纤长丝机织物	1740350901
		未漂白柞蚕丝交织物	1740320201	未漂白黏胶长丝机织物	1740370101
		未漂白绢丝交织物	1740320301	未漂白醋酸长丝机织物	1740370201
		未漂白合纤长丝交织物	1740320401	未漂白其他长丝机织物	1740370901
	机织物（染色）	漂白棉机织物	17113102	染色绢丝交织机织物	1740320303
		染色棉机织物	17113103	印花绢丝交织机织物	1740320304
		印花棉机织物	17113105	漂白合纤长丝交织物	1740320402
		漂白化学纤维棉机织物	17113302	染色合纤长丝交织物	1740320403
		染色化学纤维棉机织物	17113303	印花合纤长丝交织物	1740320405
		印花化学纤维棉机织物	17113305	漂白人造丝交织物	1740320502
		纯毛精梳毛机织物	1720410102	染色人造丝交织物	1740320503
		毛混纺精梳毛机织物	1720410202	印花人造丝交织物	1740320505
		化学纤维毛机织物	17204103	漂白锦纶长丝机织物	1740350102
		纯毛粗梳毛机织物	1720410101	染色锦纶长丝机织物	1740350103
		毛混纺粗梳毛机织物	1720410201	印花锦纶长丝机织物	1740350105
		漂白桑蚕丝机织物	1740310102	漂白涤纶长丝机织物	1740350202
		染色桑蚕丝机织物	1740310103	染色涤纶长丝机织物	1740350203
		印花桑蚕丝机织物	1740310104	印花涤纶长丝机织物	1740350205
		漂白柞蚕丝机织物	1740310202	漂白涤纶加工丝机织物	1740350302
		染色柞蚕丝机织物	1740310203	染色涤纶加工丝机织物	1740350303
		印花柞蚕丝机织物	1740310204	印花涤纶加工丝机织物	1740350305
		漂白绢丝机织物	1740310302	漂白其他合纤长丝机织物	1740350902
		染色绢丝机织物	1740310303	染色其他合纤长丝机织物	1740350903
		印花绢丝机织物	1740310304	印花其他合纤长丝机织物	1740350905
		漂白细丝机织物	1740310402	漂白黏胶长丝机织物	1740370102
		染色细丝机织物	1740310403	染色黏胶长丝机织物	1740370103
		印花细丝机织物	1740310404	印花黏胶长丝机织物	1740370105

行业代码	原料名称	统计名称	统计代码	统计名称	统计代码
1751	机织物（染色）	漂白桑蚕丝交织机织物	1740320102	漂白醋酸长丝机织物	1740370202
		染色桑蚕丝交织机织物	1740320103	染色醋酸长丝机织物	1740370203
		印花桑蚕丝交织机织物	1740320104	印花醋酸长丝机织物	1740370205
		漂白柞蚕丝交织机织物	1740320202	漂白其他长丝机织物	1740370902
		染色柞蚕丝交织机织物	1740320203	染色其他长丝机织物	1740370903
		印花柞蚕丝交织机织物	1740320204	印花其他长丝机织物	1740370905
		漂白绢丝交织机织物	1740320302		

③ 工艺名称：指对应棉及化纤制品制造企业生产、加工产品采用的主要生产方法的名称。

④ 规模等级：指产排污系数核算所对应的生产规模等级。

⑤ 污染物指标：包含工业废水量、化学需氧量、工业固体废物（污泥）。

⑥ 单位：为产排污系数计量单位，工业废水量单位为“吨/吨产品”，化学需氧量单位为“克/吨产品”，工业固体废物（污泥）单位为“吨/吨产品”。由于棉及化纤制品制造企业多年来生产统计中惯用“件、套、条”等表示方法，因此在计算产排污系数时应将“件、套、条”计量单位改为重量计量单位。具体产品折算系数可以企业自定的折算系数为准；若企业没有相关系数则单人床单（3 尺）可按照 3.81 吨/万条，双人床单（6 尺）可按照 8.01 吨/万条，棉毯可按照 9 吨/万条，线毯可按照 12.24 吨/万条，绒毯可按照 11.43 吨/万条，浴巾可按照 1.80 吨/万条，枕巾可按照 0.90 吨/万条，汗巾可按照 0.25 吨/万条，毛巾可按照 0.58 吨/万条，毛巾被可按照 8.1 吨/万条折算。

⑦ 末端治理技术名称：针对棉及化纤制品制造行业内的污染物所采用的处理方法的名称。由于棉及化纤制品制造行业产品的品种相对较多，浆料及染料的种类复杂，致使行业内末端治理技术种类较多。废水污染物的排污系数依据废水处理采用工艺技术的不同而有一定的差异。本手册中只涉及常用的末端处理技术，当被调查企业的末端处理方法不在系数表单中时，可咨询当地行业组织或环保专家及企业技术人员，在系数表单中选取近似的废水处理方法代替。如果没有近似的废水处理方法代替，首先调查该企业是否有当地环保部门的监测报告。如果有，可以监测报告上的末端处理方法名称和排污数据为准；如果没有，该企业按无治理设施处理，排污系数等于产污系数。

1751 棉及化纤制品制造行业产排污系数表

产品名称	原料名称	工艺名称	规模等级	污染物指标	单位	产污系数	末端治理技术名称	排污系数
纺织制成品	本色纱线	染纱—织造—后处理（割绒）—裁剪缝制—后整理	所有规模	工业废水量	吨/吨产品	166.44	物化+生物	146.67
							化学+生物	149.82
				化学需氧量	克/吨产品	197 810	物化+生物	19 780
							化学+生物	23 740
				工业固体废物（污泥）	吨/吨产品	0.366①	—	—
						0.333②	—	—
		织造—精练后处理—染色/印花—后处理（割绒）—裁剪缝制—后整理	所有规模	工业废水量	吨/吨产品	125.31	化学+生物	112.78
							厌氧/好氧生物组合工艺	119.05
				化学需氧量	克/吨产品	128 610	化学+生物	14 150
							厌氧/好氧生物组合工艺	20 420
				工业固体废物（污泥）	吨/吨产品	0.251①	—	—
						0.107③	—	—
	染色纱线	织造—（割绒）—剪裁—缝纫—后整理	所有规模	工业废水量	吨/吨产品	10.67	好氧生物处理	10.14
				化学需氧量	克/吨产品	3 260	好氧生物处理	1 140
				工业固体废物（污泥）	吨/吨产品	0.002 13	—	—
	机织物（未染色）	印染—（割绒）—剪裁—缝纫—后整理	所有规模	工业废水量	吨/吨产品	100.86	化学+生物	90.78
				化学需氧量	克/吨产品	94 480	化学+生物	10 390
				工业固体废物（污泥）	吨/吨产品	0.202	—	—
	机织物（染色）	剪裁—缝纫—后整理	所有规模	工业废水量	吨/吨产品	4.59	好氧生物处理	4.36
							直排	4.59
				化学需氧量	克/吨产品	780	好氧生物处理	460
							直排	780
				工业固体废物（污泥）	吨/吨产品	0.000 32	—	—

注：① 末端治理技术为“物化+生物”。
② 末端治理技术为“化学+生物”。
③ 末端治理技术为“厌氧/好氧生物组合工艺”。

1752
毛制品制造业

1 适用范围

本手册给出了《统计上使用的产品分类目录》中“毛制品制造行业”纤维毯类、纯毛毯等行业内通用产品的产污系数和排污系数，适用于国内毛制品制造业中所有生产企业。

涉及的污染物包括：工业废水量、化学需氧量、工业固体废物[污泥（含水 80%）]。

2 注意事项

2.1 系数表中未涉及的产品产排污系数说明

其他毛制品（如床上用品或桌布窗帘等）产排污系数参照“1751 棉及化纤制品制造行业”中的同类产品的产排污系数。

2.2 生产非单一产品企业污染物产排量的核算

企业生产的产品涉及不同行业及不同产品时，产品的产排污量应根据其不同的产品分别进行核算。企业的产排污量则为各产品的产排污量之和。

2.3 其他需要说明的问题

（1）本手册的排污系数是在典型工况下得到的，未考虑废水回用的影响因素。因此系数使用时要依据调查企业的废水回用率对工业废水量的排污系数进行调整后应用。

有废水回用的排污系数＝排污系数（本手册）×（1－废水回用率）

（2）由于毛制品制造企业废水中染料、浆料的特性，在废水处理过程中化学药剂的投加量往往很大，污染物的重量与 COD 的削减量有可能不是 1∶1 的对应关系，有时污泥的产生量大于削减量。

（3）关于系数表格各栏目的说明

① 产品名称：指毛制品制造企业在报告期内生产的，并符合产品质量要求的实物名称。本手册包括毛毯和化学纤维毯类 2 个行业内通用的产品名称，覆盖了 3 个统计用产品名称。

行业代码	产品名称	统计名称	统计代码
1752	毛毯	毛毯（纯毛毯）	17512101
	化学纤维毯	合成纤维毛毯	1751210099
		人造纤维毛毯	17512102

② 原料名称：指企业在报告期内使用的主要原料。本手册包括纱线、化学纤维长丝等行业内通用的原料名称，覆盖了10个统计用原料名称。

行业代码	原料名称	统计名称	统计代码
1752	纱线、化纤长丝	羊毛纱	17202101
		混纺羊毛纱	17202102
		其他动物毛纱	17202109
		化学纤维纱	17111103
		化学纤维线	17112103
		黏胶纤维长丝	28125001
		醋酸纤维长丝	28125003
		其他人造纤维长丝	28125099
		锦纶长丝	28201003
		涤纶长丝	28202020

③ 工艺名称：指对应毛制品制造企业生产、加工产品采用的主要生产方法的名称。

④ 规模等级：指产排污系数核算所对应的生产规模等级。

⑤ 污染物指标：包含工业废水量、化学需氧量、工业固体废物（污泥）。

⑥ 单位：为产排污系数计量单位，工业废水量单位为“吨/吨产品”，化学需氧量单位为“克/吨产品”，工业固体废物（污泥）单位为“吨/吨产品”。由于棉及化纤制品制造企业多年来生产统计中惯用“件、套、条”等表示方法，因此在计算产排污系数时应将“件、套、条”计量单位改为重量计量单位。具体产品折算系数可以企业自定的折算系数为准；若企业没有相关系数则单人床单（3尺）可按照3.81吨/万条，双人床单（6尺）可按照8.01吨/万条，棉毯可按照9吨/万条，线毯可按照12.24吨/万条，绒毯可按照11.43吨/万条，浴巾可按照1.80吨/万条，枕巾可按照0.90吨/万条，汗巾可按照0.25吨/万条，毛巾可按照0.58吨/万条，毛巾被可按照8.1吨/万条折算。

⑦ 末端治理技术名称：针对毛制品制造行业内的污染物所采用的处理方法的名称。由于毛制品制造行业产品的品种相对较多，浆料及染料的种类复杂，致使行业内末端治理技术种类较多。废水污染物的排污系数依据废水处理采用工艺技术的不同而有一定的差异。手册中只涉及常用的末端处理技术，当被调查企业的末端处理方法不在系数表单中时，可咨询当地行业组织或环保专家及企业技术人员，在系数表单中选取近似的废水处理方法代替。如果没有近似的废水处理方法代替，首先调查该企业是否有当地环保部门的监测报告。如果有，可以监测报告上的末端处理方法名称和排污数据为准；如果没有，该企业按无治理设施处理，排污系数等于产污系数。

1752 毛制品制造行业产排污系数表

产品名称	原料名称	工艺名称	规模等级	污染物指标	单位	产污系数	末端治理技术名称	排污系数
化学纤维毯类	化纤纱、化学纤维长丝	染纱—织造—剪裁—缝纫—后整理	所有规模	工业废水量	吨/吨产品	25.92	物化+生物	22.81
				化学需氧量	克/吨产品	25 210	物化+生物	2 770
				工业固体废物（污泥）	吨/吨产品	0.262	—	—
纯毛毯	毛纱	白纱—织造—印染—剪裁—缝纫—后整理	所有规模	工业废水量	吨/吨产品	72.17	物化+生物	63.51
				化学需氧量	克/吨产品	50 520	物化+生物	6 670
				工业固体废物（污泥）	吨/吨产品	0.158	—	—

1753
麻制品制造业

1 适用范围

本手册给出了《统计上使用的产品分类目录》中“麻制品制造行业”麻袋的产污系数和排污系数，适用于国内麻制品制造业中所有生产企业，可用于第一次全国污染源普查麻制品制造行业污染源污染物产生量和排放量的核算。

涉及的污染物包括：工业废水量、化学需氧量、工业固体废物[污泥（含水 80%）]。

2 注意事项

2.1 系数表中未涉及的产品产排污系数说明

凉席、麻桌布等麻制品参照“1751 棉及化纤制品制造行业”中同类产品的产排污系数。

2.2 生产非单一产品企业污染物产排量的核算

企业生产的产品涉及不同行业及不同产品时，产品的产排污量应根据其不同的产品分别进行核算。企业的产排污量则为各产品的产排污量之和。

2.3 其他需要说明的问题

（1）本手册的排污系数是在典型工况下得到的，未考虑废水回用的影响因素。因此系数使用时要依据调查企业的废水回用率对工业废水量的排污系数进行调整后应用。

有废水回用的排污系数＝排污系数（本手册）×（1－废水回用率）

（2）由于麻制品制造企业废水中染料、浆料的特性，在废水处理过程中化学药剂的投加量往往很大，污染物的重量与 COD 的削减量有可能不是 1∶1 的对应关系，有时污泥的产生量大于削减量。

（3）关于系数表格各栏目的说明

① 产品名称：指麻制品制造企业在报告期内生产的，并符合产品质量要求的实物名称。本手册包括麻袋 1 个行业内通用的产品名称，覆盖了 1 个统计用产品名称。

② 原料名称：指麻制品制造企业在报告期内使用的主要原料。本手册包括麻纱（线）行业内通用的原料名称，覆盖了 1 个统计用原料名称。

③ 工艺名称：指对应麻制品制造企业生产、加工产品采用的主要生产方法的名称。

④ 规模等级：指产排污系数核算所对应的生产规模等级。

⑤ 污染物指标：包含工业废水量、化学需氧量、工业固体废物[污泥（含水 80%）]。

⑥ 单位：为产排污系数计量单位，工业废水量单位为“吨/吨产品”， 化学需氧量单位为“克/吨产品”，工业固体废物（污泥）单位为“吨/吨产品”。由于麻制品企业生产统计中惯用“件、套、条”等表示方法，因此在计算产排污系数时应将计量单位“件、套、条”改为重量计量单位。具体产品折算系数可以企业自定的折算系数为准，若企业没有相关折算系数则麻袋可按照6.01吨/万条。

⑦ 末端治理技术名称：针对麻制品制造行业内的污染物所采用的处理方法的名称。废水污染物的排污系数依据废水处理采用工艺技术的不同而有一定的差异。如果没有近似的废水处理方法代替，首先调查该企业是否有当地环保部门的监测报告。如果有，可以监测报告上的末端处理方法名称和排污数据为准；如果没有，该企业按无治理设施处理，排污系数等于产污系数。

1753 麻制品制造行业产排污系数表

<table>
<tr><th>产品名称</th><th>原料名称</th><th>工艺名称</th><th>规模等级</th><th>污染物指标</th><th>单位</th><th>产污系数</th><th>末端治理技术名称</th><th>排污系数</th></tr>
<tr><td rowspan="5">麻袋</td><td rowspan="5">黄（红）
麻纱（线）</td><td rowspan="5">织造—
剪裁—缝纫</td><td rowspan="5">所有规模</td><td rowspan="2">工业废水量</td><td rowspan="2">吨/吨产品</td><td rowspan="2">1.77</td><td>化学+生物</td><td>1.61</td></tr>
<tr><td>直排</td><td>1.77①</td></tr>
<tr><td rowspan="2">化学需氧量</td><td rowspan="2">克/吨产品</td><td rowspan="2">270</td><td>化学+生物</td><td>140</td></tr>
<tr><td>直排</td><td>270①</td></tr>
<tr><td>工业固体废物
（污泥）</td><td>吨/吨产品</td><td>0.000 16</td><td>—</td><td>—</td></tr>
</table>

注：① 废水不经处理直接排放时，排污系数 = 产污系数，并且没有工业固体废物。

1754
丝制品制造业

1 适用范围

本手册给出了《统计上使用的产品分类目录》中"丝制品制造行业"丝制饰物和其他纤维制毯等的产污系数和排污系数，适用于国内丝制品制造中所有生产企业，可用于第一次全国污染源普查丝制品制造行业污染源污染物产生量和排放量的核算。

涉及的污染物包括：工业废水量、化学需氧量、工业固体废物[污泥（含水 80%）]。

2 注意事项

2.1 系数表中未涉及的产品产排污系数说明

除其他纤维制毯子和丝制饰物外，丝制品中其他产品参照"1751 棉及化纤制品制造行业"中同类产品的产排污系数。

2.2 生产非单一产品企业污染物产排量的核算

企业生产的产品涉及不同行业及不同产品时，产品的产排污量应根据其不同的产品分别进行核算。企业的产排污量则为各产品的产排污量之和。

2.3 其他需要说明的问题

（1）本手册的排污系数是在典型工况下得到的，未考虑废水回用的影响因素。因此系数使用时要依据调查企业的废水回用率对工业废水量的排污系数进行调整后应用。

有废水回用的排污系数＝排污系数（本手册）×（1－废水回用率）

（2）由于丝制品制造企业废水中染料、浆料的特性，在废水处理过程中化学药剂的投加量往往很大，污染物的重量与 COD 的削减量有可能不是 1∶1 的对应关系，有时污泥的产生量大于削减量。

（3）关于系数表格各栏目的说明

① 产品名称：指丝制品制造企业在报告期内生产的，并符合产品质量要求的实物名称。本手册包括其他纤维制毯子 1 个行业内通用的产品名称，覆盖了 1 个统计用产品名称。

② 原料名称： 指丝制品制造企业在报告期内使用的主要原料。本手册包括丝纱线行业内通用的原料名称，覆盖了 1 个统计用原料名称。

③ 工艺名称：指对应丝制品制造企业生产、加工产品采用的主要生产方法的名称。

④ 规模等级：指产排污系数核算所对应的生产规模等级。

⑤ 污染物指标：包含工业废水量、化学需氧量、工业固体废物（污泥）。

⑥ 单位：为产排污系数计量单位，工业废水量单位为“吨/吨产品”，化学需氧量单位为“克/吨产品”，工业固体废物（污泥）单位为“吨/吨产品”。由于丝制品制造企业生产统计中惯用“件、条”等表示方法，因此在计算产排污系数时应将计量单位“件、条”改为重量计量单位。具体产品折算系数可以企业自定的折算系数为准，若企业没有相关折算系数则丝绸被面可按照3.15吨/万条。

⑦ 末端治理技术名称：为丝制品制造行业内的污染物所采用的处理方法的名称。由于丝制品制造行业产品的品种相对较多，浆料及染料的种类复杂，致使行业内末端治理技术种类较多。废水污染物的排污系数依据废水处理采用工艺技术的不同而有一定的差异。如果没有近似的废水处理方法代替，首先调查该企业是否有当地环保部门的监测报告。如果有，可以监测报告上的末端处理方法名称和排污数据为准；如果没有，该企业按无治理设施处理，排污系数等于产污系数。

1754　丝制品制造行业产排污系数表

产品名称	原料名称	工艺名称	规模等级	污染物指标	单位	产污系数	末端治理技术名称	排污系数
丝制饰物	丝纱线	白纱—织造—印染—剪裁—缝纫—后整理	所有规模	工业废水量	吨/吨产品	296.94	化学+生物	267.25
				化学需氧量	克/吨产品	202 480	化学+生物	30 370
				工业固体废物（污泥）	吨/吨产品	0.594	—	—
其他纤维制毯子	丝纱线	织造—印染—剪裁—缝纫—后整理	所有规模	工业废水量	吨/吨产品	299.82	化学+生物	269.86
				化学需氧量	克/吨产品	253 690	化学+生物	36 000
				工业固体废物（污泥）	吨/吨产品	0.599	—	—

1755

绳、索、缆的制造业

1 适用范围

本手册给出了《统计上使用的产品分类目录》中“绳、索、缆的制造行业”绳缆带的产污系数和排污系数，适用于国内绳、索、缆的制造业中所有生产企业，可用于第一次全国污染源普查绳、索、缆的制造行业污染源污染物产生量和排放量的核算。

涉及的污染物包括：工业废水量、化学需氧量、工业固体废物[污泥（含水80%）]。

2 注意事项

2.1 生产非单一产品企业污染物产排量的核算

企业生产的产品涉及不同行业及不同产品时，产品的产排污量应根据其不同的产品分别进行核算。企业的产排污量则为各产品的产排污量之和。

2.2 其他需要说明的问题

（1）本手册的排污系数是在典型工况下得到的，未考虑废水回用的影响因素。因此系数使用时要依据调查企业的废水回用率对工业废水量的排污系数进行调整后应用。

有废水回用的排污系数＝排污系数（本手册）×（1－废水回用率）

（2）由于绳、索、缆制造企业废水中染料、浆料的特性，在废水处理过程中化学药剂的投加量往往很大，污染物的重量与COD的削减量有可能不是1∶1的对应关系，有时污泥的产生量大于削减量。

（3）关于系数表格各栏目的说明

① 产品名称：指绳、索、缆制造企业在报告期内生产的，并符合产品质量要求的实物名称。本手册包括绳索缆1个行业内通用的产品名称，覆盖了5个统计用产品名称。

行业代码	产品名称	统计名称	统计代码
1755	绳、索、缆	纤维纺制的绳缆	175501
		吊网类制品	175521
		吊装绳索具	175531
		绳梯类制品	175532
		其他纺织纤维绳索缆制品	175599

② 原料名称：指绳、索、缆制造企业在报告期内使用的主要原料。本手册包括纱、线行业内通用的原料名称，覆盖了统计上使用的6个统计用原料名称。

行业代码	原料名称	统计名称	统计代码
1755	纱线	纱	171111
		线	171121
		麻纱线	173011
		黏胶纤维长丝	28125001
		锦纶长丝	28201003
		涤纶长丝	28202020

③ 工艺名称：指对应绳、索、缆制造企业生产、加工产品采用的主要生产方法的名称。

④ 规模等级：指产排污系数核算所对应的生产规模等级。

⑤ 污染物指标：包含工业废水量、化学需氧量、工业固体废物（污泥）。

⑥ 单位：为产排污系数计量单位，工业废水量单位为“吨/吨产品”，化学需氧量单位为“克/吨产品”，工业固体废物（污泥）单位为“吨/吨产品”。由于绳、索、缆制造企业多年来生产统计中惯用“条”的表示方法，因此在计算产排污系数时应将计量单位“条”改为重量计量单位。具体产品折算系数可以企业自定的折算系数为准。

⑦ 末端治理技术名称：针对绳、缆、带制造行业内的污染物所采用的处理方法的名称。由于绳、缆、带制造企业产品的品种相对较多，染料的种类复杂，致使行业内末端治理技术种类较多。废水污染物的排污系数依据废水处理采用工艺技术的不同而有一定的差异。如果没有近似的废水处理方法代替，首先调查该企业是否有当地环保部门的监测报告。如果有，可以监测报告上的末端处理方法名称和排污数据为准；如果没有，该企业按无治理设施处理，排污系数等于产污系数。

1755　绳、索、缆的制造行业产排污系数表

产品名称	原料名称	工艺名称	规模等级	污染物指标	单位	产污系数	末端治理技术名称	排污系数
绳、索、缆	纱、线	原料染色—编织	所有规模	工业废水量	吨/吨产品	78.14	好氧生物处理	74.23
				化学需氧量	克/吨产品	34 930	好氧生物处理	12 480
				工业固体废物（污泥）	吨/吨产品	0.022 45	—	—

1756
纺织带和帘子布制造业

1 适用范围

本手册给出了《统计上使用的产品分类目录》中“纺织带和帘子布制造行业”浸渍纺织品等行业内通用产品的产污系数和排污系数，适用于国内帘子布制造业中所有生产企业，可用于第一次全国污染源普查纺织带和帘子布制造行业污染源污染物产生量和排放量的核算。

涉及的污染物包括：工业废水量、化学需氧量、工业固体废物[污泥（含水 80%）]。

2 注意事项

2.1 系数表中未涉及的产品产排污系数说明

（1）“纺织带”、“未浸胶帘子布”的产排污系数参照“1711 棉、化纤纺织品制造行业”中的同类产品的产排污系数。

（2）对于从纺丝开始的帘子布生产企业的产排污系数可以分阶段计算产排污系数。

2.2 生产非单一产品企业污染物产排量的核算

企业生产的产品涉及不同行业及不同产品时，产品的产排污量应根据其不同的产品分别进行核算。企业的产排污量则为各产品的产排污量之和。

2.3 其他需要说明的问题

（1）本手册的排污系数是在典型工况下得到的，未考虑废水回用的影响因素。因此系数使用时要依据调查企业的废水回用率对工业废水量的排污系数进行调整后应用。

有废水回用的排污系数＝排污系数（本手册）×（1－废水回用率）

（2）由于帘子布制造企业废水中染料的特性，在废水处理过程中化学药剂的投加量往往很大，污染物的重量与 COD 的削减量有可能不是 1∶1 的对应关系，有时污泥的产生量大于削减量。

（3）关于系数表格各栏目的说明

① 产品名称：指帘子布制造企业在报告期内生产的，并符合产品质量要求的实物名称。本手册包括浸渍纺织品 1 个行业内通用的产品名称，覆盖了 6 个统计用产品名称。

行业代码	产品名称	统计名称	统计代码
1756	浸渍纺织品	帘子布（浸胶）	175601
		纺织材料制传输带	175602
		用塑料处理的纺织物	175611
		涂胶油、腊、沥青过类似产品（处理的）纺织物	175616
		涂胶或淀粉纺织物	175615
		硬挺纺织品（油画布等）	175621

② 原料名称：指纺织带和帘子布制造企业在报告期内使用的主要原料。本手册包括纱线等行业内通用的原料名称，覆盖了 6 个统计用原料名称。

行业代码	原料名称	统计名称	统计代码
1756	纱、线	纱	171111
		线	171121
		麻纱线	173011
		黏胶纤维长丝	28125001
		锦纶长丝	28201003
		涤纶长丝	28202020

③ 工艺名称：指对应帘子布制造企业生产、加工产品采用的主要生产方法的名称。

④ 规模等级：指产排污系数核算所对应的生产规模等级。

⑤ 污染物指标：包含工业废水量、化学需氧量、工业固体废物[污泥（含水 80%）]。

⑥ 单位：为产排污系数计量单位，工业废水量单位为“吨/吨产品”， 化学需氧量单位为“克/吨产品”，工业固体废物（污泥）单位为“吨/吨产品”。

⑦ 末端治理技术名称：针对纺织带和帘子布制造行业内的污染物所采用的处理方法的名称。由于纺织带和帘子布制造行业产品的品种相对较多，染料的种类复杂，致使行业内末端治理技术种类较多。废水污染物的排污系数依据废水处理采用工艺技术的不同而有一定的差异。如果没有近似的废水处理方法代替，首先调查该企业是否有当地环保部门的监测报告。如果有，可以监测报告上的末端处理方法名称和排污数据为准；如果没有，该企业按无治理设施处理，排污系数等于产污系数。

1756　纺织带和帘子布制造行业产排污系数表

产品名称	原料名称	工艺名称	规模等级	污染物指标	单位	产污系数	末端治理技术名称	排污系数
浸渍纺织品	纱、线	编织—浸胶	所有规模	工业废水量	吨/吨产品	11.72	化学+生物	10.55
				化学需氧量	克/吨产品	3 750	化学+生物	990
				工业固体废物（污泥）	吨/吨产品	0.023 44	—	—

1757
无纺布制造业

1 适用范围

本手册给出了《统计上使用的产品分类目录》中“无纺布制造行业”无纺布和制品等行业内通用产品的产污系数和排污系数，适用于国内无纺布制造业中所有生产企业，可用于第一次全国污染源普查无纺布制造行业污染源污染物产生量和排放量的核算。

涉及的污染物包括：工业废水量、化学需氧量、工业固体废物[污泥（含水 80%）]。

2 注意事项

2.1 生产非单一产品企业污染物产排量的核算

企业生产的产品涉及不同行业及不同产品时，产品的产排污量应根据其不同的产品分别进行核算。企业的产排污量则为各产品的产排污量之和。

2.2 其他需要说明的问题

（1）本手册的排污系数是在典型工况下得到的，未考虑废水回用的影响因素。因此系数使用时要依据调查企业的废水回用率对工业废水量的排污系数进行调整后应用。

有废水回用的排污系数＝排污系数（本手册）×（1－废水回用率）

（2）关于系数表格各栏目的说明

① 产品名称：指无纺布制造企业在报告期内生产的，并符合产品质量要求的实物名称。本手册包括无纺布和制品 1 个行业内通用的产品名称，覆盖了 3 个统计用产品名称。

行业代码	产品名称	统计名称	统计代码
1757	无纺布和制品	无纺布（无纺织物）	175711
		无纺织物制品	175721
		纺织材料絮胎及其制品	175901

② 原料名称：指无纺布制造企业在报告期内使用的主要原料。本手册包括短纤维、化纤长丝 2 个行业内通用的原料名称，覆盖了 6 个统计用原料名称。

行业代码	原料名称	统计名称	统计代码
1757	长丝	黏胶纤维长丝	28125001
		锦纶长丝	28201003
		涤纶长丝	28202020
	纤维	皮棉	
		人造纤维	2812
		合成纤维	2820

③ 工艺名称：指对应无纺布制造企业生产、加工产品采用的主要生产方法的名称。

④ 规模等级：指产排污系数核算所对应的生产规模等级。

⑤ 污染物指标：包含工业废水量、化学需氧量、工业固体废物（污泥）。

⑥ 单位：为产排污系数计量单位，工业废水量单位为“吨/吨产品”，化学需氧量单位为“克/吨产品”，工业固体废物（污泥）单位为“吨/吨产品”。

⑦ 末端治理技术名称：针对无纺布制造行业内的污染物所采用的处理方法的名称。由于无纺布制造企业产品的品种相对较多，染料的种类复杂，致使行业内末端治理技术种类较多。废水污染物的排污系数依据废水处理采用工艺技术的不同而有一定的差异。如果没有近似的废水处理方法代替，首先调查该企业是否有当地环保部门的监测报告。如果有，可以监测报告上的末端处理方法名称和排污数据为准；如果没有，该企业按无治理设施处理，排污系数等于产污系数。

1757 无纺布制造行业产排污系数表

产品名称	原料名称	工艺名称	规模等级	污染物指标	单位	产污系数	末端治理技术名称	排污系数
无纺布和制品	纤维	黏合—缝编	所有规模	工业废水量	吨/吨产品	3.29	好氧生物处理	3.13
				化学需氧量	克/吨产品	1 070	好氧生物处理	320
				工业固体废物（污泥）	吨/吨产品	0.000 75	—	—

1761
棉化纤针织品及编织品制造业

1 适用范围

本手册给出了《统计上使用的产品分类目录》中“棉化纤针织品及编织品制造行业”针织坯布和针织印染布的产污系数和排污系数，适用于国内棉化纤针织品及编织品制造中所有生产企业，可用于第一次全国污染源普查棉化纤针织品及编织品制造行业污染源污染物产生量和排放量的核算。

涉及的污染物包括：工业废水量、化学需氧量、工业固体废物[污泥（含水 80%）]。

2 注意事项

2.1 系数表中未涉及的产品产排污系数说明

棉制色织经编布、合成纤维制色织经编布、人造纤维制色织经编布、其他纤维制色织经编布可参考“1711 棉、化纤纺织制品业”中色织棉机织物的产排污系数。

2.2 生产非单一产品企业污染物产排量的核算

企业生产的产品涉及不同行业及不同产品时，产品的产排污量应根据其不同的产品分别进行核算。企业的产排污量则为各产品的产排污量之和。

2.3 其他需要说明的问题

（1）本手册的排污系数是在典型工况下得到的，未考虑废水回用的影响因素。因此系数使用时要依据调查企业的废水回用率对工业废水量的排污系数进行调整后应用。

有废水回用的排污系数＝排污系数（本手册）×（1－废水回用率）

（2）由于棉、化纤针织品及编织品制造企业废水中染料的特性，在废水处理过程中化学药剂的投加量往往很大，污染物的重量与 COD 的削减量有可能不是 1∶1 的对应关系，有时污泥的产生量大于削减量。

（3）关于系数表格各栏目的说明

① 产品名称：指棉、化纤针织品及编织品制造企业在报告期内生产的，并符合产品质量要求的实物名称。本手册包括针织印染布、针织坯布 2 个行业内通用的产品名称，覆盖了 20 多个统计用产品名称。

<table>
<tr><th>行业代码</th><th>产品名称</th><th>统计名称</th><th>统计代码</th><th>统计名称</th><th>统计代码</th></tr>
<tr><td rowspan="13">1761</td><td rowspan="4">针织坯布</td><td>棉针织钩编物
（针织坯布）</td><td>17612101</td><td>合成纤维制未漂白经编织物</td><td>1761240201</td></tr>
<tr><td>合成纤维针织钩编物
（针织坯布）</td><td>17612102</td><td>人造纤维制未漂白经编织物</td><td>1761240301</td></tr>
<tr><td>人造纤维针织钩编物
（针织坯布）</td><td>17612103</td><td>其他纺织材料制未漂白经编织物
（不包括毛制经编织物）</td><td>17612499</td></tr>
<tr><td>棉制未漂白经编织物</td><td>1761240101</td><td>针织或钩编的起绒织物（坯布）</td><td>176111</td></tr>
<tr><td rowspan="9">针织
印染布</td><td>棉针织钩编物（印染布）</td><td>17612101</td><td>合成纤维制染色经编织物</td><td>1761240203</td></tr>
<tr><td>合成纤维针织钩编物（印染布）</td><td>17612102</td><td>合成纤维制印花经编织物</td><td>1761240205</td></tr>
<tr><td>人造纤维针织钩编物（印染布）</td><td>17612103</td><td>人造纤维制漂白经编织物</td><td>1761240302</td></tr>
<tr><td>棉制漂白经编织物</td><td>1761240102</td><td>人造纤维制染色经编织物</td><td>1761240303</td></tr>
<tr><td>棉制染色经编织物</td><td>1761240103</td><td>人造纤维制印花经编织物</td><td>1761240305</td></tr>
<tr><td>棉制印花经编织物</td><td>1761240105</td><td>其他纺织材料制经编织物（漂色花织物，不包括毛制经编织物）</td><td>17612499</td></tr>
<tr><td>合成纤维制漂白经编织物</td><td>1761240202</td><td>针织或钩编的起绒织物（印染布）</td><td>176111</td></tr>
</table>

② 原料名称：指棉、化纤针织品及编织品制造企业在报告期内使用的主要原料。本手册包括纱线等行业内通用的原料名称，覆盖了 6 个统计用原料名称。

<table>
<tr><th>行业代码</th><th>原料名称</th><th>统计名称</th><th>统计代码</th><th>统计名称</th><th>统计代码</th></tr>
<tr><td rowspan="3">1761</td><td rowspan="3">纱线</td><td>纱</td><td>171111</td><td>人造纤维</td><td>2812</td></tr>
<tr><td>线</td><td>171121</td><td>麻纱线</td><td>173011</td></tr>
<tr><td>合成纤维</td><td>2820</td><td>丝纱线</td><td>174021</td></tr>
</table>

③ 工艺名称：指对应棉、化纤针织品及编织品制造企业生产、加工产品采用的主要生产方法的名称。

④ 规模等级：指产排污系数核算所对应的生产规模等级。

⑤ 污染物指标：包含工业废水量、化学需氧量、工业固体废物（污泥）。

⑥ 单位：为产排污系数计量单位，工业废水量单位为“吨/吨产品”， 化学需氧量单位为“克/吨产品”，工业固体废物（污泥）单位为“吨/吨产品”。

⑦ 末端治理技术名称：针对棉化纤针织品及编织品行业内的污染物所采用的处理方法的名称。由于棉化纤针织品及编织品行业产品的品种相对较多，染料的种类复杂，致使行业内末端治理技术种类较多。废水污染物的排污系数依据废水处理采用工艺技术的不同而有一定的差异。如果没有近似的废水处理方法代替，首先调查该企业是否有当地环保部门的监测报告。如果有，可以监测报告上的末端处理方法名称和排污数据为准；如果没有，该企业按无治理设施处理，排污系数等于产污系数。

1761 棉化纤针织品及编织品制造行业产排污系数表

产品名称	原料名称	工艺名称	规模等级	污染物指标	单位	产污系数	末端治理技术名称	排污系数
针织坯布	纱、线	针织	>5 000 吨/年	工业废水量	吨/吨产品	48.8	物化+生物	45.64
							化学+生物	44.64
				化学需氧量	克/吨产品	11 340	物化+生物	4 500
							化学+生物	4 080
				工业固体废物（污泥）	吨/吨产品	0.107①	—	—
						0.098②	—	—
			≤5 000 吨/年	工业废水量	吨/吨产品	42.39	物化+生物	36.83
							化学+生物	37.67
				化学需氧量	克/吨产品	9 230	物化+生物	3 580
							化学+生物	4 180
				工业固体废物（污泥）	吨/吨产品	0.093①	—	—
						0.085②	—	—
针织印染布	针织坯布	印染	>3 万吨/年	工业废水量	吨/吨产品	197.44	厌氧/好氧生物组合工艺	181.57
							物化+生物	130.81
							化学+生物	133.84
				化学需氧量	克/吨产品	131 670	厌氧/好氧生物组合工艺	26 320
							物化+生物	12 950
							化学+生物	13 900
				工业固体废物（污泥）	吨/吨产品	0.105③	—	—
						0.434④	—	—
						0.395⑤	—	—
			≤3 万吨/年	工业废水量	吨/吨产品	179.92	厌氧/好氧生物组合工艺	169.13
							化学+生物	161.93
							物化+生物	158.27
				化学需氧量	克/吨产品	106 260	厌氧/好氧生物组合工艺	20 410
							化学+生物	18 830
							物化+生物	14 010
				工业固体废物（污泥）	吨/吨产品	0.085 85③	—	—
						0.359④	—	—
						0.396⑤	—	—

注：① 末端治理技术为“物化+生物”。
② 末端治理技术为“化学+生物”。
③ 末端治理技术为“厌氧/好氧生物组合工艺”。
④ 末端治理技术为“化学+生物”。
⑤ 末端治理技术为“物化+生物”。

1762
毛针织品及编织品制造业

1 适用范围

本手册给出了《统计上使用的产品分类目录》中“毛针织品及编织品制造行业”毛针织衫、毛针织男裤（羊毛）、毛针织女裤（羊毛）的产污系数和排污系数，适用于国内毛针织品及编织品制造中所有生产企业，可用于第一次全国污染源普查毛针织品及编织品制造行业污染源污染物产生量和排放量的核算。

涉及的污染物包括：工业废水量、化学需氧量、工业固体废物[污泥（含水 80%）]。

2 注意事项

2.1 生产非单一产品企业污染物产排量的核算

由于许多企业跨行业经营，同一企业生产的产品涉及不同行业及不同产品，因而产品的产排污量应根据其不同的产品分别进行核算。企业的产排污量则为各产品的产排污量之和。

2.2 其他需要说明的问题

（1）本手册的排污系数是在典型工况下得到的，未考虑废水回用的影响因素。因此系数使用时要依据调查企业的废水回用率对工业废水量的排污系数进行调整后应用。

有废水回用的排污系数＝排污系数（本手册）×（1－废水回用率）

（2）由于毛针织品及编织品制造企业的废水中染料、浆料的特性，在废水处理过程中化学药剂的投加量往往很大，污染物的重量与 COD 的削减量有可能不是 1∶1 的对应关系，有时污泥的产生量大于削减量。

（3）关于系数表格各栏目的说明

① 产品名称：指毛针织品及编织品制造企业在报告期内生产的，并符合产品质量要求的实物名称。本手册包括毛针织钩编织物 1 个行业内通用的产品名称，覆盖了 3 个统计用产品名称。

行业代码	产品名称	统计名称	统计代码
1762	毛针织钩编织物	毛针织衫	1811220402
		毛针织男裤（羊毛）	1811360101
		毛针织女裤（羊毛）	1811360201

② 原料名称：指毛针织品及编织品制造企业在报告期内使用的主要原料。本手册包括毛纱等行业内通用的原料名称，覆盖了 4 个统计用原料名称。

行业代码	原料名称	统计名称	统计代码
1762	毛纱	羊毛纱	17202101
		混纺羊毛纱	17202102
		其他动物毛纱	17202109
		化学纤维纱	17111103

③ 工艺名称：指将原料通过不同的工艺流程最终得到产品的生产过程。

④ 规模等级：指产排污系数核算所对应的生产规模等级。

⑤ 污染物指标：包含工业废水量、化学需氧量、工业固体废物（污泥）。

⑥ 单位：为产排污系数计量单位，工业废水量单位为“吨/吨产品”，化学需氧量单位为“克/吨产品”，工业固体废物（污泥）单位为“吨/吨产品”。

⑦ 末端治理技术名称：针对毛针织品及编织品行业内的污染物所采用的处理方法的名称。由于毛针织品及编织品制造行业产品的品种相对较多，染料的种类复杂，致使行业内末端治理技术种类较多。废水污染物的排污系数依据废水处理采用工艺技术的不同而有一定的差异。如果没有近似的废水处理方法代替，首先调查该企业是否有当地环保部门的监测报告。如果有，可以监测报告上的末端处理方法名称和排污数据为准；如果没有，该企业按无治理设施处理，排污系数等于产污系数。

1762　毛针织品及编织品制造行业产排污系数表

产品名称	原料名称	工艺名称	规模等级	污染物指标	单位	产污系数	末端治理技术名称	排污系数
毛针织钩编织物	毛纱（未染色）	针织—染色	>1 500 吨/年	工业废水量	吨/吨产品	152.65	物理+生物	138.71
				化学需氧量	克/吨产品	41 580	物理+生物	18 630
				工业固体废物（污泥）	吨/吨产品	0.336	—	—
			≤1 500 吨/年	工业废水量	吨/吨产品	138.2	厌氧/好氧生物组合工艺	104.6
				化学需氧量	克/吨产品	39 850	厌氧/好氧生物组合工艺	14 070
				工业固体废物（污泥）	吨/吨产品	0.025 78	—	—

18

纺织服装、鞋、帽制造业

1810

服装行业

1 适用范围

本手册给出了《统计上使用的产品分类目录》中“服装行业”水洗衬衫、西裤、牛仔服装的产污系数和排污系数，适用于国内服装水洗行业中所有生产企业，可用于第一次全国污染源普查服装行业污染源污染物产生量和排放量的核算。

涉及的污染物包括：工业废水量、化学需氧量、工业固体废物[污泥（含水 80%）]。

2 注意事项

2.1 系数表中未涉及的产品产排污系数说明

其他服装的产排污系数参照“1751 棉及化纤制品制造业”纺织制成品—机织物（染色）—剪裁—缝纫—后整理—全部”的产排污系数。该系数针对产生大量污染物的服装水洗行业。因为不同的服装对水洗的要求不同，导致水洗次数和方式（酶洗、石磨洗或雪花洗等）有很大差异，废水量差别较大，调查时要充分考虑面料和清洁程度的要求。牛仔布的水洗用水量相对较大。

2.2 生产非单一产品企业污染物产排量的核算

同一企业生产涉及不同行业、不同产品、不同原料、不同工艺及不同规模时，产品的产排污量应根据其不同条件分别进行核算。企业的产排污量则为各产品的产排污量之和。

2.3 其他需要说明的问题

（1）本手册的排污系数是在典型工况下得到的，未考虑废水回用的影响因素。因此系数使用时要依据调查企业的废水回用率对工业废水量的排污系数进行调整后应用。

有废水回用的排污系数＝排污系数（本手册）×（1－废水回用率）

（2）由于服装水洗企业废水中染料的特性，在废水处理过程中化学药剂的投加量往往很大，污染物的重量与 COD 的削减量有可能不是 1∶1 的对应关系，有时污泥的产生量大于削减量。

（3）关于系数表格各栏目的说明

① 产品名称：指服装水洗企业在报告期内生产的，并符合产品质量要求的实物名称。本手册包括水洗衬衫、西裤、水洗牛仔服装。

② 原料名称：指服装水洗企业在报告期内使用的主要原料。本手册包括尚未水洗的衬衫、西裤、水洗牛仔服装。

③ 工艺名称：指对应服装水洗企业生产、加工产品采用的主要生产方法的名称。

④ 规模等级：指产排污系数核算所对应的生产规模等级。

⑤ 污染物指标：包含工业废水量、化学需氧量、工业固体废物[污泥（含水 80%）]。

⑥ 单位：为产排污系数计量单位，工业废水量单位为“吨/吨产品”，化学需氧量单位为“克/吨产品”，工业固体废物（污泥）单位为“吨/吨产品”。由于服装水洗企业多年来生产统计中惯用“件、套”表示方法，因此在计算产排污系数时应将计量单位改为重量计量单位。具体产品折算系数可以企业自定的折算系数为准。

⑦ 末端治理技术名称：针对服装水洗行业内的污染物所采用的处理方法的名称。废水污染物的排污系数依据废水处理采用工艺技术的不同而有一定的差异。手册中只涉及常用的末端处理技术，当被调查企业的末端处理方法不在系数表单中时，可咨询当地行业组织或环保专家及企业技术人员，在系数表单中选取近似的废水处理方法代替。如果没有近似的废水处理方法代替，首先调查该企业是否有当地环保部门的监测报告。如果有，可以监测报告上的末端处理方法名称和排污数据为准；如果没有，该企业按无治理设施处理，排污系数等于产污系数。

1810　服装行业产排污系数表

产品名称	原料名称	工艺名称	规模等级	污染物指标	单位	产污系数	末端治理技术名称	排污系数
水洗衬衫、西裤	衬衫、一般西裤	水洗—定型	所有规模	工业废水量	吨/吨产品	102.91	厌氧/好氧生物组合工艺	97.79
				化学需氧量	克/吨产品	21 850	厌氧/好氧生物组合工艺	9 810
				工业固体废物（污泥）	吨/吨产品	0.012 04	—	—
水洗牛仔服装	牛仔服装	水洗—定型①	所有规模	工业废水量	吨/吨产品	221.67	厌氧/好氧生物组合工艺	211.15
				化学需氧量	克/吨产品	37 020	厌氧/好氧生物组合工艺	16 600
				工业固体废物（污泥）	吨/吨产品	0.488	—	—

注：① 水洗工艺包括酶洗、石磨洗或雪花洗等。

19

皮革、毛皮、羽毛(绒)及其制品业

1910
皮革鞣制加工行业

1 适用范围

本手册给出了《统计上使用的产品分类目录》中“皮革鞣制加工行业”所涉及的重革、轻革的产污系数和排污系数。不包括生产“漆皮及层压漆皮”、“镀金属皮革”、“再生皮革”等类产品的企业，因其生产中产污量极少，实际调查中可不做产排污量核算。

涉及的污染物包括：工业废水量、化学需氧量、石油类、氨氮、总铬、HW21 危险废物（含铬废物）。

注：皮革鞣制加工过程中产生和排放的含铬污染物（总铬和含铬固体废物）为三价铬，而非六价铬。

2 注意事项

2.1 系数表中未涉及的产品产排污系数说明

对于加工除牛皮、猪皮、羊皮以外的产品，一般根据原料皮与牛皮、猪皮、羊皮的面积差异性来确定对应皮种（如马皮与牛皮接近，则马皮参照牛皮产排污系数），然后按对应皮类确定其规模（如已知马皮年加工张数，按 1.2 系数折算成牛皮标张数，确定出本企业生产规模），再按工艺划分（如生皮—成品革）与实际情况确定对应的工艺，然后确定产排污系数值。通常情况下，其他类杂皮优先按牛皮生产工艺和产品类型来确定产排污系数。

2.2 生产非单一产品企业污染物产排量的核算

根据企业生产加工类型，依不同产品、工艺的产污系数取值原则进行取值核算。

2.3 其他需要说明的问题

（1）产品名称的含义

皮革产品的分类命名方法主要有以下几种：以“原料皮+革的用途”命名，如“头层牛皮鞋面革”等；以“原料皮+革的表面状态+革的用途”命名，如“猪皮光面服装革”等；以“原料皮+鞣制工艺”命名，如“牛皮重革”。据此，在确定皮革鞣制加工企业产品时依下表类型归类。

本次调查所使用的皮革产品名称含义说明

产品名称	定　义
头层牛皮鞋面革	以头层牛皮为原料制成的鞋面用革
二层牛皮鞋面革	以二层牛皮为原料制成的鞋面用革
牛皮箱包革	以牛皮为原料制作的箱、包用革
头层牛皮装潢革	以头层牛皮为原料制成的装潢用革，主要指家具革
二层牛皮装潢革	以二层牛皮为原料制成的装潢用革，包括家具用革和汽车用革
牛皮服装革	以牛皮为原料制作的服装革
牛皮重革	以牛皮为原料通过植（油）鞣鞣制工艺制成的皮革，一般用作底革和带革等
猪皮光面服装革	以猪皮为原料制成的用于制作服装的光面革
猪皮绒面服装革	以猪皮为原料制成的制作服装的正、反绒面革，二层绒面革
猪皮鞋里革	以猪皮为原料制成的用作皮鞋衬里的革
猪皮重革	以猪皮为原料通过植（油）鞣鞣制工艺制成的革
绵羊服装革	以绵羊皮为原料制成的用于制作服装的革
山羊鞋面革	以山羊皮为原料制成的鞋面用革
山羊手套服装革	以山羊皮为原料制成的手套或服装用革

与《统计上使用的产品分类目录》对比见下表。

皮革制造业国家统计产品分类与本专题调查内容对比

产品代码	产品目录产品名称	产排污系数使用方法说明
19	皮革、毛皮及其制品	
1910	鞣制皮革	
191101	成品革（折牛皮）	
19110101	牛皮革	以各种牛皮制成服装、装潢（沙发、汽车座垫）、箱包、鞋面成品工艺划分，增加二层牛皮装潢革
19110102	马皮革	以牛皮革取代马皮革
19110103	绵羊皮革	包括绵羊服装革，鞋面革
19110104	山羊皮革	包括山羊皮做原料加工鞋面革、手套革
19110105	猪皮革	包括用猪皮加工的光面、绒面服装革，鞋里革
19110106	爬行动物皮革	以牛、猪、绵羊、山羊相类似工艺取代
19110199	其他成品革	
191511	重革（植鞣油鞣皮革）	
19151101	猪重革	猪皮植鞣革
19151102	牛重革	牛皮植鞣革
19151103	马重革	极少，以牛皮植鞣革代替
19151104	羊重革	以猪皮植鞣革代替
19151199	其他重革	以猪皮植鞣革代替
191613	轻革（结合鞣制皮革）	将不同原料皮加工轻革的生产工艺分成三种类型： 1. 生皮—成品革工艺；2. 生皮—蓝湿皮工艺；3. 蓝湿皮—成品革工艺
19161301	服装革	以牛、猪、绵羊、山羊等各种原料皮制成服装、装潢（沙发、汽车座垫）、箱包、鞋面、鞋里革成品工艺划分 对于其他杂皮，以牛、猪、羊相似面积、相似工艺组合代替
19161302	鞋面革	
19161303	沙发座垫革	
19161304	汽车座垫革	
19161305	箱包用革	
19161399	其他轻革	极少，对于其他杂皮，以牛、猪、羊相似面积、相似工艺组合代替
191621	漆皮及层压漆皮	极少，基本不产生污染物，不做产排污核算
191622	镀金属皮革	
191623	再生皮革	

（2）原料包括范围

牛皮、猪皮、绵羊皮、山羊皮等原料皮泛指不同原料类型的盐湿皮、盐干皮、甜干皮或鲜皮，本手册所取皮革行业产排污系数以盐湿皮为计算基础。若企业以盐干皮、甜干皮或鲜皮为原料，核算时仍以盐湿皮计。

对于除以牛、猪、绵羊、山羊皮之外，以其他动物皮为原料产品进行产排污系数核算的企业，采用以下方法进行核算：

1）确定动物原料皮的皮种；

2）确定此皮种最终的成品革产品种类（如鞋面革、服装革、装潢革等）；

3）确定此皮种与猪、牛、绵羊、山羊皮的相似性，归入到某种皮种内，比如马皮归入牛皮，鹿皮归入绵羊皮；

4）找到此相似皮的加工工艺，确定产排污系数值。

（3）工艺划分与命名

皮革鞣制加工工艺全过程工序见下表。

皮革鞣制工艺全过程工序

编号	工段	主要工序
①	准备工段 I	预浸水→主浸水→脱脂
②	准备工段 II	浸灰→去肉（或剖层）→脱灰→软化
③	鞣制工段	浸酸→鞣制（铬鞣）或植鞣
④	湿整理工段	静置→剖层→削匀→复鞣→水洗→中和→填充→染色加脂→挤水
⑤	干整理工段	干燥→振软→喷中层→干燥→振软→摔软→喷顶层→成品革

产排污系数表中共包括了 7 种加工工艺类型，其工艺命名的含义为：

1）生皮—成品革工艺：从原料皮加工成各种成品革的全流程工艺过程，即依次进行①→②→③→④→⑤工段；

2）蓝皮—成品革工艺：从企业外购铬鞣后蓝湿皮，进行后续加工的工艺过程，即依次进行④→⑤工段；

3）生皮—蓝皮工艺：从原料皮加工成蓝湿皮的工艺过程，即依次进行①→②→③工段；

4）植鞣工艺：在原料皮加工成产品革的全流程工艺过程中，其中鞣制工艺用植物鞣剂生产重革的过程，即依次进行①→②→③→④→⑤工段，其中③为植鞣工艺；

5）铬鞣工艺：从企业外购浸灰皮，进行单位的铬鞣③工段；

6）箱包革工艺：指以生皮为原料，最终的产品为箱包革的，从准备工段 I 至成品革的完整工艺（即依次进行①→②→③→④→⑤工段）；

7）牛皮服装革工艺：指以牛生皮为原料，最终产品为成品服装革的，即依次进行①→②→③→④→⑤工段。

（4）企业规模划分方法

皮革鞣制加工企业规模主要依据原料皮年投产量（牛皮标张数）进行划分，分为：

1）年投产 50 万标张（含 50 万标张）牛皮及以上产量的企业；

2）年投产 10 万标张牛皮（含 10 万标张）至 50 万标张牛皮之间的企业；

3）年投产在 10 万标张牛皮及以下的企业。

对于大部分皮革鞣制加工企业，年投产 10 万～50 万标张牛皮的企业与 50 万标张牛皮以上产量的企业，其生产水平和方式基本一致，只在极少数情况下产排污系数有一定差异，所以在本手册系数应用中主要划分为两种规模，即年投产＜10 万标张牛皮企业，≥10 万标张牛皮企业，个别用了三种规模进行划分。

不同皮革鞣制加工企业年产量的计量方法不同，原料皮折合牛皮标张量的计算方法以下表为依据。

不同原料皮折算牛皮标张数

皮种	牛皮	猪皮	山羊皮	绵羊皮	马皮	鹿皮
折合比例	1	5	8	5	1.2	3

注：折合比例=标张牛皮单位重量/其他皮种的单位重量。

（5）产污系数的取值方法

皮革鞣制行业不同产品的加工过程有较大的差异，主要表现在原料皮来源、化工原料、工业用水量等方面的差异上。其次，由于皮革加工企业以中小型为主，即使生产同一种产品，生产技术和管理水平差异非常明显，特别是清洁生产技术水平差异较大。因此，在同一产品和工艺条件下不同产污系数值的取值方面有较大差异，这一差异主要表现在工业废水量产污系数和化学需氧量产污系数上。不同产品、工艺的鞣制工业废水量和化学需氧量产污系数的上下限取值主要依据以下原则：

1）工业废水量产生量：依企业循环利用水量状况而定，无循环利用、无中水回用者取上限，依“循环率+中水回用率”分别占总水量的 20%以上者取下限，10%～20%循环率取中值，10%以下者取上限。当企业无法给出节水措施时，可按照企业生产用水量的 85%折算为工业废水量，对应到相应产品、工艺组合的工业废水量。

2）化学需氧量产生量：浸灰、脱灰、鞣制、复鞣、染色等工序主要产生化学需氧量，其工艺残液达到 30%以上循环利用者取下限，10%～30%之间循环利用者取中值，10%以下循环利用者取高值。

3）氨氮产生量：氨氮产生量变化主要取决于残液回用率，其取值与化学需氧量上下限值相同，即浸灰、脱灰、鞣制等残液达到 30%以上循环利用者取下限，15%以上循环利用者取中值，无循环利用者取高值。

4）石油类产生量：在同一组合中差异不大，为定值。

5）总铬产生量：① 以原料皮通过铬鞣工艺加工为蓝湿皮或成品革的企业，废铬液单独沉淀处理运行良好，总铬产污系数取下限值，废铬液单独处理设施运行不规范时取中值，无单独处理时取上限值；② 对于从蓝湿皮加工为成品革的企业，因复鞣工段中铬鞣剂用量差异较大，取值方法为：复鞣中采用无铬复鞣的取下限，采用高吸收铬鞣剂和少铬鞣复鞣法的取中值，普通铬鞣复鞣法取上限值。

6）HW21 危险废物（含铬废物）产生量：以原料皮通过铬鞣工艺加工为蓝湿皮或成品革的企业，铬液 50%以上循环者取下限，50%～25%取中值，25%以下者取上限。

（6）排污系数的取值方法

根据皮革鞣制加工企业废水处理技术现状，在皮革鞣制加工企业末端治理技术中选取了 3 种类型的废水处理技术，分别为“物理+化学”、“化学+好氧生物处理”和“化学+组合生物处理”。

1）自建水处理设施的企业

这 3 种处理技术组合主要是指厂内有自建污水处理设施的企业，其选择主要应用条件为：

① “物理+化学”：适用于企业只通过格栅、沉淀、气浮等初级或预处理后排入工业园区污水处理站或城市管网的企业。

化学需氧量排污系数取值：化学需氧量排放浓度超过 1 000 毫克/升的企业，取上限；化学需氧量排放浓度介于 700～1 000 毫克/升之间者，取中值；化学需氧量排放浓度介于 500～700 毫克/升之间者，取下限值。

“物理+化学”治理技术对氨氮处理效果较差，排污系数依据氨氮产污系数取值方法取值。

工业废水量的排污系数依据企业末端治理工艺的繁简程度取其排污系数的 90%～95%。

② “化学+好氧生物处理”：指在预处理技术中有加药气浮或混凝沉淀，并同时有铬泥单独沉淀处

理的企业，其好氧生物处理法主要指活性污泥法、接触氧化法、SBR 等处理技术，经处理后排入城市管网、工业园区污水处理站或直接进入水体。

化学需氧量排污系数的取值：化学需氧量排放浓度介于 300～500 毫克/升之间者，取上限值；化学需氧量排放浓度低于 100 毫克/升者，取下限值；化学需氧量排放浓度介于 100～300 毫克/升之间者，取中值。

氨氮排污系数的取值：氨氮排放浓度超过 150 毫克/升以上者，取上限值；氨氮排放浓度低于 50 毫克/升以下者，取下限值；氨氮排放浓度 50～150 毫克/升之间者，取中值。

工业废水量排污系数依据企业末端治理工艺的繁简程度取其排污系数的 80%～90%。

③ “化学+组合生物处理”：指在 5410 组合技术的基础上增加厌氧处理过程，或在好氧段后增设脱氮工艺。其组合生物处理技术包括以下技术组合：a. 氧化沟；b. SBR 工艺的变型 CASS，CAST；c. A/O，A^2/O 工艺；d. 厌氧/好氧生物组合工艺。

经上述处理后直接进入水体或城市管网的，视企业执行地方标准情况确定产排污系数值。化学需氧量排放浓度介于 300～500 毫克/升之间者，化学需氧量排污系数取上限值；化学需氧量排放浓度低于 100 毫克/升者，取下限值；化学需氧量排放浓度介于 100～300 毫克/升之间者，取中值。

氨氮排污系数的上限值对应氨氮排放浓度超过 100 毫克/升者，下限值对应氨氮排放浓度低于 30 毫克/升者，中值对应氨氮排放浓度 30～100 毫克/升之间者。

工业废水量排污系数依据企业末端治理工艺的繁简程度取其排污系数的 80%～90%。

2）无自建污水处理设施的企业

对于无自建污水处理设施的企业，分别采用下述方式核算排污系数：

① 无任何处理设施，直接排入水体和城市管网的企业，排污系数与产污系数相等。

② 制革工业园区有统一污水处理设施的企业，根据统一污水处理设施的技术类型按前述 3 种末端治理技术进行归类，然后根据出水达标情况进行各污染指标的取值。

③ 对于部分地区无专门的制革工业园区，而是直接排入附近工业园区管网，经过工业园区内污水处理的企业，参照②取值。

1910 皮革鞣制加工行业产排污系数表

产品名称	原料名称	工艺名称	规模等级	污染物指标	单位	产污系数[①]	末端治理技术名称	排污系数[①]
头层牛皮鞋面革	牛皮	生皮—成品革工艺	≥10 万标张牛皮/年	工业废水量	吨/吨原皮	50～80	物理+化学	45～75
							化学+好氧生物法	40～70
							化学+组合生物法	40～70
				化学需氧量	克/吨原皮	90 000～180 000	物理+化学	55 000～100 000
							化学+好氧生物法	10 000～35 000
							化学+组合生物法	5 000～20 000
				氨氮	克/吨原皮	10 000～18 000	物理+化学	8 000～15 000
							化学+好氧生物法	4 000
							化学+组合生物法	3 200
				石油类	克/吨原皮	1 600	物理+化学	50
							化学+好氧生物法	30
							化学+组合生物法	30
				总铬	克/吨原皮	200～1 000	物理+化学	50
							化学+好氧生物法	20
							化学+组合生物法	20
				HW21 危险废物（含铬废物）	吨/吨原皮	0.008～0.025	—	—
							—	—
							—	—
			<10 万标张牛皮/年	工业废水量	吨/吨原皮	50～100	物理+化学	40～95
							化学+好氧生物法	35～80
							化学+组合生物法	35～80
				化学需氧量	克/吨原皮	90 000～180 000	物理+化学	55 000～100 000
							化学+好氧生物法	10 000～35 000
							化学+组合生物法	5 000～20 000
				氨氮	克/吨原皮	10 000～18 000	物理+化学	10 000～18 000
							化学+好氧生物法	6 000
							化学+组合生物法	2 000
				石油类	克/吨原皮	1 600	物理+化学	80
							化学+好氧生物法	30
							化学+组合生物法	30
				总铬	克/吨原皮	200～1 000	物理+化学	50
							化学+好氧生物法	20
							化学+组合生物法	20
				HW21 危险废物（含铬废物）	吨/吨原皮	0.008～0.025	—	—
							—	—
							—	—

注：① 工业废水量、化学需氧量、氨氮、石油类、总铬及 HW21 危险废物（含铬废物）的产、排污系数取值方法参照“其他需要说明的问题”。

1910　皮革鞣制加工行业产排污系数表（续 1）

产品名称	原料名称	工艺名称	规模等级	污染物指标	单位	产污系数[①]	末端治理技术名称	排污系数[①]
头层牛皮鞋面革	牛皮	蓝湿皮—成品革工艺	≥10 万标张牛皮/年	工业废水量	吨/吨原皮	20～40	物理+化学	20～38
							化学+好氧生物法	15～35
							化学+组合生物法	15～35
				化学需氧量	克/吨原皮	40 000～80 000	物理+化学	25 000～50 000
							化学+好氧生物法	5 000～15 000
							化学+组合生物法	1 000～10 000
				氨氮	克/吨原皮	1 000～4 000	物理+化学	700～2 800
							化学+好氧生物法	500～1 500
							化学+组合生物法	300～1 000
				石油类	克/吨原皮	1 200	物理+化学	50
							化学+好氧生物法	30
							化学+组合生物法	30
				总铬	克/吨原皮	0～500	物理+化学	50
							化学+好氧生物法	20
							化学+组合生物法	20
			<10 万标张牛皮/年	工业废水量	吨/吨原皮	20～40	物理+化学	20～38
							化学+好氧生物法	15～35
							化学+组合生物法	15～35
				化学需氧量	克/吨原皮	45 000～90 000	物理+化学	12 000～15 000
							化学+好氧生物法	5 000
							化学+组合生物法	3 500
				氨氮	克/吨原皮	700～2 000	物理+化学	700～1 500
							化学+好氧生物法	700
							化学+组合生物法	400
				石油类	克/吨原皮	1 200	物理+化学	50
							化学+好氧生物法	30
							化学+组合生物法	30
				总铬	克/吨原皮	0～500	物理+化学	20
							化学+好氧生物法	20
							化学+组合生物法	20

注：① 工业废水量、化学需氧量、氨氮、石油类、总铬的产、排污系数取值方法参照“其他需要说明的问题”。

1910 皮革鞣制加工行业产排污系数表（续2）

产品名称	原料名称	工艺名称	规模等级	污染物指标	单位	产污系数[1]	末端治理技术名称	排污系数[1]
头层牛皮鞋面革	牛皮	生皮—蓝湿皮工艺	≥10 万标张牛皮/年	工业废水量	吨/吨原皮	30～50	物理+化学	28～48
							化学+好氧生物法	25～42
							化学+组合生物法	25～42
				化学需氧量	克/吨原皮	60 000～100 000	物理+化学	35 000～60 000
							化学+好氧生物法	8 000～20 000
							化学+组合生物法	2 000～12 000
				氨氮	克/吨原皮	8 000～14 000	物理+化学	6 000～11 000
							化学+好氧生物法	4 000
							化学+组合生物法	2 000
				石油类	克/吨原皮	1 000	物理+化学	50
							化学+好氧生物法	30
							化学+组合生物法	20
				总铬	克/吨原皮	500～1 500	物理+化学	50
							化学+好氧生物法	20
							化学+组合生物法	20
				HW21 危险废物（含铬废物）	吨/吨原皮	0.006～0.02	—	—
							—	—
							—	—
			＜10 万标张牛皮/年	工业废水量	吨/吨原皮	30～55	物理+化学	28～52
							化学+好氧生物法	25～45
							化学+组合生物法	25～45
				化学需氧量	克/吨原皮	50 000～110 000	物理+化学	30 000～65 000
							化学+好氧生物法	5 000～20 000
							化学+组合生物法	2 000～10 000
				氨氮	克/吨原皮	8 000～15 000	物理+化学	6 000～13 000
							化学+好氧生物法	5 000
							化学+组合生物法	2 000
				石油类	克/吨原皮	1 200	物理+化学	50
							化学+好氧生物法	20
							化学+组合生物法	20
				总铬	克/吨原皮	500～1 500	物理+化学	20
							化学+好氧生物法	20
							化学+组合生物法	20
				HW21 危险废物（含铬废物）	吨/吨原皮	0.006～0.02	—	—
							—	—
							—	—

注：① 工业废水量、化学需氧量、氨氮、石油类、总铬及 HW21 危险废物（含铬废物）的产、排污系数取值方法参照“其他需要说明的问题”。

1910 皮革鞣制加工行业产排污系数表（续3）

产品名称	原料名称	工艺名称	规模等级	污染物指标	单位	产污系数[①]	末端治理技术名称	排污系数[①]
二层牛皮鞋面革	牛皮	蓝皮—成品革工艺	≥10万标张牛皮/年	工业废水量	吨/吨原皮	20～40	物理+化学	20～35
							化学+好氧生物法	15～35
							化学+组合生物法	15～35
				化学需氧量	克/吨原皮	40 000～70 000	物理+化学	25 000～45 000
							化学+好氧生物法	2 550～20 000
							化学+组合生物法	850～10 000
				氨氮	克/吨原皮	500～3 000	物理+化学	350～2 500
							化学+好氧生物法	250～2 000
							化学+组合生物法	200～1 500
				石油类	克/吨原皮	600	物理+化学	50
							化学+好氧生物法	30
							化学+组合生物法	30
				总铬	克/吨原皮	0～500	物理+化学	20
							化学+好氧生物法	20
							化学+组合生物法	20
			<10万标张牛皮/年	工业废水量	吨/吨原皮	25～45	物理+化学	25～40
							化学+好氧生物法	20～40
							化学+组合生物法	20～40
				化学需氧量	克/吨原皮	50 000～70 000	物理+化学	30 000～45 000
							化学+好氧生物法	3 000～20 000
							化学+组合生物法	1 000～10 000
				氨氮	克/吨原皮	500～3 000	物理+化学	350～2 500
							化学+好氧生物法	250～2 500
							化学+组合生物法	250～2 000
				石油类	克/吨原皮	800	物理+化学	50
							化学+好氧生物法	30
							化学+组合生物法	30
				总铬	克/吨原皮	0～500	物理+化学	20
							化学+好氧生物法	20
							化学+组合生物法	20

注：① 工业废水量、化学需氧量、氨氮、石油类、总铬的产、排污系数取值方法参照“其他需要说明的问题”。

1910　皮革鞣制加工行业产排污系数表（续 4）

产品名称	原料名称	工艺名称	规模等级	污染物指标	单位	产污系数①	末端治理技术名称	排污系数①
牛皮箱包革	牛皮	箱包革工艺	≥10 万标张牛皮/年	工业废水量	吨/吨原皮	60～90	物理+化学	55～85
							化学+好氧生物法	50～80
							化学+组合生物法	50～80
				化学需氧量	克/吨原皮	110 000～250 000	物理+化学	65 000～150 000
							化学+好氧生物法	10 000～40 000
							化学+组合生物法	5 000～25 000
				氨氮	克/吨原皮	12 000～18 000	物理+化学	8 500～15 000
							化学+好氧生物法	2 500～10 000
							化学+组合生物法	1 500～7 500
				石油类	克/吨原皮	1 500	物理+化学	100
							化学+好氧生物法	30
							化学+组合生物法	30
				总铬	克/吨原皮	200～1 000	物理+化学	20
							化学+好氧生物法	20
							化学+组合生物法	20
				HW21 危险废物（含铬废物）	吨/吨原皮	0.008 5～0.02	—	—
							—	—
							—	—

注：① 工业废水量、化学需氧量、氨氮、石油类、总铬及 HW21 危险废物（含铬废物）的产、排污系数取值方法参照“其他需要说明的问题”。

1910 皮革鞣制加工行业产排污系数表（续 5）

产品名称	原料名称	工艺名称	规模等级	污染物指标	单位	产污系数①	末端治理技术名称	排污系数①
牛皮箱包革	牛皮	箱包革工艺	<10 万标张牛皮/年	工业废水量	吨/吨原皮	60～95	物理+化学	60～90
							化学+好氧生物法	50～80
							化学+组合生物法	50～80
				化学需氧量	克/吨原皮	110 000～250 000	物理+化学	65 000～150 000
							化学+好氧生物法	7 500～40 000
							化学+组合生物法	2 500～25 000
				氨氮	克/吨原皮	15 000～20 000	物理+化学	11 000～19 000
							化学+好氧生物法	2 500～12 000
							化学+组合生物法	1 500～10 000
				石油类	克/吨原皮	1 500	物理+化学	100
							化学+好氧生物法	30
							化学+组合生物法	30
				总铬	克/吨原皮	200～1 500	物理+化学	20
							化学+好氧生物法	20
							化学+组合生物法	20
				HW21 危险废物（含铬废物）	吨/吨原皮	0.008 5～0.022 5	—	—
							—	—
							—	—

注：① 工业废水量、化学需氧量、氨氮、石油类、总铬及 HW21 危险废物（含铬废物）的产、排污系数取值方法参照“其他需要说明的问题”。

1910 皮革鞣制加工行业产排污系数表（续6）

产品名称	原料名称	工艺名称	规模等级	污染物指标	单位	产污系数①	末端治理技术名称	排污系数①
头层牛皮装潢革	牛皮	生皮—成品革工艺	≥50万标张牛皮/年	工业废水量	吨/吨原皮	60～80	物理+化学	60～75
							化学+好氧生物法	50～70
							化学+组合生物法	50～70
				化学需氧量	克/吨原皮	200 000～280 000	物理+化学	120 000～170 000
							化学+好氧生物法	7 000～35 000
							化学+组合生物法	2 500～20 000
				氨氮	克/吨原皮	10 000～16 000	物理+化学	7 000～12 000
							化学+好氧生物法	2 500～10 000
							化学+组合生物法	1 500～7 000
				石油类	克/吨原皮	1 400	物理+化学	100
							化学+好氧生物法	30
							化学+组合生物法	30
				总铬	克/吨原皮	200～1 000	物理+化学	20
							化学+好氧生物法	20
							化学+组合生物法	20
				HW21 危险废物（含铬废物）	吨/吨原皮	0.007 5～0.02	—	—
							—	—
							—	—

注：① 工业废水量、化学需氧量、氨氮、石油类、总铬及HW21危险废物（含铬废物）的产、排污系数取值方法参照“其他需要说明的问题”。

1910 皮革鞣制加工行业产排污系数表（续 7）

产品名称	原料名称	工艺名称	规模等级	污染物指标	单位	产污系数①	末端治理技术名称	排污系数①
头层牛皮装潢革	牛皮	生皮—成品革工艺	10 万～50 万标张牛皮/年	工业废水量	吨/吨原皮	70～100	物理+化学	70～95
							化学+好氧生物法	60～85
							化学+组合生物法	60～85
				化学需氧量	克/吨原皮	200 000～280 000	物理+化学	120 000～170 000
							化学+好氧生物法	10 000～45 000
							化学+组合生物法	3 000～30 000
				氨氮	克/吨原皮	15 000～20 000	物理+化学	10 000～15 000
							化学+好氧生物法	3 000～12 500
							化学+组合生物法	2 000～10 000
				石油类	克/吨原皮	1 700	物理+化学	100
							化学+好氧生物法	30
							化学+组合生物法	30
				总铬	克/吨原皮	200～1 000	物理+化学	20
							化学+好氧生物法	20
							化学+组合生物法	20
				HW21 危险废物（含铬废物）	吨/吨原皮	0.008～0.021 5	—	—
							—	—
							—	—

注：①工业废水量、化学需氧量、氨氮、石油类、总铬及 HW21 危险废物（含铬废物）的产、排污系数取值方法参照“其他需要说明的问题”。

1910 皮革鞣制加工行业产排污系数表（续 8）

产品名称	原料名称	工艺名称	规模等级	污染物指标	单位	产污系数①	末端治理技术名称	排污系数①
头层牛皮装潢革	牛皮	生皮—成品革工艺	<10 万标张牛皮/年	工业废水量	吨/吨原皮	70～100	物理+化学	65～95
							化学+好氧生物法	60～85
							化学+组合生物法	60～85
				化学需氧量	克/吨原皮	200 000～300 000	物理+化学	120 000～180 000
							化学+好氧生物法	10 000～40 000
							化学+组合生物法	3 000～25 000
				氨氮	克/吨原皮	15 000～20 000	物理+化学	10 000～15 000
							化学+好氧生物法	3 000～12 500
							化学+组合生物法	2 000～8 500
				石油类	克/吨原皮	1 700	物理+化学	100
							化学+好氧生物法	30
							化学+组合生物法	30
				总铬	克/吨原皮	200～1 000	物理+化学	20
							化学+好氧生物法	20
							化学+组合生物法	20
				HW21 危险废物（含铬废物）	吨/吨原皮	0.008～0.022 5	—	—
							—	—
							—	—

注：① 工业废水量、化学需氧量、氨氮、石油类、总铬及 HW21 危险废物（含铬废物）的产、排污系数取值方法参照“其他需要说明的问题”。

1910 皮革鞣制加工行业产排污系数表（续 9）

产品名称	原料名称	工艺名称	规模等级	污染物指标	单位	产污系数①	末端治理技术名称	排污系数①
头层牛皮装潢革	牛皮	蓝皮—成品革工艺	≥10 万标张牛皮/年	工业废水量	吨/吨原皮	25～45	物理+化学	25～40
							化学+好氧生物法	20～40
							化学+组合生物法	20～40
				化学需氧量	克/吨原皮	40 000～60 000	物理+化学	25 000～40 000
							化学+好氧生物法	3 000～20 000
							化学+组合生物法	1 000～11 500
				氨氮	克/吨原皮	1 000～4 000	物理+化学	700～3 000
							化学+好氧生物法	600～1 500
							化学+组合生物法	500～1 500
				石油类	克/吨原皮	700	物理+化学	50
							化学+好氧生物法	30
							化学+组合生物法	30
				总铬	克/吨原皮	0～500	物理+化学	20
							化学+好氧生物法	20
							化学+组合生物法	20
			<10 万标张牛皮/年	工业废水量	吨/吨原皮	25～50	物理+化学	20～45
							化学+好氧生物法	20～40
							化学+组合生物法	20～40
				化学需氧量	克/吨原皮	30 000～60 000	物理+化学	20 000～40 000
							化学+好氧生物法	3 000～20 000
							化学+组合生物法	1 000～15 000
				氨氮	克/吨原皮	1 000～4 000	物理+化学	700～3 000
							化学+好氧生物法	600～2 000
							化学+组合生物法	500～1 500
				石油类	克/吨原皮	800	物理+化学	50
							化学+好氧生物法	30
							化学+组合生物法	30
				总铬	克/吨原皮	0～500	物理+化学	20
							化学+好氧生物法	20
							化学+组合生物法	20

注：① 工业废水量、化学需氧量、氨氮、石油类、总铬的产、排污系数取值方法参照“其他需要说明的问题”。

1910 皮革鞣制加工行业产排污系数表（续 10）

产品名称	原料名称	工艺名称	规模等级	污染物指标	单位	产污系数①	末端治理技术名称	排污系数①
头层牛皮装潢革	牛皮	生皮—蓝皮革工艺	≥10 万标张牛皮/年	工业废水量	吨/吨原皮	30～50	物理+化学	30～45
							化学+好氧生物法	25～40
							化学+组合生物法	25～40
				化学需氧量	克/吨原皮	80 000～150 000	物理+化学	50 000～90 000
							化学+好氧生物法	5 000～20 000
							化学+组合生物法	1 500～15 000
				氨氮	克/吨原皮	4 000～8 000	物理+化学	3 000～5 500
							化学+好氧生物法	1 500～5 000
							化学+组合生物法	1 000～4 500
				石油类	克/吨原皮	800	物理+化学	50
							化学+好氧生物法	30
							化学+组合生物法	30
				总铬	克/吨原皮	500～1 500	物理+化学	10
							化学+好氧生物法	10
							化学+组合生物法	10
				HW21 危险废物（含铬废物）	吨/吨原皮	0.007 5～0.021 5	—	—
							—	—
							—	—

注：① 工业废水量、化学需氧量、氨氮、石油类、总铬及 HW21 危险废物（含铬废物）的产、排污系数取值方法参照“其他需要说明的问题”。

1910　皮革鞣制加工行业产排污系数表（续 11）

产品名称	原料名称	工艺名称	规模等级	污染物指标	单位	产污系数①	末端治理技术名称	排污系数①
头层牛皮装潢革	牛皮	生皮—蓝皮革工艺	<10 万标张牛皮/年	工业废水量	吨/吨原皮	30～50	物理+化学	25～45
							化学+好氧生物法	25～40
							化学+组合生物法	25～40
				化学需氧量	克/吨原皮	90 000～180 000	物理+化学	50 000～110 000
							化学+好氧生物法	3 500～25 000
							化学+组合生物法	1 500～15 000
				氨氮	克/吨原皮	4 000～8 000	物理+化学	2 800～5 500
							化学+好氧生物法	1 500～4 500
							化学+组合生物法	1 000～4 000
				石油类	克/吨原皮	800	物理+化学	50
							化学+好氧生物法	30
							化学+组合生物法	30
				总铬	克/吨原皮	500～1 500	物理+化学	10
							化学+好氧生物法	10
							化学+组合生物法	10
				HW21 危险废物（含铬废物）	吨/吨原皮	0.007 5～0.02	—	—
							—	—
							—	—

注：① 工业废水量、化学需氧量、氨氮、石油类、总铬及 HW21 危险废物（含铬废物）的产、排污系数取值方法参照“其他需要说明的问题”。

1910 皮革鞣制加工行业产排污系数表（续 12）

产品名称	原料名称	工艺名称	规模等级	污染物指标	单位	产污系数[①]	末端治理技术名称	排污系数[①]
二层牛皮装潢革	牛皮	蓝皮—成品革工艺	≥10 万标张牛皮/年	工业废水量	吨/吨原皮	30～55	物理+化学	30～50
							化学+好氧生物法	25～45
							化学+组合生物法	25～45
				化学需氧量	克/吨原皮	55 000～100 000	物理+化学	30 000～60 000
							化学+好氧生物法	3 500～25 000
							化学+组合生物法	1 500～15 000
				氨氮	克/吨原皮	1 500～4 500	物理+化学	1 000～3 500
							化学+好氧生物法	800～1 500
							化学+组合生物法	500～1 500
				石油类	克/吨原皮	800	物理+化学	50
							化学+好氧生物法	30
							化学+组合生物法	30
				总铬	克/吨原皮	0～500	物理+化学	20
							化学+好氧生物法	20
							化学+组合生物法	20
			<10 万标张牛皮/年	工业废水量	吨/吨原皮	30～60	物理+化学	30～55
							化学+好氧生物法	25～50
							化学+组合生物法	25～50
				化学需氧量	克/吨原皮	50 000～100 000	物理+化学	30 000～60 000
							化学+好氧生物法	5 000～25 000
							化学+组合生物法	1 500～15 000
				氨氮	克/吨原皮	1 000～4 000	物理+化学	700～3 000
							化学+好氧生物法	600～1 500
							化学+组合生物法	500～1 500
				石油类	克/吨原皮	900	物理+化学	50
							化学+好氧生物法	30
							化学+组合生物法	30
				总铬	克/吨原皮	0～500	物理+化学	20
							化学+好氧生物法	20
							化学+组合生物法	20

注：① 工业废水量、化学需氧量、氨氮、石油类、总铬的产、排污系数取值方法参照“其他需要说明的问题”。

1910 皮革鞣制加工行业产排污系数表（续 13）

产品名称	原料名称	工艺名称	规模等级	污染物指标	单位	产污系数①	末端治理技术名称	排污系数①
牛皮服装革	牛皮	牛皮服装革工艺	≥10 万标张牛皮/年	工业废水量	吨/吨原皮	35～60	物理+化学	35～55
							化学+好氧生物法	30～50
							化学+组合生物法	30～50
				化学需氧量	克/吨原皮	80 000～150 000	物理+化学	50 000～90 000
							化学+好氧生物法	5 000～25 000
							化学+组合生物法	1 500～15 000
				氨氮	克/吨原皮	6 000～12 000	物理+化学	4 000～8 500
							化学+好氧生物法	1 500～7 500
							化学+组合生物法	1 000～5 500
				石油类	克/吨原皮	1 000	物理+化学	100
							化学+好氧生物法	30
							化学+组合生物法	30
				总铬	克/吨原皮	200～1 500	物理+化学	20
							化学+好氧生物法	20
							化学+组合生物法	20
				HW21 危险废物（含铬废物）	吨/吨原皮	0.008 5～0.022 5	—	—
							—	—
							—	—

注：① 工业废水量、化学需氧量、氨氮、石油类、总铬及 HW21 危险废物（含铬废物）的产、排污系数取值方法参照“其他需要说明的问题”。

1910　皮革鞣制加工行业产排污系数表（续 14）

产品名称	原料名称	工艺名称	规模等级	污染物指标	单位	产污系数①	末端治理技术名称	排污系数①
牛皮服装革	牛皮	牛皮服装革工艺	<10 万标张牛皮/年	工业废水量	吨/吨原皮	40～70	物理+化学	40～65
							化学+好氧生物法	35～60
							化学+组合生物法	35～60
				化学需氧量	克/吨原皮	80 000～150 000	物理+化学	50 000～90 000
							化学+好氧生物法	5 000～30 000
							化学+组合生物法	1 500～20 000
				氨氮	克/吨原皮	6 000～12 000	物理+化学	4 500～8 500
							化学+好氧生物法	1 500～7 000
							化学+组合生物法	1 000～6 000
				石油类	克/吨原皮	1 100	物理+化学	100
							化学+好氧生物法	30
							化学+组合生物法	30
				总铬	克/吨原皮	200～1 500	物理+化学	20
							化学+好氧生物法	20
							化学+组合生物法	20
				HW21 危险废物（含铬废物）	吨/吨原皮	0.008～0.022 5	—	—
							—	—
							—	—

注：① 工业废水量、化学需氧量、氨氮、石油类、总铬及 HW21 危险废物（含铬废物）的产、排污系数取值方法参照“其他需要说明的问题”。

1910　皮革鞣制加工行业产排污系数表（续15）

产品名称	原料名称	工艺名称	规模等级	污染物指标	单位	产污系数①	末端治理技术名称	排污系数①
牛皮重革	牛皮	植鞣革工艺	<10万标张牛皮/年	工业废水量	吨/吨原皮	40～55	物理+化学	40～50
							化学+好氧生物法	35～45
							化学+组合生物法	35～45
				化学需氧量	克/吨原皮	90 000～160 000	物理+化学	50 000～100 000
							化学+好氧生物法	5 000～25 000
							化学+组合生物法	1 500～15 000
				氨氮	克/吨原皮	3 000～9 000	物理+化学	2 000～6 500
							化学+好氧生物法	1 500～5 000
							化学+组合生物法	1 000～4 500
				石油类	克/吨原皮	1 000	物理+化学	100
							化学+好氧生物法	30
							化学+组合生物法	30
				总铬②	克/吨原皮	0	物理+化学	0
							化学+好氧生物法	0
							化学+组合生物法	0
				HW21危险废物（含铬废物）③	吨/吨原皮	0	—	—
							—	—
							—	—

注：① 工业废水量、化学需氧量、氨氮、石油类、总铬及HW21危险废物（含铬废物）的产、排污系数取值方法参照“其他需要说明的问题”。

② 如企业内只有单独植鞣革生产，可计为0。

③ 如企业内只有单独植鞣革生产，可计为0。

1910　皮革鞣制加工行业产排污系数表（续 16）

产品名称	原料名称	工艺名称	规模等级	污染物指标	单位	产污系数①	末端治理技术名称	排污系数①
猪皮光面服装革	猪皮	生皮—成品革工艺	≥10 万标张牛皮/年	工业废水量	吨/吨原皮	55～80	物理+化学	50～75
							化学+好氧生物法	45～70
							化学+组合生物法	45～70
				化学需氧量	克/吨原皮	80 000～180 000	物理+化学	50 000～110 000
							化学+好氧生物法	5 000～35 000
							化学+组合生物法	2 500～20 000
				氨氮	克/吨原皮	6 000～15 000	物理+化学	4 000～10 000
							化学+好氧生物法	2 500～7 500
							化学+组合生物法	2 000～7 000
				石油类	克/吨原皮	1 500	物理+化学	100
							化学+好氧生物法	50
							化学+组合生物法	50
				总铬	克/吨原皮	200～1 000	物理+化学	10
							化学+好氧生物法	5～10
							化学+组合生物法	5～10
				HW21 危险废物（含铬废物）	吨/吨原皮	0.007 5～0.02	—	—
							—	—
							—	—

注：① 工业废水量、化学需氧量、氨氮、石油类、总铬及 HW21 危险废物（含铬废物）的产、排污系数取值方法参照“其他需要说明的问题”。

1910　皮革鞣制加工行业产排污系数表（续 17）

产品名称	原料名称	工艺名称	规模等级	污染物指标	单位	产污系数①	末端治理技术名称	排污系数①
猪皮光面服装革	猪皮	生皮—成品革工艺	<10 万标张牛皮/年	工业废水量	吨/吨原皮	60～80	物理+化学	60～75
							化学+好氧生物法	50～70
							化学+组合生物法	50～70
				化学需氧量	克/吨原皮	100 000～200 000	物理+化学	60 000～120 000
							化学+好氧生物法	7 500～35 000
							化学+组合生物法	2 500～20 000
				氨氮	克/吨原皮	6 000～14 000	物理+化学	4 000～10 000
							化学+好氧生物法	2 500～8 000
							化学+组合生物法	2 000～7 000
				石油类	克/吨原皮	1 500	物理+化学	100
							化学+好氧生物法	50
							化学+组合生物法	50
				总铬	克/吨原皮	200～1 000	物理+化学	10
							化学+好氧生物法	5～10
							化学+组合生物法	5～10
				HW21 危险废物（含铬废物）	吨/吨原皮	0.008～0.02	—	—
							—	—
							—	—

注：① 工业废水量、化学需氧量、氨氮、石油类、总铬及 HW21 危险废物（含铬废物）的产、排污系数取值方法参照“其他需要说明的问题”。

1910 皮革鞣制加工行业产排污系数表（续 18）

产品名称	原料名称	工艺名称	规模等级	污染物指标	单位	产污系数[①]	末端治理技术名称	排污系数[①]
猪皮绒面服装革	猪皮	生皮—成品革工艺	≥10 万标张牛皮/年	工业废水量	吨/吨原皮	65～100	物理+化学	60～95
							化学+好氧生物法	55～85
							化学+组合生物法	55～85
				化学需氧量	克/吨原皮	120 000～250 000	物理+化学	70 000～150 000
							化学+好氧生物法	10 000～45 000
							化学+组合生物法	2 500～25 000
				氨氮	克/吨原皮	10 000～16 000	物理+化学	7 000～12 000
							化学+好氧生物法	3 000～5 000
							化学+组合生物法	2 500～4 500
				石油类	克/吨原皮	2 000	物理+化学	150
							化学+好氧生物法	50
							化学+组合生物法	30
				总铬	克/吨原皮	200～1 000	物理+化学	10
							化学+好氧生物法	5～10
							化学+组合生物法	5～10
				HW21 危险废物（含铬废物）	吨/吨原皮	0.008～0.021 5	—	—
							—	—
							—	—

注：① 工业废水量、化学需氧量、氨氮、石油类、总铬及 HW21 危险废物（含铬废物）的产、排污系数取值方法参照“其他需要说明的问题”。

1910 皮革鞣制加工行业产排污系数表（续 19）

产品名称	原料名称	工艺名称	规模等级	污染物指标	单位	产污系数①	末端治理技术名称	排污系数①
猪皮绒面服装革	猪皮	生皮—成品革工艺	<10 万标张牛皮/年	工业废水量	吨/吨原皮	70～100	物理+化学	65～95
							化学+好氧生物法	60～85
							化学+组合生物法	60～85
				化学需氧量	克/吨原皮	120 000～270 000	物理+化学	70 000～160 000
							化学+好氧生物法	10 000～45 000
							化学+组合生物法	2 500～25 000
				氨氮	克/吨原皮	10 000～16 000	物理+化学	7 000～11 500
							化学+好氧生物法	2 500～9 000
							化学+组合生物法	2 000～8 000
				石油类	克/吨原皮	2 000	物理+化学	150
							化学+好氧生物法	50
							化学+组合生物法	30
				总铬	克/吨原皮	200～1 000	物理+化学	10
							化学+好氧生物法	5～10
							化学+组合生物法	5～10
				HW21 危险废物（含铬废物）	吨/吨原皮	0.008 5～0.021 5	—	—
							—	—
							—	—

注：① 工业废水量、化学需氧量、氨氮、石油类、总铬及 HW21 危险废物（含铬废物）的产、排污系数取值方法参照“其他需要说明的问题”。

1910 皮革鞣制加工行业产排污系数表（续 20）

产品名称	原料名称	工艺名称	规模等级	污染物指标	单位	产污系数[①]	末端治理技术名称	排污系数[①]
猪皮鞋里革	猪皮	铬鞣工艺	≥10 万标张牛皮/年	工业废水量	吨/吨原皮	50～80	物理+化学	45～75
							化学+好氧生物法	40～70
							化学+组合生物法	40～70
				化学需氧量	克/吨原皮	130 000～240 000	物理+化学	80 000～150 000
							化学+好氧生物法	5 000～35 000
							化学+组合生物法	2 500～20 000
				氨氮	克/吨原皮	8 000～15 000	物理+化学	5 500～10 000
							化学+好氧生物法	2 500～7 500
							化学+组合生物法	1 500～7 000
				石油类	克/吨原皮	1 500	物理+化学	50
							化学+好氧生物法	30
							化学+组合生物法	30
				总铬	克/吨原皮	500～1 500	物理+化学	10
							化学+好氧生物法	10
							化学+组合生物法	10
				HW21 危险废物（含铬废物）	吨/吨原皮	0.007 5～0.02	—	—
							—	—
							—	—

注：① 工业废水量、化学需氧量、氨氮、石油类、总铬及 HW21 危险废物（含铬废物）的产、排污系数取值方法参照“其他需要说明的问题”。

1910 皮革鞣制加工行业产排污系数表（续 21）

产品名称	原料名称	工艺名称	规模等级	污染物指标	单位	产污系数[①]	末端治理技术名称	排污系数[①]
猪皮鞋里革	猪皮	铬鞣工艺	<10 万标张牛皮/年	工业废水量	吨/吨原皮	60～80	物理+化学	55～75
							化学+好氧生物法	50～70
							化学+组合生物法	50～70
				化学需氧量	克/吨原皮	150 000～240 000	物理+化学	90 000～150 000
							化学+好氧生物法	7 500～35 000
							化学+组合生物法	2 500～20 000
				氨氮	克/吨原皮	8 000～15 000	物理+化学	5 500～10 000
							化学+好氧生物法	2 500～7 500
							化学+组合生物法	2 000～7 000
				石油类	克/吨原皮	1 500	物理+化学	50
							化学+好氧生物法	30
							化学+组合生物法	30
				总铬	克/吨原皮	500～1 500	物理+化学	10
							化学+好氧生物法	10
							化学+组合生物法	10
				HW21 危险废物（含铬废物）	吨/吨原皮	0.008～0.02	—	—
							—	—
							—	—

注：① 工业废水量、化学需氧量、氨氮、石油类、总铬及 HW21 危险废物（含铬废物）的产、排污系数取值方法参照“其他需要说明的问题”。

1910 皮革鞣制加工行业产排污系数表（续 22）

产品名称	原料名称	工艺名称	规模等级	污染物指标	单位	产污系数①	末端治理技术名称	排污系数①
猪皮重革	猪皮	植鞣革工艺	<10 万标张牛皮/年	工业废水量	吨/吨原皮	60～80	物理+化学	60～75
							化学+好氧生物法	50～70
							化学+组合生物法	50～70
				化学需氧量	克/吨原皮	80 000～120 000	物理+化学	50 000～80 000
							化学+好氧生物法	7 500～35 000
							化学+组合生物法	2 500～20 000
				氨氮	克/吨原皮	2 000～8 000	物理+化学	1 400～5 500
							化学+好氧生物法	1 000～3 000
							化学+组合生物法	800～2 500
				石油类	克/吨原皮	1 500	物理+化学	100
							化学+好氧生物法	30
							化学+组合生物法	30
				总铬②	克/吨原皮	0	物理+化学	0
							化学+好氧生物法	0
							化学+组合生物法	0
				HW21 危险废物（含铬废物）③	吨/吨原皮	0	—	—
							—	—
							—	—

注：① 工业废水量、化学需氧量、氨氮、石油类的产、排污系数取值方法参照“其他需要说明的问题”。

② 如企业内只有单独植鞣革生产，可计为 0。

③ 如企业内只有单独植鞣革生产，可计为 0。

1910 皮革鞣制加工行业产排污系数表（续23）

产品名称	原料名称	工艺名称	规模等级	污染物指标	单位	产污系数①	末端治理技术名称	排污系数①
绵羊服装革	绵羊皮	生皮—成品革工艺	≥10 万标张牛皮/年	工业废水量	吨/吨原皮	60～90	物理+化学	60～85
							化学+好氧生物法	50～80
							化学+组合生物法	50～80
				化学需氧量	克/吨原皮	120 000～250 000	物理+化学	70 000～150 000
							化学+好氧生物法	7 500～40 000
							化学+组合生物法	2 500～25 000
				氨氮	克/吨原皮	8 000～16 000	物理+化学	5 500～11 500
							化学+好氧生物法	2 500～9 000
							化学+组合生物法	1 500～7 500
				石油类	克/吨原皮	2 000	物理+化学	500
							化学+好氧生物法	50
							化学+组合生物法	30
				总铬	克/吨原皮	200～1 000	物理+化学	10
							化学+好氧生物法	10
							化学+组合生物法	10
				HW21 危险废物（含铬废物）	吨/吨原皮	0.006 5～0.021	—	—
							—	—
							—	—

注：① 工业废水量、化学需氧量、氨氮、石油类、总铬及 HW21 危险废物（含铬废物）的产、排污系数取值方法参照“其他需要说明的问题”。

1910 皮革鞣制加工行业产排污系数表（续 24）

产品名称	原料名称	工艺名称	规模等级	污染物指标	单位	产污系数①	末端治理技术名称	排污系数①
绵羊服装革	绵羊皮	生皮—成品革工艺	<10 万标张牛皮/年	工业废水量	吨/吨原皮	70～90	物理+化学	65～85
							化学+好氧生物法	60～80
							化学+组合生物法	60～80
				化学需氧量	克/吨原皮	120 000～250 000	物理+化学	70 000～150 000
							化学+好氧生物法	10 000～40 000
							化学+组合生物法	5 000～25 000
				氨氮	克/吨原皮	7 000～16 000	物理+化学	4 500～10 000
							化学+好氧生物法	2 500～8 000
							化学+组合生物法	1 500～7 500
				石油类	克/吨原皮	1 500	物理+化学	500
							化学+好氧生物法	50
							化学+组合生物法	30
				总铬	克/吨原皮	200～1 000	物理+化学	10
							化学+好氧生物法	10
							化学+组合生物法	10
				HW21 危险废物（含铬废物）	吨/吨原皮	0.006 5～0.021 5	—	—
							—	—
							—	—

注：① 工业废水量、化学需氧量、氨氮、石油类、总铬及 HW21 危险废物（含铬废物）的产、排污系数取值方法参照“其他需要说明的问题”。

1910　皮革鞣制加工行业产排污系数表（续 25）

产品名称	原料名称	工艺名称	规模等级	污染物指标	单位	产污系数①	末端治理技术名称	排污系数①
绵羊服装革	绵羊皮	蓝皮—成品革工艺	≥10 万标张牛皮/年	工业废水量	吨/吨原皮	30～40	物理+化学	30～35
							化学+好氧生物法	25～35
							化学+组合生物法	25～35
				化学需氧量	克/吨原皮	60 000～100 000	物理+化学	35 000～60 000
							化学+好氧生物法	5 000～20 000
							化学+组合生物法	1 500～10 000
				氨氮	克/吨原皮	3 000～8 000	物理+化学	2 100～5 500
							化学+好氧生物法	1 500～5 000
							化学+组合生物法	1 000～4 500
				石油类	克/吨原皮	1 000	物理+化学	200
							化学+好氧生物法	20
							化学+组合生物法	20
				总铬	克/吨原皮	0～500	物理+化学	10
							化学+好氧生物法	10
							化学+组合生物法	10
		生皮—蓝皮工艺	≥10 万标张牛皮/年	工业废水量	吨/吨原皮	40～70	物理+化学	35～65
							化学+好氧生物法	35～60
							化学+组合生物法	35～60
				化学需氧量	克/吨原皮	80 000～160 000	物理+化学	50 000～100 000
							化学+好氧生物法	5 000～30 000
							化学+组合生物法	1 500～20 000
				氨氮	克/吨原皮	5 000～10 000	物理+化学	3 500～7 000
							化学+好氧生物法	2 000～6 500
							化学+组合生物法	1 500～6 000
				石油类	克/吨原皮	1 500	物理+化学	500
							化学+好氧生物法	50
							化学+组合生物法	30
				总铬	克/吨原皮	500～1 500	物理+化学	10
							化学+好氧生物法	10
							化学+组合生物法	10
				HW21 危险废物（含铬废物）	吨/吨原皮	0.007 5～0.02	—	—
							—	—
							—	—

注：① 工业废水量、化学需氧量、氨氮、石油类、总铬及 HW21 危险废物（含铬废物）的产、排污系数取值方法参照“其他需要说明的问题”。

1910 皮革鞣制加工行业产排污系数表（续 26）

产品名称	原料名称	工艺名称	规模等级	污染物指标	单位	产污系数①	末端治理技术名称	排污系数①
山羊鞋面革	山羊皮	生皮—成品革工艺	≥10 万标张牛皮/年	工业废水量	吨/吨原皮	70～100	物理+化学	65～95
							化学+好氧生物法	60～80
							化学+组合生物法	60～80
				化学需氧量	克/吨原皮	100 000～180 000	物理+化学	60 000～100 000
							化学+好氧生物法	10 000～40 000
							化学+组合生物法	3 000～25 000
				氨氮	克/吨原皮	8 000～14 000	物理+化学	6 000～10 000
							化学+好氧生物法	4 000～7 000
							化学+组合生物法	2 000～6 000
				石油类	克/吨原皮	2 500	物理+化学	100
							化学+好氧生物法	50
							化学+组合生物法	30
				总铬	克/吨原皮	200～1 000	物理+化学	40
							化学+好氧生物法	20
							化学+组合生物法	20
				HW21 危险废物（含铬废物）	吨/吨原皮	0.008～0.02	—	—
							—	—
							—	—

注：① 工业废水量、化学需氧量、氨氮、石油类、总铬及 HW21 危险废物（含铬废物）的产、排污系数取值方法参照“其他需要说明的问题”。

1910　皮革鞣制加工行业产排污系数表（续 27）

产品名称	原料名称	工艺名称	规模等级	污染物指标	单位	产污系数①	末端治理技术名称	排污系数①
山羊鞋面革	山羊皮	生皮—成品革工艺	<10 万标张牛皮/年	工业废水量	吨/吨原皮	70～110	物理+化学	65～105
							化学+好氧生物法	60～95
							化学+组合生物法	60～95
				化学需氧量	克/吨原皮	100 000～180 000	物理+化学	60 000～100 000
							化学+好氧生物法	10 000～40 000
							化学+组合生物法	3 000～25 000
				氨氮	克/吨原皮	8 000～14 000	物理+化学	6 000～10 000
							化学+好氧生物法	4 000～7 000
							化学+组合生物法	2 000～6 000
				石油类	克/吨原皮	2 500	物理+化学	100
							化学+好氧生物法	50
							化学+组合生物法	30
				总铬	克/吨原皮	200～1 000	物理+化学	50
							化学+好氧生物法	20
							化学+组合生物法	20
				HW21 危险废物（含铬废物）	吨/吨原皮	0.008～0.02	—	—
							—	—
							—	—

注：① 工业废水量、化学需氧量、氨氮、石油类、总铬及 HW21 危险废物（含铬废物）的产、排污系数取值方法参照“其他需要说明的问题”。

1910 皮革鞣制加工行业产排污系数表（续 28）

产品名称	原料名称	工艺名称	规模等级	污染物指标	单位	产污系数①	末端治理技术名称	排污系数①
山羊鞋面革	山羊皮	生皮—蓝皮革工艺	≥10 万标张牛皮/年	工业废水量	吨/吨原皮	50～70	物理+化学	50～65
							化学+好氧生物法	40～60
							化学+组合生物法	40～60
				化学需氧量	克/吨原皮	60 000～100 000	物理+化学	35 000～65 000
							化学+好氧生物法	5 000～30 000
							化学+组合生物法	3 000～18 000
				氨氮	克/吨原皮	5 000～10 000	物理+化学	4 500～8 000
							化学+好氧生物法	750～1 500
							化学+组合生物法	500
				石油类	克/吨原皮	3 500	物理+化学	150
							化学+好氧生物法	50
							化学+组合生物法	30
				总铬	克/吨原皮	500～1 500	物理+化学	50
							化学+好氧生物法	20
							化学+组合生物法	20
				HW21 危险废物（含铬废物）	吨/吨原皮	0.01～0.025	—	—
							—	—
							—	—

注：① 工业废水量、化学需氧量、氨氮、石油类、总铬及 HW21 危险废物（含铬废物）的产、排污系数取值方法参照“其他需要说明的问题”。

1910 皮革鞣制加工行业产排污系数表（续 29）

产品名称	原料名称	工艺名称	规模等级	污染物指标	单位	产污系数①	末端治理技术名称	排污系数①
山羊鞋面革	山羊皮	蓝皮—成品革工艺	≥10 万标张牛皮/年	工业废水量	吨/吨原皮	30～40	物理+化学	30～40
							化学+好氧生物法	25～35
							化学+组合生物法	25～35
				化学需氧量	克/吨原皮	50 000～80 000	物理+化学	30 000～50 000
							化学+好氧生物法	5 000～15 000
							化学+组合生物法	2 000～10 000
				氨氮	克/吨原皮	3 000～5 000	物理+化学	1 500～4 000
							化学+好氧生物法	1 000
							化学+组合生物法	500
				石油类	克/吨原皮	2 500	物理+化学	100
							化学+好氧生物法	50
							化学+组合生物法	20
				总铬	克/吨原皮	0～500	物理+化学	50
							化学+好氧生物法	20
							化学+组合生物法	20
山羊手套革	山羊皮	生皮—成品革工艺	≥10 万标张牛皮/年	工业废水量	吨/吨原皮	50～85	物理+化学	45～80
							化学+好氧生物法	40～75
							化学+组合生物法	40～75
				化学需氧量	克/吨原皮	80 000～150 000	物理+化学	50 000～90 000
							化学+好氧生物法	6 500～35 000
							化学+组合生物法	2 500～20 000
				氨氮	克/吨原皮	5 000～9 000	物理+化学	3 500～6 500
							化学+好氧生物法	2 000～4 500
							化学+组合生物法	1 500～4 000
				石油类	克/吨原皮	2 000	物理+化学	200
							化学+好氧生物法	20
							化学+组合生物法	20
				总铬	克/吨原皮	200～1 000	物理+化学	10
							化学+好氧生物法	10
							化学+组合生物法	10
				HW21 危险废物（含铬废物）	吨/吨原皮	0.007 5～0.021 5	—	—
							—	—
							—	—

注：① 工业废水量、化学需氧量、氨氮、石油类、总铬及 HW21 危险废物（含铬废物）的产、排污系数取值方法参照“其他需要说明的问题”。

1931
毛皮鞣制加工行业

1 适用范围

本手册给出了《统计上使用的产品分类目录》中“毛皮鞣制加工行业”的未缝制的整张毛皮和已缝制的整张毛皮及其块、片的产污系数和排污系数。

涉及的污染物包括：化学需氧量、石油类、氨氮、总铬、工业废水量、HW21 危险废物（含铬废物）。

注：毛皮鞣制加工过程中产生和排放的含铬污染物（总铬和含铬固体废物）为三价铬，而非六价铬。

2 注意事项

2.1 系数表中未涉及的产品产排污系数说明

本手册所用毛皮产品的分类命名方法为“原料+毛皮”；其毛皮鞣制加工企业产品依下表类型归类。

毛皮产品列表

产品名称	定　义
貉子毛皮	以貉子皮为原料制成的成品毛皮
狐狸毛皮	以狐狸皮制成的成品毛皮
水貂毛皮	以水貂皮制成的成品毛皮
滩羊毛皮	以滩羊皮制成的成品毛皮
兔毛皮	以兔皮制成的成品毛皮
羊剪绒毛皮	以绵羊皮制成的成品毛皮，主要指羊剪绒
其他	以其他动物毛皮制成的成品毛皮

与《统计上使用的产品分类目录》对比见下表。

毛皮鞣制（硝染）行业国家统计产品分类与本手册分类对应关系

产品代码	产品目录产品名称	手册中对应产品工艺
1930	毛皮鞣制及其毛皮制品	
193011	鞣制毛皮	
19301101	未缝制的整张毛皮	

产品代码	产品目录产品名称	手册中对应产品工艺
1930110101	未缝制的整张水貂皮	水貂皮硝染工艺
1930110102	未缝制的羔羊整张毛皮	绵羊皮羊剪绒工艺，滩羊皮鞣制工艺
1930110103	未缝制的整张兔皮	兔皮硝染工艺
1930110199	其他未缝制的整张毛皮	狐狸、貉子硝染工艺， 可参考其他相似面积皮种取值
19301102	未缝制的头、尾、爪、块、片	根据面积及皮种折算对应皮种的张数，再确定产排污系数
193021	已缝制的整张毛皮及其块、片	
19302101	已缝制的整张水貂皮	可根据已缝制毛皮的单位皮张数所需未缝制毛皮的单位皮张数折算
19302102	已缝制的羔羊整张毛皮	
19302103	已缝制的整张兔皮	
19302104	已缝制的整张毛皮及其块、片	
19302199	其他已缝制的整张毛皮	

以其他动物毛皮（本手册没有列出的毛皮产品）为原料的加工企业，进行产排污系数核算时，采用以下方法进行核算：

（1）确定动物原料皮的皮种；

（2）根据此皮种最终的成品毛皮产品种类，确定此皮种与“毛皮产品列表”中各类毛皮的相似性，将其归入到某种毛皮种类，比如羔皮归入绵羊皮，山羊皮（包括猾子皮）归入滩羊皮，黄狼等细杂皮归入到水貂皮。

2.2 其他需要说明的问题

（1）原料包括范围

手册中的各类原料皮泛指不同初始状态的原料皮，如盐湿皮、盐干皮、甜干皮和鲜皮。本手册所取毛皮行业产排污系数以不同初始状态的原料皮为计算基础。

（2）不同皮种之间折算方法

毛皮行业中不同鞣制加工企业所加工的原料皮种类差异较大，并且不同企业的年生产能力计算方法不同。在进行产排污系数核算时，可通过下表进行折算。

各类毛皮折算羊皮的比例

皮种	羊皮	绵羊皮	羔皮	山羊皮	貉子皮	狐狸皮	水貂皮	黄狼皮	滩羊皮	兔皮
折合比例	1	1	3	1.6	8	3	5	8	2	8

注：折合比例是以标张羊皮单位重量/其他皮种的单位重量，标张牛皮以 25 千克/标张折算。

（3）工艺划分

毛皮鞣制加工过程主要包括准备工段、鞣制工艺、整理工段、染色工艺、剪绒工艺，见下表。

毛皮鞣制工艺过程

编号	工段	主要工序
①	准备工段	组批→抓毛→浸水→脱脂→软化
②	鞣制工段	浸酸→鞣制→复鞣
③	整理工段	干燥→回潮→拉软→成品
④	染色工段	复鞣→脱脂→染色→加脂→干燥
⑤	剪绒工段	剪毛→浸复水→复鞣→脱脂→脱水→加脂→干燥

本手册中主要包括 3 种工艺类型，即：

① 鞣（硝）制工艺：从原料皮加工成毛皮的工艺过程，即依次进行①→②→③工段。

② 染色工艺：从原料皮加工染色成品的工艺过程，即依次进行①→②→③→④工段。对于本工艺在实际调查中应根据毛皮是否染色而定。

③ 剪绒工艺：从原料皮加工成剪绒羊皮的工艺过程，即依次进行①→②→③→④→⑤工段。

（4）企业规模划分方法

毛皮加工企业规模根据皮革鞣制加工企业规模划分方法划分。首先参照上表将细杂皮折合成标张羊皮。再将羊皮按 5 张羊皮=1 标张牛皮折合成牛皮。

毛皮鞣制加工企业规模主要依据原料皮年投产量（折合牛皮标张数）进行划分，分为：

① 年投产 10 万标张牛皮及以上产量的企业；

② 年投产在 10 万标张牛皮以下的企业。

（5）产污系数的取值方法

毛皮鞣制行业不同产品的加工过程有较大的差异，主要表现在原料皮来源、化工原料、鞣制（硝染）类型、产品特殊性要求等方面的差异上。其次，由于毛皮加工企业以小型居多，生产技术和管理水平差异非常明显，特别是节水工艺技术水平差异较大。因此，在同一产品和工艺条件下，产污系数值的取值方面有较大差异，这一差异主要表现在硝染工艺的复杂程度不同而导致的工业废水产污系数和化学需氧量产污系数差异上。据此，对工业废水量和化学需氧量产污系数的上下限取值主要依据以下原则：

1）工业废水量产生量：依企业循环利用水量状况而定，无循环利用、无中水回用者取上限，依“循环率+中水回用率”分别占总水量的 20%以上者取下限，10%～20%者取中值，10%以下者取下限值。当企业无法给出节水措施时，可按照企业生产用水量的 85%折算为工业废水量，对应到产品、工艺、规模组合中的工业废水量。

2）化学需氧量产生量：清洗、脱脂、加脂、鞣制、染色等主要产生化学需氧量排放的各工序应对于产品要求不同而在工序上有较大的差异，其工艺链较长的加工过程，如“鞣前+鞣制+二次及以上染色”的工艺取化学需氧量产生量上限，只有“鞣前+鞣制+一次染色”工艺的取中值，无染色工艺者取下限值。

3）氨氮产生量：氨氮产生量变化主要取决于废水排放量，其取值与化学需氧量上下限值相同。

4）石油类产生量：在同一组合中差异不大，为定值。

5）总铬产生量：绵羊皮和滩羊皮鞣制加工过程，总铬的产污系数变化取决于铬鞣废液是否有单独处理，废铬液单独沉淀处理运行良好，总铬产污系数取下限值，废铬液单独处理设施运行不规范时取中值，无单独处理时取上限值；水貂皮一般不采用铬鞣工艺，总铬产生量为 0；其他细杂皮（如兔皮、貉子皮等）加工企业，如果采用铬鞣工艺总铬值取上限，部分铬鞣（如铬铝结合鞣）取中值，如果细杂皮没有采用铬鞣则取下限。

6）HW21 危险废物（含铬废物）产生量：羊剪绒和滩羊加工企业，铬液循环使用者，或铬液有单独处理且运行良好者取下限，运行不规范者取中值，未进行任何处理者取上限。

（6）排污系数的取值方法

根据毛皮鞣制加工企业废水处理技术现状，在毛皮鞣制加工企业末端治理技术中选取了 3 种类型的废水处理技术，分别为“物理+化学”、“化学+好氧生物处理”和“化学+组合生物处理”。

1）自建污水处理设施的企业

这 3 种处理技术组合主要是指厂内有自建污水处理设施的企业，其选择主要应用条件为：

①“物理+化学”：适用于企业只通过格栅、沉淀等初级或预处理后排入工业园区污水处理站或城市管网的企业。

化学需氧量排放浓度超过 800 毫克/升的企业，化学需氧量排污系数取上限值；化学需氧量排放浓度介于 500～800 毫克/升之间者，取中值；化学需氧量排放浓度低于 500 毫克/升者，取下限值。

“物理+化学”治理技术对氨氮处理效果较差，排污系数依据氨氮产污系数取值方法取值。

工业废水排污系数依据企业末端治理工艺的繁简程度取其产污系数的 90%～95%。

② “化学+好氧生物处理”：指在预处理技术中有加药气浮或混凝沉淀，并同时有铬泥单独沉淀处理的企业，其好氧生物处理法主要指活性污泥法、接触氧化法、生物膜法、SBR 工艺等处理技术，经处理后直接进入水体或城市管网。

化学需氧量排污系数的上限值对应化学需氧量排放浓度介于 300～500 毫克/升之间者，下限值对应化学需氧量排放浓度低于 100 毫克/升者，中值对应化学需氧量排放浓度在 100～300 毫克/升之间者。

工业废水排污系数依据工业废水产物系数的 85%取值。

③ “化学+组合生物处理”：是指在 5410 组合技术的基础上增加厌氧处理过程，或在好氧段后增设脱氮工艺。其组合生物处理技术包括以下技术组合：a. 氧化沟；b. CASS，CAST；c. A/O，A^2/O，A/O^2 工艺；d. 厌氧/好氧生物处理工艺。

经上述处理后直接进入水体或城市管网；化学需氧量排放浓度介于 300～500 毫克/升之间，取化学需氧量排污系数的上限值，化学需氧量排放浓度低于 100 毫克/升者取下限值，化学需氧量排放浓度介于 100～300 毫克/升之间者取中值。

2）无自建污水处理设施的企业

对于无自建污水处理设施的企业，分别采用下述方式核算排污系数：

① 无任何处理措施，直接排入水体和城市管网的企业，排污系数与产污系数相等。

② 制革工业园区有统一污水处理设施的企业，根据统一污水处理设施的技术类型按前述 3 种末端治理技术进行归类，然后根据出水达标情况进行各污染指标的取值。

③ 对于部分地区无专门的制革工业园区，而是直接排入附近工业园区管网，经过工业区内污水处理的企业，参照②取值。

1931 毛皮鞣制加工行业产排污系数表

产品名称	原料名称	工艺名称	规模等级	污染物指标	单位	产污系数[①]	末端治理技术名称	排污系数[①]
羊剪绒毛皮	绵羊皮	短羊剪绒工艺	≥10 万标张牛皮/年	工业废水量	吨/吨原皮	55～90	物理+化学	50～85
							化学+好氧生物法	45～75
							化学+组合生物法	45～75
				化学需氧量	克/吨原皮	70 000～100 000	物理+化学	42 000～60 000
							化学+好氧生物法	7 000～38 000
							化学+组合生物法	2 000～20 000
				氨氮	克/吨原皮	2 000～7 000	物理+化学	2 000～6 000
							化学+好氧生物法	500
							化学+组合生物法	300
				石油类	克/吨原皮	2 000	物理+化学	100
							化学+好氧生物法	30
							化学+组合生物法	5
				总铬	克/吨原皮	200～1 000	物理+化学	30
							化学+好氧生物法	20
							化学+组合生物法	20
				HW21 危险废物（含铬废物）	吨/吨原皮	0.01～0.02	—	—
							—	—
							—	—

1931 毛皮鞣制加工行业产排污系数表（续 1）

产品名称	原料名称	工艺名称	规模等级	污染物指标	单位	产污系数[①]	末端治理技术名称	排污系数[①]
羊剪绒毛皮	绵羊皮	短羊剪绒工艺	<10 万标张牛皮/年	工业废水量	吨/吨原皮	60～100	物理+化学	50～85
							化学+好氧生物法	45～75
							化学+组合生物法	45～75
				化学需氧量	克/吨原皮	70 000～100 000	物理+化学	42 000～60 000
							化学+好氧生物法	7 000～38 000
							化学+组合生物法	2 000～20 000
				氨氮	克/吨原皮	3 000～7 000	物理+化学	3 000～5 000
							化学+好氧生物法	2 500
							化学+组合生物法	1 000
				石油类	克/吨原皮	2 000	物理+化学	100
							化学+好氧生物法	30
							化学+组合生物法	5
				总铬	克/吨原皮	200～1 000	物理+化学	30
							化学+好氧生物法	20
							化学+组合生物法	20
				HW21 危险废物（含铬废物）	吨/吨原皮	0.01～0.02	—	—
							—	—
							—	—

1931　毛皮鞣制加工行业产排污系数表（续 2）

产品名称	原料名称	工艺名称	规模等级	污染物指标	单位	产污系数①	末端治理技术名称	排污系数①
羊剪绒毛皮	绵羊皮	长羊剪绒工艺	≥10 万标张牛皮/年	工业废水量	吨/吨原皮	70～120	物理+化学	65～115
							化学+好氧生物法	60～100
							化学+组合生物法	60～100
				化学需氧量	克/吨原皮	80 000～110 000	物理+化学	45 000～65 000
							化学+好氧生物法	8 000～40 000
							化学+组合生物法	3 000～30 000
				氨氮	克/吨原皮	4 000～8 000	物理+化学	3 000～6 000
							化学+好氧生物法	2 500
							化学+组合生物法	1 000
				石油类	克/吨原皮	2 500	物理+化学	100
							化学+好氧生物法	30
							化学+组合生物法	5
				总铬	克/吨原皮	200～1 000	物理+化学	50
							化学+好氧生物法	20
							化学+组合生物法	20
				HW21 危险废物（含铬废物）	吨/吨原皮	0.01～0.022	—	—
							—	—
							—	—

1931　毛皮鞣制加工行业产排污系数表（续 3）

产品名称	原料名称	工艺名称	规模等级	污染物指标	单位	产污系数①	末端治理技术名称	排污系数①
羊剪绒毛皮	绵羊皮	长羊剪绒工艺	<10 万标张牛皮/年	工业废水量	吨/吨原皮	70～120	物理+化学	65～110
							化学+好氧生物法	60～100
							化学+组合生物法	60～100
				化学需氧量	克/吨原皮	80 000～120 000	物理+化学	50 000～70 000
							化学+好氧生物法	10 000～50 000
							化学+组合生物法	3 000～20 000
				氨氮	克/吨原皮	3 000～6 000	物理+化学	2 500～5 000
							化学+好氧生物法	2 000
							化学+组合生物法	1 000
				石油类	克/吨原皮	2 000	物理+化学	100
							化学+好氧生物法	30
							化学+组合生物法	5
				总铬	克/吨原皮	200～1 000	物理+化学	100
							化学+好氧生物法	50
							化学+组合生物法	20
				HW21 危险废物（含铬废物）	吨/吨原皮	0.01～0.022	—	—
							—	—
							—	—

1931　毛皮鞣制加工行业产排污系数表（续 4）

产品名称	原料名称	工艺名称	规模等级	污染物指标	单位	产污系数[①]	末端治理技术名称	排污系数[①]
滩羊皮毛皮	滩羊皮	滩羊毛皮铬鞣工艺	<10 万标张牛皮/年	工业废水量	吨/吨原皮	50～65	物理+化学	45～60
							化学+好氧生物法	40～55
							化学+组合生物法	40～55
				化学需氧量	克/吨原皮	60 000～95 000	物理+化学	35 000～55 000
							化学+好氧生物法	5 000～25 000
							化学+组合生物法	2 000～15 000
				氨氮	克/吨原皮	2 000～5 000	物理+化学	1 500～4 000
							化学+好氧生物法	1 500
							化学+组合生物法	800
				石油类	克/吨原皮	200～1 000	物理+化学	100
							化学+好氧生物法	50
							化学+组合生物法	20
				总铬	克/吨原皮	200～1 000	物理+化学	100
							化学+好氧生物法	50
							化学+组合生物法	20

1931　毛皮鞣制加工行业产排污系数表（续 5）

产品名称	原料名称	工艺名称	规模等级	污染物指标	单位	产污系数[①]	末端治理技术名称	排污系数[①]
水貂毛皮	水貂皮	水貂 毛皮硝染工艺	≥10 万标张牛皮/年	工业废水量	吨/吨原皮	35～40	物理+化学	33～38
							化学+好氧生物法	30～35
							化学+组合生物法	30～35
				化学需氧量	克/吨原皮	60 000～85 000	物理+化学	35 000～50 000
							化学+好氧生物法	5 000～15 000
							化学+组合生物法	2 000～10 000
				氨氮	克/吨原皮	2 500	物理+化学	2 000
							化学+好氧生物法	500
							化学+组合生物法	300
				石油类	克/吨原皮	1 000	物理+化学	80
							化学+好氧生物法	30
							化学+组合生物法	20
				总铬	克/吨原皮	0	物理+化学	—
							化学+好氧生物法	—
							化学+组合生物法	—

1931 毛皮鞣制加工行业产排污系数表（续 6）

产品名称	原料名称	工艺名称	规模等级	污染物指标	单位	产污系数①	末端治理技术名称	排污系数①
水貂毛皮	水貂皮	水貂 毛皮硝染工艺	<10 万标张牛皮/年	工业废水量	吨/吨原皮	35～45	物理+化学	33～42
							化学+好氧生物法	30～40
							化学+组合生物法	30～40
				化学需氧量	克/吨原皮	60 000～90 000	物理+化学	35 000～55 000
							化学+好氧生物法	5 000～20 000
							化学+组合生物法	2 000～10 000
				氨氮	克/吨原皮	2 500	物理+化学	1 500
							化学+好氧生物法	500
							化学+组合生物法	300
				石油类	克/吨原皮	1 000	物理+化学	50
							化学+好氧生物法	20
							化学+组合生物法	20
				总铬	克/吨原皮	0	物理+化学	—
							化学+好氧生物法	—
							化学+组合生物法	—

1931　毛皮鞣制加工行业产排污系数表（续 7）

产品名称	原料名称	工艺名称	规模等级	污染物指标	单位	产污系数[①]	末端治理技术名称	排污系数[①]
狐狸毛皮	狐狸皮	狐狸毛皮硝染工艺	≥10 万标张牛皮/年	工业废水量	吨/吨原皮	30～40	物理+化学	28～38
							化学+好氧生物法	25～35
							化学+组合生物法	25～35
				化学需氧量	克/吨原皮	50 000～90 000	物理+化学	30 000～55 000
							化学+好氧生物法	5 000～20 000
							化学+组合生物法	2 000～12 000
				氨氮	克/吨原皮	2 500	物理+化学	1 500
							化学+好氧生物法	500
							化学+组合生物法	300
				石油类	克/吨原皮	2 500	物理+化学	150
							化学+好氧生物法	50
							化学+组合生物法	20
				总铬	克/吨原皮	0～400	物理+化学	0～20
							化学+好氧生物法	0～20
							化学+组合生物法	0～20

1931 毛皮鞣制加工行业产排污系数表（续 8）

产品名称	原料名称	工艺名称	规模等级	污染物指标	单位	产污系数[①]	末端治理技术名称	排污系数[①]
狐狸毛皮	狐狸皮	狐狸毛皮硝染工艺	<10 万标张牛皮/年	工业废水量	吨/吨原皮	35～45	物理+化学	33～42
							化学+好氧生物法	30～38
							化学+组合生物法	30～38
				化学需氧量	克/吨原皮	50 000～90 000	物理+化学	30 000～55 000
							化学+好氧生物法	5 000～20 000
							化学+组合生物法	2 000～12 000
				氨氮	克/吨原皮	2 500	物理+化学	1 500
							化学+好氧生物法	500
							化学+组合生物法	300
				石油类	克/吨原皮	2 500	物理+化学	100
							化学+好氧生物法	30
							化学+组合生物法	20
				总铬	克/吨原皮	0～400	物理+化学	0～20
							化学+好氧生物法	0～20
							化学+组合生物法	0～20
貉子毛皮	貉子皮	貉子毛皮硝染工艺	≥10 万标张牛皮/年	工业废水量	吨/吨原皮	40～50	物理+化学	38～45
							化学+好氧生物法	35～42
							化学+组合生物法	35～42
				化学需氧量	克/吨原皮	70 000～90 000	物理+化学	40 000～55 000
							化学+好氧生物法	5 000～20 000
							化学+组合生物法	2 000～12 000
				氨氮	克/吨原皮	2 500	物理+化学	1 500
							化学+好氧生物法	500
							化学+组合生物法	300
				石油类	克/吨原皮	1 500	物理+化学	100
							化学+好氧生物法	50
							化学+组合生物法	20
				总铬	克/吨原皮	0～400	物理+化学	0～20
							化学+好氧生物法	0～20
							化学+组合生物法	0～20

1931 毛皮鞣制加工行业产排污系数表（续 9）

产品名称	原料名称	工艺名称	规模等级	污染物指标	单位	产污系数①	末端治理技术名称	排污系数①
貉子毛皮	貉子皮	貉子毛皮硝染工艺	<10 万标张牛皮/年	工业废水量	吨/吨原皮	40～55	物理+化学	38～52
							化学+好氧生物法	35～45
							化学+组合生物法	35～45
				化学需氧量	克/吨原皮	75 000～95 000	物理+化学	45 000～60 000
							化学+好氧生物法	5 000～25 000
							化学+组合生物法	2 000～15 000
				氨氮	克/吨原皮	2 500	物理+化学	1 500
							化学+好氧生物法	500
							化学+组合生物法	300
				石油类	克/吨原皮	1 500	物理+化学	100
							化学+好氧生物法	50
							化学+组合生物法	20
				总铬	克/吨原皮	0～400	物理+化学	0～20
							化学+好氧生物法	0～20
							化学+组合生物法	0～20
兔毛皮	兔皮	兔毛皮硝染工艺	≥10 万标张牛皮/年	工业废水量	吨/吨原皮	40～55	物理+化学	40～50
							化学+好氧生物法	35～45
							化学+组合生物法	35～45
				化学需氧量	克/吨原皮	75 000～95 000	物理+化学	45 000～60 000
							化学+好氧生物法	5 000～25 000
							化学+组合生物法	2 000～15 000
				氨氮	克/吨原皮	2 500	物理+化学	1 500
							化学+好氧生物法	500
							化学+组合生物法	300
				石油类	克/吨原皮	2 000	物理+化学	100
							化学+好氧生物法	30
							化学+组合生物法	20
				总铬	克/吨原皮	0～400	物理+化学	0～20
							化学+好氧生物法	0～20
							化学+组合生物法	0～20

1931 毛皮鞣制加工行业产排污系数表（续 10）

产品名称	原料名称	工艺名称	规模等级	污染物指标	单位	产污系数①	末端治理技术名称	排污系数①
兔毛皮	兔皮	兔毛皮硝染工艺	<10 万标张牛皮/年	工业废水量	吨/吨原皮	45～60	物理+化学	40～55
							化学+好氧生物法	35～50
							化学+组合生物法	35～50
				化学需氧量	克/吨原皮	60 000～100 000	物理+化学	35 000～60 000
							化学+好氧生物法	5 000～25 000
							化学+组合生物法	2 000～15 000
				氨氮	克/吨原皮	2 500	物理+化学	1 500
							化学+好氧生物法	500
							化学+组合生物法	200
				石油类	克/吨原皮	2 000	物理+化学	100
							化学+好氧生物法	30
							化学+组合生物法	20
				总铬	克/吨原皮	0～400	物理+化学	0～20
							化学+好氧生物法	0～20
							化学+组合生物法	0～20

注：① 工业废水量、化学需氧量、氨氮、石油类、总铬及 HW21 危险废物（含铬废物）的产排污系数取值方法参照“其他需要说明的问题”。

1941

羽毛（绒）加工行业

1 适用范围

本手册给出了《统计上使用的产品分类目录》中“羽毛（绒）加工行业”的产污系数和排污系数，可用于第一次全国污染源普查羽毛（绒）加工行业工业污染源污染物产生量和排放量的核算。

羽毛（绒）加工行业涉及的污染物包括：工业废水量、化学需氧量、氨氮、石油类（油脂）。

2 注意事项

2.1 系数表中未涉及的产品产排污系数说明

本手册已基本涵盖各种原料、加工方法及规模的羽毛（绒）加工，对可能遇到的加工方法特殊的水洗生产线，或系数表单中未涉及的处理方法，可咨询当地行业组织或羽绒行业专家、羽绒加工企业技术人员，选取近似的废水处理方法代替。

2.2 生产非单一产品企业污染物产排量的核算

当同一企业既有羽毛（绒）半成品加工也有羽毛（绒）成品加工时，每条生产线产污系数分别选取本手册中对应的系数，该企业总体排污量为各条生产线排污量之和。

2.3 其他需要说明的问题

（1）羽毛（绒）加工工艺简单，不论企业大小，都是对加工原料进行清洗。规模较大的企业，多数都有污水处理设施，但多数小规模企业没有污水处理设施。

（2）本手册只考虑一般企业的情况，力求简单、清楚，易于使用。本手册制定时已充分考虑到全国企业的平均水平，使用本手册计算得出的产排污量可能与某被调查企业的实际检测结果有一定出入，但总体应符合全行业水平。

（3）有污水处理系统并有再生水回用的企业，只计算产污系数，不计算排污系数。

（4）有污水处理系统并有再生水回用的企业，按照以下公式计算：

$$排污量 = 产品数量\times排污系数\times（1-废水回用率）$$

1941 羽毛（绒）加工行业产排污系数表⑥

产品名称	原料名称	工艺名称	规模等级	污染物指标	单位	产污系数	末端治理技术名称	排污系数
羽毛（绒）半成品	未水洗羽毛（绒）	初洗阶段③	所有规模	工业废水量	吨/吨产品	280～410	生物接触氧化法①	60～140②
							直排	280～410
				化学需氧量	克/吨产品	126 211.8～194 817.3④	生物接触氧化法	5 149.9
							直排	126 211.8～194 817.3
				氨氮	克/吨产品	2 867.7～3 680.4	生物接触氧化法	991.4
							直排	2 867.7～3 680.4
				石油类（油脂）	克/吨产品	1 532.6～2 498.3	生物接触氧化法	102.6
							直排	1 532.6～2 498.3
羽毛（绒）成品	羽毛（绒）半成品	复洗阶段	所有规模	工业废水量	吨/吨产品	300～490⑤	生物接触氧化法	60～160
							直排	280～490
				化学需氧量	克/吨产品	53 810.4～77 023.8	生物接触氧化法	3 894.3
							直排	53 810.4～77 023.8
				氨氮	克/吨产品	912～1 088.7	生物接触氧化法	583.2
							直排	912～1 088.7
				石油类（油脂）	克/吨产品	240.6～312	生物接触氧化法	20.1
							直排	240.6～312

注：① 大部分羽绒企业使用的污水处理技术为生物接触氧化法，因此，将其作为羽绒污水的典型处理技术。其他污水处理技术（活性污泥法等）的排污系数参照表中生物接触氧化法的排污系数进行核算。

② 部分羽绒企业采用了再生水回用技术，废水回用率为 80%～90%，废水量排污系数 = 废水量产污系数 ×（10%～20%）。

③ 羽绒的加工分为初洗和复洗两个阶段。初洗阶段是指对未水洗羽毛（绒）原料的第一次洗涤过程。这个生产阶段的企业绝大多数为小规模企业，将未水洗羽毛（绒）原料经过清洗 5～8 次制成半成品；复洗阶段是指对经过初洗的羽毛（绒）半成品原料进行再次洗涤的深加工阶段，这个阶段的企业绝大多数为中规模企业，将羽毛（绒）半成品再清洗 5～8 次制成成品绒。本手册涉及产品涵盖了统计分类中的填充用羽毛和羽绒。

④ 在只做初洗原毛加工的企业中，根据羽毛（绒）原料污染的程度，一种是先除去原料中的杂质再进行清洗（先分后洗），另一种是先洗涤再去除杂质（先洗后分）。这两种加工形式产污差别较大：先分后洗的形式产污相对较小，化学需氧量、氨氮、石油类（油脂）取产污系数区间的下限；先洗后分的形式产污相对较大，化学需氧量、氨氮、石油类（油脂）取产污系数区间的上限。清洗 5 次或 5 次以下的工业废水量取产污系数区间的下限，清洗 7 次或 7 次以上的工业废水量取产污系数区间的上限。

⑤ 在只做复洗羽毛加工的企业中，产污的大小与该企业洗涤羽毛的用水量有关：洗涤次数越多，用水量越大，取值越高。在一个洗涤过程中，洗涤 7 次取产污系数区间的中间值，小于 7 次取下限值，大于 7 次取上限值。

⑥ 部分企业既进行初洗又进行复洗。这类企业的产污系数是取本手册中初洗阶段产污系数与复洗阶段产污系数之和，排污系数参照复洗阶段的排污系数核算。

20

木材加工及木、竹、藤、棕、草制品业

2011
锯材加工业

1 适用范围

本手册给出了《统计上使用的产品分类目录》中“锯材加工业”的产污系数和排污系数，适用于普通锯材、特种锯材（包括铁路货车锯材、载重汽车锯材、船用锯材、包装箱锯材、罐道木、机台木、普通枕木、道岔枕木、桥梁枕木、地板毛料等）的制材生产、干燥以及木材防腐生产过程中产生的污染物产排污系数查定，可用于第一次全国污染源普查锯材制造行业工业污染源污染物产生量和排放量的核算。

涉及的污染物包括：含砷和六价铬防腐废液量（HW21 和 HW24 危险废液）、砷、六价铬、工业废气量（指折算成标准状态的体积）、工业粉尘、含砷和铬防腐木屑（HW21 和 HW24 危险废物）。

2 注意事项

锯材加工行业的产品统称锯材（含普通锯材和特种锯材），行业污染物来源于锯材制造（即制材）、锯材干燥和锯材防腐三个生产工段。但每个企业并不是三个工段全部拥有，普查时要根据企业的实际情况，有哪个工段就查哪个工段的污染物产排量。

2.1 制材生产

（1）系数表中锯材包含普通锯材和特种锯材。在《统计上使用的产品分类目录》中，锯材是按用途划分为普通锯材和特种锯材，但在制材生产过程中产生的污染物只有工业粉尘，而影响粉尘产排污系数的主要因素是锯材厚度，因此系数表中产品栏是按锯材厚度划分而不是按锯材用途划分的。

（2）如果企业制材生产工段生产的是不同厚度规格的锯材，就要根据锯材的厚度和末端治理技术分别从系数表中查到相应的产排污系数，根据各自的产量分别计算产排污量，这些产排污量之和就是该企业在制材生产工段中粉尘产排污总量。

2.2 木材干燥

（1）系数表（续 1）适用于所有的“常规干燥”，包括以蒸汽、热水、热油、炉气体等间接加热的常规干燥方法。但不包括除湿干燥。除湿干燥的产排污系数按表中系数乘以 0.1 核定。

（2）如果企业干燥生产工段所用的原材料（锯材）树种、平均厚度和平均初含水率范围不同，就要根据原料的差异，分别从系数表中查到相应的产排污系数，再根据各自的产量计算出废气产排量，这些产排污量之和就是该企业在干燥工段中废气产排污总量。

2.3 防腐木材

（1）防腐木材是经过防腐剂处理具有防腐性能的改性木材。常用的木材防腐药剂主要有铜铬砷防腐剂（CCA）、季铵铜防腐剂（ACQ）、铜唑类防腐剂、硼化物防腐剂等，其中铜铬砷防腐剂的重金属砷、铬有污染。

（2）系数表（续 2）中防腐木材的产排污系数只适用于采用铜铬砷防腐剂（CCA）作为防腐剂生产防腐木材产品的企业。其他防腐木材产品，如采用季铵铜防腐剂（ACQ）、铜唑类防腐剂、硼化物防腐剂等生产的防腐木材产品可不予普查。

（3）只生产铜铬砷防腐剂（CCA）防腐木材的单一产品企业，按企业年实际总产量计算产、排污量；将铜铬砷防腐剂（CCA）防腐木材作为一种子产品的多产品企业，CCA 防腐木材的产排污量按其产品年产量和对应的污染物产排污系数计算，而其他产品的产排污量则按各自年产量和对应的产排污系数计算。

（4）产品、原料、工艺、规模等级组合的确定

防腐木材企业在加压防腐处理完成后，将处理木材从防腐罐取出进行干燥时，是否存在木材防腐废液回收装置是区别两种工艺的关键。其中木材防腐废液回收装置，为水泥槽、不锈钢槽、塑料或其他材料制成的槽，主要放置在加压防腐罐罐口、防腐产品干燥处。

如有木材防腐废液回收装置，则产品、原料、工艺、规模等级组合中的工艺名称为：加压防腐处理+防腐废液回收处理。

如没有木材防腐废液回收装置，则产品、原料、工艺、规模等级组合中的工艺名称为：加压防腐处理+防腐废液不回收处理。

（5）含砷和六价铬防腐废液（HW21 和 HW24 危险废液）是指使用铜铬砷防腐剂（CCA）进行木材防腐处理后产生的含砷和六价铬废液，属于危险废物。

（6）含砷和铬防腐木屑（HW21 和 HW24 危险废物）是指防腐处理过程产生的含砷和六价铬的废木屑，属于危险固体废物。

2011 锯材加工业产排污系数表[①]

产品名称	原料名称	工艺名称	规模等级	污染物指标	单位	产污系数	末端治理技术名称	排污系数
锯材（厚度≤35 毫米）	原木	车间不装除尘设备的带锯制材	所有规模	工业粉尘	千克/米^{3}产品	0.321	重力沉降法[②]	0.048
		车间装除尘设备的带锯制材	所有规模	工业粉尘	千克/米^{3}产品	0.321	过滤式除尘法[③]	0.016
		露天或只有顶棚的带锯制材	所有规模	工业粉尘	千克/米^{3}产品	0.321	直排[④]	0.321
锯材（35 毫米＜厚度≤55 毫米）	原木	车间不装除尘设备的带锯制材	所有规模	工业粉尘	千克/米^{3}产品	0.259	重力沉降法	0.039
		车间装除尘设备的带锯制材	所有规模	工业粉尘	千克/米^{3}产品	0.259	过滤式除尘法	0.013
		露天或只有顶棚的带锯制材	所有规模	工业粉尘	千克/米^{3}产品	0.259	直排	0.259
锯材（厚度＞55 毫米）	原木	车间不装除尘设备的带锯制材	所有规模	工业粉尘	千克/米^{3}产品	0.15	重力沉降法	0.023
		车间装除尘设备的带锯制材	所有规模	工业粉尘	千克/米^{3}产品	0.15	过滤式除尘法	0.008
		露天或只有顶棚的带锯制材	所有规模	工业粉尘	千克/米^{3}产品	0.15	直排	0.15

注：① 此系数表单只适用于普查制材生产过程产生的工业粉尘量。

② 生产工艺为车间不装除尘设备的带锯制材，其末端治理就是重力沉降法。

③ 生产工艺为车间装除尘设备的带锯制材很少，其末端治理均为过滤式除尘法。

④ 生产工艺为露天或只有顶棚的带锯制材，无末端治理，粉尘直排。

2011　锯材加工业产排污系数表（续1）①②

产品名称	原料名称	工艺名称	规模等级	污染物指标	单位	产污系数	末端治理技术名称	排污系数
阔叶锯材（厚度＞35毫米）	阔叶锯材（初含水率＞60%）	常规干燥	所有规模	工业废气量	米^3/米^{3}产品	520.426	直排	520.426
	阔叶锯材（30%＜初含水率≤60%）	常规干燥	所有规模	工业废气量	米^3/米^{3}产品	312.255	直排	312.255
	阔叶锯材（初含水率≤30%）	常规干燥	所有规模	工业废气量	米^3/米^{3}产品	234.191	直排	234.191
阔叶锯材（厚度≤35毫米）	阔叶锯材（初含水率＞60%）	常规干燥	所有规模	工业废气量	米^3/米^{3}产品	433.258	直排	433.258
	阔叶锯材（30%＜初含水率≤60%）	常规干燥	所有规模	工业废气量	米^3/米^{3}产品	268.621	直排	268.621
	阔叶锯材（初含水率≤30%）	常规干燥	所有规模	工业废气量	米^3/米^{3}产品	207.964	直排	207.964
针叶锯材（厚度＞35毫米）	针叶锯材（初含水率＞60%）	常规干燥	所有规模	工业废气量	米^3/米^{3}产品	791.066	直排	791.066
	针叶锯材（30%＜初含水率≤60%）	常规干燥	所有规模	工业废气量	米^3/米^{3}产品	561.656	直排	561.656
	针叶锯材（初含水率≤30%）	常规干燥	所有规模	工业废气量	米^3/米^{3}产品	458.818	直排	458.818
针叶锯材（厚度≤35毫米）	针叶锯材（初含水率＞60%）	常规干燥	所有规模	工业废气量	米^3/米^{3}产品	626.365	直排	626.365
	针叶锯材（30%＜初含水率≤60%）	常规干燥	所有规模	工业废气量	米^3/米^{3}产品	482.301	直排	482.301
	针叶锯材（初含水率≤30%）	常规干燥	所有规模	工业废气量	米^3/米^{3}产品	375.819	直排	375.819

注：① 此系数表单适用于普查锯材干燥生产过程产生的工业废气量。

② 系数表中的初含水率是指锯材入窑时的含水率平均值。

2011 锯材加工业产排污系数表（续 2）①②③

产品名称	原料名称	工艺名称	规模等级	污染物指标	单位	产污系数	末端治理技术名称	排污系数
防腐木材	锯材（或原木）+铜铬砷防腐剂（CCA）	加压防腐处理+防腐废液不回收处理	所有规模	HW21 和 HW24 危险废液量（含砷和铬废物）	千克/米^{3}产品	1.03	直排	1.03
				砷	克/米^{3}产品	0.90	直排	0.90
				六价铬	克/米^{3}产品	1.70	直排	1.70
				HW21 和 HW24 危险废物（含砷和铬防腐木屑）	克/米^{3}产品	1.60	—	—
防腐木材	锯材（或原木）+铜铬砷防腐剂（CCA）	加压防腐处理+防腐废液回收处理	所有规模	HW21 和 HW24 危险废液量（含砷和铬废物）	千克/米^{3}产品	1.03	循环利用	0
				砷	克/米^{3}产品	0.90	循环利用	0
				六价铬	克/米^{3}产品	1.70	循环利用	0
				HW21 和 HW24 危险废物（含砷和铬防腐木屑）	克/米^{3}产品	1.60	—	—

注：① 此系数表单适用于普查锯材防腐生产过程产生的 HW21 和 HW24 危险废液量（含砷和铬废物）、砷、六价铬、HW21 和 HW24 危险废物（含砷和铬防腐木屑）等 4 种污染物。

② 系数表单中 HW21 和 HW24 危险废液是指使用铜铬砷防腐剂（CCA）进行木材防腐处理后产生的含砷和六价铬废液。

③ HW21 和 HW24 危险废物（含砷和铬防腐木屑）是指含砷和六价铬的废木屑。

2021
胶合板制造业

1 适用范围

本手册给出了《统计上使用的产品分类目录》中“胶合板制造业”木胶合板、竹胶合板的产污系数和排污系数，可用于第一次全国污染源普查胶合板制造业工业污染源污染物产生量和排放量的核算。

涉及的污染物包括：工业废水量、化学需氧量、工业废气量（指折算成标准状态的体积）、工业粉尘等。

2 注意事项

2.1 系数表中未涉及的产品产排污系数说明

表中未涉及胶合板生产工业废水处理问题。一般胶合板企业没有废水处理系统，只有个别木材综合加工厂建有废水处理装置，如同时生产重组装饰材的企业，将胶合板生产废水混入其他废水中处理，对于该类企业，其产污系数按本表计算，排污系数参照重组装饰材。

2.2 工况未达到75%负荷的企业污染物产排量核算

按表计算。

2.3 生产非单一产品企业污染物产排量核算

关于胶合板产品，表中按木胶合板和竹胶合板进行分类。其中木胶合板按产品分为普通胶合板和混凝土模板用胶合板，除混凝土模板用胶合板（水泥模板）外的其他胶合板统称普通胶合板，竹胶合板产品不分类。

对于非单一产品企业，分别核算其各产品的污染物产排量，累加后为该企业的污染物产排量。

2021 胶合板制造业产排污系数表

产品名称	原料名称	工艺名称	规模等级	污染物指标	单位	产污系数	末端治理技术名称	排污系数
木胶合板（普通胶合板）	原木，国产人工林杨木类木材或其他树种木材不蒸煮，外购胶或自制胶反应釜不清洗	单板干燥，涂胶机每天清洗，热压胶合，板材砂光	所有规模	工业废水量①	吨/米^{3}产品	0.001	直排	0.001
				化学需氧量①	克/米^{3}产品	3	直排	3
				工业废气量	米^3/米^{3}产品	395.722	直排	395.722
				工业粉尘①	千克/米^{3}产品	5.5	单筒旋风除尘法	0.55
							过滤式除尘法	0.11
	原木，国产人工林杨木类木材或其他树种木材不蒸煮，自制胶反应釜每天清洗	单板干燥，涂胶机每天清洗，热压胶合，板材砂光	所有规模	工业废水量②	吨/米^{3}产品	0.034	直排	0.034
				化学需氧量②	克/米^{3}产品	44.2	直排	44.2
				工业废气量	米^3/米^{3}产品	395.722	直排	395.722
				工业粉尘②	千克/米^{3}产品	5.5	单筒旋风除尘法	0.55
							过滤式除尘法	0.11
	原木，国产硬杂类木材，外购胶或自制胶反应釜不清洗	木段蒸煮，单板干燥，涂胶机每天清洗，热压胶合，板材砂光	所有规模	工业废水量③	吨/米^{3}产品	0.201	直排	0.201
				化学需氧量③	克/米^{3}产品	203	直排	203
				工业废气量	米^3/米^{3}产品	542.567	直排	542.567
				工业粉尘③	千克/米^{3}产品	5.5	单筒旋风除尘法	0.55
							过滤式除尘法	0.11

注：① 对于涂胶机不清洗、板材不砂光的企业，工业废水量、化学需氧量和工业粉尘的产排污系数均为 0。
② 对于涂胶机不清洗、板材不砂光的企业，工业废水量产排污系数为 0.033，化学需氧量产排污系数为 39.2，工业粉尘产排污系数为 0。
③ 对于涂胶机不清洗、板材不砂光的企业，工业废水量产排污系数为 0.2，化学需氧量产排污系数为 200，工业粉尘产排污系数为 0。

2021 胶合板制造业产排污系数表（续 1）

产品名称	原料名称	工艺名称	规模等级	污染物指标	单位	产污系数	末端治理技术名称	排污系数
木胶合板（普通胶合板）	原木，国产硬杂类木材，自制胶反应釜每天清洗	木段蒸煮，单板干燥，涂胶机每天清洗，热压胶合，板材砂光	所有规模	工业废水量①	吨/米^{3}产品	0.234	直排	0.234
				化学需氧量①	克/米^{3}产品	242.6	直排	242.6
				工业废气量	米^3/米^{3}产品	542.567	直排	542.567
				工业粉尘①	千克/米^{3}产品	5.5	单筒旋风除尘法	0.55
							过滤式除尘法	0.11
	原木，进口木材，外购胶或自制胶反应釜不清洗	木段蒸煮，单板干燥，涂胶机每天清洗，热压胶合，板材砂光	所有规模	工业废水量②	吨/米^{3}产品	0.021	直排	0.021
				化学需氧量②	克/米^{3}产品	27	直排	27
				工业废气量	米^3/米^{3}产品	170.428	直排	170.428
				工业粉尘②	千克/米^{3}产品	5.5	单筒旋风除尘法	0.55
							过滤式除尘法	0.11
	原木，进口木材，自制胶反应釜每天清洗	木段蒸煮，单板干燥，涂胶机每天清洗，热压胶合，板材砂光	所有规模	工业废水量③	吨/米^{3}产品	0.054	直排	0.054
				化学需氧量③	克/米^{3}产品	66.6	直排	66.6
				工业废气量	米^3/米^{3}产品	170.428	直排	170.428
				工业粉尘③	千克/米^{3}产品	5.5	单筒旋风除尘法	0.55
							过滤式除尘法	0.11

注：① 对于涂胶机不清洗、板材不砂光的企业，工业废水量产排污系数为 0.233，化学需氧量产排污系数为 239.6，工业粉尘的产排污系数为 0。

② 对于涂胶机不清洗、板材不砂光的企业，工业废水量产排污系数为 0.02，化学需氧量产排污系数为 24，工业粉尘产排污系数为 0。

③ 对于涂胶机不清洗、板材不砂光的企业，工业废水量产排污系数为 0.053，化学需氧量产排污系数为 63.6，工业粉尘产排污系数为 0。

2021 胶合板制造业产排污系数表（续2）

产品名称	原料名称	工艺名称	规模等级	污染物指标	单位	产污系数	末端治理技术名称	排污系数
木胶合板（普通胶合板）	原木，松木类木材，外购胶或自制胶反应釜不清洗	木段蒸煮，单板干燥，涂胶机每天清洗，热压胶合，板材砂光	所有规模	工业废水量①	吨/米^{3}产品	2.001	直排	2.001
				化学需氧量①	克/米^{3}产品	2 603	直排	2 603
				工业废气量	米^3/米^{3}产品	700.611	直排	700.611
				工业粉尘①	千克/米^{3}产品	5.5	单筒旋风除尘法	0.55
							过滤式除尘法	0.11
	原木，松木类木材，自制胶反应釜每天清洗	木段蒸煮，单板干燥，涂胶机每天清洗，热压胶合，板材砂光	所有规模	工业废水量②	吨/米^{3}产品	2.034	直排	2.034
				化学需氧量②	克/米^{3}产品	2 643.6	直排	2 643.6
				工业废气量	米^3/米^{3}产品	700.611	直排	700.611
				工业粉尘②	千克/米^{3}产品	5.5	单筒旋风除尘法	0.55
							过滤式除尘法	0.11
木胶合板（混凝土模板，又称水泥模板）	原木，国产人工林杨木类木材或其他树种木材不蒸煮，外购胶或自制胶反应釜不清洗	单板干燥，涂胶机每天清洗，热压胶合，板材砂光	所有规模	工业废水量③	吨/米^{3}产品	0.001	直排	0.001
				化学需氧量③	克/米^{3}产品	3	直排	3
				工业废气量	米^3/米^{3}产品	395.722	直排	395.722
				工业粉尘③	千克/米^{3}产品	12	单筒旋风除尘法	1.2
							过滤式除尘法	0.24

注：① 对于涂胶机不清洗、板材不砂光的企业，工业废水量产排污系数为2，化学需氧量产排污系数为2 600，工业粉尘的产排污系数为0。

② 对于涂胶机不清洗、板材不砂光的企业，工业废水量产排污系数为2.033，化学需氧量产排污系数为2 640.6，工业粉尘产排污系数为0。

③ 对于涂胶机不清洗、板材不砂光的企业，工业废水量产排污系数为0，化学需氧量产排污系数为0，工业粉尘产排污系数为0。

2021 胶合板制造业产排污系数表（续 3）

产品名称	原料名称	工艺名称	规模等级	污染物指标	单位	产污系数	末端治理技术名称	排污系数
木胶合板（混凝土模板，又称水泥模板）	原木，国产人工林杨木类木材或其他树种木材不蒸煮，自制胶反应釜每天清洗	单板干燥，涂胶机每天清洗，热压胶合，板材砂光	所有规模	工业废水量①	吨/米^{3}产品	0.034	直排	0.034
				化学需氧量①	克/米^{3}产品	44.2	直排	44.2
				工业废气量	米^3/米^{3}产品	395.722	直排	395.722
				工业粉尘①	千克/米^{3}产品	12	单筒旋风除尘法	1.2
							过滤式除尘法	0.24
	原木，国产硬杂类木材，外购胶或自制胶反应釜不清洗	木段蒸煮，单板干燥，涂胶机每天清洗，热压胶合，板材砂光	所有规模	工业废水量②	吨/米^{3}产品	0.201	直排	0.201
				化学需氧量②	克/米^{3}产品	203	直排	203
				工业废气量	米^3/米^{3}产品	542.567	直排	542.567
				工业粉尘②	千克/米^{3}产品	12	单筒旋风除尘法	1.2
							过滤式除尘法	0.24
	原木，国产硬杂类木材，自制胶反应釜每天清洗	木段蒸煮，单板干燥，涂胶机每天清洗，热压胶合，板材砂光	所有规模	工业废水量③	吨/米^{3}产品	0.234	直排	0.234
				化学需氧量③	克/米^{3}产品	242.6	直排	242.6
				工业废气量	米^3/米^{3}产品	542.567	直排	542.567
				工业粉尘③	千克/米^{3}产品	12	单筒旋风除尘法	1.2
							过滤式除尘法	0.24

注：① 对于涂胶机不清洗、板材不砂光的企业，工业废水量产排污系数为 0.033，化学需氧量产排污系数为 41.2，工业粉尘的产排污系数为 0。

② 对于涂胶机不清洗、板材不砂光的企业，工业废水量产排污系数为 0.2，化学需氧量产排污系数为 200.6，工业粉尘产排污系数为 0。

③ 对于涂胶机不清洗、板材不砂光的企业，工业废水量产排污系数为 0.233，化学需氧量产排污系数为 239.6，工业粉尘产排污系数为 0。

2021　胶合板制造业产排污系数表（续 4）

产品名称	原料名称	工艺名称	规模等级	污染物指标	单位	产污系数	末端治理技术名称	排污系数
木胶合板（混凝土模板，又称水泥模板）	原木，进口木材，外购胶或自制胶反应釜不清洗	木段蒸煮，单板干燥，涂胶机每天清洗，热压胶合，板材砂光	所有规模	工业废水量①	吨/米^{3}产品	0.021	直排	0.021
				化学需氧量①	克/米^{3}产品	27	直排	27
				工业废气量	米^3/米^{3}产品	170.428	直排	170.428
				工业粉尘①	千克/米^{3}产品	12	单筒旋风除尘法	1.2
							过滤式除尘法	0.24
	原木，进口木材，自制胶反应釜每天清洗	木段蒸煮，单板干燥，涂胶机每天清洗，热压胶合，板材砂光	所有规模	工业废水量②	吨/米^{3}产品	0.054	直排	0.054
				化学需氧量②	克/米^{3}产品	66.6	直排	66.6
				工业废气量	米^3/米^{3}产品	170.428	直排	170.428
				工业粉尘②	千克/米^{3}产品	12	单筒旋风除尘法	1.2
							过滤式除尘法	0.24
	原木，松木类木材，外购胶或自制胶反应釜不清洗	木段蒸煮，单板干燥，涂胶机每天清洗，热压胶合，板材砂光	所有规模	工业废水量③	吨/米^{3}产品	2.001	直排	2.001
				化学需氧量③	克/米^{3}产品	2 603	直排	2 603
				工业废气量	米^3/米^{3}产品	700.611	直排	700.611
				工业粉尘③	千克/米^{3}产品	12	单筒旋风除尘法	1.2
							过滤式除尘法	0.24

注：① 对于涂胶机不清洗、板材不砂光的企业，工业废水量产排污系数为 0.02，化学需氧量产排污系数为 24，工业粉尘的产排污系数为 0。

② 对于涂胶机不清洗、板材不砂光的企业，工业废水量产排污系数为 0.053，化学需氧量产排污系数为 63.6，工业粉尘产排污系数为 0。

③ 对于涂胶机不清洗、板材不砂光的企业，工业废水量产排污系数为 2，化学需氧量产排污系数为 2 600，工业粉尘产排污系数为 0。

2021 胶合板制造业产排污系数表（续5）

产品名称	原料名称	工艺名称	规模等级	污染物指标	单位	产污系数	末端治理技术名称	排污系数
木胶合板（混凝土模板，又称水泥模板）	原木，松木类木材，自制胶反应釜每天清洗	木段蒸煮，单板干燥，涂胶机每天清洗，热压胶合，板材砂光	所有规模	工业废水量①	吨/米^{3}产品	2.034	直排	2.034
				化学需氧量①	克/米^{3}产品	2 643.6	直排	2 643.6
				工业废气量	米^3/米^{3}产品	700.611	直排	700.611
				工业粉尘①	千克/米^{3}产品	12	单筒旋风除尘法	1.2
							过滤式除尘法	0.24
木胶合板（普通胶合板）	外购单板，外购胶或自制胶反应釜不清洗	涂胶机每天清洗，热压胶合，板材砂光	所有规模	工业废水量②	吨/米^{3}产品	0.001	直排	0.001
				化学需氧量②	克/米^{3}产品	3	直排	3
				工业废气量	米^3/米^{3}产品	109.5	直排	109.5
				工业粉尘②	千克/米^{3}产品	5.5	单筒旋风除尘法	0.55
							过滤式除尘法	0.11
	外购单板，自制胶反应釜清洗	涂胶机每天清洗，热压胶合，板材砂光	所有规模	工业废水量③	吨/米^{3}产品	0.034	直排	0.034
				化学需氧量③	克/米^{3}产品	42.6	直排	42.6
				工业废气量	米^3/米^{3}产品	109.5	直排	109.5
				工业粉尘③	千克/米^{3}产品	5.5	单筒旋风除尘法	0.55
							过滤式除尘法	0.11

注：① 对于涂胶机不清洗、板材不砂光的企业，工业废水量产排污系数为2.033，化学需氧量产排污系数为2 640.6，工业粉尘的产排污系数为0。

② 对于涂胶机不清洗、板材不砂光的企业，工业废水量产排污系数为0，化学需氧量产排污系数为0，工业粉尘产排污系数为0。

③ 对于涂胶机不清洗、板材不砂光的企业，工业废水量产排污系数为0.033，化学需氧量产排污系数为39.6，工业粉尘产排污系数为0。

2021 胶合板制造业产排污系数表（续 6）

产品名称	原料名称	工艺名称	规模等级	污染物指标	单位	产污系数	末端治理技术名称	排污系数
木胶合板（混凝土模板，又称水泥模板）	外购单板，外购胶或自制胶反应釜不清洗	涂胶机每天清洗，热压胶合，板材砂光	所有规模	工业废水量①	吨/米^{3}产品	0.001	直排	0.001
				化学需氧量①	克/米^{3}产品	3	直排	3
				工业废气量	米^3/米^{3}产品	109.5	直排	109.5
				工业粉尘①	千克/米^{3}产品	12	单筒旋风除尘法	1.2
							过滤式除尘法	0.24
	外购单板，自制胶反应釜清洗	涂胶机每天清洗，热压胶合，板材砂光	所有规模	工业废水量②	吨/米^{3}产品	0.034	直排	0.034
				化学需氧量②	克/米^{3}产品	42.6	直排	42.6
				工业废气量	米^3/米^{3}产品	109.5	直排	109.5
				工业粉尘②	千克/米^{3}产品	12	单筒旋风除尘法	1.2
							过滤式除尘法	0.24
竹胶合板	外购竹材，外购胶或自制胶反应釜不清洗③	热压胶合，板材不砂光	所有规模	工业废气量	米^3/米^{3}产品	139.627	直排	139.627
		热压胶合，板材砂光	所有规模	工业废气量	米^3/米^{3}产品	139.627	直排	139.627
				工业粉尘	千克/米^{3}产品	14	单筒旋风除尘法	1.4
							过滤式除尘法	0.28
	外购竹材，自制胶反应釜清洗④	热压胶合，板材不砂光	所有规模	工业废水量	吨/米^{3}产品	0.033	直排	0.033
				化学需氧量	克/米^{3}产品	39.6	直排	39.6
				工业废气量	米^3/米^{3}产品	139.627	直排	139.627
		热压胶合，板材砂光	所有规模	工业废水量	吨/米^{3}产品	0.033	直排	0.033
				化学需氧量	克/米^{3}产品	39.6	直排	39.6
				工业废气量	米^3/米^{3}产品	139.627	直排	139.627
				工业粉尘	千克/米^{3}产品	14	单筒旋风除尘法	1.4
							过滤式除尘法	0.28

注：① 对于涂胶机不清洗、板材不砂光的企业，工业废水量产排污系数为 0，化学需氧量产排污系数为 0，工业粉尘的产排污系数为 0。

② 对于涂胶机不清洗、板材不砂光的企业，工业废水量产排污系数为 0.033，化学需氧量产排污系数为 39.6，工业粉尘产排污系数为 0。

③ 外购胶或自制胶反应釜不清洗企业的工业废水量和化学需氧量产排污系数为 0。

④ 板材不砂光企业的工业粉尘产排污系数为 0。

2022
纤维板制造业

1 适用范围

本手册给出了《统计上使用的产品分类目录》中“纤维板制造业”高密度纤维板、中密度纤维板、硬质纤维板和软质纤维板的产污系数和排污系数，可用于第一次全国污染源普查纤维板制造业工业污染源污染物产生量和排放量的核算。

涉及的污染物包括：工业废水量、化学需氧量、工业废气量（指折算成标准状态的体积）、工业粉尘量和固体废物（污泥）。

2 注意事项

2.1 系数表中未涉及的产品产排污系数说明

（1）以农业剩余物如麦秸、棉秆等为原料生产的干法纤维板，污染物产排污系数可按照“干法纤维板”＋“木片或枝桠材”＋“干法成型，多层平压，木片不水洗”组合下产排污系数计算。

（2）在木片水洗工艺下，若企业采用枝桠材作为原料，产污系数乘以 0.8。若枝桠材与木片都使用，可根据其比例计算，例如：枝桠材 40%，木片 60%，则该情况下产污系数为：对应产品、原料、工艺、规模等级组合下产污系数×0.8×40%＋对应产品、原料、工艺、规模等级组合下产污系数×60%。

2.2 其他需要说明的问题

（1）工业废水量和化学需氧量产污系数

在木片不水洗并有挤压废水产生的情况下，可根据企业一年中产生挤压废水的时间进行计算，例如：一年有 4 个月产生挤压废水，工作时间 10 个月，该情况下产污系数为：对应产品、原料、工艺、规模等级组合下产污系数×4/10。

（2）工业粉尘量产污系数

若企业纤维板部分砂光，可根据砂光板材比例计算粉尘产污系数。例如：某企业砂光板材量为总量的 30%，则该情况下产污系数为：对应产品、原料、工艺、规模等级组合下产污系数×30%×0.9。

（3）废水处理后封闭循环利用，排污系数为 0。

（4）废水处理后部分回用，首先根据末端处理技术进行归类，然后根据相应末端处理技术下指标值计算。如废水回用量 40%，则废水量和化学需氧量排污系数为：排污系数×（1－40%）。

（5）废气末端治理技术

废气除尘采用“过滤式除尘法（布袋除尘），单筒旋风除尘法（旋风分离器）”；热压机废气直排，或采用吸收或吸附法净化。但废气末端治理技术只影响工业粉尘量排污系数，对工业废气排污量没有影响。

2022 纤维板制造业产排污系数表

产品名称	原料名称	工艺名称	规模等级	污染物指标	单位	产污系数	末端治理技术名称	排污系数
干法纤维板（中密度纤维板或高密度纤维板）	木片	干法成型，连续平压，木片水洗	所有规模	工业废水量	吨/米^{3}产品	0.55	物理+化学+厌氧/好氧生物组合工艺	0.50
							物理+化学	0.50
				化学需氧量	克/米^{3}产品	10 620	物理+化学+厌氧/好氧生物组合工艺	48.27
							物理+化学	3 379
				工业废气量	米^3/米^{3}产品	14 500	过滤式除尘法（布袋除尘） 单筒旋风除尘法（旋风分离器）	14 500
				工业粉尘量	千克/米^{3}产品	83.67		0.50
				工业固体废物（污泥）	吨/米^{3}产品	0.018	—	—
		干法成型，多层平压，木片水洗	所有规模	工业废水量	吨/米^{3}产品	0.55	物理+化学+厌氧/好氧生物组合工艺	0.50
							物理+化学	0.50
				化学需氧量	克/米^{3}产品	10 620	物理+化学+厌氧/好氧生物组合工艺	48.27
							物理+化学	3 379
				工业废气量	米^3/米^{3}产品	14 000	过滤式除尘法（布袋除尘） 单筒旋风除尘法（旋风分离器）	14 000
				工业粉尘量	千克/米^{3}产品	101.04		0.70
				工业固体废物（污泥）	吨/米^{3}产品	0.018	—	—

2022　纤维板制造业产排污系数表（续 1）

产品名称	原料名称	工艺名称	规模等级	污染物指标	单位	产污系数	末端治理技术名称	排污系数
干法纤维板（中密度纤维板或高密度纤维板）	木片或枝桠材	干法成型，多层平压，木片不水洗，产生热磨挤压废水	所有规模	工业废水量	吨/米³产品	0.007	物理+化学	0.006
							直排	0.007
				化学需氧量	克/米³产品	23.8	物理+化学	7.14
							直排	23.8
				工业废气量	米³/米³产品	14 000	过滤式除尘法（布袋除尘）	14 000
				工业粉尘量	千克/米³产品	106.55	单筒旋风除尘法（旋风分离器）	0.90
				工业固体废物（污泥）	吨/米³产品	0.004	—	—
		干法成型，多层平压，木片不水洗	所有规模	工业废气量	米³/米³产品	14 000	过滤式除尘法（布袋除尘）	14 000
				工业粉尘量	千克/米³产品	106.55	单筒旋风除尘法（旋风分离器）	0.90
硬质纤维板	木片或枝桠材	湿法成型	所有规模	工业废水量	吨/米³产品	1.5	物理+化学+厌氧/好氧生物组合工艺	1.35
							物理+化学	1.35
				化学需氧量	克/米³产品	52 500	物理+化学+厌氧/好氧生物组合工艺	472.5
							物理+化学	16 538
				工业废气量	米³/米³产品	1 500	直排	1 500
				工业固体废物（污泥）	吨/米³产品	0.004	—	—
软质纤维板	木片或枝桠材	湿法成型	所有规模	工业废水量	吨/米³产品	0.80	物理+化学+厌氧/好氧生物组合工艺	0.72
							物理+化学	0.72
				化学需氧量	克/米³产品	24 000	物理+化学+厌氧/好氧生物组合工艺	216
							物理+化学	7 560
				工业废气量	米³/米³产品	153 600①	直排	153 600①
						1 500②	直排	1 500②
				工业固体废物（污泥）	吨/米³产品	0.002	—	—

注：① 干燥成板工艺。
　　② 热压成板工艺。

2023 刨花板制造业

1 适用范围

本手册给出了《统计上使用的产品分类目录》中“刨花板制造行业”刨花板的产污系数和排污系数，可用于第一次全国污染源普查刨花板制造行业工业污染源污染物产生量和排放量的核算。

涉及的污染物包括：工业废水量、化学需氧量、工业废气量（指折算成标准状态的体积）、工业粉尘。

2 注意事项

2.1 系数表中未涉及的产品产排污系数说明

本手册基本涵盖了以木材为原料的刨花板产品，对以竹材、农作物秸秆为原料的刨花板产排污系数可以参照使用本表。

对可能遇到的特殊的刨花板制造方法，或系数表单中未涉及的污染物处理方法，可咨询当地行业组织或刨花板制造专家、其他刨花板企业技术人员，选取与对应污染物近似的处理方法代替。

2.2 工况未达到 75% 负荷的企业污染物产排量核算

如存在工况未达到 75%负荷的企业，按照实际产量进行污染物产排量核算。

2.3 其他需要说明的问题

（1）刨花板定义

依据国家标准 GB/T 4897.1—2003，刨花板是指由木材碎料（木刨花、锯末或类似材料）或非木材植物碎料（亚麻屑、甘蔗渣、麦秸、稻草或类似材料）与胶黏剂一起热压而成的板材。

（2）刨花板生产原料

刨花板生产使用的原料为木材，包括小径材、采伐剩余物、木材加工剩余物、竹材以及农作物秸秆等。

（3）刨花板生产工艺和规模

刨花板生产的工艺可分为多层加压、单层加压和连续平压。

刨花板生产规模一般受工艺影响较大，小型、中小型设计生产规模企业采用多层或单层加压工艺，大、中型企业一般采用连续平压工艺。由于不同规模企业投资能力、管理水平和设备情况不同，产排污系数也不同，所以单层平压工艺，按照规模分为设计年产量在 10 万米^{3}以下和设计年产量在 10 万米^{3}以上两种情况。

（4）末端治理技术

① 废水及化学需氧量末端治理技术

目前国内绝大多数刨花板企业采用的治理技术有沉淀分离、物理+生物、物理+化学等方法。刨花板生产过程中废水的产生主要有制胶、调胶和清洗施胶设备三个方面，废水首先经过沉淀分离后与生活污水一起进入化粪池；或者经过污水车送到污水处理厂处理；或者企业自建污水处理站，进行二级生化处理，达到排放标准后排放。

② 工业废气的末端治理技术

工业废气经过排风扇、旋风分离器后排入大气中。

③ 工业粉尘的末端治理技术

工业粉尘经过多管旋风分离、布袋除尘系统集尘处理。

（5）产污系数使用说明

刨花板生产使用的胶黏剂为脲醛树脂胶，分外购和自备生产两种情况。若企业采用外购胶生产刨花板，计算废水量和化学需氧量产量时，产污系数采用表中注明的外购胶产污系数。若企业使用自己生产的胶生产刨花板，计算废水量和化学需氧量产量时，按照实际废水产量，产污系数采用表中注明的自备胶产污系数。

（6）排污系数使用说明

① 如果没有末端治理技术，排污系数等于产污系数。

② 企业生产刨花板用的胶黏剂来源不同时，若用外购胶，则排污系数采用表中注明的外购胶排污系数；若用自备胶，则排污系数采用表中注明的自备胶排污系数。

③ 末端治理技术不同时，排污系数按照对应的末端治理技术的排污系数取值。

④ 在系数表中未涉及的末端处理技术，可参照表中对应污染物相近处理技术的排污系数。

2023 刨花板制造业产排污系数表

产品名称	原料名称	工艺名称	规模等级	污染物指标	单位	产污系数	末端治理技术名称	排污系数
刨花板	木材	多层加压	所有规模	工业废水量	吨/米^{3}产品	0.050	直排	0.050
				化学需氧量	克/米^{3}产品	68.750	直排	68.750
				工业废气量	米^3/米^{3}产品	1 893.636	多管旋风除尘法	1 893.636
				工业粉尘量	千克/米^{3}产品	184.945	过滤式除尘法	3.712
		单层加压	≤10 万米^3/年	工业废水量	吨/米^{3}产品	0.041①	沉淀分离	0.041①
						0.102②	沉淀分离	0.102②
				化学需氧量	克/米^{3}产品	51.592①	沉淀分离	11.029①
						132.653②	沉淀分离	27.966②
				工业废气量	米^3/米^{3}产品	1 850.895	多管旋风除尘法	1 850.895
				工业粉尘量	千克/米^{3}产品	84.893	过滤式除尘法	1.737
			＞10 万米^3/年	工业废水量	吨/米^{3}产品	0.108	物理+生物	0.108
							物理+化学	0.108
				化学需氧量	克/米^{3}产品	113.727	物理+生物	9.631
							物理+化学	26.157
				工业废气量	米^3/米^{3}产品	1 714.178	多管旋风除尘法	1 714.178
				工业粉尘量	千克/米^{3}产品	75.614	过滤式除尘法	1.531
		连续平压	所有规模	工业废水量	吨/米^{3}产品	0.084	物理+化学	0.080
							物理+生物	0.080
				化学需氧量	克/米^{3}产品	31.070	物理+生物	2.486
							物理+化学	7.250
				工业废气量	米^3/米^{3}产品	1 483.333	多管旋风除尘法	1 483.333
				工业粉尘量	千克/米^{3}产品	61.051	过滤式除尘法	1.231

注：① 刨花板制造用胶黏剂来源不同会造成产排污的差异，企业用胶为外购胶时用此系数。

② 企业自己制备胶黏剂并用于制造刨花板时用此系数。

2029
其他人造板制造业 ——重组装饰材

1 适用范围

本手册给出了《统计上使用的产品分类目录》中“其他人造板材制造业”中重组装饰材（市场称科技木）的板方材和刨切薄木产品的产污系数和排污系数，可用于第一次全国污染源普查重组装饰材制造业工业污染源污染物产生量和排放量的核算。

涉及的污染物包括：工业废水量、化学需氧量、工业废气量（指折算成标准状态的体积）等。

2 注意事项

2.1 系数表中未涉及的产品产排污系数说明

在本行业中有个别企业生产染色单板用于人造板贴面，此类染色单板可视为重组装饰材的中间产品，本系数表已部分覆盖，使用时在本系数表的基础上进行修正。

用于人造板贴面的染色单板产品，一般是厚度小于 0.5 毫米的薄木（又称木皮），薄木染色后不干燥直接湿贴在人造板表面上，产品为装饰单板贴面人造板（本小类的另一产品）。用于人造板贴面的染色单板产品生产工艺为：原木蒸煮→薄木刨切→薄木染色→湿贴→成品。产生的污染物为原木水热处理和薄木染色的废水，指标为工业废水量和化学需氧量。

原木蒸煮的工业废水量和化学需氧量系数直接引用胶合板产品部分的系数。

薄木染色的污染物产排污系数，参照重组装饰材的系数。薄木厚度按 0.13 毫米计算，即 7 500 平方米约等于 1 立方米。工业废水量产污系数为重组装饰材系数乘以 3、排污系数为产污系数的 95%；化学需氧量产污系数为重组装饰材系数乘以 1.5、排污系数为产污系数的 5%。

2.2 工况未达到 75% 负荷的企业污染物产排量的核算

按表计算。

2.3 生产非单一产品企业污染物产排量的核算

重组装饰材产品一般是木方、线条材和刨切薄木等。为统一，表中产品以实际生产木方量计算，即以制作线条材和刨切薄木前的木方计算产量。

对于非单一产品企业，分别核算其各产品的污染物产排量，累加后为该企业的污染物产排量。

2.4 特别注意

企业废水处理后不排放、全部回用的，此时其工业废水量和化学需氧量排放系数为零。

2029 重组装饰材制造业产排污系数表

产品名称	原料名称	工艺名称	规模等级	污染物指标	单位	产污系数	末端治理技术名称	排污系数
重组装饰材（又称科技木）	单板，外购胶或自制胶反应釜不清洗	单板调色、干燥、冷压胶合	＞1 万米^3	工业废水量	吨/米^{3}产品	0.104	化学+生物	0.099
				化学需氧量	克/米^{3}产品	311.571	化学+生物	9.347
				工业废气量	米^3/米^{3}产品	824.32	直排	824.32
			＞0.5 万米^3 ≤1 万米^3	工业废水量	吨/米^{3}产品	0.083	化学+生物	0.079
				化学需氧量	克/米^{3}产品	330.273	化学+生物	16.514
				工业废气量	米^3/米^{3}产品	824.32	直排	824.32
			≤0.5 万米^3	工业废水量	吨/米^{3}产品	0.07	化学+生物	0.067
				化学需氧量	克/米^{3}产品	421.38	化学+生物	25.283
				工业废气量	米^3/米^{3}产品	824.32	直排	824.32
重组装饰材（又称科技木）	单板，外购胶或自制胶反应釜不清洗	单板调色、干燥、高频热压胶合	＞1 万米^3	工业废水量	吨/米^{3}产品	0.104	化学+生物	0.099
				化学需氧量	克/米^{3}产品	311.571	化学+生物	9.347
				工业废气量	米^3/米^{3}产品	910.207	直排	910.207
			＞0.5 万米^3 ≤1 万米^3	工业废水量	吨/米^{3}产品	0.083	化学+生物	0.079
				化学需氧量	克/米^{3}产品	330.273	化学+生物	16.514
				工业废气量	米^3/米^{3}产品	910.206 7	直排	910.207
			≤0.5 万米^3	工业废水量	吨/米^{3}产品	0.07	化学+生物	0.067
				化学需氧量	克/米^{3}产品	421.38	化学+生物	25.283
				工业废气量	米^3/米^{3}产品	910.207	直排	910.207

2029 重组装饰材制造业产排污系数表（续表）

产品名称	原料名称	工艺名称	规模等级	污染物指标	单位	产污系数	末端治理技术名称	排污系数
重组装饰材（又称科技木）	单板，自制胶反应釜清洗	单板调色、干燥、冷压胶合	＞1 万米^3	工业废水量	吨/米^{3}产品	0.143	化学+生物	0.136
				化学需氧量	克/米^{3}产品	358.371	化学+生物	10.751
				工业废气量	米^3/米^{3}产品	824.32	直排	824.32
			＞0.5 万米^3 ≤1 万米^3	工业废水量	吨/米^{3}产品	0.122	化学+生物	0.116
				化学需氧量	克/米^{3}产品	377.073	化学+生物	18.854
				工业废气量	米^3/米^{3}产品	824.32	直排	824.32
			≤0.5 万米^3	工业废水量	吨/米^{3}产品	0.109	化学+生物	0.103 8
				化学需氧量	克/米^{3}产品	465.18	化学+生物	27.911
				工业废气量	米^3/米^{3}产品	824.32	直排	824.32
重组装饰材（又称科技木）	单板，自制胶反应釜清洗	单板调色、干燥、高频热压胶合	＞1 万米^3	工业废水量	吨/米^{3}产品	0.143	化学+生物	0.136
				化学需氧量	克/米^{3}产品	358.371	化学+生物	10.751
				工业废气量	米^3/米^{3}产品	910.207	直排	910.207
			＞0.5 万米^3 ≤1 万米^3	工业废水量	吨/米^{3}产品	0.122	化学+生物	0.116
				化学需氧量	克/米^{3}产品	377.073	化学+生物	18.854
				工业废气量	米^3/米^{3}产品	910.207	直排	910.207
			≤0.5 万米^3	工业废水量	吨/米^{3}产品	0.109	化学+生物	0.104
				化学需氧量	克/米^{3}产品	465.18	化学+生物	27.911
				工业废气量	米^3/米^{3}产品	910.207	直排	910.207

2029
其他人造板制造业——饰面人造板

1 适用范围

本手册给出了《统计上使用的产品分类目录》中“其他人造板制造业”人造板表面装饰板、合成树脂浸渍贴面板和热固性树脂装饰层压板的产污系数和排污系数，可用于第一次全国污染源普查纤维板制造业工业污染源污染物产生量和排放量的核算。

人造板表面装饰板，又称装饰单板贴面人造板、薄木贴面装饰板等，是指利用普通单板、调色单板、集成单板和重组装饰单板等胶贴在各种人造板表面制成的板材。

合成树脂浸渍贴面板，又称低压三聚氰胺板、浸渍纸贴面装饰板，指以人造板为基材，合成树脂浸渍纸覆面而成的板材，常用于家具和用作强化地板。

热固性树脂装饰层压板，又称防火板、塑料贴面板、高压三聚氰胺装饰板等，它是由多层专用原纸浸渍热固性树脂，浸渍后在高温高压下制成。

涉及的污染物包括：工业废水量、化学需氧量、工业废气量（指折算成标准状态的体积）、工业粉尘量和工业固体废物（污泥）。

2 注意事项

2.1 系数表中未涉及的产品产排污系数说明

（1）产品、原料、工艺、规模等级组合为“产品（合成树脂浸渍贴面板）＋原料（人造板、胶黏剂、浸渍纸/PVC 纸）＋纸贴面＋所有规模”时，即企业采用外购浸渍纸或 PVC 纸代替原纸，这种企业的产排污系数为 0。

（2）印刷木纹纸贴面板、预油漆纸贴面板、不饱和聚酯树脂装饰板三种饰面板产品，当板材双面饰面时，可查系数表中产品、原料、工艺、规模等级组合“（人造板表面装饰板）＋（单板，人造板）＋（单板贴面）＋（所有规模）”对应的产排污系数；如果单面饰面，废水量和化学需氧量系数不变，粉尘量和废气量产排污系数为“系数×0.5”。

2.2 废水排污系数使用说明

（1）废水处理后部分回用，首先根据末端处理技术进行归类，然后根据相应末端处理技术下指标值计算。如废水回用量 40%，则废水量和化学需氧量排污系数为：排污系数×（1%－40%）。

（2）废水处理后封闭循环利用，排污系数为 0；当废水量较少时，与煤或木材粉尘等混合燃烧，此时排污系数为 0。

2029 其他人造板制造业——饰面人造板产排污系数表

产品名称	原料名称	工艺名称	规模等级	污染物指标	单位	产污系数	末端治理技术名称	排污系数
人造板表面装饰板	原木，人造板	单板（薄木）贴面	所有规模	工业废水量	吨/万米^{2}产品	5.91	化学+生物，物理＋化学	5.32
							直排	5.91
				化学需氧量	克/万米^{2}产品	4 017.2	化学+生物	217.0
							物理＋化学	1 265.7
							直排	4 017.2
				工业废气量	米^3/万米^{2}产品	118 900	过滤式除尘法（布袋除尘）	118 900
				工业粉尘量	千克/万米^{2}产品	211.90	过滤式除尘法（布袋除尘）	5.16
				工业固体废物（污泥）	吨/万米^{2}产品	0.102	—	—
	单板（薄木），人造板	单板（薄木）贴面	所有规模	工业废水量	吨/万米^{2}产品	0.03	物理＋化学，物理法	0.027
							直排	0.03
				化学需氧量	克/万米^{2}产品	200.9	物理＋化学	18.1
							物理法	117.5
							直排	200.9
				工业废气量	米^3/万米^{2}产品	118 900	过滤式除尘法（布袋除尘）	118 900
				工业粉尘量	千克/万米^{2}产品	211.90	过滤式除尘法（布袋除尘）	5.16

2029 其他人造板制造业——饰面人造板产排污系数表（续表）

产品名称	原料名称	工艺名称	规模等级	污染物指标	单位	产污系数	末端治理技术名称	排污系数
合成树脂浸渍贴面板	人造板，胶黏剂，原纸	浸渍纸贴面	所有规模	工业废水量	吨/万米^{2}产品	2.40	化学+生物，物理＋化学，物理	2.16
							直排	2.40
				化学需氧量	克/万米^{2}产品	11 000	化学+生物	198
							物理＋化学	990
							物理	6 435
							直排	11 000
				工业废气量	米^3/万米^{2}产品	165 600	吸附、吸收或直排	165 600
				工业固体废物（污泥）	吨/万米^{2}产品	0.033	—	—
热固性树脂装饰层压板（俗称防火板）	胶黏剂，原纸（表层纸、装饰纸、覆盖纸、底层纸4～6层、隔离层纸）	浸渍纸层积高温高压	所有规模	工业废水量	吨/万米^{2}产品	4.32	化学+生物，物理＋化学，物理	3.89
							直排	4.32
				化学需氧量	克/万米^{2}产品	21 500	化学+生物	387.2
							物理＋化学	1 936
							物理	12 584
							直排	21 500
				工业废气量	米^3/万米^{2}产品	360 000	吸附、吸收或直排	360 000
				工业固体废物（污泥）	吨/万米^{2}产品	0.066	—	—

2029
其他人造板制造业——细木工板

1 适用范围

本手册给出了《统计上使用的产品分类目录》中“其他人造板制造业”细木工板产品生产的产污系数和排污系数，可用于第一次全国污染源普查细木工板制造业工业污染源污染物产生量和排放量的核算。

涉及的污染物包括：工业废水量、化学需氧量、工业废气量（指折算标准状态的体积）、工业粉尘量。

2 注意事项

2.1 系数表中未涉及的产品产排污系数说明

本手册已基本涵盖各种原材料、不同工艺及规模的细木工板产品。对可能遇到的特殊生产工艺及系数表单中未涉及的处理方法，可咨询当地行业组织、人造板专家或细木工板企业技术人员，参照系数表中近似的四同条件及对应污染物的处理方法，选取产排污系数。

2.2 生产非单一产品企业污染物产排量的核算

当同一企业既有细木工板生产线，又有胶合板生产线时，每条生产线单独对应“2029、2021 手册”相应的表单。全企业排污量为各产品生产线之和。

2.3 其他需要说明的问题

（1）细木工板的名称与定义

依据国家标准 GB/T 5849—2006《细木工板》，细木工板是指具有实木板芯的胶合板，按层数分有三层细木工板、五层细木工板和多层细木工板。但根据我国目前细木工板生产和使用现状，细木工板绝大多数是用于室内的五层结构板，即中心层胶拼板芯、上下对应的横纹芯板及外层面背板组成（面板+芯板+胶拼板芯+芯板+背板）。

（2）细木工板的生产原料

板芯原料：杨木、杉木和松木；

芯板原料：杨木等软阔叶材；

表板原料：桃花心、奥克曼和柳安等。

胶黏剂：脲醛树脂胶黏剂，分为外购和自制两种。

（3）细木工板的生产工艺与规模

① 生产工艺（五层细木工板典型生产工艺）

单板准备：原木—蒸煮或不蒸煮—单板旋切—单板干燥—单板剪切—芯板与表板

板芯制造：锯材（原木）—干燥—锯制板条—刨光—涂胶—胶拼—胶拼板芯

二次复合：胶拼板芯和单面涂胶芯板热压—定厚砂光—涂胶—面、背板覆贴—热压—表板砂光（抛光）

② 生产规模

依据设计生产规模细木工板分为小型（年产量 1 万米 ^{3} 以内）、中型（年产量在 1 万～5 万米 ^{3}）以及大型（年产量在 5 万米 ^{3} 以上）三种，产品以米 ^{3} 为单位计量。

（4）末端治理技术

① 废水及 COD_{Cr} 末端治理技术：常见的有沉淀分离、物理+化学、混在煤里燃烧等方法。细木工板生产过程中工业废水主要来自于原木蒸煮以及制胶、调胶和施胶设备的清洗，废水首先经过沉淀分离后与生活污水一起排放；或者与其他产品产生的污水一起进行“物理+化学”方法处理，达到排放标准后排放；当工业废水量很少时，可直接与燃煤混合后燃烧。

② 工业废气的末端治理技术：工业废气经过排风扇、旋风分离器除尘后排入大气。

③ 工业粉尘的末端治理技术：工业粉尘经过旋风分离除尘或布袋除尘系统集尘处理。

（5）产排污系数使用说明

本手册考虑企业生产细木工板产品的原材料来源及生产工艺，力求简单、清楚，易于使用。制定本手册时已充分考虑全国的平均水平，使用本手册计算得出的产排污量可能与单个调查企业有一定出入，但总体符合全行业水平。

① 当细木工板产品的板芯以针叶锯材为原料，芯板和表板以干燥单板为原料，则采用系数表中第三种组合的产排污系数，但需对工业废气产排污系数进行修正。

工业废气产排污系数为：表中工业废气产排系数＋（针叶锯材干燥的工业废气产排污系数－阔叶锯材干燥的工业废气产排污系数）×（板芯厚度/细木工板厚度）

即：工业产排污系数= 330.576 6 米 ^{3}/米 ^{3}＋（482.301 4－268.620 5）米 ^{3}/米 ^{3}×14/18=496.772 9 米 ^{3}/米 ^{3}

② 当细木工板产品是以阔叶锯材（板芯用），而芯板和表板以原木为原料的，则采用系数表中第三种组合的产排污系数，但需针对因单板旋切前的木段蒸煮产生的工业废水而对废水量和化学需氧量产排污系数进行修正，同时针对因单板干燥产生的工业废气而对工业废气产排污系数进行修正。

工业废气产排污系数为：表中工业废气产排系数＋单板干燥产生的工业废气产排污系数×[（芯板厚度+表板厚度）×2/细木工板厚度]

即：工业产排污系数= 330.576 6 米 ^{3}/米 ^{3}+ 126.507 9 米 ^{3}/米 ^{3}×4/18=358.689 5 米 ^{3}/米 ^{3}

工业废水量产污系数为：表中工业废水量产污系数＋第二种组合中的工业废水量产污系数

即：工业废水量产污系数= 0.248 千克/米 ^{3}+ 0.394 千克/米 ^{3}=0.642 千克/米 ^{3}

化学需氧量产污系数为：表中化学需氧量产污系数＋第二种组合中的化学需氧量产污系数

即：化学需氧量产污系数= 4.028 克/米 ^{3}+ 11.056 克/米 ^{3}=15.084 克/米 ^{3}

工业废水量和化学需氧量的排污系数因末端治理技术不同而不同，若采取“物理+化学”方法，则工业废水量排污系数为 0.642 千克/米 ^{3}，化学需氧量排污系数为 12.067 克/米 ^{3}；若采取其他方法（混在煤里燃烧），则工业废水量和化学需氧量的排污系数分别为 0.000 千克/米 ^{3} 和 0.000 克/米 ^{3}。

③ 板芯不使用胶黏剂拼接、直接依靠芯板涂胶组坯热压制造的细木工板，因板芯胶拼使用的胶黏剂为单位产品总用胶量的 10%左右，对产品的工业废气量和化学需氧量的影响很小，因此其产排污系数与胶拼板芯产品的产排污系数近似，故按“2029 细木工板行业产排污系数表”对应的产排污系数进行核算。

④ 厚度为 12 毫米的细木工板的产排污系数与厚度为 17 毫米细木工板的产排污系数近似，按“2029 其他人造板制造业——细木工板行业产排污系数表”对应的产排污系数进行核算。

2029 其他人造板制造行业——细木工板产排污系数表①②

产品名称	原料名称	工艺名称	规模等级	污染物指标	单位	产污系数	末端治理技术名称	排污系数
五层结构细木工板	胶拼板芯 干燥芯板单板 原木（表板用） 外购胶黏剂	胶拼板芯复合工艺	所有规模	工业废水量	千克/米^{3}产品	0.790	其他（混在煤里燃烧）	0.000
				化学需氧量	克/米^{3}产品	12.885	其他（混在煤里燃烧）	0.000
				工业废气量	米^3/米^{3}产品	29.612	直排	29.612
				工业粉尘量	千克/米^{3}产品	9.480	过滤式除尘法	0.474
							旋风除尘法	0.474
	胶拼板芯 原木（芯板与表板用） 外购胶黏剂	胶拼板芯复合工艺	所有规模	工业废水量	千克/米^{3}产品	0.394	物理+化学	0.394
				化学需氧量	克/米^{3}产品	11.056	物理+化学	2.211
				工业废气量	米^3/米^{3}产品	148.490	直排	148.490
				工业粉尘量	千克/米^{3}产品	9.480	过滤式除尘法	0.474
							旋风除尘法	0.474
	阔叶锯材（板芯用） 干燥单板（芯板与表板） 外购胶黏剂	板芯胶拼、复合工艺	所有规模	工业废水量	千克/米^{3}产品	0.248	其他（混在煤里燃烧）	0.000
				化学需氧量	克/米^{3}产品	4.028	其他（混在煤里燃烧）	0.000
				工业废气量	米^3/米^{3}产品	330.577	直排	330.577
				工业粉尘量	千克/米^{3}产品	10.920	过滤式除尘法	0.546
							旋风除尘法	0.546

注：① 凡是自制胶黏剂，但不清洗反应釜的，工业废水量和化学需氧量的产污系数直接按表中外购胶黏剂的系数核算。

② 凡是自制胶黏剂，且清洗反应釜的，工业废水量和化学需氧量的产污系数分别在表中所给系数的基础上增加 30 千克/米^3、36 克/米^{3}进行核算。

22

造纸及纸制品业

2210
纸浆制造行业

1 适用范围

本手册给出了《统计上使用的产品分类目录》中“纸浆制造行业”机械木浆、化学木浆、化学机械木浆、非木材纤维纸浆、废纸纸浆等产品的产污系数和排污系数，可用于第一次全国污染源普查纸浆制造行业工业污染源污染物产生量和排放量的核算。

涉及的污染物包括：工业废水量、化学需氧量、五日生化需氧量、挥发酚、氨氮。

2 注意事项

2.1 系数表中未涉及的产品产排污系数说明

本手册已基本涵盖各种原料、制浆方法及规模，对可能遇到的使用罕见或特殊的制浆方法和原料的生产线，或系数表单中未涉及的处理方法，可咨询当地行业组织或制浆造纸专家、其他制浆造纸企业技术人员，选取近似的按产品、原料、工艺、规模分类的核算系数或近似的废水处理方法代替。

当化学浆硫酸盐法、碱法生产线没有碱回收设施，亚硫酸铵法、亚硫酸钠法（酸法）没有综合利用设施，但有其他非传统治理方法[见“其他需要说明的问题”第（21）条的“废水处理方法名称表”]时，首先调查是否有当地环保部门的监测报告。如果有，可以以监测报告为准；如果没有，按表中“无碱回收和无治理设施”情况计算产、排污系数。

2.2 生产非单一产品企业污染物产排量的核算

当同一工厂既有制浆生产线也有造纸、手工纸、纸加工生产线时，每条生产线单独对应本手册及2221、2222、2223 手册相应的按产品、原料、工艺、规模分类的核算系数。全厂排污量为各条制浆生产线和造纸、手工纸、纸加工生产线之和。

2.3 其他需要说明的问题

（1）纸浆制造是通过制浆生产线实现的，制浆生产线指的是以植物为原料，经过处理后制成可用于造纸用纸浆的生产线。产排污核算系数按各种不同的纸浆产品、原料、工艺、规模以及末端治理技术设施等因素组合进行分类。因为纸浆制造行业原料复杂、产品众多，装备及技术水平五花八门，即使完全相同的制浆设备、在同一地点、使用相同原料、工艺、生产同一产品的两条生产线，也会因管理、操作、工装（如滤网）等的磨损而有很大的差距。

（2）为了便于普查，本手册对纸浆制造行业的各种生产线按不同产品、原料、工艺、规模采用积木化分类，本手册只需考虑企业风干纸浆的产量，力求简单、清楚，易于使用。

（3）本系数表单的所有产排污系数均为单条制浆生产线正常工况下的核算系数。本系数表单的所有产排污系数均为进入和排出末端水处理厂的最终产、排污系数，不包括生活用水。

（4）有些工厂的制浆生产线与造纸生产线连在一起，但仍需视为独立的单条制浆生产线和独立的单条造纸生产线，分别进行核算。

（5）本系数表单中制浆单条生产线的工业废水量产污系数是扣除了生产线内部回用量后最终外排的数据，与出末端治理设施的工业废水量排放系数基本相等。但对于由各种单条生产线组成的制浆造纸综合性工厂，废水产生总量由于受各生产线间的回用因素影响，可能大于废水排放总量。

（6）由于制浆造纸综合性工厂除了最终外排水的水处理设施以外，生产线内部和/或生产线之间还可有一级或多级水处理设施，按本手册规定所计算的产污系数可以大于各生产线产污系数之和，排污系数可以小于各生产线排污系数之和。

（7）当同一工厂有多条制浆生产线时，每条生产线单独对应本手册相应的按不同产品、原料、工艺、规模的分类系数，全厂排污量为各条制浆生产线之和。

（8）由于工厂内部循环水处理设施较多，当对应的生产线的排水经过处理或未经处理后全部回用或用于其他生产线时，该生产线只计算产污系数，不计算排污系数。

（9）当对应的生产线的排水经过处理或未经处理后部分用于其他生产线时，该生产线排污系数按（1－用于其他生产线的废水比例）×（排污系数）计算，产污系数计算方法不变。

（10）当同一工厂有多条制浆、造纸、手工纸、加工纸生产线，且用水完全串联使用，各生产线或部分生产线之间没有排水时，其中未排水的生产线的排污系数为零，只计算最后排水的生产线的排污系数，产污系数计算方法不变。

（11）当回用到其他制浆生产线的废水未经处理且其产污量比使用该种废水的生产线产污量大或相当时，使用该种废水的生产线的排污系数提高一档[低值提至中值（高值与低值的平均值）、中值（高值与低值的平均值）提至高值]。

（12）多种原料多种品种混合制浆生产线，当其中一种原料比例大于 70%时，按单一原料制浆对待。当没有一种原料比例大于 70%时，按每种原料所占的比例，对应相应的产品、原料、工艺、规模、末端处理方法分类乘以实际产量计算产排污系数。

（13）对于大、中型[见第（20）条]制浆生产线产、排污系数，2000 年后投产的生产线产、排污工业废水量、化学需氧量、五日生化需氧量等取低值，1990—2000 年间投产的生产线产、排污工业废水量、化学需氧量、五日生化需氧量等取中值（高值与低值的平均值），1990 年以前投产的生产线产、排污工业废水量、化学需氧量、五日生化需氧量等取高值。

（14）对于小型[见第（20）条]制浆生产线产、排污系数，1990 年后投产的生产线产、排污工业废水量、化学需氧量、五日生化需氧量等取低值，1980—1990 年间投产的生产线产、排污工业废水量、化学需氧量、五日生化需氧量等取中值（高值与低值的平均值），1980 年以前投产的生产线产、排污工业废水量、化学需氧量、五日生化需氧量等取高值。

（15）对投产后经过技术装备改造的制浆生产线，并有国家或当地主管部门批复或有技改环评报告为依据的，第（13）、第（14）条可按最后技术装备改造的年代作为取值依据。

（16）对于中、小型[见第（20）条]脱墨法制浆生产线的产、排污系数，使用洗涤法脱墨的生产线产、排污工业废水量、化学需氧量、五日生化需氧量等取值提高一档[低值提至中值（高值与低值的平均值）、中值（高值与低值的平均值）提至高值]。

（17）对半化学制浆生产线的产、排污系数，当纸浆得率小于 60%时产、排污工业废水量、化学需氧量、五日生化需氧量等取高值，纸浆得率为 61%～70%时产、排污工业废水量、化学需氧量、五日生化需氧量等取中值，纸浆得率大于 70%时产、排污工业废水量、化学需氧量、五日生化需氧量等取低值。

（18）对生产商品纸浆的工厂，抄浆机产生的污染物已计入对应的产品、原料、工艺、规模分类，不另外核算累计。

（19）化学浆制浆生产线应首先调查硫酸盐法、碱法是否有碱回收设施或亚硫酸铵法、亚硫酸钠法（酸法）是否有综合利用设施。如硫酸盐法、碱法没有碱回收设施，亚硫酸铵法、亚硫酸钠法（酸法）没有综合利用设施，也没有如生物、化学等治理方法时，按表中“无碱回收和无治理设施”情况计算产排污系数。

（20）纸浆核算规模分类表

单位：万吨/年

	特大	大	中	小
木浆（硫酸盐法）	≥70	30～70	10～30	≤10
机械浆		≥10	5～10	≤5
竹浆、苇浆		≥10	5～10	≤5
蔗渣、稻麦草		≥10	3.4～10	≤3.4
半化学浆		≥10	3.4～10	≤3.4
棉、麻浆		≥5	1～5	≤1
酸法浆		≥5	3.4～5	≤3.4
废纸（非脱墨）		≥10	5～10	≤5
废纸（脱墨）		≥5	1.5～5	≤1.5

（21）废水处理方法名称表

处理方法名称	处理方法名称	处理方法名称
物理处理法	超过滤	两段好氧生物处理工艺
过滤	其他	A/O 工艺
离心	生物处理法	A^2/O 工艺
沉淀分离	好氧生物处理	A/O^2 工艺
上浮分离	活性污泥法	组合工艺处理法
其他	普通活性污泥法	物理＋化学
化学处理法	高浓度活性污泥法	物理＋生物
化学混凝法	接触稳定法	物理＋好氧生物处理
化学混凝沉淀法	氧化沟	物理＋厌氧生物处理
化学混凝气浮法	SBR	物理＋组合生物处理
中和法	生物膜法	化学＋物化
化学沉淀法	普通生物滤池	化学＋生物
氧化还原法	生物转盘	化学＋好氧生物处理
其他	生物接触氧化法	化学＋厌氧生物处理
物理化学处理法	厌氧生物处理法	化学＋组合生物处理
吸附	厌氧滤器工艺	物化＋生物
离子交换	上流式厌氧污泥床工艺	物化＋好氧生物处理
电渗析	厌氧折流板反应器工艺	物化＋厌氧生物处理
反渗透	厌氧/好氧生物组合工艺	物化＋组合生物处理

2210 纸浆制造行业产排污系数表

产品名称	原料名称	工艺名称	规模等级	污染物指标	单位	产污系数①	末端治理技术名称	排污系数②
化学机械浆	木材（针叶木）	化学热磨机械法制浆（CTMP）	≥10 万吨/年	工业废水量	吨/吨产品	16～28	SBR	16～28
							化学+组合生物处理	16～28
				化学需氧量	克/吨产品	88 000～140 000	SBR	11 200～15 000
							化学+组合生物处理	6 200～8 200
				五日生化需氧量	克/吨产品	30 000～45 000	SBR	2 300～3 500
							化学+组合生物处理	1 700～2 300
			5 万～10 万吨/年	工业废水量	吨/吨产品	20～35	SBR	20～35
							化学+组合生物处理	20～35
				化学需氧量	克/吨产品	90 000～145 000	SBR	13 500～18 000
							化学+组合生物处理	8 200～9 000
				五日生化需氧量	克/吨产品	32 000～50 000	SBR	2 250～5 500
							化学+组合生物处理	1 830～2 351
化学机械浆	木材（阔叶木）	漂白化学热磨机械法制浆（BCTMP）	≥10 万吨/年	工业废水量	吨/吨产品	14～30	活性污泥法	14～30
							物理+组合生物处理	14～30
				化学需氧量	克/吨产品	90 000～140 000	活性污泥法	8 800～14 200
							物理+组合生物处理	5 510～9 000
				五日生化需氧量	克/吨产品	30 000～45 000	活性污泥法	1 200～3 800
							物理+组合生物处理	1 100～2 610
			5 万～10 万吨/年	工业废水量	吨/吨产品	17～34	物理+组合生物处理	17～34
							化学+组合生物处理	17～34

注：①、②产排污系数区间取值采用以下原则（续表同）：

当回用到其他制浆生产线的废水未经处理且其产污量比使用该种废水的生产线产污量大或相当时，使用该种废水的生产线的排污系数提高一档[低值提至中值（高值与低值的平均值）、中值（高值与低值的平均值）提至高值]。

对于大、中型（见纸浆核算规模分类表）制浆生产线产、排污系数，2000 年后投产的生产线产、排污工业废水量、化学需氧量、五日生化需氧量等取低值，1990—2000 年间投产的生产线产、排污工业废水量、化学需氧量、五日生化需氧量等取中值（高值与低值的平均值），1990 年以前投产的生产线产、排污工业废水量、化学需氧量、五日生化需氧量等取高值。

对于小型（见纸浆核算规模分类表）制浆生产线产、排污系数，1990 年后投产的生产线产、排污工业废水量、化学需氧量、五日生化需氧量等取低值，1980—1990 年间投产的生产线产、排污工业废水量、化学需氧量、五日生化需氧量等取中值（高值与低值的平均值），1980 年以前投产的生产线产、排污工业废水量、化学需氧量、五日生化需氧量等取高值。

对投产后经过技术装备改造的制浆生产线，并有国家或当地主管部门批复或有技改环评报告为依据的，以上两条可按最后技术装备改造的年代作为取值依据。

对于中、小型（见纸浆核算规模分类表）脱墨法制浆生产线产、排污系数，使用洗涤法脱墨的生产线产、排污工业废水量、化学需氧量、五日生化需氧量等取值提高一档[低值提至中值（高值与低值的平均值）、中值（高值与低值的平均值）提至高值]。

对半化学制浆生产线产、排污系数，当纸浆得率小于 60%时产、排污工业废水量、化学需氧量、五日生化需氧量等取高值，纸浆得率为 61%～70%时产、排污工业废水量、化学需氧量、五日生化需氧量等取中值，纸浆得率大于 70%时产、排污工业废水量、化学需氧量、五日生化需氧量等取低值。

2210 纸浆制造行业产排污系数表（续 1）

产品名称	原料名称	工艺名称	规模等级	污染物指标	单位	产污系数①	末端治理技术名称	排污系数②
化学机械浆	木材（阔叶木）	漂白化学热磨机械法制浆（BCTMP）	5 万～10 万吨/年	化学需氧量	克/吨产品	90 000～160 000	物理+组合生物处理	9 000～16 000
							化学+组合生物处理	8 100～13 000
				五日生化需氧量	克/吨产品	30 000～50 000	物理+组合生物处理	1 200～4 000
							化学+组合生物处理	1 100～2 500
			≥10 万吨/年	工业废水量	吨/吨产品	18～28	物理+组合生物处理	18～28
							化学+组合生物处理	18～28
				化学需氧量	克/吨产品	120 000～160 000	物理+组合生物处理	7 100～11 200
							化学+组合生物处理	6 250～10 000
				五日生化需氧量	克/吨产品	36 000～50 000	物理+组合生物处理	1 230～1 920
							化学+组合生物处理	1 110～1 870
		碱性过氧化氢化机法制浆（APMP）	5 万～10 万吨/年	工业废水量	吨/吨产品	20～30	厌氧/好氧生物组合工艺	20～30
							物理+组合生物处理	20～30
				化学需氧量	克/吨产品	120 000～180 000	厌氧/好氧生物组合工艺	10 400～16 000
							物理+组合生物处理	6 890～12 000
				五日生化需氧量	克/吨产品	36 000～55 000	厌氧/好氧生物组合工艺	1 360～2 040
							物理+组合生物处理	1 120～1 910
			≤5 万吨/年	工业废水量	吨/吨产品	26～40	活性污泥法	26～40
							物理+组合生物处理	26～40
				化学需氧量	克/吨产品	121 000～180 000	活性污泥法	10 260～24 000
							物理+组合生物处理	9 120～14 340
				五日生化需氧量	克/吨产品	36 000～60 000	活性污泥法	1 810～2 780
							物理+组合生物处理	1 650～2 640

2210　纸浆制造行业产排污系数表（续 2）

产品名称	原料名称	工艺名称	规模等级	污染物指标	单位	产污系数①	末端治理技术名称	排污系数②
热磨机械浆	木材（针叶木	热磨机械法制浆（TMP）	5 万～10 万吨/年	工业废水量	吨/吨产品	13～21	厌氧/好氧生物组合工艺	13～21
							化学+组合生物处理	13～21
				化学需氧量	克/吨产品	52 000～68 000	厌氧/好氧生物组合工艺	5 120～8 010
							化学+组合生物处理	4 870～6 800
				五日生化需氧量	克/吨产品	19 000～25 000	厌氧/好氧生物组合工艺	900～1 450
							化学+组合生物处理	830～1 250
	木材（针叶木）	漂白热磨机械法制浆（BTMP）	≥10 万吨/年	工业废水量	吨/吨产品	15～20	物理+组合生物处理	15～20
							化学+组合生物处理	15～20
				化学需氧量	克/吨产品	80 000～110 000	物理+组合生物处理	5 960～7 890
							化学+组合生物处理	4 130～5 680
				五日生化需氧量	克/吨产品	35 000～55 000	物理+组合生物处理	1 130～1 400
							化学+组合生物处理	1 010～1 360
			5 万～10 万吨/年	工业废水量	吨/吨产品	17～25	A/O^2 工艺	17～25
							化学+组合生物处理	17～25
				化学需氧量	克/吨产品	80 000～110 000	A/O^2 工艺	6 160～9 800
							化学+组合生物处理	5 130～7 670
				五日生化需氧量	克/吨产品	35 000～58 000	A/O^2 工艺	1 160～1 570
							化学+组合生物处理	1 090～1 460
磺化机械浆	木材（针叶木）	磺化化学机械法制浆（SCMP）	5 万～10 万吨/年	工业废水量	吨/吨产品	18～22	厌氧生物处理法+化学混凝气浮法	18～22
							物理+组合生物处理	18～22

2210 纸浆制造行业产排污系数表（续3）

产品名称	原料名称	工艺名称	规模等级	污染物指标	单位	产污系数①	末端治理技术名称	排污系数②
磺化机械浆	木材（针叶木）	磺化化学机械法制浆（SCMP）	5万～10万吨/年	化学需氧量	克/吨产品	120 000～160 000	厌氧生物处理法+化学混凝气浮法	16 000～18 000
							物理+组合生物处理	6 590～8 510
				五日生化需氧量	克/吨产品	50 000～65 000	厌氧生物处理法+化学混凝气浮法	5 000～6 500
							物理+组合生物处理	2 550～6 530
化学浆	木材（针叶木）	硫酸盐法制浆（未漂）	≥30万吨/年	工业废水量	吨/吨产品	45～70	沉淀分离+普通活性污泥法	45～70
							化学+组合生物处理	45～70
				化学需氧量	克/吨产品	30 000～50 000	沉淀分离+普通活性污泥法	7 500～11 000
							化学+组合生物处理	5 400～6 000
				五日生化需氧量	克/吨产品	10 000～16 000	沉淀分离+普通活性污泥法	1 640～3 960
							化学+组合生物处理	1 440～2 160
				挥发酚	克/吨产品	120～350	沉淀分离+普通活性污泥法	55～153
							化学+组合生物处理	51～136
			10万～30万吨/年	工业废水量	吨/吨产品	50～80	物理+好氧生物处理	50～80
							化学+好氧生物处理	50～80
				化学需氧量	克/吨产品	30 000～55 000	物理+好氧生物处理	7 800～14 000
							化学+好氧生物处理	6 000～10 560

2210　纸浆制造行业产排污系数表（续 4）

产品名称	原料名称	工艺名称	规模等级	污染物指标	单位	产污系数①	末端治理技术名称	排污系数②
化学浆	木材（针叶木）	硫酸盐法制浆（未漂）	10 万～30 万吨/年	五日生化需氧量	克/吨产品	10 000～18 000	物理+好氧生物处理	1 500～3 760
							化学+好氧生物处理	1 440～3 600
				挥发酚	克/吨产品	130～371	物理+好氧生物处理	53～183
							化学+好氧生物处理	48.2～145
			≤10 万吨/年	工业废水量	吨/吨产品	70～100	普通活性污泥法	70～100
							物理+好氧生物处理	70～100
				化学需氧量	克/吨产品	35 000～60 000	普通活性污泥法	9 090～16 000
							物理+好氧生物处理	8 860～14 210
				五日生化需氧量	克/吨产品	12 000～20 000	普通活性污泥法	2 280～4 040
							物理+好氧生物处理	2 080～3 240
				挥发酚	克/吨产品	134～375	普通活性污泥法	55～187
							物理+好氧生物处理	49.1～165
	木材（针叶木）	硫酸盐法制浆（漂白）	≥30 万吨/年	工业废水量	吨/吨产品	50～70	沉淀分离+普通活性污泥法	50～70
							化学+组合生物处理	50～70
				化学需氧量	克/吨产品	40 000～65 000	沉淀分离+普通活性污泥法	11 000～15 000
							化学+组合生物处理	5 500～7 500
				五日生化需氧量	克/吨产品	13 000～20 000	沉淀分离+普通活性污泥法	2 140～4 600
							化学+组合生物处理	2 000～3 000

2210　纸浆制造行业产排污系数表（续 5）

产品名称	原料名称	工艺名称	规模等级	污染物指标	单位	产污系数[①]	末端治理技术名称	排污系数[②]
化学浆	木材（针叶木）	硫酸盐法制浆（漂白）	≥30 万吨/年	挥发酚	克/吨产品	110～340	沉淀分离+普通活性污泥法	53～149
							化学+组合生物处理	49.2～138
			10 万～30 万吨/年	工业废水量	吨/吨产品	70～90	物理+好氧生物处理	70～90
							化学+好氧生物处理	70～90
				化学需氧量	克/吨产品	45 000～70 000	物理+好氧生物处理	12 000～16 000
							化学+好氧生物处理	10 000～12 000
				五日生化需氧量	克/吨产品	13 000～25 000	物理+好氧生物处理	2 630～5 170
							化学+好氧生物处理	2 500～3 500
				挥发酚	克/吨产品	124～347	物理+好氧生物处理	49～190
							化学+好氧生物处理	47.8～185
			≤10 万吨/年	工业废水量	吨/吨产品	80～100	普通活性污泥法	80～100
							物理+好氧生物处理	80～100
				化学需氧量	克/吨产品	50 000～75 000	普通活性污泥法	16 730～22 160
							物理+好氧生物处理	8 530～16 590
				五日生化需氧量	克/吨产品	15 000～30 000	普通活性污泥法	3 600～6 800
							物理+好氧生物处理	3 000～5 690
				挥发酚	克/吨产品	143～354	普通活性污泥法	88～235
							物理+好氧生物处理	62～175
化学浆	桉木（阔叶木）	硫酸盐法制浆（漂白）	≥70 万吨/年	工业废水量	吨/吨产品	30～45	A/O 工艺+生物接触氧化法+化学混凝法	30～45
							化学+组合生物处理	30～45

2210 纸浆制造行业产排污系数表（续 6）

产品名称	原料名称	工艺名称	规模等级	污染物指标	单位	产污系数[①]	末端治理技术名称	排污系数[②]
化学浆	桉木（阔叶木）	硫酸盐法制浆（漂白）	≥70 万吨/年	化学需氧量	克/吨产品	35 000～45 000	A/O 工艺+生物接触氧化法+化学混凝法	2 600～3 800
							化学+组合生物处理	4 000～4 400
				五日生化需氧量	克/吨产品	12 000～17 000	A/O 工艺+生物接触氧化法+化学混凝法	800～1 260
							化学+组合生物处理	1 100～1 600
				挥发酚	克/吨产品	90～305	A/O 工艺+生物接触氧化法+化学混凝法	35～242
							化学+组合生物处理	41～223.6
			30 万～70 万吨/年	工业废水量	吨/吨产品	40～55	A/O^2 工艺+化学混凝沉淀法	40～55
							化学+组合生物处理	40～55
				化学需氧量	克/吨产品	38 000～45 000	A/O^2 工艺+化学混凝沉淀法	5 700～6 750
							化学+组合生物处理	4 100～5 150
				五日生化需氧量	克/吨产品	13 000～17 000	A/O^2 工艺+化学混凝沉淀法	1 270～1 650
							化学+组合生物处理	550～1 530
				挥发酚	克/吨产品	103～314	A/O^2 工艺+化学混凝沉淀法	31～291
							化学+组合生物处理	41～289
			10 万～30 万吨/年	工业废水量	吨/吨产品	45～70	物理+组合生物处理	45～70
							化学+组合生物处理	45～70

2210 纸浆制造行业产排污系数表（续 7）

产品名称	原料名称	工艺名称	规模等级	污染物指标	单位	产污系数①	末端治理技术名称	排污系数②
化学浆	桉木（阔叶木）	硫酸盐法制浆（漂白）	10 万～30 万吨/年	化学需氧量	克/吨产品	40 000～50 000	物理+组合生物处理	6 800～12 000
							化学+组合生物处理	4 800～7 680
				五日生化需氧量	克/吨产品	13 500～18 000	物理+组合生物处理	1 810～2 360
							化学+组合生物处理	1 620～2 160
				挥发酚	克/吨产品	111～347	物理+组合生物处理	59～236
							化学+组合生物处理	31～215
			≤10 万吨/年	工业废水量	吨/吨产品	60～94	活性污泥法	60～94
							物理+好氧生物处理	60～94
				化学需氧量	克/吨产品	50 000～80 000	活性污泥法	14 400～25 790
							物理+好氧生物处理	10 200～24 500
				五日生化需氧量	克/吨产品	16 000～25 000	活性污泥法	3 200～5 300
							物理+好氧生物处理	2 600～5 100
				挥发酚	克/吨产品	132～357	活性污泥法	61～243
							物理+好氧生物处理	91～215
	杨木（阔叶木）		≤5 万吨/年	工业废水量	吨/吨产品	60～94	物理+好氧生物处理	60～94
							化学+好氧生物处理	60～94
				化学需氧量	克/吨产品	60 000～75 000	物理+好氧生物处理	18 000～25 110
							化学+好氧生物处理	10 600～18 500
				五日生化需氧量	克/吨产品	15 000～23 000	物理+好氧生物处理	3 000～5 690
							化学+好氧生物处理	1 500～4 120
				挥发酚	克/吨产品	92～250	物理+好氧生物处理	51～130
							化学+好氧生物处理	49～120

2210 纸浆制造行业产排污系数表（续 8）

产品名称	原料名称	工艺名称	规模等级	污染物指标	单位	产污系数①	末端治理技术名称	排污系数②
化学浆	竹子	硫酸盐法制浆（未漂）	≥10 万吨/年	工业废水量	吨/吨产品	40～60	物理+好氧生物处理	40～60
							化学+好氧生物处理	40～60
				化学需氧量	克/吨产品	45 000～50 000	物理+好氧生物处理	8 210～12 120
							化学+好氧生物处理	6 460～10 010
				五日生化需氧量	克/吨产品	12 000～18 000	物理+好氧生物处理	1 610～2 840
							化学+好氧生物处理	1 430～2 190
			5 万～10 万吨/年	工业废水量	吨/吨产品	40～70	物理+好氧生物处理	40～70
							化学+好氧生物处理	40～70
				化学需氧量	克/吨产品	50 000～70 000	物理+好氧生物处理	10 410～15 160
							化学+好氧生物处理	8 710～11 300
				五日生化需氧量	克/吨产品	15 000～25 000	物理+好氧生物处理	1 810～2 820
							化学+好氧生物处理	1 540～2 410
			≤5 万吨/年	工业废水量	吨/吨产品	50～80	普通活性污泥法	50～80
							物理+好氧生物处理	50～80
				化学需氧量	克/吨产品	60 000～80 000	普通活性污泥法	12 760～17 810
							物理+好氧生物处理	10 120～14 690
				五日生化需氧量	克/吨产品	20 000～25 000	普通活性污泥法	2 960～3 740
							物理+好氧生物处理	2 010～3 220
		硫酸盐法制浆（漂白）	≥10 万吨/年	工业废水量	吨/吨产品	50～70	物理+好氧生物处理	50～70
							化学+好氧生物处理	50～70
				化学需氧量	克/吨产品	75 000～90 000	物理+好氧生物处理	9 000～18 000
							化学+好氧生物处理	7 500～12 340

2210　纸浆制造行业产排污系数表（续 9）

产品名称	原料名称	工艺名称	规模等级	污染物指标	单位	产污系数①	末端治理技术名称	排污系数②
化学浆	竹子	硫酸盐法制浆（漂白）	≥10 万吨/年	五日生化需氧量	克/吨产品	23 000～28 000	物理+好氧生物处理	2 120～2 670
							化学+好氧生物处理	1 210～2 310
			5 万～10 万吨/年	工业废水量	吨/吨产品	50～80	物理+好氧生物处理	50～80
							化学+好氧生物处理	50～80
				化学需氧量	克/吨产品	75 000～95 000	物理+好氧生物处理	10 000～26 600
							化学+好氧生物处理	7 000～17 430
				五日生化需氧量	克/吨产品	25 000～30 000	物理+好氧生物处理	2 100～6 300
							化学+好氧生物处理	2 000～3 000
			≤5 万吨/年	工业废水量	吨/吨产品	80～130	普通活性污泥法	80～130
							物理+好氧生物处理	80～130
				化学需氧量	克/吨产品	95 000～210 000	普通活性污泥法	27 140～56 120
							物理+好氧生物处理	10 270～37 170
				五日生化需氧量	克/吨产品	30 000～65 000	普通活性污泥法	6 160～12 410
							物理+好氧生物处理	3 440～5 270
		硫酸盐法制浆（漂白）（无碱回收）	≤5 万吨/年	工业废水量	吨/吨产品	110～140	直排	110～140
				化学需氧量	克/吨产品	1 270 000～1 428 000	直排	1 270 000～1 428 000
				五口生化需氧量	克/吨产品	381 000～438 000	直排	381 000～438 000

2210 纸浆制造行业产排污系数表（续 10）

产品名称	原料名称	工艺名称	规模等级	污染物指标	单位	产污系数①	末端治理技术名称	排污系数②
化学浆	蔗渣	硫酸盐法制浆（漂白）	3.4 万～10 万吨/年	工业废水量	吨/吨产品	120～150	普通活性污泥法	120～150
							化学+好氧生物处理	120～150
				化学需氧量	克/吨产品	140 000～180 000	普通活性污泥法	28 000～36 000
							化学+好氧生物处理	21 030～27 460
				五日生化需氧量	克/吨产品	50 000～70 000	普通活性污泥法	7 450～10 540
							化学+好氧生物处理	4 560～6 720
			≤3.4 万吨/年	工业废水量	吨/吨产品	120～180	普通活性污泥法	120～180
							化学+好氧生物处理	120～180
				化学需氧量	克/吨产品	235 000～319 000	普通活性污泥法	47 360～65 400
							化学+好氧生物处理	36 490～47 390
				五日生化需氧量	克/吨产品	71 000～93 000	普通活性污泥法	10 230～15 840
							化学+好氧生物处理	7 640～9 180
		硫酸盐法制浆（漂白）（无碱回收）	≤3.4 万吨/年	工业废水量	吨/吨产品	180～200	厌氧/好氧生物组合工艺	180～200
							物理+组合生物处理	180～200
				化学需氧量	克/吨产品	1 250 000～1 476 000	厌氧/好氧生物组合工艺	242 120～301 220
							物理+组合生物处理	314 690～379 230
				五日生化需氧量	克/吨产品	512 000～590 000	厌氧/好氧生物组合工艺	74 780～86 830
							物理+组合生物处理	81 910～90 030
		烧碱法制浆（未漂）	3.4 万～10 万吨/年	工业废水量	吨/吨产品	90～150	普通活性污泥法	90～150
							化学+好氧生物处理	90～150

2210 纸浆制造行业产排污系数表（续 11）

产品名称	原料名称	工艺名称	规模等级	污染物指标	单位	产污系数①	末端治理技术名称	排污系数②
化学浆	蔗渣	烧碱法制浆（未漂）	3.4 万～10 万吨/年	化学需氧量	克/吨产品	100 000～140 000	普通活性污泥法	21 200～27 260
							化学+好氧生物处理	17 920～21 370
				五日生化需氧量	克/吨产品	30 000～42 000	普通活性污泥法	4 270～6 840
							化学+好氧生物处理	3 180～5 070
			≤3.4 万吨/年	工业废水量	吨/吨产品	130～160	普通活性污泥法	130～160
							化学+好氧生物处理	130～160
				化学需氧量	克/吨产品	170 000～250 000	普通活性污泥法	32 390～53 010
							化学+好氧生物处理	25 300～39 830
				五日生化需氧量	克/吨产品	53 000～75 000	普通活性污泥法	7 670～10 820
							化学+好氧生物处理	5 030～7 450
		烧碱法制浆（未漂）（无碱回收）	≤3.4 万吨/年	工业废水量	吨/吨产品	130～161	厌氧/好氧生物组合工艺	130～161
							化学+好氧生物处理	130～161
				化学需氧量	克/吨产品	1 070 000～1 261 000	厌氧/好氧生物组合工艺	213 420～227 390
							化学+好氧生物处理	196 870～203 570
				五日生化需氧量	克/吨产品	438 300～504 000	厌氧/好氧生物组合工艺	62 880～73 610
							化学+好氧生物处理	41 280～49 370
		烧碱法制浆（漂白）	3.4 万～10 万吨/年	工业废水量	吨/吨产品	130～180	普通活性污泥法	130～180
							化学+好氧生物处理	130～180
				化学需氧量	克/吨产品	130 000～170 000	普通活性污泥法	28 830～37 050
							化学+好氧生物处理	22 030～26 460

2210 纸浆制造行业产排污系数表（续12）

产品名称	原料名称	工艺名称	规模等级	污染物指标	单位	产污系数①	末端治理技术名称	排污系数②
化学浆	蔗渣	烧碱法制浆（漂白）	3.4万～10万吨/年	五日生化需氧量	克/吨产品	39 000～51 000	普通活性污泥法	5 350～7 540
							化学+好氧生物处理	3 760～5 060
			≤3.4万吨/年	工业废水量	吨/吨产品	150～200	普通活性污泥法	150～200
							化学+好氧生物处理	150～200
				化学需氧量	克/吨产品	150 000～260 000	普通活性污泥法	32 360～51 400
							化学+好氧生物处理	30 400～48 190
				五日生化需氧量	克/吨产品	45 000～76 700	普通活性污泥法	6 230～11 540
							化学+好氧生物处理	4 660～7 580
		烧碱法制浆（漂白）（无碱回收）	≤3.4万吨/年	工业废水量	吨/吨产品	150～180	厌氧/好氧生物组合工艺	150～180
							化学+好氧生物处理	150～180
				化学需氧量	克/吨产品	1 250 000～1 330 000	厌氧/好氧生物组合工艺	257 100～267 310
							化学+好氧生物处理	231 030～243 960
				五日生化需氧量	克/吨产品	512 000～558 000	厌氧/好氧生物组合工艺	77 410～84 640
							化学+好氧生物处理	49 010～54 850
	荻苇	烧碱法制浆（未漂）	≥10万吨/年	工业废水量	吨/吨产品	60～105	物理+好氧生物处理	60～105
							化学+好氧生物处理	60～105
				化学需氧量	克/吨产品	60 000～96 000	物理+好氧生物处理	12 160～21 230
							化学+好氧生物处理	10 810～17 050
				五日生化需氧量	克/吨产品	20 000～30 000	物理+好氧生物处理	3 520～5 820
							化学+好氧生物处理	2 070～3 570

2210　纸浆制造行业产排污系数表（续 13）

产品名称	原料名称	工艺名称	规模等级	污染物指标	单位	产污系数①	末端治理技术名称	排污系数②
化学浆	荻苇	烧碱法制浆（未漂）	5 万～10 万吨/年	工业废水量	吨/吨产品	60～110	物理+好氧生物处理	60～110
							化学+好氧生物处理	60～110
				化学需氧量	克/吨产品	70 000～105 000	物理+好氧生物处理	13 540～21 200
							化学+好氧生物处理	11 230～16 020
				五日生化需氧量	克/吨产品	25 000～35 000	物理+好氧生物处理	3 860～5 480
							化学+好氧生物处理	2 580～4 640
			≤5 万吨/年	工业废水量	吨/吨产品	90～170	物理+好氧生物处理	90～170
							化学+好氧生物处理	90～170
				化学需氧量	克/吨产品	110 000～245 000	物理+好氧生物处理	21 930～49 440
							化学+好氧生物处理	18 310～47 270
				五日生化需氧量	克/吨产品	35 000～74 000	物理+好氧生物处理	5 570～11 840
							化学+好氧生物处理	3 910～7 580
		烧碱法制浆（未漂）（无碱回收）	≤5 万吨/年	工业废水量	吨/吨产品	120～290	厌氧/好氧生物组合工艺	120～290
							化学+好氧生物处理	120～290
				化学需氧量	克/吨产品	980 000～1 250 000	厌氧/好氧生物组合工艺	195 710～243 230
							化学+好氧生物处理	174 970～217 410
				五日生化需氧量	克/吨产品	280 000～320 000	厌氧/好氧生物组合工艺	42 120～48 540
							化学+好氧生物处理	44 970～52 230
		烧碱法制浆（漂白）	≥10 万吨/年	工业废水量	吨/吨产品	70～120	物理+好氧生物处理	70～120
							化学+好氧生物处理	70～120

2210 纸浆制造行业产排污系数表（续 14）

产品名称	原料名称	工艺名称	规模等级	污染物指标	单位	产污系数①	末端治理技术名称	排污系数②
化学浆	荻苇	烧碱法制浆（漂白）	≥10 万吨/年	化学需氧量	克/吨产品	74 000～110 000	物理+好氧生物处理	14 810～23 790
							化学+好氧生物处理	13 840～22 030
				五日生化需氧量	克/吨产品	25 000～35 000	物理+好氧生物处理	4 870～6 270
							化学+好氧生物处理	4 430～5 960
			5 万～10 万吨/年	工业废水量	吨/吨产品	70～130	物理+好氧生物处理	70～130
							化学+好氧生物处理	70～130
				化学需氧量	克/吨产品	90 000～120 000	物理+好氧生物处理	18 410～25 270
							化学+好氧生物处理	17 230～23 610
				五日生化需氧量	克/吨产品	30 000～40 000	物理+好氧生物处理	5 470～7 640
							化学+好氧生物处理	5 320～7 120
			≤5 万吨/年	工业废水量	吨/吨产品	100～190	物理+好氧生物处理	100～190
							化学+好氧生物处理	100～190
				化学需氧量	克/吨产品	160 000～290 000	物理+好氧生物处理	33 530～65 480
							化学+好氧生物处理	31 720～56 550
				五日生化需氧量	克/吨产品	46 000～83 000	物理+好氧生物处理	6 510～11 460
							化学+好氧生物处理	5 390～11 950
		烧碱法制浆（漂白）（无碱回收）	≤5 万吨/年	工业废水量	吨/吨产品	129～365	厌氧/好氧生物组合工艺	129～365
							物理+好氧生物处理	129～365
				化学需氧量	克/吨产品	1 250 000～1 850 000	厌氧/好氧生物组合工艺	250 320～387 120
							物理+好氧生物处理	212 030～349 370

2210 纸浆制造行业产排污系数表（续 15）

产品名称	原料名称	工艺名称	规模等级	污染物指标	单位	产污系数①	末端治理技术名称	排污系数②
化学浆	荻苇	烧碱法制浆（漂白）（无碱回收）	≤5 万吨/年	五日生化需氧量	克/吨产品	270 000～430 000	厌氧/好氧生物组合工艺	40 540～65 310
							物理+好氧生物处理	42 440～68 630
	稻麦草	烧碱法制浆（未漂）	≥10 万吨/年	工业废水量	吨/吨产品	60～120	物理+好氧生物处理	60～120
							化学+好氧生物处理	60～120
				化学需氧量	克/吨产品	100 000～160 000	物理+好氧生物处理	17 380～32 940
							化学+好氧生物处理	15 310～24 570
				五日生化需氧量	克/吨产品	30 000～50 000	物理+好氧生物处理	4 570～7 310
							化学+好氧生物处理	4 230～6 130
			3.4 万～10 万吨/年	工业废水量	吨/吨产品	80～150	物理+好氧生物处理	80～150
							化学+好氧生物处理	80～150
				化学需氧量	克/吨产品	100 000～200 000	物理+好氧生物处理	17 970～45 160
							化学+好氧生物处理	16 540～29 830
				五日生化需氧量	克/吨产品	35 000～65 000	物理+好氧生物处理	5 170～8 210
							化学+好氧生物处理	4 540～6 930
			≤3.4 万吨/年	工业废水量	吨/吨产品	100～180	物理+好氧生物处理	100～180
							化学+好氧生物处理	100～180
				化学需氧量	克/吨产品	200 000～290 000	物理+好氧生物处理	41 540～69 360
							化学+好氧生物处理	31 320～57 830
				五口生化需氧量	克/吨产品	62 000～88 000	物理+好氧生物处理	9 870～16 410
							化学+好氧生物处理	7 740～13 730

2210　纸浆制造行业产排污系数表（续16）

产品名称	原料名称	工艺名称	规模等级	污染物指标	单位	产污系数①	末端治理技术名称	排污系数②
化学浆	稻麦草	烧碱法制浆（未漂）（无碱回收和综合利用）	≤3.4 万吨/年	工业废水量	吨/吨产品	110～205	厌氧/好氧生物组合工艺	110～205
							物理+好氧生物处理	110～205
				化学需氧量	克/吨产品	1 300 000～1 450 000	厌氧/好氧生物组合工艺	299 410～345 210
							物理+好氧生物处理	282 430～331 040
				五日生化需氧量	克/吨产品	250 000～380 000	厌氧/好氧生物组合工艺	37 820～58 090
							物理+好氧生物处理	32 910～53 620
		烧碱法制浆（漂白）	≥10 万吨/年	工业废水量	吨/吨产品	75～140	物理+好氧生物处理	75～140
							化学+好氧生物处理	75～140
				化学需氧量	克/吨产品	120 000～220 000	物理+好氧生物处理	24 530～45 140
							化学+好氧生物处理	19 750～39 760
				五日生化需氧量	克/吨产品	40 000～55 000	物理+好氧生物处理	6 560～8 520
							化学+好氧生物处理	5 280～8 600
			3.4 万～10 万吨/年	工业废水量	吨/吨产品	100～170	物理+好氧生物处理	100～170
							化学+好氧生物处理	100～170
				化学需氧量	克/吨产品	135 000～260 000	物理+好氧生物处理	28 720～53 670
							化学+好氧生物处理	22 400～38 820
				五日生化需氧量	克/吨产品	45 000～85 000	物理+好氧生物处理	7 130～12 900
							化学+好氧生物处理	5 750～9 100
			≤3.4 万吨/年	工业废水量	吨/吨产品	110～210	物理+好氧生物处理	110～210
							化学+好氧生物处理	110～210

2210 纸浆制造行业产排污系数表（续 17）

产品名称	原料名称	工艺名称	规模等级	污染物指标	单位	产污系数①	末端治理技术名称	排污系数②
化学浆	稻麦草	烧碱法制浆（漂白）	≤3.4 万吨/年	化学需氧量	克/吨产品	240 000～320 000	物理+好氧生物处理	48 050～65 810
							化学+好氧生物处理	40 380～59 170
				五日生化需氧量	克/吨产品	75 000～92 000	物理+好氧生物处理	11 330～16 640
							化学+好氧生物处理	7 450～11 250
		漂白烧碱法制浆（漂白）（无碱回收和综合利用）	≤3.4 万吨/年	工业废水量	吨/吨产品	110～250	厌氧/好氧生物组合工艺	110～250
							化学+好氧生物处理	110～250
				化学需氧量	克/吨产品	1 350 000～1 550 000	厌氧/好氧生物组合工艺	273 030～302 900
							化学+好氧生物处理	248 750～281 590
				五日生化需氧量	克/吨产品	270 000～410 000	厌氧/好氧生物组合工艺	41 380～62 840
							化学+好氧生物处理	45 740～64 960
	棉	烧碱法制浆（漂白）	1 万～5 万吨/年	工业废水量	吨/吨产品	110～180	酸析+A/O 工艺	110～180
							酸析+化学+好氧生物处理	110～180
				化学需氧量	克/吨产品	180 000～300 000	酸析+A/O 工艺	22 600～35 070
							酸析+化学+好氧生物处理	18 140～27 930
				五日生化需氧量	克/吨产品	50 000～85 000	酸析+A/O 工艺	4 480～5 610
							酸析+化学+好氧生物处理	3 490～6 980
	麻	烧碱法制浆（漂白）	≤1 万吨/年	工业废水量	吨/吨产品	400～600	普通活性污泥法	400～600
							化学+好氧生物处理	400～600

2210 纸浆制造行业产排污系数表（续 18）

产品名称	原料名称	工艺名称	规模等级	污染物指标	单位	产污系数[①]	末端治理技术名称	排污系数[②]
化学浆	麻	烧碱法制浆（漂白）	≤1 万吨/年	化学需氧量	克/吨产品	450 000～467 000	普通活性污泥法	87 900～93 440
							化学+好氧生物处理	79 490～86 730
				五日生化需氧量	克/吨产品	143 000～150 000	普通活性污泥法	21 690～22 850
							化学+好氧生物处理	15 370～17 020
	稻麦草	亚硫酸钠法制浆（漂白）（综合利用）	3.4 万～10 万吨/年	工业废水量	吨/吨产品	130～185	厌氧/好氧生物组合工艺	130～185
							化学+好氧生物处理	130～185
				化学需氧量	克/吨产品	108 000～245 000	活性污泥法	27 620～67 770
							化学+好氧生物处理	22 800～56 890
				五日生化需氧量	克/吨产品	32 400～65 000	活性污泥法	6 240～15 740
							化学+好氧生物处理	5 480～13 450
			≤3.4 万吨/年	工业废水量	吨/吨产品	150～220	活性污泥法	150～220
							化学+好氧生物处理	150～220
				化学需氧量	克/吨产品	120 000～268 000	活性污泥法	35 960～80 780
							化学+好氧生物处理	26 880～53 590
				五日生化需氧量	克/吨产品	36 400～85 000	活性污泥法	7 480～19 430
							化学+好氧生物处理	5 940～14 740
		亚硫酸钠法制浆（未漂）（综合利用）	3.4 万～10 万吨/年	工业废水量	吨/吨产品	80～162	活性污泥法	80～162
							化学+好氧生物处理	80～162
				化学需氧量	克/吨产品	100 000～438 900	活性污泥法	20 000～84 000
							化学+好氧生物处理	10 000～43 890
				五日生化需氧量	克/吨产品	32 000～127 400	活性污泥法	6 400～25 420
							化学+好氧生物处理	3 200～12 740

2210　纸浆制造行业产排污系数表（续 19）

产品名称	原料名称	工艺名称	规模等级	污染物指标	单位	产污系数①	末端治理技术名称	排污系数②
化学浆	稻麦草	亚硫酸钠法制浆（未漂）（综合利用）	≤3.4 万吨/年	工业废水量	吨/吨产品	90～217	活性污泥法	90～217
							化学+好氧生物处理	90～217
				化学需氧量	克/吨产品	108 000～450 000	活性污泥法	20 160～90 000
							化学+好氧生物处理	10 800～45 000
				五日生化需氧量	克/吨产品	32 400～130 000	活性污泥法	6 480～26 000
							化学+好氧生物处理	3 240～13 000
		亚铵法制浆（漂白）（综合利用）	3.4 万～10 万吨/年	工业废水量	吨/吨产品	140～180	A/O 工艺	140～180
							活性污泥法+化学混凝沉淀法	140～180
				化学需氧量	克/吨产品	325 000～373 000	A/O 工艺	62 400～83 600
							活性污泥法+化学混凝沉淀法	53 500～67 300
				五日生化需氧量	克/吨产品	95 000～112 000	A/O 工艺	13 200～16 800
							活性污泥法+化学混凝沉淀法	10 000～12 200
				氨氮	克/吨产品	8 230～16 410	A/O 工艺	2 046～4 100
							活性污泥法+化学混凝沉淀法	1 923～3 846
			≤3.4 万吨/年	工业废水量	吨/吨产品	160～230	活性污泥法	160～230
							A/O 工艺	160～230
				化学需氧量	克/吨产品	355 000～425 000	活性污泥法	88 700～106 000
							A/O 工艺	81 100～97 200

2210 纸浆制造行业产排污系数表（续 20）

产品名称	原料名称	工艺名称	规模等级	污染物指标	单位	产污系数①	末端治理技术名称	排污系数②
化学浆	稻麦草	亚铵法制浆（漂白）（综合利用）	≤3.4 万吨/年	五日生化需氧量	克/吨产品	100 000～114 200	活性污泥法	20 000～22 800
							A/O 工艺	15 200～17 400
				氨氮	克/吨产品	10 000～17 700	活性污泥法	2 456～4 540
							A/O 工艺	2 610～4 770
		亚铵法制浆（未漂）（综合利用）	3.4 万～10 万吨/年	工业废水量	吨/吨产品	80～110	A/O 工艺	80～110
							活性污泥法+化学混凝沉淀法	80～110
				化学需氧量	克/吨产品	299 000～343 000	A/O 工艺	60 200～68 400
							活性污泥法+化学混凝沉淀法	44 600～51 700
				五日生化需氧量	克/吨产品	83 000～90 000	A/O 工艺	12 600～13 600
							活性污泥法+化学混凝沉淀法	10 300～11 400
				氨氮	克/吨产品	7 630～11 460	A/O 工艺	1 940～2 920
							活性污泥法+化学混凝沉淀法	1 820～2 750
			≤3.4 万吨/年	工业废水量	吨/吨产品	110～180	活性污泥法	110～180
							A/O 工艺	110～180
				化学需氧量	克/吨产品	330 000～375 000	活性污泥法	82 500～94 200
							A/O 工艺	65 000～77 500
				五日生化需氧量	克/吨产品	88 000～98 500	活性污泥法	17 600～19 700
							A/O 工艺	13 800～15 850

2210 纸浆制造行业产排污系数表（续 21）

产品名称	原料名称	工艺名称	规模等级	污染物指标	单位	产污系数①	末端治理技术名称	排污系数②
化学浆	稻麦草	亚铵法制浆（未漂）（综合利用）	≤3.4 万吨/年	氨氮	克/吨产品	8 140～16 950	活性污泥法	2 060～4 350
							A/O 工艺	2 320～4 730
	木材	酸法制浆（漂白）（综合利用）	≥5 万吨/年	工业废水量	吨/吨产品	95～130	活性污泥法	95～130
							SBR	95～130
				化学需氧量	克/吨产品	96 000～110 000	活性污泥法	19 200～22 100
							SBR	18 600～21 900
				五日生化需氧量	克/吨产品	40 000～45 000	活性污泥法	6 100～7 200
							SBR	5 800～7 300
	蔗渣	酸法制浆（漂白）（综合利用）	3.4 万～5 万吨/年	工业废水量	吨/吨产品	110～135	直排	110～135
							化学+好氧生物处理	110～135
				化学需氧量	克/吨产品	285 000～322 000	直排	285 000～322 000
							化学+好氧生物处理	42 200～48 260
				五日生化需氧量	克/吨产品	85 000～101 300	直排	85 000～101 300
							化学+好氧生物处理	10 500～12 130
		酸法制浆（未漂）（综合利用）	3.4 万～5 万吨/年	工业废水量	吨/吨产品	70～95	直排	70～95
							化学+好氧生物处理	70～95
				化学需氧量	克/吨产品	255 000～278 000	直排	255 000～278 000
							化学+好氧生物处理	38 300～41 800
				五口生化需氧量	克/吨产品	75 000～83 000	直排	75 000～83 000
							化学+好氧生物处理	6 470～7 500

2210 纸浆制造行业产排污系数表（续 22）

产品名称	原料名称	工艺名称	规模等级	污染物指标	单位	产污系数①	末端治理技术名称	排污系数②
化学浆	荻苇	酸法制浆（漂白）（综合利用）	≥5 万吨/年	工业废水量	吨/吨产品	120～140	活性污泥法	120～140
							物理+好氧生物处理	120～140
				化学需氧量	克/吨产品	275 000～302 000	活性污泥法	53 500～62 200
							物理+好氧生物处理	52 200～58 260
				五日生化需氧量	克/吨产品	82 000～90 000	活性污泥法	12 200～13 300
							物理+好氧生物处理	10 500～12 130
石灰法制浆	檀皮、稻草、麻	石灰法制浆	≤3.4 万吨/年	工业废水量	吨/吨产品	80～150	直排	80～150
							好氧生物处理	80～150
				化学需氧量	克/吨产品	998 000～1 223 000	直排	998 000～1 223 000
							好氧生物处理	411 000～522 300
				五日生化需氧量	克/吨产品	401 000～480 000	直排	401 000～480 000
							好氧生物处理	126 100～145 500
半化学浆	木材	硫酸盐法制浆（综合利用）	3.4 万～10 万吨/年	工业废水量	吨/吨产品	25～35	ABR+活性污泥法	25～35
							化学混凝沉淀法+活性污泥法	25～35
				化学需氧量	克/吨产品	50 000～55 000	ABR+活性污泥法	7 170～11 020
							化学混凝沉淀法+活性污泥法	8 500～11 500

2210 纸浆制造行业产排污系数表（续23）

产品名称	原料名称	工艺名称	规模等级	污染物指标	单位	产污系数①	末端治理技术名称	排污系数②
半化学浆	木材	硫酸盐法制浆（综合利用）	3.4万～10万吨/年	五日生化需氧量	克/吨产品	14 000～15 500	ABR+活性污泥法	1 520～1 970
							化学混凝沉淀法+活性污泥法	1 720～2 350
	稻麦草、竹、苇	碱法制浆（含石灰法制浆）	≥10万吨/年	工业废水量	吨/吨产品	90～110	厌氧/好氧生物组合工艺	90～110
							化学+组合生物处理	90～110
				化学需氧量	克/吨产品	296 800～379 000	厌氧/好氧生物组合工艺	34 360～42 800
							化学+组合生物处理	33 680～38 400
				五日生化需氧量	克/吨产品	101 400～129 000	厌氧/好氧生物组合工艺	7 100～8 800
							化学+组合生物处理	6 140～7 900
			3.4万～10万吨/年	工业废水量	吨/吨产品	90～130	厌氧/好氧生物组合工艺	90～130
							化学+组合生物处理	90～130
				化学需氧量	克/吨产品	342 000～399 000	厌氧/好氧生物组合工艺	35 960～50 800
							化学+组合生物处理	34 680～48 900
				五日生化需氧量	克/吨产品	120 000～159 000	厌氧/好氧生物组合工艺	8 900～11 180
							化学+组合生物处理	8 640～10 900
	棉秆	碱法制浆	≥10万吨/年	工业废水量	吨/吨产品	100～130	厌氧/好氧生物组合工艺	100～130
							化学+组合生物处理	100～130
				化学需氧量	克/吨产品	275 000～316 000	厌氧/好氧生物组合工艺	55 000～63 200
							化学+组合生物处理	27 500～31 600
				五日生化需氧量	克/吨产品	61 200～70 300	厌氧/好氧生物组合工艺	12 240～14 060
							化学+组合生物处理	6 120～7 030

注：石灰法半化学浆（如生产瓦楞原纸使用稻麦草制浆）请选用本表的半化学+稻麦草+碱法制浆（石灰法是碱法的一种）。

2210 纸浆制造行业产排污系数表（续 24）

产品名称	原料名称	工艺名称	规模等级	污染物指标	单位	产污系数[①]	末端治理技术名称	排污系数[②]
爆破法制浆	非木材	爆破法制浆	≤3.4 万吨/年	工业废水量	吨/吨产品	70～80	化学混凝沉淀法	70～80
							稳定塘	70～80
				化学需氧量	克/吨产品	255 400～377 000	化学混凝沉淀法	101 100～140 500
							稳定塘	154 000～220 000
				五日生化需氧量	克/吨产品	103 000～150 000	化学混凝沉淀法	41 200～60 300
							稳定塘	59 400～88 700
半化学浆	稻麦草	亚铵法制浆（有综合利用）	≥10 万吨/年	工业废水量	吨/吨产品	40～90	沉淀分离+化学+生物	40～90
							厌氧生物处理法+氧化沟	40～90
				化学需氧量	克/吨产品	53 000～88 200	沉淀分离+化学+生物	13 600～22 640
							厌氧生物处理法+氧化沟	12 540～20 820
				五日生化需氧量	克/吨产品	11 000～20 400	沉淀分离+化学+生物	2 650～4 020
							厌氧生物处理法+氧化沟	1 870～3 400
				氨氮	克/吨产品	1 680～3 260	沉淀分离+化学+生物	490～880
							厌氧生物处理法+氧化沟	474～840
			3.4 万～10 万吨/年	工业废水量	吨/吨产品	54～100	化学+好氧生物处理	54～100
							化学+组合生物处理	54～100
				化学需氧量	克/吨产品	90 000～136 000	化学+好氧生物处理	17 700～34 400
							化学+组合生物处理	16 500～26 800
				五日生化需氧量	克/吨产品	26 400～36 900	化学+好氧生物处理	3 380～4 860
							化学+组合生物处理	2 940～4 080

2210 纸浆制造行业产排污系数表（续 25）

产品名称	原料名称	工艺名称	规模等级	污染物指标	单位	产污系数①	末端治理技术名称	排污系数②
半化学浆	稻麦草	亚铵法制浆（有综合利用）	3.4 万～10 万吨/年	氨氮	克/吨产品	1 940～3 405	化学+好氧生物处理	456～832
							化学+组合生物处理	428～766
			≤3.4 万吨/年	工业废水量	吨/吨产品	59～123	物理+厌氧生物处理	59～123
							化学混凝沉淀法+活性污泥法	59～123
				化学需氧量	克/吨产品	105 000～160 000	物理+厌氧生物处理	29 700～40 000
							化学混凝沉淀法+活性污泥法	22 880～35 350
				五日生化需氧量	克/吨产品	30 900～47 800	物理+厌氧生物处理	4 590～7 520
							化学混凝沉淀法+活性污泥法	3 950～6 210
				氨氮	克/吨产品	2 050～4 800	物理+厌氧生物处理	510～1 260
							化学混凝沉淀法+活性污泥法	450～1 090
		亚铵法制浆（无综合利用）	3.4 万～10 万吨/年	工业废水量	吨/吨产品	50～150	厌氧/好氧生物组合工艺	50～150
							化学+组合生物处理	50～150
				化学需氧量	克/吨产品	460 000～587 000	厌氧/好氧生物组合工艺	78 200～102 000
							化学+组合生物处理	62 000～78 000
				五日生化需氧量	克/吨产品	129 400～175 000	厌氧/好氧生物组合工艺	19 500～28 500
							化学+组合生物处理	14 300～21 900
				氨氮	克/吨产品	2 140～5 490	厌氧/好氧生物组合工艺	580～1 298
							化学+组合生物处理	540～1 149

2210 纸浆制造行业产排污系数表（续 26）

产品名称	原料名称	工艺名称	规模等级	污染物指标	单位	产污系数①	末端治理技术名称	排污系数②
半化学浆	稻麦草	亚铵法制浆（无综合利用）	≤3.4 万吨/年	工业废水量	吨/吨产品	90～156	A/O 工艺	90～156
							化学+好氧生物处理	90～156
				化学需氧量	克/吨产品	463 000～650 000	A/O 工艺	112 600～157 400
							化学+好氧生物处理	96 300～126 700
				五日生化需氧量	克/吨产品	130 000～190 000	A/O 工艺	25 300～34 600
							化学+好氧生物处理	22 000～24 500
				氨氮	克/吨产品	3 170～5 140	A/O 工艺	840～1 180
							化学+好氧生物处理	757～1 040
	蔗渣	烧碱法制浆	3.4 万～10 万吨/年	工业废水量	吨/吨产品	85～110	厌氧/好氧生物组合工艺	85～110
							化学+组合生物处理	85～110
				化学需氧量	克/吨产品	296 800～369 000	厌氧/好氧生物组合工艺	33 360～44 800
							化学+组合生物处理	32 680～39 900
				五日生化需氧量	克/吨产品	91 400～119 000	厌氧/好氧生物组合工艺	8 100～9 800
							化学+组合生物处理	7 440～10 900
废纸浆	混合办公废纸	脱墨法制浆	≥10 万吨/年	工业废水量	吨/吨产品	20～40	A/O 工艺	20～40
							化学+好氧生物处理	20～40
				化学需氧量	克/吨产品	30 000～50 000	A/O 工艺	2 760～6 460
							化学+好氧生物处理	2 380～6 230
				五日生化需氧量	克/吨产品	9 000～15 000	A/O 工艺	1 140～2 360
							化学+好氧生物处理	770～1 680

2210 纸浆制造行业产排污系数表（续 27）

产品名称	原料名称	工艺名称	规模等级	污染物指标	单位	产污系数①	末端治理技术名称	排污系数②
废纸浆	混合办公废纸	脱墨法制浆	5 万～10 万吨/年	工业废水量	吨/吨产品	22～50	厌氧/好氧生物组合工艺	22～50
							物理+组合生物处理	22～50
				化学需氧量	克/吨产品	34 000～65 000	厌氧/好氧生物组合工艺	3 240～6 840
							物理+组合生物处理	2 870～6 920
				五日生化需氧量	克/吨产品	12 000～20 000	厌氧/好氧生物组合工艺	966～1 860
							物理+组合生物处理	880～1 180
			≤5 万吨/年	工业废水量	吨/吨产品	25～105	物理+好氧生物处理	25～105
							化学混凝气浮法+化学混凝沉淀法	25～105
				化学需氧量	克/吨产品	50 000～90 000	物理+好氧生物处理	3 700～16 560
							化学混凝气浮法+化学混凝沉淀法	5 000～23 280
				五日生化需氧量	克/吨产品	15 000～30 000	物理+好氧生物处理	1 040～1 720
							化学混凝气浮法+化学混凝沉淀法	1 630～6 536
	混合废纸	非脱墨法制浆	≥10 万吨/年	工业废水量	吨/吨产品	10～15	A/O 工艺	10～15
							化学+好氧生物处理	10～15
				化学需氧量	克/吨产品	25 000～45 000	A/O 工艺	1 410～2 160
							化学+好氧生物处理	1 450～2 030
				五日生化需氧量	克/吨产品	8 000～15 000	A/O 工艺	360～820
							化学+好氧生物处理	430～612

2210 纸浆制造行业产排污系数表（续 28）

产品名称	原料名称	工艺名称	规模等级	污染物指标	单位	产污系数①	末端治理技术名称	排污系数②
废纸浆	混合废纸	非脱墨法制浆	5 万～10 万吨/年	工业废水量	吨/吨产品	13～24	厌氧/好氧生物组合工艺	13～24
							化学+好氧生物处理	13～24
				化学需氧量	克/吨产品	30 000～60 000	厌氧/好氧生物组合工艺	1 910～3 480
							化学+好氧生物处理	1 930～3 900
				五日生化需氧量	克/吨产品	9 000～22 000	厌氧/好氧生物组合工艺	610～1 080
							化学+好氧生物处理	750～1 240
			≤5 万吨/年	工业废水量	吨/吨产品	18～40	过滤+化学混凝气浮法	18～40
							沉淀分离+A/O 工艺	18～40
				化学需氧量	克/吨产品	30 000～70 000	过滤+化学混凝气浮法	7 520～17 760
							沉淀分离+A/O 工艺	2 560～5 380
				五日生化需氧量	克/吨产品	10 000～23 000	过滤+化学混凝气浮法	2 570～4 980
							沉淀分离+A/O 工艺	838～1 249
	旧新闻纸	脱墨法制浆	≥5 万吨/年	工业废水量	吨/吨产品	11～25	SBR	11～25
							化学+好氧生物处理	11～25
				化学需氧量	克/吨产品	15 000～73 000	SBR	1 520～3 570
							化学+好氧生物处理	1 310～3 330
				五日生化需氧量	克/吨产品	5 850～17 000	SBR	550～1 400
							化学+好氧生物处理	455～1 270
			1.5 万～5 万吨/年	工业废水量	吨/吨产品	15～37	化学混凝气浮法+活性污泥法	15～37
							厌氧/好氧生物组合工艺	15～37

2210 纸浆制造行业产排污系数表（续 29）

产品名称	原料名称	工艺名称	规模等级	污染物指标	单位	产污系数[①]	末端治理技术名称	排污系数[②]
废纸浆	旧新闻纸	脱墨法制浆	1.5 万～5 万吨/年	化学需氧量	克/吨产品	15 000～86 000	化学混凝气浮法+活性污泥法	2 200～5 520
							厌氧/好氧生物组合工艺	2 100～5 460
				五日生化需氧量	克/吨产品	6 000～22 300	化学混凝气浮法+活性污泥法	720～2 160
							厌氧/好氧生物组合工艺	600～1 230
			≤1.5 万吨/年	工业废水量	吨/吨产品	32～165	沉淀分离+普通生物滤池	32～165
							化学+好氧生物处理	32～165
				化学需氧量	克/吨产品	24 600～94 600	沉淀分离+普通生物滤池	4 520～22 920
							化学+好氧生物处理	4 460～19 460
				五日生化需氧量	克/吨产品	9 000～28 000	沉淀分离+普通生物滤池	1 200～5 880
							化学+好氧生物处理	900～4 440
		非脱墨法制浆	5 万～10 万吨/年	工业废水量	吨/吨产品	10.2～25	化学混凝气浮法+活性污泥法	10.2～25
							A/O 工艺	10.2～25
				化学需氧量	克/吨产品	10 500～35 000	化学混凝气浮法+活性污泥法	970～3 400
							A/O 工艺	1 050～3 800
				五日生化需氧量	克/吨产品	3 600～11 800	化学混凝气浮法+活性污泥法	120～986
							A/O 工艺	160～1 080

2210 纸浆制造行业产排污系数表（续 30）

产品名称	原料名称	工艺名称	规模等级	污染物指标	单位	产污系数①	末端治理技术名称	排污系数②
废纸浆	旧新闻纸	非脱墨法制浆	≤5 万吨/年	工业废水量	吨/吨产品	15～45	过滤	15～45
							沉淀分离	15～45
				化学需氧量	克/吨产品	15 000～50 000	过滤	11 240～34 750
							沉淀分离	10 220～36 700
				五日生化需氧量	克/吨产品	4 000～14 000	过滤	3 500～12 000
							沉淀分离	3 400～11 700
	旧瓦楞纸箱		≥10 万吨/年	工业废水量	吨/吨产品	10～15	化学混凝气浮法+活性污泥法	10～15
							厌氧/好氧生物组合工艺	10～15
				化学需氧量	克/吨产品	20 000～30 000	化学混凝气浮法+活性污泥法	960～1 400
							厌氧/好氧生物组合工艺	880～1 450
				五日生化需氧量	克/吨产品	8 000～12 500	化学混凝气浮法+活性污泥法	260～570
							厌氧/好氧生物组合工艺	230～650
			5 万～10 万吨/年	工业废水量	吨/吨产品	13～25	活性污泥法	13～25
							化学混凝沉淀法+SBR	13～25
				化学需氧量	克/吨产品	20 000～37 000	活性污泥法	1 260～2 840
							化学混凝沉淀法+SBR	1 150～2 770
				五日生化需氧量	克/吨产品	8 000～14 800	活性污泥法	630～760
							化学混凝沉淀法+SBR	450～580
			≤5 万吨/年	工业废水量	吨/吨产品	27.8～65	过滤+化学混凝气浮法	27.8～65
							过滤+普通活性污泥法	27.8～65
				化学需氧量	克/吨产品	23 800～45 000	过滤+化学混凝气浮法	7 360～13 500
							过滤+普通活性污泥法	3 380～6 500
				五日生化需氧量	克/吨产品	7 490～19 700	过滤+化学混凝气浮法	2 510～4 940
							过滤+普通活性污泥法	750～2 010

2221
机制纸及纸板制造行业

1 适用范围

本手册给出了《统计上使用的产品分类目录》中“机制纸及纸板制造行业”印刷书写纸、铜版纸、包装纸、新闻纸和箱板纸、瓦楞原纸等的产污系数和排污系数，可用于第一次全国污染源普查机制纸及纸板制造行业工业污染源污染物产生量和排放量的核算。

涉及的污染物包括：工业废水量、化学需氧量、五日生化需氧量。

2 注意事项

2.1 系数表中未涉及的产品产排污系数说明

本手册已基本涵盖各种原料、造纸方法及规模，对可能遇到的使用罕见或特殊的造纸方法和原料的生产线，或系数表单中未涉及的处理方法，可咨询当地行业组织或制浆造纸专家、其他制浆造纸企业技术人员，选取近似的按产品、原料、工艺、规模分类的核算系数或近似的废水处理方法代替。

当被调查的造纸生产线没有“其他需要说明的问题”第（18）条“废水处理方法名称表”规定的废水处理方法，但有其他非传统治理方法[“其他需要说明的问题”第（18）条“废水处理方法名称表”以外的方法]，首先调查是否有当地环保部门的监测报告。如果有，可以以监测报告为准；如果没有，按无治理设施处理，排污系数等于产污系数。

2.2 生产非单一产品企业污染物产排量的核算

当同一工厂既有造纸生产线也有制浆、手工纸、加工纸生产线时，每条生产线单独对应本手册及2210、2222、2223 手册相应的按产品、原料、工艺、规模分类的核算系数。全厂排污量为各条造纸生产线和制浆、手工纸、加工纸生产线之和。

2.3 其他需要说明的问题

（1）机制纸及纸板制造是通过造纸生产线实现的，造纸生产线指的是以工厂自制纸浆或外购商品纸浆为原料，经过加工处理后制成纸或纸板的生产线。产排污核算系数按各种不同的纸及纸板产品、原料、工艺、规模以及末端治理技术设施等因素组合进行分类。因为机制纸及纸板制造行业原料复杂、产品众多，装备及技术水平五花八门，即使完全相同的设备、在同一地点、使用相同原料、工艺、生产同一产品的两条生产线，也会因管理、操作、工装（如滤网）等的磨损而有很大的差距。

（2）本系数表单的所有产排污系数均为单条造纸生产线正常工况下的核算系数。本系数表单的所有产排污系数均为进入和排出末端水处理设施的最终产、排污系数，不包括生活用水。

（3）有些工厂的制浆生产线与造纸生产线连在一起，但仍需视为独立的单条造纸生产线和独立的单条制浆生产线，分别进行核算。

（4）表单中单条造纸生产线的工业废水量产污系数是扣除了生产线内部回用量后最终外排的数据，与出末端治理设施的工业废水量排放系数基本相等。但对于由各种单条生产线组成的制浆造纸综合性工厂，废水产生总量由于受各生产线间的回用因素影响，可能大于废水排放总量。

（5）由于制浆造纸综合性工厂除了最终外排水的水处理设施以外，生产线内部和/或生产线之间还可有一级或多级水处理设施，按本手册所计算的产污系数可以大于各生产线产污系数之和，排污系数可以小于各生产线排污系数之和。

（6）当同一工厂有多条造纸生产线时，每条生产线单独对应本手册相应的按不同产品、原料、工艺、规模的分类系数，全厂排污量为各条造纸生产线之和。

（7）由于工厂内部循环水处理设施较多，当对应的生产线的排水经过处理或未经处理后全部回用或用于其他生产线时，该生产线只计算产污系数，不计算排污系数。

（8）当对应的生产线的排水经过处理或未经处理后部分用于其他生产线时，该生产线排污系数按（1－用于其他生产线的废水比例）×（排污系数）计算，产污系数计算方法不变。

（9）当同一工厂有多条制浆、机制纸及纸板、手工纸、加工纸生产线，且用水完全串联使用，各生产线或部分生产线之间没有排水时，其中未排水的生产线的排污系数为零，只计算最后排水的生产线的排污系数，产污系数计算方法不变。

（10）当回用到其他造纸生产线的废水未经处理且其产污量比使用该种废水的生产线产污量大或相当时，使用该种废水的生产线的排污系数提高一档（低值提至中值、中值提至高值）。

（11）当同一条造纸生产线一年中生产多个品种，主要产品比例大于 70%时，按单一产品对待。当没有一种产品比例大于 70%时，按每种产品所占的比例，对应相应的产品、原料、工艺、规模、末端处理方法分类乘以实际产量计算产排污系数。

（12）对于大、中型[见第（17）条]造纸生产线的产、排污系数，2000 年后投产的生产线产、排污工业废水量、化学需氧量、五日生化需氧量等取低值，1990—2000 年间投产的生产线产、排污工业废水量、化学需氧量、五日生化需氧量等取中值，1990 年以前投产的生产线的产、排污工业废水量、化学需氧量、五日生化需氧量等取高值。

（13）对投产后经过技术装备改造的造纸生产线，并有国家、当地主管部门批复或有环保部门技改环评报告为依据的，第（12）条可按最后技术装备改造的年代作为取值依据。

（14）对于大、中型（见第 17 条）造纸生产线，以自制半化学浆为原料（不含商品半化学纸浆）的生产线产、排污系数取高值。

（15）对于小型（见第 17 条）造纸生产线产、排污系数，使用全商品浆的生产线的产、排污工业废水量、化学需氧量、五日生化需氧量等取低值，使用自制化学浆、废纸浆的生产线产、排污工业废水量、化学需氧量、五日生化需氧量等取中值（高值与低值的平均值），使用自制半化学浆的生产线产、排污工业废水量、化学需氧量、五日生化需氧量等取高值。

（16）对所有的造纸工艺方法，当调查的生产线排放的废水没有治理方法时，排污系数等于产污系数。

（17）机制纸及纸板核算规模分类表

单位：万吨/年

	特大	大	中	小
新闻纸		≥10	5～10	≤5
印刷包装纸		≥10	5～10	≤5
印刷包装纸（涂布）	≥30	≥10	5～10	≤5

	特大	大	中	小
薄型纸		≥3	1～3	≤1
箱纸板		≥10	5～10	≤5
白纸板		≥10	5～10	≤5
瓦楞原纸		≥10	5～10	≤5

（18）废水处理方法名称表

处理方法名称	处理方法名称	处理方法名称
物理处理法	超过滤	其他（两段好氧生物处理）工艺
过滤	其他	A/O 工艺
离心	生物处理法	A^2/O 工艺
沉淀分离	好氧生物处理	A/O^2 工艺
上浮分离	活性污泥法	组合工艺处理法
其他	普通活性污泥法	物理＋化学
化学处理法	高浓度活性污泥法	物理＋生物
化学混凝法	接触稳定法	物理＋好氧生物处理
化学混凝沉淀法	氧化沟	物理＋厌氧生物处理
化学混凝气浮法	SBR	物理＋组合生物处理
中和法	生物膜法	化学＋物化
化学沉淀法	普通生物滤池	化学＋生物
氧化还原法	生物转盘	化学＋好氧生物处理
其他	生物接触氧化法	化学＋厌氧生物处理
物理化学处理法	厌氧生物处理法	化学＋组合生物处理
吸附	厌氧滤器工艺	物化＋生物
离子交换	上流式厌氧污泥床工艺	物化＋好氧生物处理
电渗析	厌氧折流板反应器工艺	物化＋厌氧生物处理
反渗透	厌氧/好氧生物组合工艺	物化＋组合生物处理

2221 机制纸及纸板制造行业产排污系数表

产品名称	原料名称	工艺名称	规模等级	污染物指标	单位	产污系数①	末端治理技术名称	排污系数②
新闻纸	机械木浆、废纸浆	抄纸	≥10 万吨/年	工业废水量	吨/吨产品	13～28	A/O 工艺，SBR，化学+生物	13～28
				化学需氧量	克/吨产品	10 000～31 000	A/O 工艺	1 000～2 100
							SBR	1 210～2 540
							化学+生物	1 050～2 450
				五日生化需氧量	克/吨产品	3 000～8 000	A/O 工艺	230～410
							SBR	250～570
							化学+生物	230～540
			5 万～10 万吨/年	工业废水量	吨/吨产品	17～36	A/O 工艺	17～36
							化学+生物	17～36
				化学需氧量	克/吨产品	15 000～35 000	A/O 工艺	1 810～3 550
							化学+生物	1 320～2 570
				五日生化需氧量	克/吨产品	5 000～12 000	A/O 工艺	550～870
							化学+生物	340～580
			≤5 万吨/年	工业废水量	吨/吨产品	22～55	化学混凝法	22～55
							物理+化学	22～55
							活性污泥法	22～55

注：①、②产排污系数区间取值采用以下原则（续表同）：

对于大、中型（见机制纸及纸板核算规模分类表）造纸生产线产、排污系数，2000 年后投产的生产线产、排污工业废水量、化学需氧量、五日生化需氧量等取低值，1990—2000 年间投产的生产线产、排污工业废水量、化学需氧量、五日生化需氧量等取中值，1990 年以前投产的生产线的产、排污工业废水量、化学需氧量、五日生化需氧量等取高值。

对投产后经过技术装备改造的造纸生产线，并有国家、当地主管部门批复或有环保部门技改环评报告为依据的，第（13）条可按最后技术装备改造的年代作为取值依据。

对于大、中型（见机制纸及纸板核算规模分类表）造纸生产线，以自制半化学浆为原料（不含商品半化学纸浆）的生产线产、排污系数取高值。

对于小型（见机制纸及纸板核算规模分类表）造纸生产线产、排污系数，使用全商品浆的生产线的产、排污工业废水量、化学需氧量、五日生化需氧量等取低值，使用自制化学浆、废纸浆的生产线产、排污工业废水量、化学需氧量、五日生化需氧量等取中值（高值与低值的平均值），使用自制半化学浆的生产线产、排污工业废水量、化学需氧量、五日生化需氧量等取高值。

2221　机制纸及纸板制造行业产排污系数表（续 1）

产品名称	原料名称	工艺名称	规模等级	污染物指标	单位	产污系数①	末端治理技术名称	排污系数②
新闻纸	机械木浆、废纸浆	抄纸	≤5 万吨/年	化学需氧量	克/吨产品	18 000～47 000	化学混凝法	3 610～9 230
							物理+化学	2 750～7 620
							活性污泥法	2 450～5 820
				五日生化需氧量	克/吨产品	5 000～13 000	化学混凝法	1 700～3 660
							物理+化学	1 270～2 180
							活性污泥法	630～940
印刷书写纸、包装纸	化学浆、废纸浆	抄纸	≥10 万吨/年	工业废水量	吨/吨产品	18～40	普通活性污泥法	18～40
							两段好氧生物处理工艺	18～40
				化学需氧量	克/吨产品	11 000～22 000	普通活性污泥法	1 450～3 860
							两段好氧生物处理工艺	1 650～3 230
				五日生化需氧量	克/吨产品	4 000～9 000	普通活性污泥法	560～1 170
							两段好氧生物处理工艺	410～1 050
			5 万～10 万吨/年	工业废水量	吨/吨产品	22～64	A/O 工艺	22～64
							化学+好氧生物处理	22～64
							化学混凝沉淀法	22～64
				化学需氧量	克/吨产品	15 000～35 000	A/O 工艺	2 100～5 130
							化学+好氧生物处理	2 040～4 600
							化学混凝沉淀法	3 750～6 600
				五日生化需氧量	克/吨产品	6 000～14 000	A/O 工艺	670～1 540
							化学+好氧生物处理	550～1 530
							化学混凝沉淀法	1 480～4 060

2221 机制纸及纸板制造行业产排污系数表（续 2）

产品名称	原料名称	工艺名称	规模等级	污染物指标	单位	产污系数①	末端治理技术名称	排污系数②
印刷书写纸、包装纸	化学浆、废纸浆	抄纸	≤5 万吨/年	工业废水量	吨/吨产品	40～100	沉淀分离 /过滤/上浮分离	40～100
							A/O 工艺	40～100
							化学+好氧生物处理/化学+组合生物处理	40～100
				化学需氧量	克/吨产品	20 000～66 000	沉淀分离 /过滤/上浮分离	4 140～7 530
							A/O 工艺	2 840～5 670
							化学+好氧生物处理/化学+组合生物处理	2 700～5 500
				五日生化需氧量	克/吨产品	7 000～22 000	沉淀分离 /过滤/上浮分离	2 890～4220
							A/O 工艺	730～1 760
							化学+好氧生物处理/化学+组合生物处理	550～1 610
轻型纸	化学机械浆、化学浆	抄纸	5 万～10 万吨/年	工业废水量	吨/吨产品	32～45	化学+生物	32～45
				化学需氧量	克/吨产品	35 000～45 000	化学+生物	2 170～4 020
				五日生化需氧量	克/吨产品	10 000～15 000	化学+生物	660～1 020
			≤5 万吨/年	工业废水量	吨/吨产品	35～60	化学+好氧生物处理	35～60
							化学混凝法	35～60
				化学需氧量	克/吨产品	35 000～50 000	化学+好氧生物处理	3 430～5 490
							化学混凝法	4 610～6 230
				五日生化需氧量	克/吨产品	10 000～18 000	化学+好氧生物处理	910～1 320
							化学混凝法	1 920～3 530

2221 机制纸及纸板制造行业产排污系数表（续 3）

产品名称	原料名称	工艺名称	规模等级	污染物指标	单位	产污系数[①]	末端治理技术名称	排污系数[②]
印刷书写纸、包装纸（涂布）	化学浆、废纸浆、化学机械浆	抄纸+涂布	≥30 万吨/年	工业废水量	吨/吨产品	10～18	两段好氧生物处理工艺	10～18
							A/O 工艺	10～18
				化学需氧量	克/吨产品	5 000～14 000	两段好氧生物处理工艺	950～1 710
							A/O 工艺	880～1 570
				五日生化需氧量	克/吨产品	1 500～5 000	两段好氧生物处理工艺	160～331
							A/O 工艺	120～420
			10 万～30 万吨/年	工业废水量	吨/吨产品	15～28	两段好氧生物处理工艺	15～28
							好氧生物处理/化学+好氧生物处理	15～28
				化学需氧量	克/吨产品	18 000～30 000	两段好氧生物处理工艺	1 390～2 710
							好氧生物处理/化学+好氧生物处理	1 218～2 760
				五日生化需氧量	克/吨产品	5 000～10 000	两段好氧生物处理工艺	270～580
							好氧生物处理/化学+好氧生物处理	310～660
			5 万～10 万吨/年	工业废水量	吨/吨产品	25～52	化学+好氧生物处理	25～52
							化学+组合生物处理	25～52
				化学需氧量	克/吨产品	22 000～50 000	化学+好氧生物处理	2 180～4 980
							化学+组合生物处理	2 420～5 140

2221　机制纸及纸板制造行业产排污系数表（续 4）

产品名称	原料名称	工艺名称	规模等级	污染物指标	单位	产污系数①	末端治理技术名称	排污系数②
印刷书写纸、包装纸（涂布）	化学浆、废纸浆、化学机械浆	抄纸+涂布	5 万～10 万吨/年	五日生化需氧量	克/吨产品	10 000～17 000	化学+好氧生物处理	680～1 630
							化学+组合生物处理	420～1 570
			≤5 万吨/年	工业废水量	吨/吨产品	35～70	物理+化学	35～70
							化学+好氧生物处理	35～70
				化学需氧量	克/吨产品	30 000～60 000	物理+化学	5 860～13 930
							化学+好氧生物处理	3 140～6 870
				五日生化需氧量	克/吨产品	10 000～20 000	物理+化学	2 230～3 870
							化学+好氧生物处理	1 030～2 820
薄型纸	化学浆、废纸浆	抄纸	≥3 万吨/年	工业废水量	吨/吨产品	40～60	活性污泥法	40～60
							化学+组合生物处理	40～60
				化学需氧量	克/吨产品	30 000～50 000	活性污泥法	3 760～5 480
							化学+组合生物处理	3 610～5 320
				五日生化需氧量	克/吨产品	10 000～15 000	活性污泥法	870～1 350
							化学+组合生物处理	810～1 280
			1 万～3 万吨/年	工业废水量	吨/吨产品	40～70	活性污泥法	40～70
				化学需氧量	克/吨产品	35 000～55 000	活性污泥法	3 930～5 730
				五日生化需氧量	克/吨产品	10 000～17 000	活性污泥法	910～1 580
			≤1 万吨/年	工业废水量	吨/吨产品	55～95	A/O² 工艺	55～95
				化学需氧量	克/吨产品	35 000～65 000	A/O² 工艺	4 690～7 320
				五日生化需氧量	克/吨产品	10 000～20 000	A/O² 工艺	1 090～1 940

2221 机制纸及纸板制造行业产排污系数表（续 5）

产品名称	原料名称	工艺名称	规模等级	污染物指标	单位	产污系数①	末端治理技术名称	排污系数②
卫生纸	化学浆、废纸浆	抄纸	≥3 万吨/年	工业废水量	吨/吨产品	26～45	化学混凝法	26～45
							好氧生物处理	26～45
							A/O 工艺	26～45
				化学需氧量	克/吨产品	7 000～21 000	化学混凝法	1 340～3 700
							好氧生物处理	1 370～3 120
							A/O 工艺	1 280～2 900
				五日生化需氧量	克/吨产品	2 000～8 000	化学混凝法	610～1 320
							好氧生物处理	250～970
							A/O 工艺	170～510
			1 万～3 万吨/年	工业废水量	吨/吨产品	30～60	好氧生物处理	30～60
							化学+好氧生物处理	30～60
				化学需氧量	克/吨产品	15 000～50 000	好氧生物处理	2 750～5 120
							化学+好氧生物处理	1 620～5 760
				五日生化需氧量	克/吨产品	5 000～20 000	好氧生物处理	630～2 160
							化学+好氧生物处理	520～1 830
			≤1 万吨/年	工业废水量	吨/吨产品	50～130	上浮分离	50～130
							化学混凝气浮法	50～130
							化学+组合生物处理	50～130
				化学需氧量	克/吨产品	30 000～86 000	上浮分离	6 820～17 630
							化学混凝气浮法	3 970～12 690
							化学+组合生物处理	3 700～10 130

2221　机制纸及纸板制造行业产排污系数表（续6）

产品名称	原料名称	工艺名称	规模等级	污染物指标	单位	产污系数①	末端治理技术名称	排污系数②
卫生纸	化学浆、废纸浆	抄纸	≤1 万吨/年	五日生化需氧量	克/吨产品	11 000～30 000	上浮分离	4 400～11 790
							化学混凝气浮法	2 950～7 920
							化学+组合生物处理	1 230～4 600
卷烟纸	化学浆	抄纸	≥2 万吨/年	工业废水量	吨/吨产品	30～76	好氧生物处理	30～76
							物理+好氧生物处理	30～76
				化学需氧量	克/吨产品	15 000～25 000	好氧生物处理	2 100～3 400
							物理+好氧生物处理	1 980～3 150
				五日生化需氧量	克/吨产品	6 000～8 000	好氧生物处理	590～810
							物理+好氧生物处理	490～730
			1 万～2 万吨/年	工业废水量	吨/吨产品	40～167	上浮分离+沉淀分离	40～167
							化学+好氧生物处理	40～167
				化学需氧量	克/吨产品	20 000～40 000	上浮分离+沉淀分离	3 940～7 910
							化学+好氧生物处理	2 900～5 960
				五日生化需氧量	克/吨产品	7 000～15 000	上浮分离+沉淀分离	2 020～4 510
							化学+好氧生物处理	690～1 540
箱纸板	机械木浆、废纸浆	抄纸	≥10 万吨/年	工业废水量	吨/吨产品	14～30	物理+化学	14～30
							物理+组合生物处理	14～30
							化学+组合生物处理	14～30
							化学+好氧生物处理	14～30

2221 机制纸及纸板制造行业产排污系数表（续 7）

产品名称	原料名称	工艺名称	规模等级	污染物指标	单位	产污系数①	末端治理技术名称	排污系数②
箱纸板	机械木浆、废纸浆	抄纸	≥10 万吨/年	化学需氧量	克/吨产品	12 000～30 000	物理+化学	1 360～2 840
							物理+组合生物处理	1 110～2 710
							化学+组合生物处理	1 100～2 660
							化学+好氧生物处理	1 110～2 530
				五日生化需氧量	克/吨产品	5 000～13 000	物理+化学	730～1 720
							物理+组合生物处理	630～1 240
							化学+组合生物处理	400～840
							化学+好氧生物处理	560～1 000
			5 万～10 万吨/年	工业废水量	吨/吨产品	22～40	过滤+活性污泥法	22～40
							物理+组合生物处理	22～40
				化学需氧量	克/吨产品	15 000～38 000	过滤+活性污泥法	2 110～3 490
							物理+组合生物处理	1 970～3 650
				五日生化需氧量	克/吨产品	6 000～15 000	过滤+活性污泥法	550～1 240
							物理+组合生物处理	480～1 130
			≤5 万吨/年	工业废水量	吨/吨产品	35～50	化学+好氧生物处理	35～50
							化学混凝沉淀	35～50
							物理+组合生物处理	35～50
				化学需氧量	克/吨产品	20 000～46 000	化学+好氧生物处理	3 210～4 680
							化学混凝沉淀	4 010～9 180
							物理+组合生物处理	2 970～4 540

2221 机制纸及纸板制造行业产排污系数表（续 8）

产品名称	原料名称	工艺名称	规模等级	污染物指标	单位	产污系数①	末端治理技术名称	排污系数②
箱纸板	机械木浆、废纸浆	抄纸	≤5 万吨/年	五日生化需氧量	克/吨产品	8 000～20 000	化学+好氧生物处理	780～1 890
							化学混凝沉淀	2 450～6 150
							物理+组合生物处理	820～1 530
涂布箱纸板	机械木浆、废纸浆、化学浆	抄纸	≥10 万吨/年	工业废水量	吨/吨产品	13～35	活性污泥法	13～35
							物理+组合生物处理	13～35
							化学+组合生物处理	13～35
							化学+好氧生物处理	13～35
				化学需氧量	克/吨产品	18 000～40 000	活性污泥法	1 270～3 420
							物理+组合生物处理	1 180～3 270
							化学+组合生物处理	1 070～2 480
							化学+好氧生物处理	1 200～3 010
				五日生化需氧量	克/吨产品	6 000～14 000	活性污泥法	310～1 020
							物理+组合生物处理	330～990
							化学+组合生物处理	280～660
							化学+好氧生物处理	290～720
			5 万～10 万吨/年	工业废水量	吨/吨产品	24～50	化学+组合生物处理	24～50
				化学需氧量	克/吨产品	20 000～50 000	化学+组合生物处理	2 260～4 890
				五日生化需氧量	克/吨产品	6 000～18 000	化学+组合生物处理	490～1 390

2221 机制纸及纸板制造行业产排污系数表（续 9）

产品名称	原料名称	工艺名称	规模等级	污染物指标	单位	产污系数①	末端治理技术名称	排污系数②
涂布箱纸板	机械木浆、废纸浆、化学浆	抄纸	≤5 万吨/年	工业废水量	吨/吨产品	42～78	化学混凝法	42～78
							化学+好氧生物处理	42～78
				化学需氧量	克/吨产品	25 000～55 000	化学混凝法	5 100～12 120
							化学+好氧生物处理	2 970～7 600
				五日生化需氧量	克/吨产品	10 000～19 000	化学混凝法	2 010～3 980
							化学+好氧生物处理	1 300～2 240
白纸板	化学浆、废纸浆、化学机械浆	抄纸	≥10 万吨/年	工业废水量	吨/吨产品	21～35	物理+好氧生物处理	21～35
							化学+组合生物处理	21～35
							化学+好氧生物处理	21～35
				化学需氧量	克/吨产品	10 000～30 000	物理+好氧生物处理	1 460～3 420
							化学+组合生物处理	950～3 090
							化学+好氧生物处理	1 160～3 470
				五日生化需氧量	克/吨产品	4 000～12 000	物理+好氧生物处理	350～1 250
							化学+组合生物处理	250～1 030
							化学+好氧生物处理	270～1 140
			5 万～10 万吨/年	工业废水量	吨/吨产品	27～47	物理+好氧生物处理	27～47
				化学需氧量	克/吨产品	12 000～35 000	物理+好氧生物处理	1 420～3 810
				五日生化需氧量	克/吨产品	4 000～15 000	物理+好氧生物处理	320～1 370
			≤5 万吨/年	工业废水量	吨/吨产品	35～70	过滤+沉淀分离	35～70
							化学混凝法	35～70
				化学需氧量	克/吨产品	20 000～60 000	过滤+沉淀分离	7 670～12 110
							化学混凝法	5 300～9 540

2221 机制纸及纸板制造行业产排污系数表（续 10）

产品名称	原料名称	工艺名称	规模等级	污染物指标	单位	产污系数①	末端治理技术名称	排污系数②
白纸板	化学浆、废纸浆、化学机械浆	抄纸	≤5 万吨/年	五日生化需氧量	克/吨产品	8 000～25 000	过滤+沉淀分离	2 000～6 340
							化学混凝法	2 100～7 130
瓦楞原纸	废纸浆	抄纸	≥10 万吨/年	工业废水量	吨/吨产品	14～30	好氧生物处理	14～30
							物理+组合生物处理	14～30
							A/O 工艺	14～30
				化学需氧量	克/吨产品	13 000～25 000	好氧生物处理	1 350～2 770
							物理+组合生物处理	1 050～1 950
							A/O 工艺	1 270～2 390
				五日生化需氧量	克/吨产品	5 000～10 000	好氧生物处理	490～1 070
							物理+组合生物处理	420～870
							A/O 工艺	470～950
			5 万～10 万吨/年	工业废水量	吨/吨产品	20～37	化学+好氧生物处理	20～37
							SBR	20～37
							化学混凝法+A/O 工艺	20～37
				化学需氧量	克/吨产品	15 000～35 000	化学+好氧生物处理	1 420～3 420
							SBR	1 670～3 990
							化学混凝法+A/O 工艺	1 010～2 430
				五日生化需氧量	克/吨产品	6 000～14 000	化学+好氧生物处理	370～810
							SBR	580～1 070
							化学混凝法+A/O 工艺	310～760

2221 机制纸及纸板制造行业产排污系数表（续 11）

产品名称	原料名称	工艺名称	规模等级	污染物指标	单位	产污系数[①]	末端治理技术名称	排污系数[②]
瓦楞原纸	废纸浆	抄纸	≤5 万吨/年	工业废水量	吨/吨产品	25～55	化学混凝气浮法	25～55
							化学+好氧生物处理	25～55
				化学需氧量	克/吨产品	15 000～50 000	化学混凝气浮法	4 540～15 740
							化学+好氧生物处理	2 270～7 230
				五日生化需氧量	克/吨产品	6 000～20 000	化学混凝气浮法	2 370～7 760
							化学+好氧生物处理	630～2 470
	半化学浆	抄纸	≥10 万吨/年	工业废水量	吨/吨产品	17～35	普通活性污泥法	17～35
							A/O 工艺	17～35
				化学需氧量	克/吨产品	16 000～32 000	普通活性污泥法	1 760～3 520
							A/O 工艺	1 570～3 290
				五日生化需氧量	克/吨产品	6 000～13 000	普通活性污泥法	710～1 560
							A/O 工艺	530～740
			5 万～10 万吨/年	工业废水量	吨/吨产品	22～45	厌氧/好氧生物处理	22～45
							普通活性污泥法	22～45
							化学+好氧生物处理	22～45
				化学需氧量	克/吨产品	20 000～40 000	厌氧/好氧生物处理	1 020～2 240
							普通活性污泥法	2 390～4 870
							化学+好氧生物处理	2 110～4 120
				五日生化需氧量	克/吨产品	8 000～16 000	厌氧/好氧生物处理	450～805
							普通活性污泥法	960～1 890
							化学+好氧生物处理	770～1 550

2221 机制纸及纸板制造行业产排污系数表（续 12）

产品名称	原料名称	工艺名称	规模等级	污染物指标	单位	产污系数[①]	末端治理技术名称	排污系数[②]
瓦楞原纸	半化学浆	抄纸	≤5 万吨/年	工业废水量	吨/吨产品	30～65	稳定塘	30～65
							化学+生物	30～65
				化学需氧量	克/吨产品	35 000～70 000	稳定塘	30 100～63 490
							化学+生物	2 980～6 950
				五日生化需氧量	克/吨产品	14 000～28 000	稳定塘	11 120～23 230
							化学+生物	1 400～2 970
纸袋纸、牛皮纸	化学浆、废纸浆	抄纸	≥10 万吨/年	工业废水量	吨/吨产品	24～50	物理+好氧生物处理	24～50
				化学需氧量	克/吨产品	15 000～30 000	物理+好氧生物处理	2 360～4 810
				五日生化需氧量	克/吨产品	6 000～12 000	物理+好氧生物处理	770～1 510
			≤10 万吨/年	工业废水量	吨/吨产品	40～70	物理+好氧生物处理	40～70
				化学需氧量	克/吨产品	25 000～45 000	物理+好氧生物处理	3 890～7 190
				五日生化需氧量	克/吨产品	11 000～30 000	物理+好氧生物处理	1 070～2 740

2222
手工纸制造行业

1 适用范围

本手册给出了《统计上使用的产品分类目录》中“手工纸制造行业”宣纸、国画纸和其他手工纸的产污系数和排污系数，可用于第一次全国污染源普查手工纸制造行业工业污染源污染物产生量和排放量的核算。

涉及的污染物包括：工业废水量、化学需氧量、五日生化需氧量。

2 注意事项

2.1 系数表中未涉及的产品产排污系数说明

本手册已基本涵盖各种原料、制浆方法及规模的手工纸产品，对可能遇到的使用罕见或特殊的抄纸方法和纸浆的生产线，或系数表单中未涉及的处理方法，可咨询当地行业组织或制浆造纸专家、其他制浆造纸企业技术人员，选取近似的废水处理方法代替。

当被调查的造纸生产线没有“其他需要说明的问题”第（12）条“废水处理方法名称表”规定的废水处理方法，但有其他非传统治理方法[“其他需要说明的问题”第（12）条“废水处理方法名称表”以外的方法]，首先调查是否有当地环保部门的监测报告。如果有，可以以监测报告为准；如果没有，按无治理设施处理，排污系数等于产污系数。

2.2 生产非单一产品企业污染物产排量的核算

当同一企业既有手工抄纸生产线也有制浆、机制纸及纸板、加工纸生产线时，每条生产线单独对应本手册及 2210、2221、2223 手册相应的表单。全企业排污量为各条制浆生产线和机制纸及纸板、手工纸、加工纸生产线之和。

2.3 其他需要说明的问题

（1）手工造纸是中国的传统制造业，不论企业有多大，都是主要由人工完成备料、抄纸、压榨、干燥等工序，而现在的手工纸制造业均不同程度地使用了部分电动机械等，提高了工作效率。手工造纸行业原料复杂、产品众多，装备及技术水平五花八门，一些规模较大的企业已经或已开始投资废水处理设施。很大一批规模很小或使用商品纸浆的企业没有兴建正规的废水处理设施，或没有废水处理设施。

（2）本系数表单的所有产排污系数均为单条手工造纸生产线正常工况下的核算系数。对所有的工艺方法，当调查的生产线排放的废水没有治理方法时，排污系数等于产污系数。

（3）本系数表单的所有产排污系数均为进入和排出末端水处理设施的最终产排污系数，不包括生活用水。

（4）当同一工厂有多条手工抄纸生产线时，每条生产线单独对应本手册相应的按不同产品、原料、工艺、规模的分类系数，全厂产、排污量为各条抄纸生产线之和。

（5）由于制浆造纸综合性工厂除了最终外排水的水处理设施以外，生产线内部和/或生产线之间还可有一级或多级水处理设施，按本手册计算的产污系数可以大于各生产线产污系数之和，排污系数可以小于各生产线排污系数之和。

（6）当对应的生产线的排水经过处理或未经处理后全部回用或用于其他生产线时，该生产线只计算产污系数，不计算排污系数。

（7）当对应的生产线的排水经过处理或未经处理后部分用于其他生产线时，该生产线排污系数按（1－用于其他生产线的废水比例）×（排污系数）计算，产污系数计算方法不变。

（8）当同一工厂有多条制浆、机制纸及纸板、手工纸、纸加工生产线，且用水完全串联使用，各生产线之间没有排水时，分别计算各生产线的产污系数，其中未排水的生产线的排污系数为零，只计算最后排水的生产线的排污系数。

（9）当回用到其他生产线的废水未经处理且其产污量比使用该种废水的生产线产污量大或相当时，使用该种废水的生产线的排污系数提高一档[低值提至中值、中值（高值与低值的平均值）提至高值]。

（10）对于手工抄纸生产线排污系数，使用全商品浆的产排污工业废水量、化学需氧量、五日生化需氧量等取低值；使用自制化学浆和商品纸浆混合并商品纸浆占 30%以上的生产线产排污工业废水量、化学需氧量、五日生化需氧量等取中值；使用自制化学浆及半化学、废纸浆等的生产线产排污工业废水量、化学需氧量、五日生化需氧量等取高值。

（11）手工纸核算规模分类表

单位：吨/年

	特大	大	中	小
手工纸			≥500	＜500

（12） 废水处理方法名称表

处理方法名称	处理方法名称	处理方法名称
物理处理法	超过滤	两段好氧生物处理工艺
过滤	其他	A/O 工艺
离心	生物处理法	A^2/O 工艺
沉淀分离	好氧生物处理	A/O^2 工艺
上浮分离	活性污泥法	组合工艺处理法
其他	普通活性污泥法	物理＋化学
化学处理法	高浓度活性污泥法	物理＋生物
化学混凝法	接触稳定法	物理＋好氧生物处理
化学混凝沉淀法	氧化沟	物理＋厌氧生物处理
化学混凝气浮法	SBR	物理＋组合生物处理
中和法	生物膜法	化学＋物化
化学沉淀法	普通生物滤池	化学＋生物
氧化还原法	生物转盘	化学＋好氧生物处理
其他	生物接触氧化法	化学＋厌氧生物处理
物理化学处理法	厌氧生物处理法	化学＋组合生物处理
吸附	厌氧滤器工艺	物化＋生物
离子交换	上流式厌氧污泥床工艺	物化＋好氧生物处理
电渗析	厌氧折流板反应器工艺	物化＋厌氧生物处理
反渗透	厌氧/好氧生物组合工艺	物化＋组合生物处理

2222 手工纸制造行业产排污系数表

产品名称	原料名称①	工艺名称	规模等级	污染物指标	单位	产污系数②	末端治理技术名称	排污系数③
手工纸	混合浆	手工法抄纸	≥500 吨/年	工业废水量	吨/吨产品	18～30	化学+好氧生物处理	18～30
							直排	18～30
				化学需氧量	克/吨产品	16 000～33 000	化学+好氧生物处理	1 560～2 370
							直排	16 000～33 000
				五日生化需氧量	克/吨产品	6 000～13 000	化学+好氧生物处理	590～1 270
							直排	6 000～13 000
			<500 吨/年	工业废水量	吨/吨产品	20～40	物理处理法	20～40
				化学需氧量	克/吨产品	22 000～36 000	物理处理法	17 600～28 700
				五日生化需氧量	克/吨产品	9 000～14 000	物理处理法	7 600～12 000

注：①由于手工纸纸浆原料品种繁多，可能是各类单一品种纸浆或混合浆，系数表单中原料以混合浆统一表示。

②、③产排污系数区间取值采用以下原则：当回用到其他生产线的废水未经处理且其产污量比使用该种废水的生产线产污量大或相当时，使用该种废水的生产线的排污系数提高一档[低值提至中值、中值（高值与低值的平均值）提至高值]。

对于手工抄纸生产线排污系数，使用全商品浆的产排污工业废水量、化学需氧量、五日生化需氧量等取低值；使用自制化学浆和商品纸浆混合并商品纸浆占 30%以上的生产线产排污工业废水量、化学需氧量、五日生化需氧量等取中值；使用自制化学浆、半化学、废纸浆等的生产线产排污工业废水量、化学需氧量、五日生化需氧量等取高值。

2223
加工纸制造行业

1 适用范围

本手册给出了《统计上使用的产品分类目录》中“加工纸制造行业”热敏纸、复写纸、不干胶纸、瓦楞纸箱板、覆塑纸、铝箔纸、液体包装纸板、纸杯纸、防锈纸、装饰纸、羊皮纸等的产污系数和排污系数，可用于第一次全国污染源普查加工纸制造行业工业污染源污染物产生量和排放量的核算。

涉及的污染物包括：工业废水量、化学需氧量、五日生化需氧量。

2 注意事项

2.1 系数表中未涉及的产品产排污系数说明

本手册已基本涵盖各种原料、制浆方法及规模，对可能遇到的使用罕见或特殊的制浆方法和原料的生产线，或系数表单中未涉及的处理方法，可咨询当地行业组织或制浆造纸专家、其他制浆造纸企业技术人员，选取近似的按产品、原料、工艺、规模分类的核算系数或近似的废水处理方法代替。

加工纸制造指对原纸及纸板进一步加工的生产活动，是对造纸生产线已生产完成以后的成品纸进行再次加工处理。而在造纸生产线上以纸浆为原料并同时或机外进行浸渍、涂布等处理且损纸回到原造纸生产线的生产过程被列在机制纸及纸板制造（2221）系数表单中，不在本表单范围内。

对所有的加工方法，当调查的生产线排放的废水没有治理方法时，排污系数等于产污系数。

2.2 生产非单一产品企业污染物产排量核算

当同一工厂既有加工纸生产线也有机制纸及纸板、手工纸、制浆生产线时，每条生产线单独对应本手册及 2221、2222、2210 手册相应的按产品、原料、工艺、规模分类的核算系数。全厂排污量为各条制浆生产线和造纸、手工纸、加工纸生产线之和。

2.3 其他需要说明的问题

（1）涂布工艺指的是对原纸单面或双面涂饰以水或其他溶剂为载体的白色或有色液体涂料，再通过蒸发干燥制成具有新的附加功能的产品，如热敏纸、复写纸、不干胶纸和用成品原纸涂布制成的涂布印刷纸等。

（2）复合纸指的是通过热熔、胶合、压力、升华等方法将成品原纸与其他纸、铝、塑等材料多层层合制成的产品，如瓦楞纸箱板、覆塑纸、铝箔纸、液体包装纸板、纸杯纸等，部分产品同时需要进行印刷。

（3）浸渍纸指的是通过将成品原纸连续或单页浸入特定的溶剂或溶液中，再通过蒸发干燥等制成具有新的附加功能的产品，如防锈纸、装饰纸、羊皮纸等特殊产品。

（4）产排污核算系数按各种不同的纸浆产品、原料、工艺、规模以及末端治理技术设施等因素组合进行分类。

（5）加工纸制造业原料（包括原纸）种类复杂、产品众多，装备及技术水平五花八门，很多生产过程混合或镶嵌在其他行业之中，如印刷行业、建材行业等，有时不易区分。加工纸制造一般用水较少，或根本没有生产工艺用水，污水的来源绝大部分来自设备刷洗和化学药品的跑冒滴漏。大部分企业没有必要兴建废水处理设施，少量的污水排放可与生活污水混合排放处理。为了便于普查，本手册只需考虑企业成品纸的产量，力求简单、清楚，易于使用。

（6）本系数表单的所有产排污系数均为单条加工纸生产线正常工况下的核算系数。本系数表单的所有产排污系数均为进入和排出末端水处理厂的最终产、排污系数，不包括生活用水。

（7）当同一工厂有多条加工纸生产线时，可以每条生产线单独对应本手册相应的按不同产品、原料、工艺、规模的分类系数，全厂排污量为各条加工纸生产线之和。当企业全部为同一种加工纸生产线时，也可以使用整个工厂的总产量计算。

（8）由于综合性工厂除了最终外排水的水处理设施以外，生产线内部和/或生产线之间还可有一级或多级水处理设施，按本手册计算的产污系数可以大于各生产线产污系数之和，排污系数可以小于各生产线排污系数之和。

（9）当对应的生产线的排水经过处理或未经处理后全部回用或用于其他生产线时，该生产线只计算产污系数，不计算排污系数。

（10）当对应的生产线的排水经过处理或未经处理后部分用于其他生产线时，该生产线排污系数按（1－用于其他生产线的废水比例）×（排污系数）计算，产污系数计算方法不变。

（11）当同一工厂有多条制浆、造纸、手工纸、加工纸生产线，且用水完全串联使用，各生产线或部分生产线之间没有排水时，分别计算各生产线的产污系数，其中未排水的生产线的排污系数为零，只计算最后排水的生产线的排污系数。

（12）当回用到其他生产线的废水未经处理且其产污量比使用该种废水的生产线产污量大或相当时，使用该种废水的生产线的排污系数提高一档[低值提至中值（高值与低值的平均值）、中值提至高值]。

（13）对工艺中不需要生产用水的取低值，对工艺中需要生产用水但以刷洗和冷却为主的取中值（高值与低值的平均值），对工艺中需要生产用水且以生物材料做胶黏剂（如淀粉类等）或需水洗工艺（羊皮纸、玻璃纸等）的取高值。

（14）对所有的工艺方法，当调查的生产线排放的废水没有治理方法时，排污系数等于产污系数。

（15）加工纸核算规模分类表

单位：万吨/年

	特大	大	中	小
加工纸		≥2	1～2	＜1

2223 加工纸制造行业产排污系数表

产品名称	原料名称	工艺名称	规模等级	污染物指标	单位	产污系数①	末端治理技术名称	排污系数②
加工纸	原纸	涂布法	≥2万吨/年	工业废水量	吨/吨产品	0.5～2.6	厌氧生物处理法+生物接触氧化法+生物炭	0.5～2.6
				化学需氧量	克/吨产品	100～800	厌氧生物处理法+生物接触氧化法+生物炭	40～320
				五日生化需氧量	克/吨产品	30～200	厌氧生物处理法+生物接触氧化法+生物炭	1～20
			1万～2万吨/年	工业废水量	吨/吨产品	0.6～1.5	厌氧/好氧生物组合工艺	0.6～1.5
				化学需氧量	克/吨产品	200～400	厌氧/好氧生物组合工艺	20～40
				五日生化需氧量	克/吨产品	100～300	厌氧/好氧生物组合工艺	5～7
			<1万吨/年	工业废水量	吨/吨产品	1～5	化学混凝沉淀法	1～5
							直排	1～5
				化学需氧量	克/吨产品	0～4 000	化学混凝沉淀法	0～1 200
							直排	0～4 000
				五日生化需氧量	克/吨产品	0～89	化学混凝沉淀法	0～40
							直排	0～89
		复合法	1万～2万吨/年	工业废水量	吨/吨产品	0～1.8	直排	0～1.8
							化学混凝沉淀法	0～1.8
				化学需氧量	克/吨产品	0～2 000	直排	0～2 000
							化学混凝沉淀法	0～800

注：①、②产排污系数区间取值采用以下原则：

当回用到其他生产线的废水未经处理且其产污量比使用该种废水的生产线产污量大或相当时，使用该种废水的生产线的排污系数提高一档[低值提至中值（高值与低值的平均值）、中值提至高值]。

对工艺中不需要生产用水的取低值，对工艺中需要生产用水但以刷洗和冷却为主的取中值（高值与低值的平均值），对工艺中需要生产用水且以生物材料做胶黏剂（如淀粉类等）或需水洗工艺（羊皮纸、玻璃纸等）的取高值。

2223 加工纸制造行业产排污系数表（续表）

产品名称	原料名称	工艺名称	规模等级	污染物指标	单位	产污系数[①]	末端治理技术名称	排污系数[②]
加工纸	原纸	复合法	1 万～2 万吨/年	五日生化需氧量	克/吨产品	0～500	直排	0～500
							化学混凝沉淀法	0～250
			<1 万吨/年	工业废水量	吨/吨产品	0～3	直排	0～3
							沉淀分离	0～3
				化学需氧量	克/吨产品	0～2 500	直排	0～2 500
							沉淀分离	0～1 500
				五日生化需氧量	克/吨产品	0～500	直排	0～500
							沉淀分离	0～400
		浸渍法	1 万～2 万吨/年	工业废水量	吨/吨产品	0～50	直排	0～50
							过滤	0～50
				化学需氧量	克/吨产品	0～5 000	直排	0～5 000
							过滤	0～4 000
				五日生化需氧量	克/吨产品	0～1 500	直排	0～1 500
							过滤	0～1 350
			<1 万吨/年	工业废水量	吨/吨产品	0～60	直排	0～60
							化学混凝法	0～60
				化学需氧量	克/吨产品	0～7 000	直排	0～7 000
							化学混凝法	0～2 800
				五日生化需氧量	克/吨产品	0～2 000	直排	0～2 000
							化学混凝法	0～1 000

25

石油加工、炼焦及核燃料加工业

2511
原油加工及石油制品制造业

1 适用范围

本手册给出了《统计上使用的产品分类目录》中原油加工及石油制品制造业产污系数和排污系数，可用于第一次全国污染源普查原油加工及石油制品制造业工业污染源污染物产生量和排放量的核算。

原油加工及石油制品制造业涉及的污染物包括：工业废水量、化学需氧量、氨氮、石油类、挥发酚、氰化物、工业废气量（指折算成标准状态的体积）、二氧化硫、危险废物和工业固体废物。由于原油加工及石油制品制造业氰化物产生量极少，行业内部对其未做统计，故本手册各污染指标产排污系数中不包括氰化物。具有监测能力的企业，其产排污量以实测数据为准。

2 注意事项

2.1 系数表中未涉及的产品产排污系数说明

原油加工及石油制品制造业使用原料单一，加工工艺大同小异，因此本手册已基本涵盖各种加工工艺。对可能遇到的使用热裂化等已被淘汰的原料加工工艺，或系数表单中未涉及的处理方法，其产排污系数参照近似工艺的产排污系数，如有必要，委托相应部门实测。

2.2 工况未达到 75% 负荷的企业污染物产排量核算

本手册产排污系数是在≥75%负荷的工况下核算出来的。对于工况未达到 75%负荷的装置，其污染物产生和排放量不适合用本手册核算。一般可根据原辅材料消耗，采用物料衡算方法计算污染物产生量，有条件企业可开展现场监测工作或根据相应工况下的历史监测数据核算。

2.3 生产非单一产品企业污染物产排量核算

原油加工及石油制品制造业虽然原料单一，但产品多种多样。对于生产非单一产品企业及其生产装置，采用不同的基准核算其产排污量，例如，采用原料加工量核算溶剂脱沥青装置的产排污量；对于生产单一产品的装置，如制氢装置，采用产品实际产量为基准核算其产排污量。

2.4 无组织排放的说明

本手册只给出本行业工业废水量、化学需氧量、氨氮、石油类、挥发酚、工业废气量、二氧化硫、危险废物和工业固体废物等污染物的有组织排放源的产排污系数，不包括无组织排放的产排污系数。

2.5 其他需要说明的问题

（1）本手册提供的产排污系数为平均值，较为全面地反映了整个行业的平均产排污状况，其中工业废气量和二氧化硫产排污系数已经将燃烧烟气和工艺焚烧尾气考虑在内，企业污染物排放总量为各装置污染物排放量总和。

（2）各生产装置产排污量以各单套装置年（原料）实际加工量或年（产品）实际生产量为基准计算，其中常减压蒸馏、减黏裂化、催化裂化、加氢裂化、重整、石蜡/润滑油加氢精制、汽煤柴油加氢精制、润滑油酚精制、双脱/汽油氧化脱硫醇、气体分馏、溶剂脱沥青、酮苯脱蜡、延迟焦化、糠醛精制和润滑油白土补充精制等装置以原料实际加工量为基准，氧化沥青、MTBE、制氢、硫黄回收、烷基化和异构化等装置以年（产品）实际产量为基准。

（3）本手册中固废包括酸/碱渣、废催化剂和废白土，不包括炉灰渣和油泥；按照《国家危险废物名录》，原油加工及石油制品制造业危险废物包括 HW06 有机溶剂废物、HW13 有机树脂类废物、HW22 含铜废物、HW23 含锌废物、HW24 含砷废物、HW34 废酸、HW35 废碱和 HW46 含镍废物，因某些装置危险废物（主要是废催化剂）产生量极少，在本手册中并未体现；企业工业固体废物产污量为各生产装置产污量总和。

（4）“末端治理技术名称”说明：①物理：指隔油，是相对混合污水而言；②（隔油+浮选）+生物：是相对混合污水而言；③（汽提+隔油+浮选）+生物：指含硫污水经汽提处理后，再与其他污水混合进行隔油、浮选和生物处理。

（5）本手册中，工业废水量不包括清净排水，如蒸汽冷凝水、为防止油罐过热而产生的罐体冲洗水等。

2511 原油加工及石油制品制造业产排污系数表

产品名称	原料名称	工艺名称	规模等级	污染物名称	单位	产污系数	末端治理技术名称	排污系数
常减压中间馏分油	原料油	常减压	≤100万吨/年	工业废水量	吨/吨原料	0.18	物理①	0.18
							其他（隔油+浮选）+生物②	0.18
							其他（汽提+隔油+浮选）+生物③	0.18
				化学需氧量	克/吨原料	375	物理①	333.8
							其他（隔油+浮选）+生物②	47.81
							其他（汽提+隔油+浮选）+生物③	17.41
				氨氮	克/吨原料	266	物理①	266
							其他（隔油+浮选）+生物②	147
							其他（汽提+隔油+浮选）+生物③	4.5
				石油类	克/吨原料	111	物理①	58.28
							其他（隔油+浮选）+生物②	1.33
							其他（汽提+隔油+浮选）+生物③	1.33
				挥发酚	克/吨原料	3	物理①	3
							其他（隔油+浮选）+生物②	0.2
							其他（汽提+隔油+浮选）+生物③	0.10
				工业废气量	米^3/吨原料	258.93	直排	258.93
				二氧化硫	千克/吨原料	0.11	直排	0.11

注：① 物理：指隔油，是相对混合污水而言；②（隔油+浮选）+生物：是相对混合污水而言；③（汽提+隔油+浮选）+生物：指含硫污水经汽提处理后，再与其他污水混合进行隔油、浮选和生物处理。

2511 原油加工及石油制品制造业产排污系数表（续 1）

产品名称	原料名称	工艺名称	规模等级	污染物名称	单位	产污系数	末端治理技术名称	排污系数
常减压中间馏分油	原料油	常减压	100 万～300 万吨/年	工业废水量	吨/吨原料	0.164	物理①	0.164
							其他（隔油+浮选）+生物②	0.164
							其他（汽提+隔油+浮选）+生物③	0.164
				化学需氧量	克/吨原料	340	物理①	298.2
							其他（隔油+浮选）+生物②	43.34
							其他（汽提+隔油+浮选）+生物③	15.95
				氨氮	克/吨原料	222	物理①	222
							其他（隔油+浮选）+生物②	131.5
							其他（汽提+隔油+浮选）+生物③	3.76
				石油类	克/吨原料	101	物理①	50.5
							其他（隔油+浮选）+生物②	1.21
							其他（汽提+隔油+浮选）+生物③	1.21
				挥发酚	克/吨原料	2.72	物理①	2.72
							其他（隔油+浮选）+生物②	0.16
							其他（汽提+隔油+浮选）+生物③	0.08
				工业废气量	米 ^{3}/吨原料	153.21	直排	153.21
				二氧化硫	千克/吨原料	0.097 2	直排	0.097 2

注：① 物理：指隔油，是相对混合污水而言；②（隔油+浮选）+生物：是相对混合污水而言；③（汽提+隔油+浮选）+生物：指含硫污水经汽提处理后，再与其他污水混合进行隔油、浮选和生物处理。

2511 原油加工及石油制品制造业产排污系数表（续 2）

产品名称	原料名称	工艺名称	规模等级	污染物名称	单位	产污系数	末端治理技术名称	排污系数
常减压中间馏分油	原料油	常减压	300 万～500 万吨/年	工业废水量	吨/吨原料	0.119	物理①	0.119
							其他（隔油+浮选）+生物②	0.119
							其他（汽提+隔油+浮选）+生物③	0.119
				化学需氧量	克/吨原料	247	物理①	219.3
							其他（隔油+浮选）+生物②	31.49
							其他（汽提+隔油+浮选）+生物③	11.21
				氨氮	克/吨原料	150	物理①	150
							其他（隔油+浮选）+生物②	85
							其他（汽提+隔油+浮选）+生物③	2.54
				石油类	克/吨原料	73	物理①	34.68
							其他（隔油+浮选）+生物②	0.89
							其他（汽提+隔油+浮选）+生物③	0.89
				挥发酚	克/吨原料	1.98	物理①	1.98
							其他（隔油+浮选）+生物②	0.12
							其他（汽提+隔油+浮选）+生物③	0.07
				工业废气量	米³/吨原料	133.88	直排	133.88
				二氧化硫	千克/吨原料	0.087	直排	0.087

注：① 物理：指隔油，是相对混合污水而言；②（隔油+浮选）+生物：是相对混合污水而言；③（汽提+隔油+浮选）+生物：指含硫污水经汽提处理后，再与其他污水混合进行隔油、浮选和生物处理。

2511　原油加工及石油制品制造业产排污系数表（续 3）

产品名称	原料名称	工艺名称	规模等级	污染物名称	单位	产污系数	末端治理技术名称	排污系数
常减压中间馏分油	原料油	常减压	＞ 500 万吨/年	工业废水量	吨/吨原料	0.101	物理①	0.101
							其他（隔油+浮选）+生物②	0.101
							其他（汽提+隔油+浮选）+生物③	0.101
				化学需氧量	克/吨原料	210	物理①	184.8
							其他（隔油+浮选）+生物②	24.2
							其他（汽提+隔油+浮选）+生物③	9.81
				氨氮	克/吨原料	112	物理①	112
							其他（隔油+浮选）+生物②	64.51
							其他（汽提+隔油+浮选）+生物③	1.89
				石油类	克/吨原料	62.2	物理①	28
							其他（隔油+浮选）+生物②	0.74
							其他（汽提+隔油+浮选）+生物③	074
				挥发酚	克/吨原料	1.68	物理①	1.68
							其他（隔油+浮选）+生物②	0.10
							其他（汽提+隔油+浮选）+生物③	0.04
				工业废气量	米 ^{3}/吨原料	133.02	直排	133.02
				二氧化硫	千克/吨原料	0.079 3	直排	0.079 3

注：① 物理：指隔油，是相对混合污水而言；②（隔油+浮选）+生物：是相对混合污水而言；③（汽提+隔油+浮选）+生物：指含硫污水经汽提处理后，再与其他污水混合进行隔油、浮选和生物处理。

2511 原油加工及石油制品制造业产排污系数表（续 4）

产品名称	原料名称	工艺名称	规模等级	污染物指标	单位	产污系数	末端治理技术名称	排污系数
催化裂化汽油、柴油、煤油	重油馏分、蜡油、渣油	催化裂化	≤100 万吨/年	工业废水量	吨/吨原料	0.323	物理①	0.323
							其他（隔油+浮选）+生物②	0.323
							其他（汽提+隔油+浮选）+生物③	0.323
				化学需氧量	克/吨原料	2 108	物理①	1 840.3
							其他（隔油+浮选）+生物②	179.18
							其他（汽提+隔油+浮选）+生物③	64.2
				氨氮	克/吨原料	589	物理①	589
							其他（隔油+浮选）+生物②	282.7
							其他（汽提+隔油+浮选）+生物③	8.6
				石油类	克/吨原料	39.8	物理①	18.91
							其他（隔油+浮选）+生物②	2.41
							其他（汽提+隔油+浮选）+生物③	2.41
				挥发酚	克/吨原料	59.8	物理①	59.8
							其他（隔油+浮选）+生物②	2.69
							其他（汽提+隔油+浮选）+生物③	1.32
				工业废气量	米 ^{3}/吨原料	1 092.25	直排	1 092.25
				二氧化硫	千克/吨原料	1.172	直排	1.172
				工业固体废物（废分子筛）	吨/吨原料	0.001 2	—	—

注：① 物理：指隔油，是相对混合污水而言；②（隔油+浮选）+生物：是相对混合污水而言；③（汽提+隔油+浮选）+生物：指含硫污水经汽提处理后，再与其他污水混合进行隔油、浮选和生物处理。

2511 原油加工及石油制品制造业产排污系数表（续 5）

产品名称	原料名称	工艺名称	规模等级	污染物指标	单位	产污系数	末端治理技术名称	排污系数
催化裂化汽油、柴油、煤油	重油馏分、蜡油、渣油	催化裂化	100 万～150 万吨/年	工业废水量	吨/吨原料	0.305	物理①	0.305
							其他（隔油+浮选）+生物②	0.305
							其他（汽提+隔油+浮选）+生物③	0.305
				化学需氧量	克/吨原料	1 561	物理①	1 392.4
							其他（隔油+浮选）+生物②	132.7
							其他（汽提+隔油+浮选）+生物③	47.3
				氨氮	克/吨原料	421	物理①	421
							其他（隔油+浮选）+生物②	200
							其他（汽提+隔油+浮选）+生物③	7.1
				石油类	克/吨原料	28.7	物理①	12.92
							其他（隔油+浮选）+生物②	1.71
							其他（汽提+隔油+浮选）+生物③	1.71
				挥发酚	克/吨原料	58	物理①	58
							其他（隔油+浮选）+生物②	2.58
							其他（汽提+隔油+浮选）+生物③	1.27
				工业废气量	米^3/吨原料	1 027.7	直排	1 027.7
				二氧化硫	千克/吨原料	0.744	直排	0.744
				工业固体废物（废分子筛）	吨/吨原料	0.001 2	—	—

注：① 物理：指隔油，是相对混合污水而言；②（隔油+浮选）+生物：是相对混合污水而言；③（汽提+隔油+浮选）+生物：指含硫污水经汽提处理后，再与其他污水混合进行隔油、浮选和生物处理。

2511 原油加工及石油制品制造业产排污系数表（续 6）

产品名称	原料名称	工艺名称	规模等级	污染物指标	单位	产污系数	末端治理技术名称	排污系数
催化裂化汽油、柴油、煤油	重油馏分、蜡油、渣油	催化裂化	＞150 万吨/年	工业废水量	吨/吨原料	0.245	物理①	0.245
							其他（隔油+浮选）+生物②	0.245
							其他（汽提+隔油+浮选）+生物③	0.245
				化学需氧量	克/吨原料	1 516	物理①	1 333.9
							其他（隔油+浮选）+生物②	128.86
							其他（汽提+隔油+浮选）+生物③	47.1
				氨氮	克/吨原料	198	物理①	198
							其他（隔油+浮选）+生物②	99
							其他（汽提+隔油+浮选）+生物③	2.85
				石油类	克/吨原料	16.9	物理①	8.03
							其他（隔油+浮选）+生物②	1.03
							其他（汽提+隔油+浮选）+生物③	1.03
				挥发酚	克/吨原料	40.1	物理①	40.1
							其他（隔油+浮选）+生物②	1.78
							其他（汽提+隔油+浮选）+生物③	0.91
				工业废气量	米^3/吨原料	916.32	直排	916.32
				二氧化硫	千克/吨原料	0.586	直排	0.586
				工业固体废物（废分子筛）	吨/吨原料	0.001 2	—	—

注：① 物理：指隔油，是相对混合污水而言；②（隔油+浮选）+生物：是相对混合污水而言；③（汽提+隔油+浮选）+生物：指含硫污水经汽提处理后，再与其他污水混合进行隔油、浮选和生物处理。

2511　原油加工及石油制品制造业产排污系数表（续 7）

产品名称	原料名称	工艺名称	规模等级	污染物名称	单位	产污系数	末端治理技术名称	排污系数
加氢裂化汽油、柴油、煤油	减压渣油、重油馏分（减压蜡油、焦化蜡油、裂化循环油、脱沥青油等）	加氢裂化	≤100万吨/年	工业废水量	吨/吨原料	0.227	物理①	0.227
							其他（隔油+浮选）+生物②	0.227
							其他（汽提+隔油+浮选）+生物③	0.227
				化学需氧量	克/吨原料	3 192	物理①	2 633.4
							其他（隔油+浮选）+生物②	81.39
							其他（汽提+隔油+浮选）+生物③	42.85
				氨氮	克/吨原料	1 016	物理①	1 016
							其他（隔油+浮选）+生物②	304.8
							其他（汽提+隔油+浮选）+生物③	3.89
				石油类	克/吨原料	40.1	物理①	19.25
							其他（隔油+浮选）+生物②	0.93
							其他（汽提+隔油+浮选）+生物③	0.93
				挥发酚	克/吨原料	45.8	物理①	45.8
							其他（隔油+浮选）+生物②	0.92
							其他（汽提+隔油+浮选）+生物③	0.39
				工业废气量	米^3/吨原料	388.07	直排	388.07
				二氧化硫	千克/吨原料	0.017 9	直排	0.017 9

注：① 物理：指隔油，是相对混合污水而言；②（隔油+浮选）+生物：是相对混合污水而言；③（汽提+隔油+浮选）+生物：指含硫污水经汽提处理后，再与其他污水混合进行隔油、浮选和生物处理。

2511 原油加工及石油制品制造业产排污系数表（续 8）

产品名称	原料名称	工艺名称	规模等级	污染物名称	单位	产污系数	末端治理技术名称	排污系数
加氢裂化汽油、柴油、煤油	减压渣油、重油馏分（减压蜡油、焦化蜡油、裂化循环油、脱沥青油等）	加氢裂化	＞100 万吨/年	工业废水量	吨/吨原料	0.176	物理①	0.176
							其他（隔油+浮选）+生物②	0.176
							其他（汽提+隔油+浮选）+生物③	0.176
				化学需氧量	克/吨原料	2 563	物理①	2 229.8
							其他（隔油+浮选）+生物②	65.35
							其他（汽提+隔油+浮选）+生物③	34.35
				氨氮	克/吨原料	873	物理①	873
							其他（隔油+浮选）+生物②	253.2
							其他（汽提+隔油+浮选）+生物③	1.89
				石油类	克/吨原料	11	物理①	6.05
							其他（隔油+浮选）+生物②	0.25
							其他（汽提+隔油+浮选）+生物③	0.25
				挥发酚	克/吨原料	20.1	物理①	20.1
							其他（隔油+浮选）+生物②	0.40
							其他（汽提+隔油+浮选）+生物③	0.16
				工业废气量	米 ^{3}/吨原料	289.36	直排	289.36
				二氧化硫	千克/吨原料	0.014 7	直排	0.014 7

注：① 物理：指隔油，是相对混合污水而言；②（隔油+浮选）+生物：是相对混合污水而言；③（汽提+隔油+浮选）+生物：指含硫污水经汽提处理后，再与其他污水混合进行隔油、浮选和生物处理。

2511 原油加工及石油制品制造业产排污系数表（续9）

产品名称	原料名称	工艺名称	规模等级	污染物名称	单位	产污系数	末端治理技术名称	排污系数
重整汽油、石脑油、芳烃	石脑油、焦化汽油	催化重整	≤50万吨/年	工业废水量	吨/吨原料	0.184	物理[①]	0.184
							其他（隔油+浮选）+生物[②]	0.184
							其他（汽提+隔油+浮选）+生物[③]	0.184
				化学需氧量	克/吨原料	500	物理[①]	455
							其他（隔油+浮选）+生物[②]	51
							其他（汽提+隔油+浮选）+生物[③]	12.76
				氨氮	克/吨原料	146	物理[①]	146
							其他（隔油+浮选）+生物[②]	85.3
							其他（汽提+隔油+浮选）+生物[③]	3.8
				石油类	克/吨原料	82.5	物理[①]	37.2
							其他（隔油+浮选）+生物[②]	0.74
							其他（汽提+隔油+浮选）+生物[③]	0.74
				挥发酚	克/吨原料	1.35	物理[①]	1.35
							其他（隔油+浮选）+生物[②]	0.06
							其他（汽提+隔油+浮选）+生物[③]	0.03
				工业废气量	米^3/吨原料	1 019.10	直排	1 019.10
				二氧化硫	千克/吨原料	0.035 7		0.035 7
				工业固体废物（废硅胶和白土）	吨/吨原料	0.000 223	—	—

注：① 物理：指隔油，是相对混合污水而言；②（隔油+浮选）+生物：是相对混合污水而言；③（汽提+隔油+浮选）+生物：指含硫污水经汽提处理后，再与其他污水混合进行隔油、浮选和生物处理。

2511 原油加工及石油制品制造业产排污系数表（续 10）

产品名称	原料名称	工艺名称	规模等级	污染物名称	单位	产污系数	末端治理技术名称	排污系数
重整汽油、石脑油、芳烃	石脑油、焦化汽油	催化重整	50 万～100 万吨/年	工业废水量	吨/吨原料	0.153	物理①	0.153
							其他（隔油+浮选）+生物②	0.153
							其他（汽提+隔油+浮选）+生物③	0.153
				化学需氧量	克/吨原料	428	物理①	378.9
							其他（隔油+浮选）+生物②	43.66
							其他（汽提+隔油+浮选）+生物③	10.14
				氨氮	克/吨原料	52.7	物理①	52.7
							其他（隔油+浮选）+生物②	31.62
							其他（汽提+隔油+浮选）+生物③	1.37
				石油类	克/吨原料	7	物理①	3.25
							其他（隔油+浮选）+生物②	0.06
							其他（汽提+隔油+浮选）+生物③	0.06
				挥发酚	克/吨原料	0.005	物理①	0.005
							其他（隔油+浮选）+生物②	—
							其他（汽提+隔油+浮选）+生物③	—
				工业废气量	米 ^{3}/吨原料	1 010.75	直排	1 010.75
				二氧化硫	千克/吨原料	0.032 1	直排	0.032 1
				工业固体废物（废硅胶和白土）	吨/吨原料	0.000 223	—	—

注：① 物理：指隔油，是相对混合污水而言；②（隔油+浮选）+生物：是相对混合污水而言；③（汽提+隔油+浮选）+生物：指含硫污水经汽提处理后，再与其他污水混合进行隔油、浮选和生物处理。

2511 原油加工及石油制品制造业产排污系数表（续 11）

产品名称	原料名称	工艺名称	规模等级	污染物名称	单位	产污系数	末端治理技术名称	排污系数
重整汽油、石脑油、芳烃	石脑油、焦化汽油	催化重整	＞100 万吨/年	工业废水量	吨/吨原料	0.145	物理①	0.145
							其他（隔油+浮选）+生物②	0.145
							其他（汽提+隔油+浮选）+生物③	0.145
				化学需氧量	克/吨原料	291	物理①	257.54
							其他（隔油+浮选）+生物②	29.68
							其他（汽提+隔油+浮选）+生物③	7.55
				氨氮	克/吨原料	7.4	物理①	7.4
							其他（隔油+浮选）+生物②	4.3
							其他（汽提+隔油+浮选）+生物③	0.19
				石油类	克/吨原料	5.78	物理①	2.72
							其他（隔油+浮选）+生物②	0.05
							其他（汽提+隔油+浮选）+生物③	0.05
				工业废气量	米 ^{3}/吨原料	1 004.3	直排	1 004.3
				二氧化硫	千克/吨原料	0.021 3	直排	0.021 3
				工业固体废物（废硅胶和白土）	吨/吨原料	0.000 223	—	—

注：① 物理：指隔油，是相对混合污水而言；②（隔油+浮选）+生物：是相对混合污水而言；③（汽提+隔油+浮选）+生物：指含硫污水经汽提处理后，再与其他污水混合进行隔油、浮选和生物处理。

2511　原油加工及石油制品制造业产排污系数表（续 12）

产品名称	原料名称	工艺名称	规模等级	污染物名称	单位	产污系数	末端治理技术名称	排污系数
精制汽油、煤油、柴油	粗汽油、煤油、柴油	汽、煤、柴油加氢精制	≤100 万吨/年	工业废水量	吨/吨原料	0.168	物理①	0.168
							其他（隔油+浮选）+生物②	0.168
							其他（汽提+隔油+浮选）+生物③	0.168
				化学需氧量	克/吨原料	1 574	物理①	1 407.2
							其他（隔油+浮选）+生物②	118.05
							其他（汽提+隔油+浮选）+生物③	28.27
				氨氮	克/吨原料	487	物理①	487
							其他（隔油+浮选）+生物②	292.2
							其他（汽提+隔油+浮选）+生物③	3.92
				石油类	克/吨原料	72.3	物理①	35.24
							其他（隔油+浮选）+生物②	0.64
							其他（汽提+隔油+浮选）+生物③	0.64
				挥发酚	克/吨原料	15	物理①	15
							其他（隔油+浮选）+生物②	0.43
							其他（汽提+隔油+浮选）+生物③	0.20
				工业废气量	米^3/吨原料	61.18	直排	61.18
				二氧化硫	千克/吨原料	0.014 9	直排	0.014 9

注：① 物理：指隔油，是相对混合污水而言；②（隔油+浮选）+生物：是相对混合污水而言；③（汽提+隔油+浮选）+生物：指含硫污水经汽提处理后，再与其他污水混合进行隔油、浮选和生物处理。

2511　原油加工及石油制品制造业产排污系数表（续 13）

产品名称	原料名称	工艺名称	规模等级	污染物名称	单位	产污系数	末端治理技术名称	排污系数
精制汽油、煤油、柴油	粗汽油、煤油、柴油	汽、煤、柴油加氢精制	100 万～200 万吨/年	工业废水量	吨/吨原料	0.132	物理①	0.132
							其他（隔油+浮选）+生物②	0.132
							其他（汽提+隔油+浮选）+生物③	0.132
				化学需氧量	克/吨原料	1 282	物理①	1 140.8
							其他（隔油+浮选）+生物②	88.97
							其他（汽提+隔油+浮选）+生物③	24.2
				氨氮	克/吨原料	298	物理①	298
							其他（隔油+浮选）+生物②	174.4
							其他（汽提+隔油+浮选）+生物③	2.40
				石油类	克/吨原料	32.1	物理①	15.3
							其他（隔油+浮选）+生物②	0.29
							其他（汽提+隔油+浮选）+生物③	0.29
				挥发酚	克/吨原料	5.96	物理①	5.96
							其他（隔油+浮选）+生物②	0.16
							其他（汽提+隔油+浮选）+生物③	0.08
				工业废气量	米^3/吨原料	46.13	直排	46.13
				二氧化硫	千克/吨原料	0.010 2	直排	0.010 2

注：① 物理：指隔油，是相对混合污水而言；②（隔油+浮选）+生物：是相对混合污水而言；③（汽提+隔油+浮选）+生物：指含硫污水经汽提处理后，再与其他污水混合进行隔油、浮选和生物处理。

2511 原油加工及石油制品制造业产排污系数表（续 14）

产品名称	原料名称	工艺名称	规模等级	污染物名称	单位	产污系数	末端治理技术名称	排污系数
精制汽油、煤油、柴油	粗汽油、煤油、柴油	汽、煤、柴油加氢精制	＞200 万吨/年	工业废水量	吨/吨原料	0.126	物理①	0.126
							其他（隔油+浮选）+生物②	0.126
							其他（汽提+隔油+浮选）+生物③	0.126
				化学需氧量	克/吨原料	1 057	物理①	934.6
							其他（隔油+浮选）+生物②	79.34
							其他（汽提+隔油+浮选）+生物③	18.83
				氨氮	克/吨原料	253	物理①	253
							其他（隔油+浮选）+生物②	144.08
							其他（汽提+隔油+浮选）+生物③	2.04
				石油类	克/吨原料	11	物理①	5.01
							其他（隔油+浮选）+生物②	0.10
							其他（汽提+隔油+浮选）+生物③	0.10
				挥发酚	克/吨原料	0.58	物理①	0.58
							其他（隔油+浮选）+生物②	0.03
							其他（汽提+隔油+浮选）+生物③	0.01
				工业废气量	米^3/吨原料	39.49	直排	39.49
				二氧化硫	千克/吨原料	0.002 35	直排	0.002 35

注：① 物理：指隔油，是相对混合污水而言；②（隔油+浮选）+生物：是相对混合污水而言；③（汽提+隔油+浮选）+生物：指含硫污水经汽提处理后，再与其他污水混合进行隔油、浮选和生物处理。

2511 原油加工及石油制品制造业产排污系数表（续 15）

产品名称	原料名称	工艺名称	规模等级	污染物名称	单位	产污系数	末端治理技术名称	排污系数
焦化汽油、煤油、柴油、石油焦	渣油	延迟焦化	≤50 万吨/年	工业废水量	吨/吨原料	0.25	物理[①]	0.25
							其他（隔油+浮选）+生物[②]	0.25
							其他（汽提+隔油+浮选）+生物[③]	0.25
				化学需氧量	克/吨原料	1 300	物理[①]	1 153.8
							其他（隔油+浮选）+生物[②]	138.13
							其他（汽提+隔油+浮选）+生物[③]	42.84
				氨氮	克/吨原料	234	物理[①]	234
							其他（隔油+浮选）+生物[②]	135.6
							其他（汽提+隔油+浮选）+生物[③]	7.0
				石油类	克/吨原料	204	物理[①]	91.8
							其他（隔油+浮选）+生物[②]	1.83
							其他（汽提+隔油+浮选）+生物[③]	1.83
				挥发酚	克/吨原料	44.5	物理[①]	44.5
							其他（隔油+浮选）+生物[②]	0.81
							其他（汽提+隔油+浮选）+生物[③]	0.36
				工业废气量	米^3/吨原料	346	直排	346
				二氧化硫	千克/吨原料	0.594	直排	0.594

注：① 物理：指隔油，是相对混合污水而言；②（隔油+浮选）+生物：是相对混合污水而言；③（汽提+隔油+浮选）+生物：指含硫污水经汽提处理后，再与其他污水混合进行隔油、浮选和生物处理。

2511 原油加工及石油制品制造业产排污系数表（续16）

产品名称	原料名称	工艺名称	规模等级	污染物名称	单位	产污系数	末端治理技术名称	排污系数
焦化汽油、煤油、柴油、石油焦	渣油	延迟焦化	50万～100万吨/年	工业废水量	吨/吨原料	0.172	物理①	0.172
							其他（隔油+浮选）+生物②	0.172
							其他（汽提+隔油+浮选）+生物③	0.172
				化学需氧量	克/吨原料	1 120	物理①	1 000
							其他（隔油+浮选）+生物②	98.91
							其他（汽提+隔油+浮选）+生物③	32.8
				氨氮	克/吨原料	154	物理①	154
							其他（隔油+浮选）+生物②	86.24
							其他（汽提+隔油+浮选）+生物③	3.23
				石油类	克/吨原料	114	物理①	55.8
							其他（隔油+浮选）+生物②	1.03
							其他（汽提+隔油+浮选）+生物③	1.03
				挥发酚	克/吨原料	37.4	物理①	37.4
							其他（隔油+浮选）+生物②	0.75
							其他（汽提+隔油+浮选）+生物③	0.32
				工业废气量	米^3/吨原料	266.44	直排	266.44
				二氧化硫	千克/吨原料	0.059 5	直排	0.059 5

注：① 物理：指隔油，是相对混合污水而言；②（隔油+浮选）+生物：是相对混合污水而言；③（汽提+隔油+浮选）+生物：指含硫污水经汽提处理后，再与其他污水混合进行隔油、浮选和生物处理。

2511 原油加工及石油制品制造业产排污系数表（续 17）

产品名称	原料名称	工艺名称	规模等级	污染物名称	单位	产污系数	末端治理技术名称	排污系数
焦化汽油、煤油、柴油、石油焦	渣油	延迟焦化	＞100 万吨/年	工业废水量	吨/吨原料	0.128	物理①	0.128
							其他（隔油+浮选）+生物②	0.128
							其他（汽提+隔油+浮选）+生物③	0.128
				化学需氧量	克/吨原料	930.8	物理①	840
							其他（隔油+浮选）+生物②	59.92
							其他（汽提+隔油+浮选）+生物③	19.41
				氨氮	克/吨原料	97.9	物理①	97.9
							其他（隔油+浮选）+生物②	55.82
							其他（汽提+隔油+浮选）+生物③	2.05
				石油类	克/吨原料	40.0	物理①	20.0
							其他（隔油+浮选）+生物②	0.35
							其他（汽提+隔油+浮选）+生物③	0.35
				挥发酚	克/吨原料	17.0	物理①	17.0
							其他（隔油+浮选）+生物②	0.34
							其他（汽提+隔油+浮选）+生物③	0.15
				工业废气量	米^3/吨原料	244.08	直排	244.08
				二氧化硫	千克/吨原料	0.005 4	直排	0.005 4

注：① 物理：指隔油，是相对混合污水而言；②（隔油+浮选）+生物：是相对混合污水而言；③（汽提+隔油+浮选）+生物：指含硫污水经汽提处理后，再与其他污水混合进行隔油、浮选和生物处理。

2511 原油加工及石油制品制造业产排污系数表（续 18）

产品名称	原料名称	工艺名称	规模等级	污染物名称	单位	产污系数	末端治理技术名称	排污系数
减粘汽油、柴油、渣油	减压渣油	减粘裂化	所有规模	工业废水量	吨/吨原料	0.109	物理①	0.109
							其他（隔油+浮选）+生物②	0.109
							其他（汽提+隔油+浮选）+生物③	0.109
				化学需氧量	克/吨原料	766	物理①	682.4
							其他（隔油+浮选）+生物②	78.13
							其他（汽提+隔油+浮选）+生物③	20.25
				氨氮	克/吨原料	22.4	物理①	22.4
							其他（隔油+浮选）+生物②	12.7
							其他（汽提+隔油+浮选）+生物③	2.5
				石油类	克/吨原料	51.4	物理①	23.5
							其他（隔油+浮选）+生物②	0.82
							其他（汽提+隔油+浮选）+生物③	0.82
				挥发酚	克/吨原料	4	物理①	4.0
							其他（隔油+浮选）+生物②	0.24
							其他（汽提+隔油+浮选）+生物③	0.08
				工业废气量	米^3/吨原料	162	直排	162
				二氧化硫	千克/吨原料	0.142	直排	0.142

注：① 物理：指隔油，是相对混合污水而言；②（隔油+浮选）+生物：是相对混合污水而言；③（汽提+隔油+浮选）+生物：指含硫污水经汽提处理后，再与其他污水混合进行隔油、浮选和生物处理。

2511　原油加工及石油制品制造业产排污系数表（续 19）

产品名称	原料名称	工艺名称	规模等级	污染物名称	单位	产污系数	末端治理技术名称	排污系数
精制蜡油/润滑油基础油	减压蜡油/减压馏分油	石蜡/润滑油加氢精制	所有规模	工业废水量	吨/吨原料	0.35	物理①	0.35
							其他（隔油+浮选）+生物②	0.35
							其他（汽提+隔油+浮选）+生物③	0.35
				化学需氧量	克/吨原料	6 064	物理①	5 376.9
							其他（隔油+浮选）+生物②	818.7
							其他（汽提+隔油+浮选）+生物③	52.5
				氨氮	克/吨原料	1 547	物理①	1 547
							其他（隔油+浮选）+生物②	693.5
							其他（汽提+隔油+浮选）+生物③	14.0
				石油类	克/吨原料	2.6	物理①	1.57
							其他（隔油+浮选）+生物②	0.26
							其他（汽提+隔油+浮选）+生物③	0.26
				工业废气量	米 ^{3}/吨原料	241.66	直排	241.66
				二氧化硫	千克/吨原料	0.31	直排	0.31
				HW46 危险废物（含镍废物）	吨/吨原料	0.000 1	—	—

注：① 物理：指隔油，是相对混合污水而言；②（隔油+浮选）+生物：是相对混合污水而言；③（汽提+隔油+浮选）+生物：指含硫污水经汽提处理后，再与其他污水混合进行隔油、浮选和生物处理。

2511 原油加工及石油制品制造业产排污系数表（续 20）

产品名称	原料名称	工艺名称	规模等级	污染物名称	单位	产污系数	末端治理技术名称	排污系数
高辛烷值汽油添加组分	正构烷烃：主要是正戊烷和正己烷	异构化	所有规模	工业废水量	吨/吨产品	0.044	物理①	0.044
							其他（隔油+浮选）+生物②	0.044
				化学需氧量	克/吨产品	7.85	物理①	6.97
							其他（隔油+浮选）+生物②	2.56
				石油类	克/吨产品	0.947	物理①	0.57
							其他（隔油+浮选）+生物②	0.16
				工业废气量	米^3/吨产品	789.38	直排	789.38
				二氧化硫	千克/吨产品	0.048 1	直排	0.048 1
轻、重脱沥青油、脱油沥青	减压蒸馏渣油	溶剂脱沥青	所有规模	工业废水量	吨/吨原料	0.078	物理①	0.078
							其他（隔油+浮选）+生物②	0.078
				化学需氧量	克/吨原料	22.1	物理①	18.75
							其他（隔油+浮选）+生物②	3.82
				氨氮	克/吨原料	0.185	物理①	0.185
							其他（隔油+浮选）+生物②	0.11
				石油类	克/吨原料	4.62	物理①	2.25
							其他（隔油+浮选）+生物②	0.39
				挥发酚	克/吨原料	0.11	物理①	0.11
							其他（隔油+浮选）+生物②	—
				工业废气量	米^3/吨原料	194.92	直排	194.92
				二氧化硫	千克/吨原料	0.086 4	直排	0.086 4

注：① 物理：指隔油，是相对混合污水而言；②（隔油+浮选）+生物：是相对混合污水而言。

2511 原油加工及石油制品制造业产排污系数表（续 21）

产品名称	原料名称	工艺名称	规模等级	污染物名称	单位	产污系数	末端治理技术名称	排污系数
脱硫干气、液化气/精制汽油	粗汽油、炼厂气、液化气	双脱/汽油氧化脱硫醇	所有规模	工业废水量	吨/吨原料	0.156	物理[①]	0.156
							其他（隔油+浮选）+生物[②]	0.156
							其他（汽提+隔油+浮选）+生物[③]	0.156
				化学需氧量	克/吨原料	110	物理[①]	92.42
							其他（隔油+浮选）+生物[②]	12.48
							其他（汽提+隔油+浮选）+生物[③]	7.61
				氨氮	克/吨原料	48.5	物理[①]	48.5
							其他（隔油+浮选）+生物[②]	22.92
							其他（汽提+隔油+浮选）+生物[③]	1.50
				石油类	克/吨原料	5.47	物理[①]	2.47
							其他（隔油+浮选）+生物[②]	0.66
							其他（汽提+隔油+浮选）+生物[③]	0.66
				挥发酚	克/吨原料	0.88	物理[①]	0.88
							其他（隔油+浮选）+生物[②]	0.088
							其他（汽提+隔油+浮选）+生物[③]	—
				工业废气量	米^3/吨原料	188.02	直排	188.02
				二氧化硫	千克/吨原料	0.011	直排	0.011
				HW35 危险废物（废碱）	吨/吨原料	0.002 1	—	—

注：① 物理：指隔油，是相对混合污水而言；②（隔油+浮选）+生物：是相对混合污水而言；③（汽提+隔油+浮选）+生物：指含硫污水经汽提处理后，再与其他污水混合进行隔油、浮选和生物处理。

2511 原油加工及石油制品制造业产排污系数表（续 22）

产品名称	原料名称	工艺名称	规模等级	污染物名称	单位	产污系数	末端治理技术名称	排污系数
石油气	脱硫和脱硫醇液化石油气	气体分馏	所有规模	工业废水量	吨/吨原料	0.070	物理[①]	0.070
							其他（隔油+浮选）+生物[②]	0.070
				化学需氧量	克/吨原料	5.59	物理[①]	4.92
							其他（隔油+浮选）+生物[②]	2.17
				氨氮	克/吨原料	1.06	物理[①]	1.06
							其他（隔油+浮选）+生物[②]	0.42
				石油类	克/吨原料	5.20	物理[①]	2.4
							其他（隔油+浮选）+生物[②]	0.35
脱蜡油	减压馏分油	溶剂脱蜡	所有规模	工业废水量	吨/吨原料	0.280	物理[①]	0.280
							其他（隔油+浮选）+生物[②]	0.280
				化学需氧量	克/吨原料	134	物理[①]	118.9
							其他（隔油+浮选）+生物[②]	14.89
				石油类	克/吨原料	15.0	物理[①]	6.5
							其他（隔油+浮选）+生物[②]	0.8
				工业废气量	米^3/吨原料	707.94	直排	707.94
				二氧化硫	千克/吨原料	0.249	直排	0.249

注：① 物理：指隔油，是相对混合污水而言；②（隔油+浮选）+生物：是相对混合污水而言。

2511 原油加工及石油制品制造业产排污系数表（续 23）

产品名称	原料名称	工艺名称	规模等级	污染物名称	单位	产污系数	末端治理技术名称	排污系数
高纯氢气	干气、天然气、石脑油	轻油/干气制氢或混合制氢	所有规模	工业废水量	吨/吨产品	0.0371	物理①	0.037 1
							其他（隔油+浮选）+生物②	0.037 1
				化学需氧量	克/吨产品	28.7	物理①	25.43
							其他（隔油+浮选）+生物②	3.3
				氨氮	克/吨产品	1.42	物理①	1.42
							其他（隔油+浮选）+生物②	0.85
				石油类	克/吨产品	7.25	物理①	3.34
							其他（隔油+浮选）+生物②	0.32
				工业废气量	米 ^{3}/吨产品	24 062	直排	24 062
				二氧化硫	千克/吨产品	2.403	直排	2.403
				HW22、HW23、HW46 危险废物（含铜、含锌、含镍废物）	吨/吨产品	0.001 87 / 0③	—	—
				工业固体废物（废催化剂）	吨/吨产品	0.000 76 / 0.002 63④	—	—
润滑油基础油	减压馏分油	糠醛精制	所有规模	工业废水量	吨/吨原料	0.095	物理①	0.095
							其他（隔油+浮选）+生物②	0.095
				化学需氧量	克/吨原料	43.9	物理①	39.03
							其他（隔油+浮选）+生物②	5.04
				石油类	克/吨原料	2.81	物理①	1.34
							其他（隔油+浮选）+生物②	0.25
				工业废气量	米 ^{3}/吨原料	415.15	直排	415.15
				二氧化硫	千克/吨原料	0.219	直排	0.219
汽油调和组分	C2～C5	硫酸法烷基化	所有规模	工业废水量	吨/吨产品	0.59	物理①	0.59
							其他（隔油+浮选）+生物②	0.59
				化学需氧量	克/吨产品	88.5	物理①	78.64
							其他（隔油+浮选）+生物②	33.89
				石油类	克/吨产品	10	物理①	4.5
							其他（隔油+浮选）+生物②	0.58
				HW34、HW35 危险废物（废酸、废碱）	吨/吨产品	0.090	—	—

注：① 物理：指隔油，是相对混合污水而言；②（隔油+浮选）+生物：是相对混合污水而言；③ 危险废物：采用 PSA 制氢时，取 0，否则取 0.001 87 吨/吨产品；④ 工业固体废物：采用 PSA 制氢时，取 0.002 63 吨/吨氢气，否则取 0.000 76。

2511 原油加工及石油制品制造业产排污系数表（续 24）

产品名称	原料名称	工艺名称	规模等级	污染物名称	单位	产污系数	末端治理技术名称	排污系数
汽油调和组分	C2～C5	氢氟酸法烷基化	所有规模	工业废水量	吨/吨产品	0.000 84	物理①	0.000 84
							其他（隔油+浮选）+生物②	0.000 84
				化学需氧量	克/吨产品	1.81	物理①	1.48
							其他（隔油+浮选）+生物②	0.21
				石油类	克/吨产品	0.004 6	物理①	0.002
							其他（隔油+浮选）+生物②	0.000 84
				工业废气量	米 ^{3}/吨产品	779.13	直排	779.13
				二氧化硫	千克/吨产品	0.011 7	直排	0.011 7
				工业固体废物（氟化钙）	吨/吨产品	0.000 95	—	—
甲基-叔丁基醚（MTBE）	碳四	催化蒸馏	所有规模	工业废水量	吨/吨产品	0.36	物理①	0.36
							其他（隔油+浮选）+生物②	0.36
				化学需氧量	克/吨产品	230	物理①	204.9
							其他（隔油+浮选）+生物②	28.23
				氨氮	克/吨产品	0.33	物理①	0.33
							其他（隔油+浮选）+生物②	0.17
				石油类	克/吨产品	10.3	物理①	4.82
							其他（隔油+浮选）+生物②	0.14
				HW13 危险废物（有机树脂类废物）	吨/吨产品	0.000 33	—	—
精制润滑油	润滑油馏分油	润滑油酚精制	所有规模	工业废水量	吨/吨原料	0.75	物理①	0.75
							其他（隔油+浮选）+生物②	0.75
				化学需氧量	克/吨原料	147	物理①	131.8
							其他（隔油+浮选）+生物②	36.36
				石油类	克/吨原料	12.98	物理①	5.97
							其他（隔油+浮选）+生物②	3.51
				挥发酚	克/吨原料	3.17	物理①	3.17
							其他（隔油+浮选）+生物②	0.59
				工业废气量	米 ^{3}/吨原料	52.29	直排	52.29
				二氧化硫	千克/吨原料	0.000 41	直排	0.000 41

注：① 物理：指隔油，是相对混合污水而言；②（隔油+浮选）+生物：是相对混合污水而言。

2511 原油加工及石油制品制造业产排污系数表（续 25）

产品名称	原料名称	工艺名称	规模等级	污染物名称	单位	产污系数	末端治理技术名称	排污系数
硫磺	炼厂酸性气	硫磺回收	≤5 万吨/年	工业废水量	吨/吨产品	1.24	物理①	1.24
							其他（隔油+浮选）+生物②	1.24
							其他（汽提+隔油+浮选）+生物③	1.24
				化学需氧量	克/吨产品	1 200	物理①	1 059
							其他（隔油+浮选）+生物②	231.7
							其他（汽提+隔油+浮选）+生物③	106.4
				氨氮	克/吨产品	460	物理①	460
							其他（隔油+浮选）+生物②	227
							其他（汽提+隔油+浮选）+生物③	35
				石油类	克/吨产品	40.0	物理①	18.24
							其他（隔油+浮选）+生物②	4.8
							其他（汽提+隔油+浮选）+生物③	4.8
				挥发酚	克/吨产品	1.2	物理①	1.2
							其他（隔油+浮选）+生物②	—
							其他（汽提+隔油+浮选）+生物③	—
				工业废气量	米^3/吨产品	7 545.76	直排	7 545.76
							Scot 或其他加氢还原工艺④	7 545.76
				二氧化硫	千克/吨产品	226.37	直排	226.37
							Scot 或其他加氢还原工艺④	6.04
				工业固体废物（废催化剂等）	吨/吨产品	0.000 333	—	—

注：① 物理：指隔油，是相对混合污水而言；

② (隔油+浮选）+生物：是相对混合污水而言；

③ (汽提+隔油+浮选）+生物：指含硫污水经汽提处理后，再与其他污水混合进行隔油、浮选和生物处理；

④ 其他加氢还原工艺，如 RAP、SSR 等。

2511　原油加工及石油制品制造业产排污系数表（续 26）

产品名称	原料名称	工艺名称	规模等级	污染物名称	单位	产污系数	末端治理技术名称	排污系数
硫磺	炼厂酸性气	硫磺回收	＞5 万吨/年	工业废水量	吨/吨产品	1.10	物理[①]	1.10
							其他（隔油+浮选）+生物[②]	1.10
							其他（汽提+隔油+浮选）+生物[③]	1.10
				化学需氧量	克/吨产品	1 138	物理[①]	1 003
							其他（隔油+浮选）+生物[②]	215.65
							其他（汽提+隔油+浮选）+生物[③]	94.5
				氨氮	克/吨产品	436	物理[①]	436
							其他（隔油+浮选）+生物[②]	203.6
							其他（汽提+隔油+浮选）+生物[③]	33
				石油类	克/吨产品	38.0	物理[①]	17.1
							其他（隔油+浮选）+生物[②]	4.35
							其他（汽提+隔油+浮选）+生物[③]	4.35
				挥发酚	克/吨产品	1.1	物理[①]	1.1
							其他（隔油+浮选）+生物[②]	—
							其他（汽提+隔油+浮选）+生物[③]	—
				工业废气量	米^3/吨产品	4 102.69	直排	4 102.69
							Scot 或其他加氢还原工艺	4 102.69
				二氧化硫	千克/吨产品	226.37	直排	226.37
							Scot 或其他加氢还原工艺[④]	3.75
				工业固体废物（废催化剂等）	吨/吨产品	0.000 267	—	—

注：① 物理：指隔油，是相对混合污水而言；

② (隔油+浮选)+生物：是相对混合污水而言；

③ (汽提+隔油+浮选)+生物：指含硫污水经汽提处理后，再与其他污水混合进行隔油、浮选和生物处理；

④ 其他加氢还原工艺，如 RAP、SSR 等。

2511 原油加工及石油制品制造业产排污系数表（续 27）

产品名称	原料名称	工艺名称	规模等级	污染物名称	单位	产污系数	末端治理技术名称	排污系数
氧化沥青	半沥青料	氧化法	所有规模	工业废水量	吨/吨产品	0.10	物理①	0.10
							其他（隔油+浮选）+生物②	0.10
				化学需氧量	克/吨产品	100	物理①	87.3
							其他（隔油+浮选）+生物②	9.2
				氨氮	克/吨产品	5.0	物理①	5.0
							其他（隔油+浮选）+生物②	3.0
				石油类	克/吨产品	60.0	物理①	30
							其他（隔油+浮选）+生物②	0.94
				挥发酚	克/吨产品	1.33	物理①	1.33
							其他（隔油+浮选）+生物②	0.06
				工业废气量	米 ^{3}/吨产品	2 450	直排	2 450
				二氧化硫	千克/吨产品	0.231	直排	0.231
精制润滑油	糠醛精制润滑油	润滑油白土补充精制	所有规模	工业废水量	吨/吨原料	0.12	物理①	0.12
							其他（隔油+浮选）+生物②	0.12
				化学需氧量	克/吨原料	226.8	物理①	201.85
							其他（隔油+浮选）+生物②	17.4
				氨氮	克/吨原料	0.2	物理①	0.2
							其他（隔油+浮选）+生物②	0.11
				石油类	克/吨原料	18	物理①	8.63
							其他（隔油+浮选）+生物②	0.54
				工业废气量	米 ^{3}/吨原料	30	直排	30
				二氧化硫	千克/吨原料	0.43	直排	0.43
				工业固体废物（废白土）	吨/吨原料	0.03	—	—

注：① 物理：指隔油，是相对混合污水而言；②（隔油+浮选）+生物：是相对混合污水而言。

2520

焦化行业

1 适用范围

本手册给出了《统计上使用的产品分类目录》中焦化行业的产污系数和排污系数，可用于第一次全国工业污染源普查焦化行业工业污染物产生量和排放量的核算。

涉及的污染物包括：工业废水量、五日化学需氧量、生化需氧量、氨氮、石油类、挥发酚、氰化物、工业废气量（指折算成标准状态的体积）、工业粉尘、二氧化硫、氮氧化物等。

2 注意事项

2.1 系数表中未涉及的产品产排污系数说明

本手册已基本涵盖焦化行业各种炼焦炉炉型、工艺、规模（炭化室高度）的原料及产品，覆盖率达 100%。

2.2 工业窑炉说明

焦化行业采用的工业窑炉为炼焦炉，该炉型污染物的产排污系数已详细列入系数手册，其中焦炉烟囱产生的废气量为燃烧气量，装煤、出焦、备煤、筛焦以及转运站等处产生的废气量包含工艺废气和空气量。

2.3 其他需要说明的问题

（1）焦化行业炼焦炉工艺一般分为三种：即顶装工艺、捣固工艺以及清洁热回收工艺。其中顶装工艺的炼焦炉炉型最为复杂、繁多，但根据国家相关政策（逐步淘汰落后、污染严重的 4.3 m 以下焦炉，鼓励焦炉大型化趋势）、不同炭化室高度炉型的污染物产排量的特点，规模一般分为炭化室高度＜4.3 m 顶装焦炉、4.3～6 m 顶装焦炉（包括 4.3 m）以及炭化室高度≥6 m 焦炉三类；捣固焦炉以及清洁热回收焦炉这两类由于发展历史较短，炉型差异相对较小，炭化室高度相近，且其污染物产排放量差别不大，因此规模不再详细划分。

（2）焦化废水处理工艺从处理效果区分大致分为两类，一是以 A/O、A^2/O、A/O^2 为代表的厌氧/好氧生物组合工艺；二是以普通活性污泥法为代表好氧生物处理工艺。

（3）焦化行业废水回用相当普遍，当普查企业生化站排水全部回用时，该情况下只计算产污系数，不计算排污系数，即排污系数为 0；当普查企业生化站的排水部分回用时，要调查企业的回用水量，得到回用废水比例，并按照系数表单下公式进行计算。

（4）焦炉烟囱处废气量的产污系数与排污系数相等。采用焦炉煤气或高炉煤气加热时，工业废气量的产排污系数取表中数值；如果采用二者混合加热，则根据比例计算工业废气量的产排污系数，计算公式详见系数表单下说明。

装煤地面站、出焦地面站、干熄焦及备煤、筛焦、转运站除尘器设备风量，如果采用热浮力罩除尘设备，排污系数可参照出焦地面站排污系数的1.18倍予以测算。

（5）焦炉烟囱处二氧化硫的产排污系数相等，且与原料煤中硫含量和脱硫（H_2S）工艺有关。对于没有脱硫工艺的焦化企业，焦炉烟囱处二氧化硫的产污系数与炼焦煤中硫含量直接相关。如果焦炉采用未脱硫的焦炉煤气加热时，表中焦炉烟囱处二氧化硫产污系数为炼焦煤中硫含量0.8%时的数值，若炼焦煤硫含量发生变化，则续表5、8、11、12中焦炉烟囱处二氧化硫对应的产污系数取值见各自表单下说明。

对于焦炉采用脱硫后的焦炉煤气加热，则依据脱硫工艺的不同二氧化硫的产排污系数不同。表中湿式氧化脱硫包括HPF法、T.H法、F.R.C法、ADA法等，湿式吸收脱硫包括A.S法、索尔菲班法、真空碳酸盐法等。

采用混合煤气加热的企业，首先要知道焦炉煤气采用的何种脱硫工艺，其次要明确焦炉煤气与高炉煤气的混合比例，然后通过计算得到混合煤气加热时焦炉烟囱处二氧化硫的产排污系数，计算方法同混合煤气产生废气量的计算方法。

（6）焦化行业炼焦炉的废气除尘技术是将本行业的无组织排放的大量粉尘转变为有组织排放并有效去除，煤气净化中的脱硫方法为脱出焦炉煤气中的硫化氢含量，有别于本课题提供的废气除尘、脱硫方法，在普查时应特别注意，并严格按照手册填写。

（7）焦化行业的煤焦油加工作为单独的生产车间列出，对于没有煤焦油加工的焦化企业，此部分不进行核算。

（8）当同一企业有多座炼焦炉时，分别计算各炼焦炉的产排污系数，最终再进行加和计算该企业总体的产排污量。

2520 焦化行业产排污系数表

产品	原料	工艺	规模	污染物指标	单位	产污系数	末端治理技术名称	排污系数
焦炭	炼焦煤	顶装	炭化室≥6 m	工业废水量⑤	吨/吨产品	0.48①	厌氧/好氧生物组合，好氧生物处理工艺	0.79
						0.64②	厌氧/好氧生物组合，好氧生物处理工艺	1.23
				化学需氧量	克/吨产品	730.2①	厌氧/好氧生物组合工艺③	78.236
							好氧生物处理工艺④	221.572
						1 308.5②	厌氧/好氧生物组合工艺③	125.38
							好氧生物处理工艺④	352.476
				五日生化需氧量	克/吨产品	256.8①	厌氧/好氧生物组合工艺③	18.625
							好氧生物处理工艺④	20.059
						381.1②	厌氧/好氧生物组合工艺③	31.202
							好氧生物处理工艺④	32.774
				氨氮	克/吨产品	93.5①	厌氧/好氧生物组合工艺③	7.753
							好氧生物处理工艺④	76.529
						142.4②	厌氧/好氧生物组合工艺③	12.737
							好氧生物处理工艺④	117.596
				石油类	克/吨产品	93.1①	厌氧/好氧生物组合工艺③	2.385
							好氧生物处理工艺④	3.157
						135.6②	厌氧/好氧生物组合工艺③	4.083
							好氧生物处理工艺④	5.279

注：① 蒸氨工段采用硫铵工艺；② 蒸氨工段采用水洗氨工艺；③ 厌氧/好氧生物组合工艺主要包括 A/O、A^2/O、A/O^2 等污水处理技术；④ 好氧生物处理主要指活性污泥法、普通活性污泥法等处理技术；⑤ 废水循环利用时，得到废水回用比例后，排污系数=（1－回用废水比例）×（表单中排污系数）进行计算。

2520 焦化行业产排污系数表（续1）

产品	原料	工艺	规模	污染物指标	单位	产污系数	末端治理技术名称	排污系数
焦炭	炼焦煤	顶装	炭化室≥6 m	挥发酚	克/吨产品	186.7①	厌氧/好氧生物组合工艺③	0.184
							好氧生物处理工艺④	0.193
						253.8②	厌氧/好氧生物组合工艺③	0.299
							好氧生物处理工艺④	0.313
				氰化物	克/吨产品	3.9①	厌氧/好氧生物组合工艺③	0.257
							好氧生物处理工艺④	0.266
						5.7②	厌氧/好氧生物组合工艺③	0.412
							好氧生物处理工艺④	0.427
				工业废气量(1)	米 ^{3}/吨产品	1 275⑥	直排	1 275
						1 831⑦	直排	1 831
						93⑧	直排	93
						326⑨	过滤式除尘法	335
						647⑩	过滤式除尘法	662
						623⑪	过滤式除尘法	639
						706⑫	过滤式除尘法	728
						283⑬	直排	283
						425⑭	直排	425
				工业粉尘	千克/吨产品	0.003 2⑥	直排	0.003 2
						0.024 5⑦	直排	0.024 5
						0.000 2⑧	直排	0.000 2

注：（1）如果采用混合煤气加热，若焦炉煤气所占百分比为 x，则焦炉烟囱工业废气量产排污系数等于 $a \times x + b \times (1-x)$ 米 ^{3}/吨产品，其中，a 为焦炉煤气产生的废气量，b 为高炉煤气产生的废气量。②～⑤意义同前；⑥ 使用焦炉煤气加热，焦炉烟囱的污染物系数；⑦ 使用高炉煤气加热，焦炉烟囱的污染物系数；⑧ 化产回收管式炉污染物系数；⑨ 装煤地面站污染物系数；⑩ 出焦地面站污染物系数；⑪ 备煤、筛焦、转运站处污染物系数；⑫ 熄焦采用干熄焦时污染物系数；⑬ 熄焦采用低水分熄焦时污染物系数；⑭ 熄焦采用常规水熄焦时污染物系数。

2520 焦化行业产排污系数表（续2）

产品	原料	工艺	规模	污染物指标	单位	产污系数	末端治理技术名称	排污系数
焦炭	炼焦煤	顶装	炭化室≥6 m	工业粉尘	千克/吨产品	2.543⑨	过滤式除尘法	0.102
						2.658⑩	过滤式除尘法	0.129
						1.968⑪	过滤式除尘法	0.114
						2.723⑫	过滤式除尘法	0.105
						0.043⑬	直排	0.043
						0.065⑭	直排	0.065
				二氧化硫	千克/吨产品	0.058⑮	直排	0.058
						0.092⑯	直排	0.092
						0.013 9⑦	直排	0.013 9
						0.004 2⑰	直排	0.004 2
						0.006 8⑱	直排	0.006 8
						0.012⑨	过滤式除尘法	0.005 9
						0.03⑩	过滤式除尘法	0.013
				氮氧化物	千克/吨产品	0.319⑥	直排	0.319
						0.392⑦	直排	0.392
						0.021⑧	直排	0.021

注：⑥～⑭ 意义同前。⑮ 采用湿式氧化脱硫（H_2S）工艺（包括 HPF 法、T.H 法、F.R.C 法、ADA 法等）的焦炉煤气加热，焦炉烟囱处二氧化硫（SO_2）的系数；⑯ 采用湿式吸收脱硫（H_2S）工艺（包括 A.S 法、索尔菲班法、真空碳酸盐法等）的焦炉煤气加热，焦炉烟囱处 SO_2 的系数；⑰ 采用湿式氧化脱硫（H_2S）工艺的焦炉煤气加热，化产管式炉烟囱处 SO_2 的系数； ⑱ 采用湿式吸收脱硫（H_2S）工艺的焦炉煤气加热，化产管式炉烟囱处 SO_2 的系数。

2520 焦化行业产排污系数表（续 3）

产品	原料	工艺	规模	污染物指标	单位	产污系数	末端治理技术名称	排污系数
焦炭	炼焦煤	顶装	炭化室⑲ 4.3～6 m	工业废水量⑤	吨/吨产品	0.50①	厌氧/好氧生物组合或好氧生物处理工艺	0.86
						0.68②	厌氧/好氧生物组合或好氧生物处理工艺	1.29
				化学需氧量	克/吨产品	885①	厌氧/好氧生物组合工艺③	97.392
							好氧生物处理工艺④	254.846
						1 435.1②	厌氧/好氧生物组合工艺③	149.605
							好氧生物处理工艺④	399.524
				五日生化需氧量	克/吨产品	293.1①	厌氧/好氧生物组合工艺③	23.766
							好氧生物处理工艺④	24.903
						419.4②	厌氧/好氧生物组合工艺③	36.481
							好氧生物处理工艺④	38.095
				氨氮	克/吨产品	104.5①	厌氧/好氧生物组合工艺③	8.89
							好氧生物处理工艺④	87.224
						162.8②	厌氧/好氧生物组合工艺③	14.383
							好氧生物处理工艺④	139.06
				石油类	克/吨产品	114.6①	厌氧/好氧生物组合工艺③	2.912
							好氧生物处理工艺④	3.669
						168.5②	厌氧/好氧生物组合工艺③	4.647
							好氧生物处理工艺④	5.893

注：①～④意义同前。⑲ 规模等级包括炭化室高 4.3 m 焦炉，但不包括 6 m 焦炉。

2520　焦化行业产排污系数表（续4）

产品	原料	工艺	规模	污染物指标	单位	产污系数	末端治理技术名称	排污系数
焦炭	炼焦煤	顶装	炭化室[⑲] 4.3～6 m	挥发酚	克/吨产品	267.5[①]	厌氧/好氧生物组合工艺[③]	0.213
							好氧生物处理工艺[④]	0.224
						371.3[②]	厌氧/好氧生物组合工艺[③]	0.318
							好氧生物处理工艺[④]	0.328
				氰化物	克/吨产品	4.5[①]	厌氧/好氧生物组合工艺[③]	0.321
							好氧生物处理工艺[④]	0.337
						6.5[②]	厌氧/好氧生物组合工艺[③]	0.49
							好氧生物处理工艺[④]	0.503
				工业废气量[(1)]	米^3/吨产品	1 416[⑥]	直排	1 416
						1 960[⑦]	直排	1 960
						95[⑧]	直排	95
						352[⑨]	过滤式除尘法	364
						665[⑩]	过滤式除尘法	689
						641[⑪]	过滤式除尘法	658
						727[⑫]	过滤式除尘法	742
						288[⑬]	直排	288
						432[⑭]	直排	432
				工业粉尘	千克/吨产品	0.003 3[⑥]	直排	0.003 3
						0.029 1[⑦]	直排	0.029 1
						0.000 2[⑧]	直排	0.000 2

注：各项注释同前。

2520 焦化行业产排污系数表（续5）

产品	原料	工艺	规模	污染物指标	单位	产污系数	末端治理技术名称	排污系数
焦炭	炼焦煤	顶装	炭化室[19] 4.3～6 m	工业粉尘	千克/吨产品	2.794[9]	过滤式除尘法	0.121
						2.807[10]	过滤式除尘法	0.134
						2.165[11]	过滤式除尘法	0.119
						2.913[12]	过滤式除尘法	0.113
						0.046[13]	直排	0.046
						0.069[14]	直排	0.069
				二氧化硫	千克/吨产品	0.065[15]	直排	0.065
						0.106[16]	直排	0.106
						1.6[20]（2）	直排	1.6
						0.014 7[7]	直排	0.014 7
						0.004 5[17]	直排	0.004 5
						0.007 2[18]	直排	0.007 2
						0.105[21]	直排	0.105
						0.014[9]	过滤式除尘法	0.007 3
						0.032[10]	过滤式除尘法	0.016
				氮氧化物	千克/吨产品	0.366[6]	直排	0.366
						0.429[7]	直排	0.429
						0.023[8]	直排	0.023

注：（2）使用未脱硫的焦炉煤气加热，需普查炼焦煤的硫含量（x），根据 $y=a-200\times(0.8\%-x)$ 计算，其中 y 为硫含量 x 时的产排污系数，a 为表中系数值；⑳ 采用未脱硫的焦炉煤气加热，焦炉烟囱处污染物系数；㉑ 采用未脱硫的焦炉煤气加热，管式炉烟囱处污染物系数。其余各项注释同前。

2520 焦化行业产排污系数表（续6）

产品	原料	工艺	规模	污染物指标	单位	产污系数	末端治理技术名称	排污系数
焦炭	炼焦煤	顶装	炭化室＜4.3 m	工业废水量⑤	吨/吨产品	0.53①	好氧生物处理工艺④	0.94
						0.71②	好氧生物处理工艺④	1.38
				化学需氧量	克/吨产品	1 206.8①	好氧生物处理工艺④	307.582
							直排	1 206.8
						2 147.3②	好氧生物处理工艺④	451.267
							直排	2 147.3
				五日生化需氧量	克/吨产品	435.4①	好氧生物处理工艺④	32.491
							直排	435.4
						643.8②	好氧生物处理工艺④	53.826
							直排	643.8
				氨氮	克/吨产品	136.4①	好氧生物处理工艺④	116.465
							直排	136.4
						205.3②	好氧生物处理工艺④	178.232
							直排	205.3
				石油类	克/吨产品	149.1①	好氧生物处理工艺④	7.089
							直排	149.1
						205.2②	好氧生物处理工艺④	11.247
							直排	205.2

注：各项注释同前。

2520　焦化行业产排污系数表（续 7）

产品	原料	工艺	规模	污染物指标	单位	产污系数	末端治理技术名称	排污系数
焦炭	炼焦煤	顶装	炭化室＜4.3 m	挥发酚	克/吨产品	297.2[①]	好氧生物处理工艺[④]	0.265
							直排	297.2
						423.2[②]	好氧生物处理工艺[④]	0.404
							直排	423.2
				氰合物	克/吨产品	7.6[①]	好氧生物处理工艺[④]	0.315
							直排	7.6
						12.2[②]	好氧生物处理工艺[④]	0.494
							直排	12.2
				工业废气量	米 ^{3}/吨产品	1 558[⑥]	直排	1 558
						102[⑧]	直排	102
						439[⑨]	过滤式除尘法	456
						845[⑩]	过滤式除尘法	869
						754[⑪]	过滤式除尘法	768
						353[⑬]	直排	353
						530[⑭]	直排	530
				工业粉尘	千克/吨产品	0.003 7[⑥]	直排	0.003 7
						0.000 3[⑧]	直排	0.000 3

注：各项注释同前。

2520 焦化行业产排污系数表（续 8）

产品	原料	工艺	规模	污染物指标	单位	产污系数	末端治理技术名称	排污系数
焦炭	炼焦煤	顶装	炭化室<4.3m	工业粉尘	千克/吨产品	3.794⑨	过滤式除尘法	0.174
							直排	3.794
						3.976⑩	过滤式除尘法	0.12
							直排	3.976
						2.771⑪	过滤式除尘法	0.142
							直排	2.771
						0.063⑬	直排	0.063
						0.094⑭	直排	0.094
				二氧化硫	千克/吨产品	0.124⑯	直排	0.124
						1.76⑳ (3)	直排	1.76
						0.007 8⑱	直排	0.007 8
						0.118㉑	直排	0.118
						0.017⑨	过滤式除尘法	0.011
							直排	0.017
						0.038⑩	过滤式除尘法	0.023
							直排	0.038
				氮氧化物	千克/吨产品	0.414⑥	直排	0.414
						0.025⑧	直排	0.025

注：（3）使用未脱硫的焦炉煤气加热，需普查炼焦煤的硫含量（x），根据 $y=a-220\times(0.8\%-x)$ 计算，其中 y 为硫含量 x 时的产排污系数，a 为表中系数值。其余各项注释同前。

2520 焦化行业产排污系数表（续 9）

产品	原料	工艺	规模	污染物指标	单位	产污系数	末端治理技术名称	排污系数
焦炭	炼焦煤	捣固	全部	工业废水量[⑤]	吨/吨产品	0.58[①]	厌氧/好氧生物组合或好氧生物处理工艺	0.95
						0.79[②]	厌氧/好氧生物组合或好氧生物处理工艺	1.44
				化学需氧量	克/吨产品	1 017.3[①]	厌氧/好氧生物组合工艺[③]	93.792
							好氧生物处理工艺[④]	269.617
						1 838.3[②]	厌氧/好氧生物组合工艺[③]	152.145
							好氧生物处理工艺[④]	432.308
				五日生化需氧量	克/吨产品	326.8[①]	厌氧/好氧生物组合工艺[③]	24.59
							好氧生物处理工艺[④]	25.324
						451.4[②]	厌氧/好氧生物组合工艺[③]	40.086
							好氧生物处理工艺[④]	40.72
				氨氮	克/吨产品	115.8[①]	厌氧/好氧生物组合工艺[③]	9.219
							好氧生物处理工艺[④]	94.465
						179.5[②]	厌氧/好氧生物组合工艺[③]	15.23
							好氧生物处理工艺[④]	151.382
				石油类	克/吨产品	117.3[①]	厌氧/好氧生物组合工艺[③]	3.496
							好氧生物处理工艺[④]	4.204
						152.9[②]	厌氧/好氧生物组合工艺[③]	5.77
							好氧生物处理工艺[④]	7.423

注：各项注释同前。

2520 焦化行业产排污系数表（续 10）

产品	原料	工艺	规模	污染物指标	单位	产污系数	末端治理技术名称	排污系数
焦炭	炼焦煤	捣固	全部	挥发酚	克/吨产品	263.3[①]	厌氧/好氧生物组合工艺[③]	0.209
							好氧生物处理工艺[④]	0.238
						355.2[②]	厌氧/好氧生物组合工艺[③]	0.339
							好氧生物处理工艺[④]	0.348
				氰化物	克/吨产品	5.6[①]	厌氧/好氧生物组合工艺[③]	0.325
							好氧生物处理工艺[④]	0.337
						9.3[②]	厌氧/好氧生物组合工艺[③]	0.508
							好氧生物处理工艺[④]	0.538
				工业废气量	米³/吨产品	1 501[⑥]	直排	1 501
						2 036[⑦]	直排	2 036
						97[⑧]	直排	97
						347[⑨]	过滤式除尘法	358
						682[⑩]	过滤式除尘法	701
						655[⑪]	过滤式除尘法	674
						286[⑬]	直排	286
						431[⑭]	直排	431
				工业粉尘	千克/吨产品	0.003 5[⑥]	直排	0.003 5
						0.028 6[⑦]	直排	0.028 6
						0.000 2[⑧]	直排	0.000 2

注：各项注释同前。

2520 焦化行业产排污系数表（续 11）

产品	原料	工艺	规模	污染物指标	单位	产污系数	末端治理技术名称	排污系数
焦炭	炼焦煤	捣固	全部	工业粉尘	千克/吨产品	2.833[9]	过滤式除尘法	0.115
						2.947[10]	过滤式除尘法	0.131
						2.215[11]	过滤式除尘法	0.12
						0.046[13]	直排	0.046
						0.068[14]	直排	0.068
				二氧化硫	千克/吨产品	0.07[15]	直排	0.07
						0.115[16]	直排	0.115
						1.696[20](4)	直排	1.696
						0.015[7]	直排	0.015
						0.004 7[17]	直排	0.004 7
						0.007 3[18]	直排	0.007 3
						0.112[21]	直排	0.112
						0.015[9]	过滤式除尘法	0.006 9
						0.033[10]	过滤式除尘法	0.016
				氮氧化物	千克/吨产品	0.379[6]	直排	0.379
						0.438[7]	直排	0.438
						0.024[8]	直排	0.024

注：（4）使用未脱硫的焦炉煤气加热，需普查炼焦煤的硫含量（x），根据 $y=a-212\times(0.8\%-x)$ 计算，其中 y 为硫含量 x 时的产排污系数，a 为表中系数值。其余各项注释同前。

2520 焦化行业产排污系数表（续12）

产品	原料	工艺	规模	污染物指标	单位	产污系数	末端治理技术名称	排污系数
焦炭	炼焦煤	热回收焦炉	全部	工业废气量	米³/吨产品	4 096[6]	直排	4 096
						433[14]	直排	433
				工业粉尘	千克/吨产品	0.437[6]	烟气除尘	0.084
							直排	0.437
						0.067[14]	直排	0.067
				二氧化硫	千克/吨产品	5.039[6] (5)	烟气脱硫	1.048
							直排	5.039
				氮氧化物	千克/吨产品	0.177[22]	直排	0.177
						0.393[23]	直排	0.393
沥青等	煤焦油	全部	全部	工业废水量[5]	吨/吨原料	0.364	厌氧/好氧生物组合或好氧生物处理工艺	0.621
				化学需氧量	克/吨原料	32.034	厌氧/好氧生物组合工艺[3]	3.533
							好氧生物处理工艺[4]	10.15
				五日生化需氧量	克/吨原料	11.585	厌氧/好氧生物组合工艺[3]	0.857
							好氧生物处理工艺[4]	0.921
				氨氮	克/吨原料	6.124	厌氧/好氧生物组合工艺[3]	0.385
							好氧生物处理工艺[4]	3.662
				石油类	克/吨原料	5.824	厌氧/好氧生物组合工艺[3]	0.118
							好氧生物处理工艺[4]	0.154
				挥发酚	克/吨原料	4.604	厌氧/好氧生物组合工艺[3]	0.011
							好氧生物处理工艺[4]	0.011
				氰化物	克/吨原料	0.321	厌氧/好氧生物组合工艺[3]	0.013
							好氧生物处理工艺[4]	0.013
				工业废气量	米³/吨原料	921[25]	直排	921
				工业粉尘	千克/吨原料	0.002 2[25]	直排	0.002 2
				二氧化硫	千克/吨原料	0.041[26]	直排	0.041
						0.071[27]	直排	0.071
				氮氧化物	千克/吨原料	0.206[25]	直排	0.206

注：（5）需普查炼焦煤的硫含量（x），根据 $y=a-400\times(0.8\%-x)$ 计算，其中 y 为硫含量 x 时的产排污系数，a 为表中系数值。

㉒ 热回收焦炉生产铸造焦时，焦炉烟囱处氮氧化物系数；㉓ 热回收焦炉生产冶金焦时，焦炉烟囱处氮氧化物系数；㉔ 煤焦油加工车间一般独立于炼焦炉为中心的生产活动，普查时也应先独立核算，再加和统计；㉕ 煤焦油车间管式炉烟囱污染物系数；㉖ 采用湿式氧化脱硫（H_2S）工艺的焦炉煤气加热，煤焦油加工车间管式炉烟囱处 SO_2 的系数；㉗ 采用湿式吸收脱硫（H_2S）工艺的焦炉煤气加热，煤焦油加工车间管式炉烟囱处 SO_2 的系数。其余各项注释同前。

编辑说明

《第一次全国污染源普查资料文集》（以下简称《文集》）是一套系列丛书。这套《文集》共 8 卷，包括之一《污染源普查公报与大事记》、之二《污染源普查文献汇编》、之三《污染源普查工作总结》、之四《污染源普查技术报告》、之五《污染源普查数据集》、之六《污染源普查图集》、之七《污染源普查产排污系数手册》、之八《污染源普查培训教材》。这套《文集》所用各地的数据资料，均来源于 2009 年 5 月（工业源、生活源和集中式污染治理设施）和 2009 年 7 月（农业源）各地普查办报送的最终数据。

参与这项工作的人员比较多且变动大，为客观反映每位同志的工作，现将有关情况说明如下。

1. 关于编委成员。《文集》的编写以“第一次全国污染源普查工作办公室”的同志为主，但有些同志在办公室的工作时间比较短，而《文集》编委又不宜过多，经研究，编委成员只将在污染源普查工作办公室全职工作两年以上者列入，其他参与与《文集》编写有关工作的同志在相关章节执笔人中体现。

2.《污染源普查公报与大事记》由隋筱婵、张治忠、高嵘、刘艳青同志执笔，集体讨论修改成稿。

3.《污染源普查文献汇编》由陈斌、赵建中、陈善荣、朱建平、佟羽、张治忠、高嵘同志整理、编辑。毛玉如、江希流二位同志分别参与了有关部分编写工作。沈阳市环保局骆虹同志、济南市环保局付军华同志和青岛市环保局谢依民同志分别参与了其中“9 项普查技术规定”和“5 项工作细则”的编写工作。

4.《污染源普查工作总结》由隋筱婵、张珺、叶琛同志执笔，集体讨论修改成稿。地方工作总结由各省（自治区、直辖市）污染源普查办公室提供。

5.《污染源普查技术报告》共分 9 章：第一章至第三章由孔益民、潘文、马晓溪、谢依民同志执笔；第四章由景立新、罗建军、安海蓉、骆虹同志执笔；第五章由曹东、江希流、高月香同志执笔；第六章由沈鹏、佟羽、毛玉如同志执笔；第七章由王利强、刘艳青、付军华同志执笔；第八章由张战胜、张治忠、姬刚同志执笔；第九章由陈斌、赵建中、陈善荣、朱建平同志执笔，集体讨论修改成稿。

6.《污染源普查数据集》由陈斌、赵建中、陈善荣、朱建平、曹东、孔益民、景立新、佟羽、张治忠、隋筱婵、张战胜、沈鹏、王利强同志主要参与，北京联盈同创信息技术有限公司为技术支持单位共同编制。

7.《污染源普查图集》由陈斌、赵建中、陈善荣、朱建平、曹东、孔益民、张治忠、沈鹏、佟羽、景立新、隋筱婵同志主要参与，北京联盈同创信息技术有限公司为技术支持单位共同编制。

8.《污染源普查产排污系数手册》由中国环境科学研究院（负责工业源产排污系数）、环境保护部华南环境科学研究所（负责生活源和集中式污染治理设施产排污系数）牵头，联合相关行业协会共同编制，具体参加单位及人员见“手册”的说明。

9.《污染源普查培训教材》共分6部分，分别由以下同志执笔：

工业源普查教材：景立新、骆虹、罗建军、佟羽、刘艳青、安海蓉、周涛；

农业源普查教材：刘宏斌、江希流、刘东生、陈永杏、高月香、成振华、李绪兴；

生活源普查教材：毛玉如、陈志良、安海蓉、张治忠、潘文；

集中式污染治理设施普查教材：付军华、谢依民、吴彩霞、高嵘；

普查员和普查指导员工作细则：隋筱婵、张珺、马晓溪、叶琛；

数据处理教材：曹东、孔益民、张战胜、沈鹏、王利强。

10. 农业部科教司的王衍亮和方放同志，虽然没有具体参与《文集》编辑工作，但《文集》中大量农业源普查资料的获取与他们三年多时间的辛勤工作分不开，需要特别加以说明。

11. 污染源普查工作基本结束后，普查办大多数同志回到原单位工作。赵建中、张治忠同志为《文集》后期的编辑出版作了大量组织协调工作，需要特别加以感谢。

12. 特别要提出的是，国务院第一次全国污染源普查领导小组办公室主任王玉庆同志，在文集审核、定稿、编辑、出版全过程中倾注了大量心血，为文集最终出版作出了突出贡献，在此深表敬意。

编　者

二〇一一年六月

后　记

《第一次全国污染源普查资料文集》是污染源普查工作成果的具体体现。这一成果是全国环保、农业、统计及有关部门和几十万普查工作人员，在国务院与地方各级人民政府领导下，历经3年时间，不懈努力、辛勤劳动获得的。及时整理、编辑出版这些成果资料，使政府有关部门、广大人民群众、科研人员及社会各界了解普查情况、开发利用普查成果，是十分必要又非常有意义的一件大事。

在普查资料编纂委员会指导下，《文集》的编纂工作主要由第一次全国污染源普查工作办公室的同志完成，他们为此付出了很多心血。在此过程中，得到了环境保护部领导及相关司、局的关心和支持。中国环境科学出版社许多同志不辞辛劳，为《文集》的出版作了大量的编辑工作。北京联盈同创信息技术有限公司参与并大力支持了《污染源普查数据集》、《污染源普查图集》的编制。测绘出版社为编制《污染源普查图集》做了很多工作。在此一并表示由衷的感谢！

至《文集》出版这项工作历时4年半，相关数据、资料收集整理过程中会有不尽人意之处，希望读者谅解指正。

王玉庆

二〇一一年六月